對本書的讚譽

“身處優秀的 Agile 團隊能感受一種魔法。問題、人際衝突、與政治都在強調與專注於產出、學習、再產出的過程中消失。但要建構這樣的團隊並不容易。現在簡單多了，深入淺出 Agile 開發一書是我們很多人等待的巨著。這本書的 Scrum、Extreme Programming、Kanban 等實務建議可以幫助所有人建構非常棒的 Agile 團隊”。

— Mike Cohn，《Succeeding with Agile》、《Agile Estimating and Planning》、《User Stories Applied》等書的作者

“如果曾經在軟體團隊工作過，你會覺得《**深入淺出 Agile**》一書的案例研究精準且具洞察性。我真希望以前就有人告訴我他的建議，但無論在軟體產業中待過多久，你還是會發現與學習到檢視舊問題的新方式。我很驚訝的發現除了 Pair Programming 之外 XP 還有很多可以學習的地方 ── 我一定會讓我的團隊從這些實務建議中獲益”。

—Adam Reeve，RedOwl Analytics 的架構設計長

“《**深入淺出 Agile**》的寫作方式很容易消化吸收，一讀就停不下來。由於寫作方式讓人互動而非只是提供事實，我感覺到對 Agile 的原則與實踐更好的理解” 。

— Patrick Cannon，Dell 的資深程式經理

“《**深入淺出 Agile**》完整的解釋非常具挑戰性的 Agile 開發概念，能夠讓你通過 PMI-ACP 考試並以這些概念與練習、真實案例加強學習。這本書獨特的風格使得初學者與專家都有收穫。感謝 Andrew 與 Jennifer 寫出另一本傑出的深入淺出系列好書！” 。

— John Steenis， PMP、CSM、CSPO

“《**深入淺出 Agile**》非常棒！我喜歡作者以有趣、容易閱讀與理解的風格說明重要主題。為 Andrew 與 Jennifer 的成就致敬！” 。

— Mark Andrew Bond，某高等教育機構的網管專案經理

“任何規模的軟體開發團隊的成員，無論是否採用 Agile，都應該讀這一本書。完全或部分採用 Agile 的團隊能更好的認識要如何改善流程。沒有採用 Agile 的團隊可以學到如何開始進行 Agile。對我來說，這本書很好的反映出我過去 20 年的成功與失敗專案” 。

— Dan Faltyn，BlueMatrix 的安全主管

“Agile 在過去是業界中的熱門字，許多人將它掛在嘴上而並未真正的認識這種實踐的原則與價值。《**深入淺出 Agile**》一書闡述此一主題並提供非常好的 Agile 指引” 。

— Philip Cheung，軟體開發者

對本書的讚譽

"我是個專案經理，去年以《**Head First PMP**》取得 PMP。《**深入淺出 Agile**》有相同的概念…視覺化思考與學習認識這些概念。市面上高品質的書很稀少，這本書更是珍貴且能用於準備 PMI-ACP 考試。模擬考題與第 7 章（包含領域審核）非常適合考試準備。內容很棒，我第一次就過了！"。

— Kelly D. Marce，某金融機構的專案經理

"《**深入淺出 Agile**》一書顯示 Agile 不只是單一的方法論，還是多種思考開發生命週期的路徑與方式。這本書能指引你找出最適合你的團隊的方法並認識如何持續的進行改善。像 Kanban 這樣的方法，透過視覺化工作流程和限制進行中的工作來建立牽引式系統，可以特別的強化團隊"。

— Nick Lai，Uber Technologies 的資深工程經理

"還有什麼比 Agile 更好的方式來處理工作。丟掉過去無聊的教科書並拾起《**深入淺出 Agile**》開發來獲取更好的學習體驗"。

— Tess Thompson，MS、PMP、PMI-ACP、CSP、Saint Mary's University 的教授

"Agile 對學習傳統工作方式的 PM 是個挑戰。這本書的作者特別注意容易閱讀並直接展示出通過 PMI-ACP 考試的資訊以及採用 Agile 的實務上更為重要的資訊"。

— Dave Prior，Scrum 認證講師、PMP、PMI-ACP

"《**深入淺出 Agile**》完整的討論 Agile 的實務問題與解決方案。作者解釋了不同類型的 Agile，提供大量 Agile 資源給讀者"。

— Keith Conant，某支付公司資深軟體工程師

"《**深入淺出 Agile**》一書是非常好的資源，它不只教授 Agile 的實務與方法，更重要的是思考方式的轉變。這本書的內容基於 Agile 宣言所述的價值與原則。強烈建議這本書給想要學習 Agile 的人"。

— Mike MacIsaac，Scrum Master、MBA、PMP、CSM

"我是 IBM 的 Agile 認證講師，我幫助組織中的人成為 Agile 開發者。我發現《**深入淺出 Agile**》一書是非常好的書，為準備 PMI-ACP 考試的人提供很豐富的學習資源"。

— Renato Barbieri，PMP、PMI-ACP、經理、講師、IBM 的 Kepner-Tregoe 計劃的領導人

"Andrew 與 Jenny 在《**Head First C#**》一書中展示出非常棒的 C# 教學。它以非常容易閱讀的獨特方式討論大量的細節。如果你受不了傳統的 C# 書本，你一定會喜歡這一本"。

— Jay Hilyard，軟體開發者、《C# 3.0 Cookbook》的作者之一

"閱讀《**Head First C#**》是個很棒的體驗。我還沒看過其他教的這麼好的書…絕對會向想要學習 C# 的人推薦這本書"。

— Krishna Pala，MCP

"《**Head First Web Design**》真正解開網頁設計流程的迷霧，任何網頁程式設計師都應該讀讀看。對於沒有上過網頁設計課程的網頁開發者，《**Head First Web Design**》闡述了許多業界的理論與最佳實踐"。

— Ashley Doughty，資深網頁開發者

"建構網站絕對不只是寫程式而已。《**Head First Web Design**》展示製作良好體驗給使用者的必要知識。又是一本深入淺出的好書！"。

— Sarah Collings，使用者體驗軟體工程師

"《**Head First Networking**》解釋許多甚至是資深專家也難以理解的網路概念使人們毫無困難的吸收。幹得好"。

— Jonathan Moore，Forerunner Design 的老闆

"許多資訊技術書籍經常漏失大觀。《**Head First Networking**》專注於真實世界，以精細的內容提供經驗知識給 IT 新人。結合實務問題與說明使這本書成為非常好的學習工具"。

— Rohn Wood，University of Montana 的資深分析師

歐萊禮相關叢書

Learning Agile（Agile 學習手冊）

Beautiful Teams（團隊之美）

Head First PMP®

Applied Software Project Management

Making Things Happen（專案管理之美學）

Practical Development Environments

Process Improvement Essentials

歐萊禮深入淺出系列叢書

Head First PMP（深入淺出PMP）

Head First C#（深入淺出 C#）

Head First Java（深入淺出 Java 程式設計）

Head First Object-Oriented Analysis and Design (OOA&D)（深入淺出物件導向分析與設計）

Head First HTML with CSS and XHTML

Head First Design Patterns（深入淺出設計模式）

Head First Servlets and JSP（深入淺出 Servlets 與 JSP）

Head First EJB

Head First SQL（深入淺出 SQL）

Head First Software Development（深入淺出軟體開發）

Head First JavaScript（深入淺出 JavaScript）

Head First Physics（深入淺出物理學）

Head First Statistics（深入淺出統計學）

Head First Ajax（深入淺出 Ajax）

Head First Rails

Head First Algebra（深入淺出代數）

Head First PHP & MySQL（深入淺出 PHP 與 MySQL）

Head First Web Design（深入淺出網站設計）

Head First Networking（深入淺出網路管理）

深入淺出 Agile

如果有本書**比看牙醫還要有趣**並
且能夠幫助我學習 Agile 就好了。
這或許只是我的幻想吧…

Andrew Stellman
Jennifer Greene

楊尊一　編譯

Beijing • Boston • Farnham • Sebastopol • Tokyo

O'REILLY®

獻給 Nisha 與 Lisa

感謝購買我們的書！我們很喜歡寫這個主題，希望你也**喜歡讀它**…

…因為我們知道你會用 **Agile 開發偉大作品！**

Andrew

這張照片由 Nisha Sondhe 拍攝

Jenny

Andrew Stellman 是個開發者、架構設計師、講師、Agile 教練、專案經理、與建構更好的軟體的專家。他是個作家與國際講師，著有軟體開發與專案管理的暢銷書，並且是世界知名的軟體組織、團隊、程式碼轉型與改善專家。他設計過大型軟體系統、管理過大型跨國軟體團隊、曾經是 Microsoft、 National Bureau of Economic Research、Bank of America、Notre Dame、MIT 等公司、學校、與企業的顧問，期間曾與知名程式設計師合作並學習。

Jennifer Greene 是企業 Agile 轉型的領導者、Agile 教練、開發經理、專案經理、講師、以及軟體工程實務與理論的權威。她在媒體、金融、與 IT 顧問服務等領域有 20 年以上的經驗。她曾經領導世界各地的開發團隊採用 Agile 並在實務上幫助個別團隊成員。她期望繼續與有天賦的團隊合作解決有趣與困難的問題。

Jenny 與 Andrew 從 1998 年相遇後就一直在建構軟體與撰寫關於軟體工程的著作。他們的第一本書是歐萊禮於 2005 年出版的 Applied Software Project Management。他們的第一與第二本深入淺出系列是 2007 出版的 Head First PMP 與 Head First C#，兩書都出版了第三版且很快就會發行第四版。第四本書 Beautiful Teams 於 2009 年出版，接著第五本書 Learning Agile 於 2014 年出版。

他們於 2003 年創辦了 Stellman & Greene Consulting —— 第一個顧問專案是為越南老兵研究除草劑傷害的科學專案。建構軟體與著作之餘，他們還在研討會為軟體工程師、架構設計師、與專案經理發表演說。

他們的 Building Better Software 網站的網址是 **http://www.stellman-greene.com.**

目錄（精要版）

目錄（詳實版）

序

將你的心思放在 Agile。此時，你正試著*學習*某些東西，而你的大腦也在幫你確保學習活動不被*卡住*。然而，你的大腦卻總是在想，“最好留點空間給更重要的事，譬如，要避開什麼野生動物與裸體滑雪是不是個壞主意”。那麼，要如何哄誘你的大腦，讓它認為“學習”Agile 甚至通過 PMI-ACP 認證考試才是一件生死攸關的大事？

Agile 是什麼？

1 原則與實踐

現在是敏捷的大好時機！業界終於發現解決困擾著數代軟體開發者問題的真正可行方法。敏捷開發不僅產生很好的**結果**，也讓開發團隊工作進行的更順利。但如果敏捷方法這麼好，為什麼不是每個人都採用它？答案是對一個團隊有用的敏捷方法可能導致另一個團隊的嚴重問題，因為不同之處在於團隊的**心態**。準備好改變你看待專案的方式！

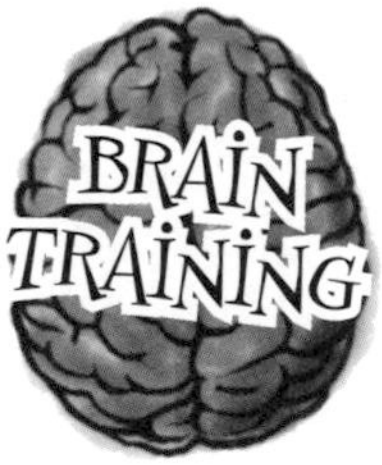

在 daily standup 會議中每個人都站著，如此能保持會議簡短、輕鬆、且有重點。

但這傢伙有在注意聽別人說話嗎？

Agile 價值與原則

2 心態與方法

建構軟體沒有"完美"的實踐方式。

有些團隊在採用 Agile 實踐、方法、與方法論後有很大的改善與成就，而有些則不然。我們已經學到差別在於團隊成員的心態。那麼你要做什麼才能產生很好的結果？你如何確保團隊有正確的心態？這時候要靠 **Agile 宣言**（**Manifesto**）。當你和你的團隊思考它的**價值和原則**時，你開始對 Agile 實踐和它們的工作方式進行不同的思考，並且它們開始變得*更加有效*。

以 Scrum 方法管理專案

3 Scrum 的規則

Scrum 的規則很簡單，但有效的運用不簡單。

Scrum 是最常見的 Agile 方法，這是有原因的：**Scrum 的規則**很直白又容易學習。大部分團隊很快能認識組成 Scrum 規則的**事件**、**角色**、與**產物**，但要最有效的運用 Scrum，他們必須確實掌握 **Scrum 的價值觀**與 Agile 宣言的原則，它們可以幫忙產生最有效的心態。雖然 Scrum 看起來簡單，但 Scrum 團隊持續的**檢查與應變**是思考專案的全新方式。

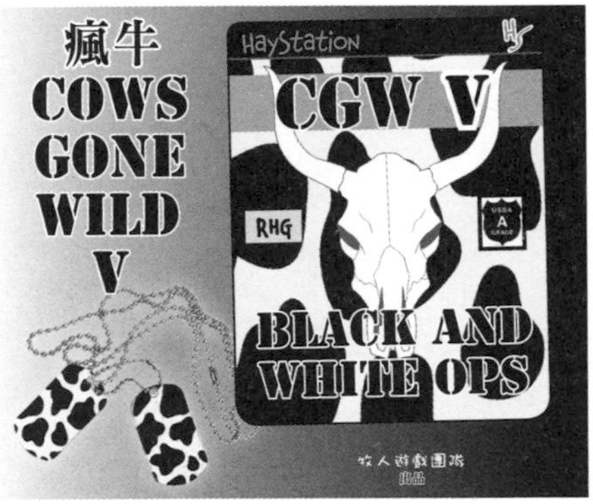

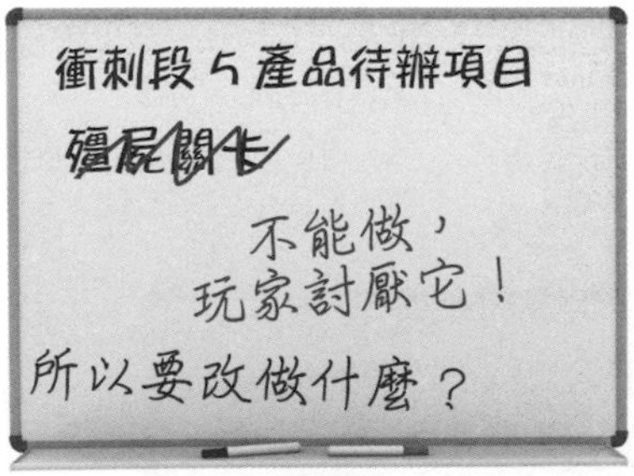

有了新的產品負責人，團隊應該能夠找出下一個衝刺段要做的最有價值功能。

4 Agile 計劃與預估

Scrum 通用實踐

Agile 團隊使用直接的規劃工具來處理他們的專案。 Scrum 團隊一起規劃他們的專案使團隊成員承諾每個衝刺段的目標。要維護團隊的**共同承諾**，計劃、預估、追蹤必須簡單與容易。從**使用者故事**與**規劃撲克**到**速度**與**燃盡表**，Scrum 團隊總是知道他們已經完成什麼與還剩下什麼。準備好學習讓 Scrum 團隊知悉與控管工作的工具！

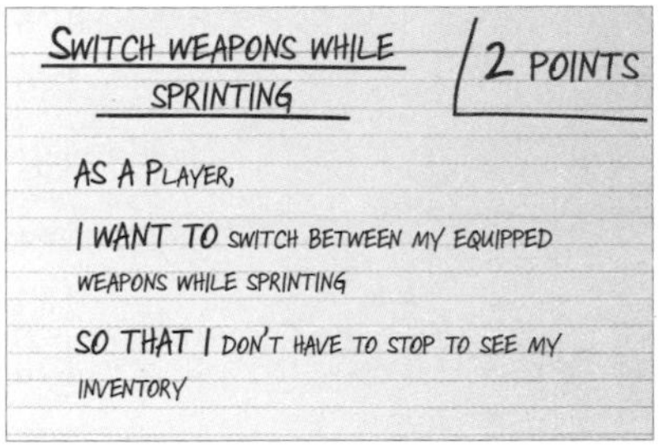

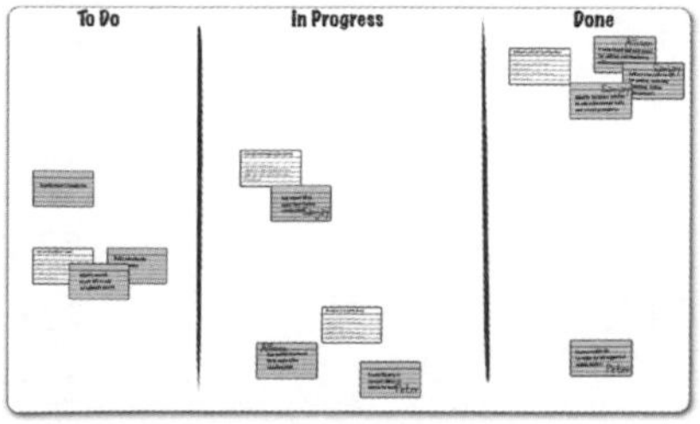

XP (Extreme Programming)

5 擁抱改變

軟體團隊在建構好程式碼時獲得成功。

就算是有非常棒的開發者的團隊的程式也會遇到問題。一小段程式的修改“展開”成一系列**相應的修改**，或提交的程式導致數小時的合併衝突時，*之前好好的工作*變得**煩人**、**乏味**、**令人沮喪**。這時候要靠 **XP**。XP 是一種 Agile 方法論，專注於建構**溝通**良好的團隊，並建構**放鬆**、**有活力的環境**。團隊建構**簡單**而非複雜的程式時，他們可以**擁抱**而非懼怕**改變**。

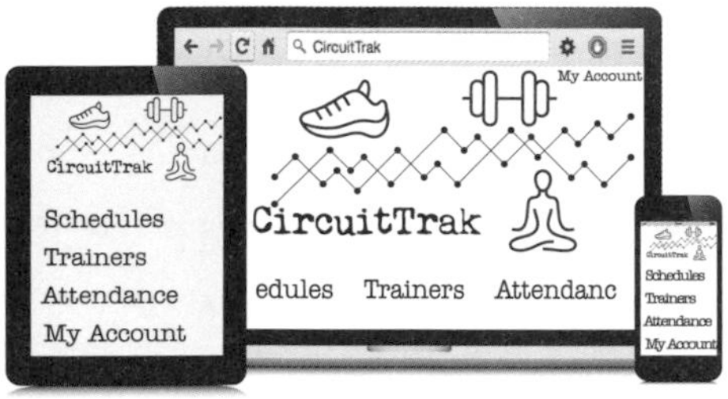

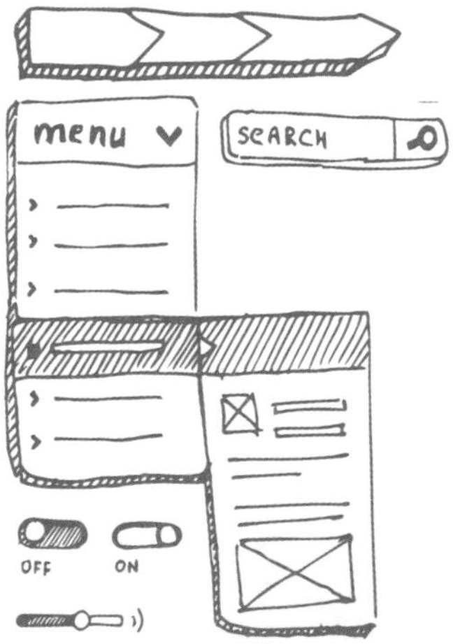

Lean / Kanban

6 消滅浪費與管理流程

Agile 團隊知道一定要方法改善工作方式。 具有 **Lean** 心**態**的團隊成員非常會找出對**交付價值**沒有幫助的事情。然後他們會消滅拖累他們的**浪費**。許多具有 Lean 心態的團隊使用 **Kanban** 來設定**工作量限制**並以**牽引系統**確保人們不會因為工作量不足而跑偏了。準備好學習以**系統整體**來看軟體開發程序能幫助你建構更好的軟體！

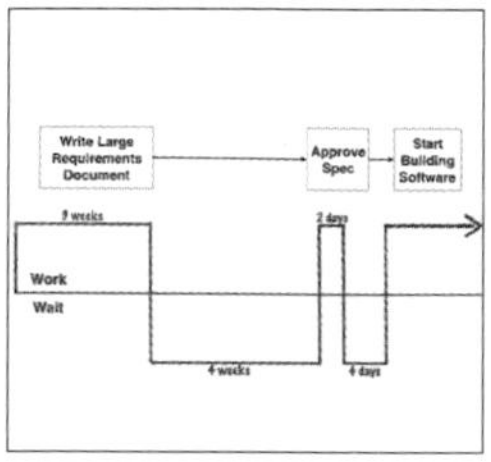

…但他感覺團隊必須完成的工作的壓力。

更新演算法

修改報表

修改 bug

修改資料庫

改善 UI

改善服務

更新 UI

修改使用者紀錄

變更檔案格式

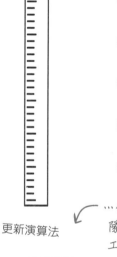

準備 PMI-ACP® 考試

檢查你的知識

7

哇，前六章已經讓你打好基礎！

你已經研讀過 Agile 宣言的價值觀與原則以及它們如何驅動 Agile 心態、探索團隊如何使用 Scrum 管理專案、以 XP 發現更高層次的工程、並看到團隊如何使用 Lean/Kanban 進行改善。接下來要**進行回顧**並深入你已經學習過的一些最重要的概念。但準備 **PMI-ACP® 考試**不只是要了解 Agile 的工具、技術、概念。要通過考試，你還必須探索團隊如何**在真實狀況中使用它們**。讓我們針對 PMI-ACP® 考試設計的**完整練習**、**謎題**、與**實踐題目**（以及一些新內容）*再回顧 Agile 概念*。

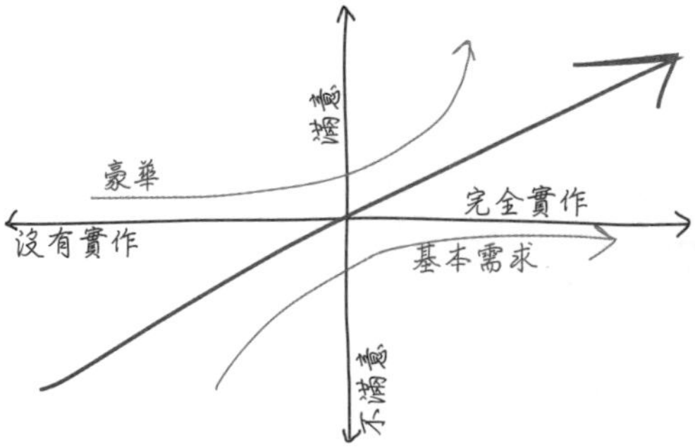

專業責任

8 做出好的選擇

只知道你的專業是不夠的。你必須做出好選擇。

每個具有 PMI-ACP 認證的人都同意依循 **Project Management Institute Code of Ethics and Professional Conduct**，這個規範幫助你做出內容沒有討論到的道德決定 ── PMI-ACP® 考試可能會有幾個相關題目。你必須知道的事情**很簡單**，一點討論就夠了。

很好。我一直想要購物。假期旅行呢？觀光景點我來了！
我不能接受這種禮物。做好工作就是獎勵！
對不起，我不能收禮，但感謝你的心意。

Practice makes perfect

9 Practice PMI-ACP® Exam

Bet you never thought you'd make it this far! It's been a long journey, but here you are, ready to review your knowledge and get ready for exam day. You've put a lot of new information about agile into your brain, and now it's time to see just how much of it stuck. That's why we put together this full-length, 120-question PMI-ACP® practice exam for you. **We followed the exact same PMI-ACP® Examination Content Outline** that the experts at PMI use, so it looks *just like the one you're going to see* when you take the real thing. Now's your time to flex your mental muscle. So take a deep breath, get ready, and let's get started.

熟能生巧

A PMI-ACP® 模擬考題（中譯）

你一定沒想到可以到達這一步！這是很長的一段路程，但你已經走到這一步，檢查你的知識並準備好赴考。你讀了很多 Agile 的新知識，接下來要看看記住了多少。這是為什麼我們準備了 120 道題目的 PMI-ACP® 模擬考。**我們完全依循 PMI 使用的 PMI-ACP® 考試內容大綱**，所以它看起來*跟真的考試一樣*。是時候放鬆你的神經，深呼吸，讓我們開始。

如何使用這本書

序

這一節回答一個重要問題：
“為什麼在關於 Agile 的書裡面放了這種東西？”

這本書為什麼人而寫？

如果以下任何一題的答案是 "對啊"：

① 你是個**開發者**、**專案經理**、**商業分析師**、**設計師**、或其他團隊成員，並且打算改善你的專案嗎？

② **你的團隊準備採用 Agile**，但不確定它是什麼或如何進行嗎？

③ 你打算找工作，想要知道**為什麼僱主要求 Agile 的經驗**嗎？

④ 你覺得**課堂很無聊，想要來一點有趣的對話**嗎？

那麼這本書是為你而寫的。

PMI-ACP® (Agile Certified Practitioner) 是一種需求正快速增長中的認證。

你正在準備 PMI-ACP® 考試嗎？

那麼這本書**絕對**是為你而寫的！我們寫這本書以讓你熟記 Agile 的想法、概念、與實務——並且保證 100% 涵蓋考試主題。本書內容引入很多考試準備材料，包括一個最接近實際進行方式的完整模擬考！

什麼人應該遠離這本書？

如果以下任何一題的答案是 "對啊"：

① 你是第一次加入任何一種團隊中或第一次與他人合作的**新人**嗎？

② 你是覺得與別人合作是**浪費時間**的 "獨行俠" 嗎？

③ 你**害怕嘗試新事物**嗎？你情願進行根管治療也不想試驗混搭風格嗎？你認為技術書籍應該嚴肅的討論擬人化的 Agile 概念、工具、與想法嗎？

如果你從未參加過任何一種團隊，則你會覺得很多 Agile 的實踐很難理解。精確的說，我們不要求一定得是軟體團隊——任何一種團隊經驗都可以！

那麼這本書不適合你。

［行銷部門的意見：這本書適合任何還有脈搏的人。］

我們知道你在想什麼

“這不可能是認真討論 Agile 的書”

“這麼多圖是怎樣？”

“真的能以這種方式**學習**嗎？”

我們還知道你的大腦在想什麼

你的大腦認為
“這”才重要。

你的大腦渴望新奇的事物，它總是在搜尋、掃描、及**等待**不尋常的事物。你的大腦生來如此，正是這樣的特質幫助你平安度日、生存下去。

那麼，對那些你每天面臨、一成不變、平淡無奇的事物，你的大腦又作何反應？它**會**盡量阻止這些事情去干擾大腦**真正**的工作 —— 記錄**真正要緊**的事。它不會費心去儲存那些無聊事；它們絕對無法通過“這顯然不重要”的過濾機制。

你的大腦究竟怎樣**知道**什麼才是重要的事？假設你去爬山，突然有隻老虎跳到你面前，你的大腦和身體會怎樣反應？

神經元被觸發、情緒激動、**腎上腺素激增**。

這就是大腦“知道”的方式 …

這絕對重要，別忘了！

然而，想像你在家裡或圖書館，燈光好、氣氛佳、而且沒有老虎出沒。你正在用功，準備考試，或者研究某個技術難題，你的老闆認為需要一週或者頂多十天就能夠完成。

好極了！“只”剩下 520 頁枯燥、無聊、且乏味的內容。
你的大腦認為“這”不值得儲存下來。

但是，有個問題。你的大腦正試著幫你忙，它試圖確保這件**顯然**不重要的事，不會弄亂你有限的資源，畢竟，資源最好用來儲存真正的**大**事，像是老虎、火災、或者絕對不應該跟老闆頂嘴。

而且，也沒有什麼簡單的方法可以告訴你的大腦：“大腦呀！甘溫啊…不管這本書有多枯燥，多讓我昏昏欲睡，還是請你把這些內容全部記下來。”

我們將"Head First"的讀者視為學習者

那麼，要怎麼學呢？首先，你必須理解它，然後確定不會忘記它。我們不會用填鴨的方式對待你，認知科學、神經生物學、教育心裡學最新的研究顯示，學習過程所需要的絕對不只是書頁上的文字。我們知道如何幫你的大腦"開機"。

Head First 學習守則：

視覺化。圖像遠比文字更容易記憶，讓學習更有效率（在知識的回想與轉換上，有 89% 的提升）。圖像也能讓事情更容易理解，將文字放進或靠近相關聯的圖像，而不是把文字放在頁腳或下一頁，讓學習者具有兩倍的可能性可以解決相關的問題。

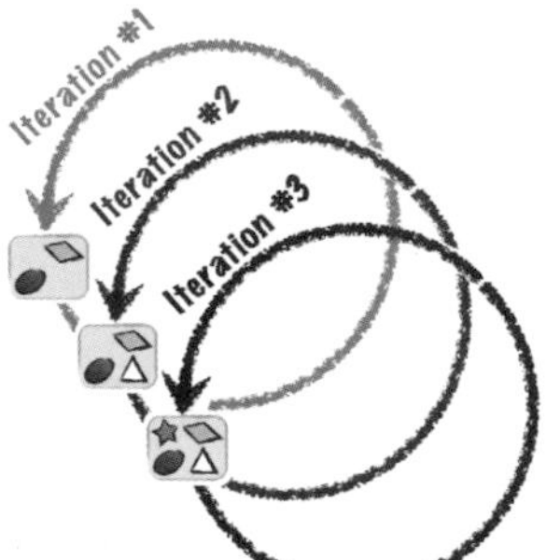

使用對話式與擬人化的風格。最新的研究發現，以第一人稱的角度、談話式的風格，直接與讀者對話，相較於一般正經八百的敘述方式，學員們課後測驗的成績可提升達 40%。以故事代替論述；以輕鬆的口語取代正式的演說。別太嚴肅，想想看，是晚宴伴侶的耳邊細語，還是課堂上的死板演說，比較能夠吸引你的注意力？

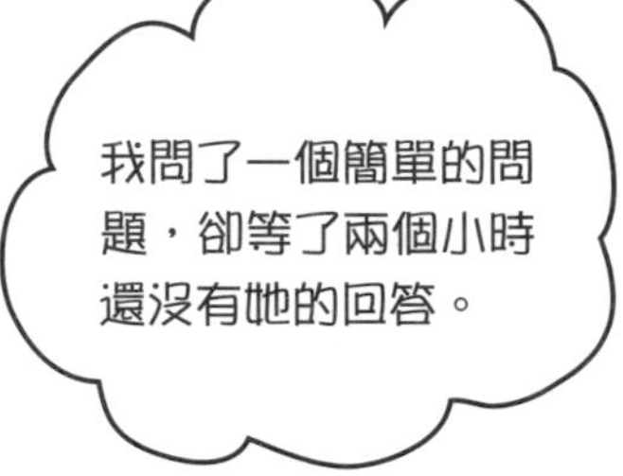

我問了一個簡單的問題，卻等了兩個小時還沒有他的回答。

讓學習者更深入地思考。換句話說，除非你主動刺激你的神經，不然大腦就不會有所作為。讀者必須被刺激、必須參與、產生好奇、接受啟發，以便解決問題，做出結論，並且形成新知識。為了達到這個目的，你需要挑戰、練習、以及刺激思考的問題與活動，同時運用左右腦，充分利用多重的感知。

引起 —— 並保持 —— 讀者的注意力。我們都有這樣的經驗："我真的很想學會這個東西，但是還沒翻過第一頁，就已經昏昏欲睡了"。你的大腦只會注意到特殊、有趣、怪異、引人注目、以及超乎預期的東西。新穎、困難、技術性的主題，學起來未必枯燥乏味，如果不覺得無聊，大腦的學習效率就會提昇很多。

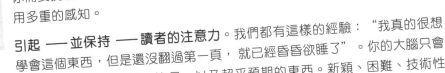

觸動心弦。現在，我們知道記憶的能力大大仰賴情感。你會記得你所在乎的事，當你心有所感時，你就會記住。不！我不是在說靈犬萊西與小主人之間心有靈犀的故事，而是在說，當你解開謎題、學會別人覺得困難的東西、或者發現自己比開發部的阿兩哥懂得更多時，所產生的驚訝、好奇、有趣、"哇靠…"以及"我好棒！"，這類的情緒與感覺。

後設認知："想想"如何思考

到底該如何誘使我的大腦記住這些東西…

如果你真的想要學習，想要學得更快、更深入，那麼，請注意你是如何"注意"的，"想想"如何思考，"學學"如何學習。

大多數人在成長過程中，沒有修過後設認知或者學習理論的課程，師長**期望**我們學習，卻沒有**教導**我們如何學習。

如果你手裡正拿著這本書，我們假設你想要學好專案管理，而且可能不想花費太多時間。假如你想要運用從本書中所讀到的東西，就必須牢牢**記住**讀過的東西，為此目的，你必須充分**理解**它。想要從本書（或者**任何**書或學習經驗）得到最多利益，就必須讓你的大腦負起責任，讓它好好注意**這些**內容。

秘訣在於：讓你的大腦認為你正在學習的新知識確實很重要，攸關你的生死存亡，就像噬人的老虎一樣。否則，你會不斷陷入苦戰：想要記住這些知識，卻老是記不住。

那麼，要如何讓大腦將關於 Agile 的內容視為一隻飢餓的大老虎？

有慢又囉唆的辦法，也有快又有效的方式。慢的辦法就是多讀幾次，你很清楚，勤能補拙，只要重複的次數夠多，再乏味的知識，也能夠學會並且記住，你的大腦會說："雖然這**感覺**上不重要，但他卻一**而再**，**再而**三地苦讀這個部分，所以我想這應該是很重要的吧！"

較快的方法則是做**任何增進大腦活動的事**，特別是不同**類型**的大腦活動。上一頁所提到的材料是解法的一大部分，業經證實有助於大腦運作。比方說，研究顯示將文字放在它所描述的圖像**內**（而不是置於頁面上其他地方，像是圖像說明或內文），可以幫助大腦嘗試將兩者關聯起來，那會觸發更多的神經元。更多的神經被觸發就等同於 ── **給**大腦更多機會，將此內容視為值得關注的資訊，並且盡可能地將它記錄下來。

對話式的風格也相當有幫助，因為在意識到自己身處於對話之中時，人們會付出更多的關注，因為他們必須豎起耳朵，注意整個對話的進行，跟上雙方的談話內容。神奇的是，你的大腦根本不**在乎**那是你與書本之間的"對話"！另一方面，如果寫作風格既正式又枯燥，你的大腦會以為正在聆聽一場演講，自己只是一個被動的聽眾，根本不需要保持清醒。

然而，圖像與對話式的風格，只不過是一個開端。

我們的做法：

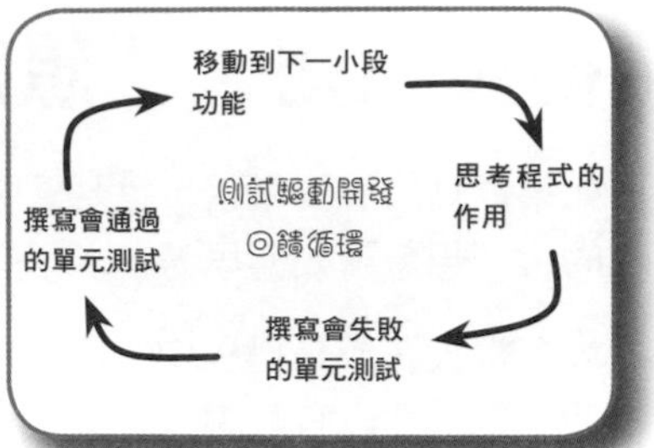

我們運用**圖像**，因為你的大腦對視覺效果比較有感受，而不是文字。對你的大腦來說，一圖值“千”字。當文字和圖像一同運作時，我們將文字嵌入圖像**內**，因為你的大腦，在文字位於它所指涉的圖像**裡頭**時（而不是在圖像說明或者埋沒在內文某處），會運作得比較有效率。

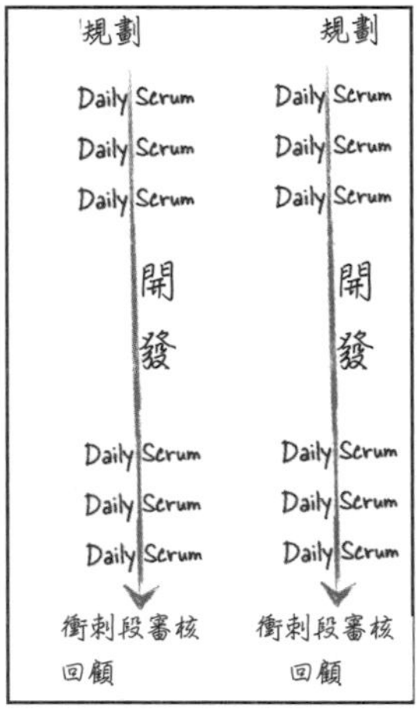

我們**重複**表現相同內容，以**不同**的表現方式、不同的媒介、**多重的感知**，敘述相同的事物。這是為了增加機會，將內容烙印在大腦的不同區域。

我們以**超乎預期**的方式，使用概念和圖像，讓你的大腦覺得新鮮有趣。我們使用多少具有一**點情緒性內容**的圖像與想法，讓你的大腦覺得感同身受。讓你有感覺的事物，自然就比較容易被記住，即使那些感覺不外乎**“幽默”**、**“驚訝”**、**“有趣”**等等。

我們使用擬人化、**對話式的風格**，因為當大腦相信你正處於對話之中，而不是被動地聆聽演說時，便會付出更多關注，即使你的交談對象是一本書，也就是說你其實是在**“閱讀”**，大腦還是會這麼做。

我們包含了八十個以上的**活動**，因為當你在**做**事情，而不是在**讀**東西時，大腦會學得更多，記得更多。我們讓習題活動維持在具有挑戰性，又不會太難的程度，因為，那是多數人偏愛的情況。

我們使用**多重學習風格**，因為**你**可能比較喜歡一步一步的程序，有些人喜歡先了解整體概廓，有些人則喜歡直接看範例，然而，不管你是哪一種人，都能夠受益於本書以各種方式表現相同內容的手法。

本書的設計同時**考慮到你的左右腦**，因為越多的腦細胞參與，就越可能學會並記住，而且保持更長時間的專注。因為使用一邊大腦，往往意味著另一邊大腦有機會休息，你便可以學得更久、更有效率。

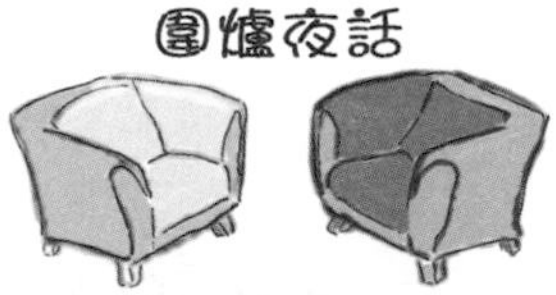

我們也運用**故事**和練習，呈現**多重觀點**，因為，當大腦被迫進行評估與判斷時，會學習得更深入。

本書也包含了相當多的**挑戰**和習題，透過問**問題**的方式進行，答案不見得都很直接，我們的用意是讓你的大腦深涉其中，**學得**更多、記得更牢。想想看 ——你無法只是**看**別人上健身房運動，就讓自己達到**塑身**的效果。但是，我們盡力確保你的努力總是用在**正確**的事情上。**你不會花費額外的腦力**，去處理難以理解的範例，或是難以剖析、行話充斥、咬文嚼字的論述。

我們使用**人物**。在故事、圖像、與範例中，處處是人物，這是因為**你也是**人！你的大腦對**人**會比對事**物**更加注意。

沿虛線剪下，用 7-11 的 Hello Kitty 磁鐵貼在冰箱上。

讓大腦順從你的方法

好吧，該做的我們都做了，剩下的就靠你了。這裡介紹一些技巧，但只是一個開端，你應該傾聽大腦的聲音，看看哪些對你的大腦有效，哪些無效。試試看吧！

1. **慢慢來，理解越多，需要強記的就越少。**

   不要光是**讀**，記得停下來，好好思考。當本書問你問題時，不要完全不思考就直接看答案。想像有人正面對面問你這個問題，若能迫使大腦思考得更深入，你就有機會學習並且記住更多知識。

2. **勤做練習，寫下心得。**

   我們在書中安排習題，如果你光看不做，就好像只是**看**別人在健身房運動，而自己卻不動一樣，那樣是不會有效果的。**使用鉛筆作答**。大量證據顯示，學習過程中的實體活動會增加學習的效果。

3. **認真閱讀“沒有蠢問題”的單元**

   仔細閱讀所有的“沒有蠢問題”，那可不是無關緊要的說明，而是**核心內容的一部分！**千萬別略過。

4. **將閱讀本書作為睡前最後一件事，或者至少當作睡前最後一件具有挑戰性的事。**

   學習的一部分反應發生在放下書本**之後**，特別是把知識轉化為長期記憶的過程更是如此。你的大腦需要自己的時間，進行更多的處理。如果你在這個處理期間，胡亂塞進新知識，某些剛學過的東西將會被遺漏。

5. **喝水，多喝水。**

   你的大腦需要浸泡在豐沛的液體中，才能夠運作良好，脫水（往往發生在感覺口渴之前）減緩認知功能。

6. **談論它，大聲談論它。**

   說話驅動大腦的不同部位，如果你需要理解某項事物，或者增加記憶，就大聲說出來。大聲解釋給別人聽，效果更佳。你會學得更快，甚至觸發許多新想法，這是光憑閱讀做不到的。

7. **傾聽大腦的聲音。**

   注意你的大腦是否過度負荷，如果你發現自己開始漫不經心，或者過目即忘，就是該休息的時候了。當你錯過某些重點時，放慢腳步，否則你將失去更多。

8. **用心感受！**

   必須讓大腦知道這一切都很**重要**，你可以讓自己融入故事裡，為照片加上你自己的說明，即使抱怨笑話太冷，都**比**毫無感覺來得更好。

9. **建構一些東西！**

   應用在你的日常工作中；使用你的學習對專案做決策。建構一些東西以獲得本書的練習與活動以外的經驗。你只需要一隻鉛筆與一個要解決的問題…一個能從本書所學的工具與技巧中獲益的問題。

讀我

這是一段學習經驗，而不是一本參考書。所有阻礙學習的東西，我們都會刻意排除。第一次閱讀時，你必須從頭開始，因為本書對讀者的知識背景做了一些假設。

重複是刻意且必要的。

我們冀望 Head First 系列能夠讓你**真正**學到東西，希望你讀完本書之後，能夠記住所讀過的內容，大部分參考用書並不是以此為目標。本書的重點放在**學習**，所以，某些重要內容會一再出現，加深你的印象。

“動動腦”練習沒有答案。

對某些練習來說，並沒有正確的答案。相對於其他練習來說，“動動腦”所啟發的學習經驗在於：讓你自行決定你的答案是否以及何時正確。在某些練習中，我們會提供暗示，指引你正確的方向。

活動不是選擇性的。

練習與活動並非附加內容；它們是本書核心的一部分。有些可以幫助記憶，有些幫助理解，而有些能幫助你應用所學。**不要跳過練習**。填字遊戲也是重要的 —— 它們能幫助你的大腦抓住概念。更重要的是，它們能夠讓你的大腦在不同的環境中有機會思考那些字詞。

試試看考題 —— 就算你不準備考試！

有些讀者正在準備有三小時回答 120 道題目的 PMI-ACP® 認證考試。幸運的是準備此考試最有效率的方式是**學習 Agile**。就算你對 PMI-ACP® 認證沒興趣，這本書還是為你而寫的。但你還是應該試試看每一章最後的考題，因為回答考試題目是讓你的大腦抓住概念**相當有效率的**方式。

技術審閱團隊

Dave Prior

Philip Cheung

Lisa Kellner

Keith Conant

Kelly D. Marce

技術審閱者：

Dave Prior 管理技術專案超過 20 年並從 2009 年開始專注於 Agile。他是通過認證的 Scrum 講師，任職於 LeadingAgile。他的偶像是 Otis Redding，若只能吃一種食物則會是咖啡。

Keith Conant 以軟體工程師、專案經理、部門經理的身分開發軟體超過 20 年以上。他目前正在領導團隊改善全球學院所使用的銷售時點情報系統支付應用程式。在辦公室之外，Keith 會作曲、在樂團中演奏鼓、吉他、或鍵盤，或者是進行各種運動。

Philip Cheung 開發軟體超過 15 年，從 2013 年開始只使用 Agile 管理與產出專案。他在金融界任職，參與建構各種企業等級的應用程式。Philip 喜歡鄉下並期望退休後在鄉下生活。

Kelly D. Marce 是 PMP® 與 PMI-ACP®，有超過九年的專案管理經驗。Kelly 是一個加拿大金融服務公司的 Agile 講師、認證過的專案經理、與 PMP 指導者。閒暇之餘，他參加社區活動並試著跟上他四歲的兒子 Jacob。

一如往常，我們有幸使 **Lisa Kellner** 回到技術審閱團隊。Lisa 一樣很棒。感謝每個人！

誌謝

我們的編輯：

感謝編輯大人，**Nan Barber**，幫我們編輯這本書。謝啦！我們必須感謝 O'Reilly 的許多人，希望我們沒有漏掉任何一位。

歐萊禮團隊：

在這裡要特別感謝製作團隊，同時還要感謝以下這些人。

一如往常，我們愛 **Mary Treseler**，期待再度合作！大聲感謝其他的朋友與編輯們，**Mike Hendrickson**、**Tim O'Reilly**、**Andy Oram**、**Laurel Ruma**、**Lindsay Ventimiglia**、**Melanie Yarbrough**、**Ron Bilodeau**、**Lucie Haskins**、**Jasmine Kwityn**。如果你現正讀著這本書，則你可以感謝出版團隊：**Marsee Henon**、**Kathryn Barret**，以及其他在 Sebastopol 的夥伴。

我們請求組織轉型專家兼搖滾明星 Mike Monsoon 審核本書的初稿並撰寫讚譽，但他卻寫了一首歌！

對深入淺出 Agile 的讚譽

頌詞

我讀過很多 Agile 的書
它們都差不多，
一堆正經八百內容，我發現它們挺瞎的。

說出來（你）幫我說出來。
（如果用衣服來說，
它一定是特大號）

後 厚 吼 後設認知
我終於找到了。
我真的感謝你寫的這本書。
但是我寫不出什麼頌詞啦。

– Mike Monsoon，國際搖滾巨星

聽歌到這裡：***https://bit.ly/head-first-agile-song***

1 Agile 是什麼？

原則與實踐

現在是敏捷的大好時機！業界終於發現解決困擾著數代軟體開發者問題的真正可行方法。敏捷開發不僅產生很好的**結果**，也讓開發團隊工作進行的更順利。但如果敏捷方法這麼好，為什麼不是每個人都採用它？答案是對一個團隊有用的敏捷方法可能導致另一個團隊的嚴重問題，因為不同之處在於團隊的**心態**。準備好改變你看待專案的方式！

新功能聽起來不錯…

這是 Kate，她是矽谷一家新創公司的專案經理。她的公司設計影音串流服務與網路廣播使用的軟體，此軟體即時分析受眾並據此產生推薦節目給使用者。現在 Kate 的團隊有機會產出真正對公司有幫助的東西。

我會告訴團隊在下一版加入這些新的分析功能。
Kate 是一個軟體團隊的專案經理。

謝謝，如果團隊能加快進度，我們最大的客戶還會加買五十套授權，那今年的獎金會很多！
Ben 是產品負責人。他的工作是與客户溝通，看他們需要什麼並提出新功能的需求。

…但事情不一定如預期一樣

Kate 與團隊的溝通沒有達到她的理想。她要怎麼告訴 Ben ？

聽起來我們有機會讓客戶滿意。
Mike 是程式設計的主管

Kate：如果新功能可以放在下一版，我們都會領到很多獎金。

Mike：嗯，聽起來不錯。

Kate：太好了！所以我們說定了？

Mike：等一下！我說**聽起來**不錯，但是辦不到。

Kate：蛤？ Mike 你別耍我。

Mike：聽著，如果四個月前開始設計資料分析服務的時候就告訴我們要這些功能，事情會很簡單。現在我們得修改很多程式…我不想說太多細節。

Kate：好，我也不想聽細節。

Mike：所以…我們說完了？我的團隊還有很多工作。

Agile 是救星！

Kate 正在研究 Agile，她覺得這有可能幫助她讓這些功能加入下一版。Agile 在軟體團隊中越來越受歡迎，因為常聽到“採用了 Agile”的人表示效果卓著。他們的軟體更好了，給他們與他們的使用者產生非常大的改變。不僅如此，除了 Agile 團隊很有效率外，工作起來也更愉快！壓力更小，工作環境也更舒適。

為什麼 Agile 變得如此受歡迎？有很多原因：

- ★ 團隊採用Agile後，他們發現比較容易趕上進度。
- ★ 他們還發現軟體的錯誤變少了。
- ★ 程式碼更容易維護 ——修改、擴充、變更程式不再頭痛。
- ★ 使用者更高興，所以大家的日子更輕鬆。
- ★ 最棒的是，Agile團隊有效率，團隊成員的生活變得更好，因為他們可以早點下班並很少加班（這對很多開發者來說是最重要的！）。

daily standup 是個好的開始

最常見的 Agile 實踐之一是稱為 **daily standup** 的每日例行會議，團隊成員報告目前工作與遭遇到的挑戰。此會議讓每個人都站著以縮短時間。很多團隊因為採用 daily standup 而讓專案獲得成功，這通常是 Agile 的第一個步驟。

在 daily standup 會議中每個人都站著，如此能保持會議簡短、輕鬆、且有重點。

但這傢伙有在注意聽別人說話嗎？

Kate 嘗試進行 daily standup

Kate 萬萬沒想到 Mike 的團隊並非每個人都對這種做法感興趣。事實上，其中一個開發者對增加的會議很不開心，覺得每天要報告進度是一種侮辱。

新功能很重要，讓我們每天開會，這樣我才能每天掌握進度。這是一種非常棒的 Agile 實踐！
我們已經有太多會議了！如果不相信我們，你可以找別人做。
Kate 覺得 Mike 的團隊不講理，但或許他們有道理。你怎麼看？

動動腦

發生了什麼事？是 Mike 不講理嗎？是 Kate 要求太多嗎？為什麼這個簡單的做法會引發衝突？

不同團隊成員有不同的態度

Kate 從一開始採用 Agile 就遇到問題 —— 這不是個案。

事實上很多團隊的 Agile 沒有達到預期中的效果。你知道有一半以上的軟體公司嘗試過 Agile 嗎？除了成功案例 —— 很多！ —— 也有很多團隊嘗試 Agile 但結果並非特別好。事實上，他們感覺到上當了！ Agile 掛保證會成功，但嘗試採用 Agile 的專案似乎都動不起來。

這就是發生在 Kate 身上的事情。她獨自規劃，接著想要團隊報告進度，所以開始把團隊拉進會議室。這麼做真的會有效果嗎？擔心人們不會跟著她的計劃走，所以她專注於聽取每個人的進度報告。另一方面，Mike 與他的團隊希望會議盡可能快一點結束，以便回到“真正”的工作上。

在 Kate 的低效率會議上，其他人都在等著輪流報告，輪到時就短短的說一下。她還是得到了一些有用的資訊，但代價是衝突與無聊 —— 且沒有人是合作的。

我只能在事後知道有些問題**太晚**發現了。

你一直開會我們**怎麼有時間**寫程式。

兩個人對相同做法的看法非常不同。如果他們都不覺得有什麼意義，則這種做法非常沒效率。

軟體專案就是這個樣子，是吧？
教科書案例在真實世界中並不可行。
你一點辦法都沒有，是吧？

不！正確的心態能讓方法更有效。

讓我們認清一件事：Kate 舉行會議的方式跟其他 daily standup 一樣。雖然沒效率，但這種會議方式**還是有成果**。Kate 會發現計劃的問題，而 Mike 的團隊也會有好處，因為影響到他們的問題會提早發現。整個會議並沒有佔用每天太多時間，所以還是值得繼續。

但成功的 Agile 團隊與行禮如儀的團隊間有個重大差別。差別的關鍵在於團隊在專案中的**心態**。信不信由你，每個人的參加態度會讓它更有效率！

每個團隊成員參加 daily standup 等活動的態度會對其效率有重大的影響。就算大家都不認同，就算很無聊，但因為有足夠的效果，會議還是值得進行。

好的心態讓此實踐運作的更好

如果 Kate 與 Mike 有不同的心態呢？如果每個團隊成員以完全不同的態度參加 daily standup 呢？

舉例來說，如果 Kate 讓團隊一**起參與**專案規劃呢？如此會讓她真正的傾聽每個開發者的聲音。若 Kate 改變對會議的想法，她會停止找出他們如何偏離她的計劃以便改正。她的會議目的變成：認識團隊成員一起制定的計劃，而她的任務是幫助團隊有效率的進行工作。

這是非常不同的規劃方式，從未出現在 Kate 所受的專案管理訓練課程中。她一直被教育她的工作就是拿出專案計劃與獨裁團隊。她有評量團隊依循計劃的工具，以及強制施行改變的嚴格程序。

沒有事情對她是完全不同的。她發現讓 daily standup 可行的唯一方式是**努力與團隊合作**，以讓團隊一起找出進行專案的最佳方式。此時 daily standup 變成整個團隊合作確保每個人做出可靠的決策的方式，而專案也會上軌道。

以前 Kate 在太晚發現計劃改變而使團隊無法有效率的應變時會很沮喪。

舉行 daily standup 後，團隊與她每日合作找出改變，因此可以提前應對。這樣做有效率的多！

我沒有全部的答案。我們必須開會以便一起規劃專案。

所以 daily standup 表示你會**傾聽我跟團隊**的意見並真正改變專案進行的方式？

若 Mike 覺得此會議不只是進度報告，還有**認識專案的狀況**，並合作找出讓每個人工作的更順暢的方式呢？如此會讓他覺得 daily standup 很重要。

好的開發者不只對他自己的程式，還對整個專案的方向有想法。daily standup 變成他確保專案可行有效的方式 —— 而 Mike 知道長期下來會對團隊更有幫助，因為程式設計之外的事情也會順利的進行。他知道在會議中把問題攤開時，***每個人都會傾聽***，而專案會因此運作的更好。

事情在 Mike（與其餘團隊成員）發現 daily standup 可幫助他們規劃次日工作時會更好 ——團隊中的每個人都參與了規劃過程。

這很合理！專案規劃在每個人都參與時做得更好。但我認為只有會議中的每個人都投入時才會如此。

動動腦

要如何改變團隊或個人的心態？你能從你的專案中舉出某人 —— 或許是你自己改變心態的例子嗎？

所以 Agile 是什麼？

Agile 是一組**方法**（**method**）與**方法論**（**methodology**），幫助軟體團隊更好的處理與簡化所遇到的特定問題，使它們能夠更直接的解決。

這些方法與方法論處理包括專案管理、軟體與架構設計、流程等所有傳統軟體工程的問題。每個方法與方法論由**實踐**（**practice**）組成，它是最佳化的流程以便更容易採行。

我花了這麼多時間做出計劃，但團隊似乎根本不鳥它。我可以靠 daily standup 確保他們**完全**聽話。

心態與方法論

Agile *也*是**心態**，這對沒有接觸過 Agile 的人來說是個新鮮事。每個團隊成員對這些實踐的態度大幅影響這些實踐的效果。Agile 心態專注於幫助人們分享資訊，如此能讓他們更容易做出重要的決定（而不是只聽老闆或專案經理的決定）。重點是開放讓整*個*團隊參與規劃、設計、與流程改善。為幫助每個人進入有效率的心態，每個 Agile 方法論各有一組讓團隊成員作為指引的**價值**（**value**）。

如果我們***一起合作***規劃專案，則我們可以靠 daily standup 在過程中確保方向正確。

動動腦

如果有個團隊成員在 daily standup 中離席且並沒有傾聽他人的意見要怎麼辦？

削尖你的鉛筆

Kate、Ben、與 Mike 在 daily standup 提出了幾個問題。我們相對列出了幾個你經常會看到 Agile 團隊使用的不同實踐的名稱。不用擔心你還沒有見過其中幾項 —— 接下來你會深入學習。我們對每個實踐加上簡短的說明以幫助你理解。試試看你能否將每個問題與可能有幫助的實踐對上。

 "我們在糾纏不清的程式碼中浪費很多時間找 bug！"

回顧（retrospective）是一種會議，每個人在會議中討論專案最近一部分的狀況並討論從中學到的教訓。

 "OK，我們已經討論完使用者故事，接下來讓我們研究一下以計劃轉這幾週的工作。"

使用者故事（user story）是一種表達使用者特定需求的方式，通常是寫在便條紙或索引卡上的幾個句子。

 "每個釋出版本總是反覆遇到相同類型的問題。"

任務版（task board）是一種 Agile 計劃工具，將使用者故事貼在版上並根據其狀態以欄分類。

 "影音串流使用者提出幾個功能需求。客戶說新功能沒有真正的解決他的問題。"

燃盡圖（burndown chart）是個每日更新的線圖，記錄專案所剩工作，在工作完成時"燃盡"。

 "我以為我們已經說好在禮拜五更新音樂資料庫程式碼。你們現在才告訴我還要三個禮拜？"

開發者持續的**重構（refactoring）**程式碼或改善程式碼結構而不改變其行為來改正程式問題。

如果你還不知道這些實踐也沒關係。接下來幾章會深入討論。

Scrum 是 Agile 最常見的方式

團隊有很多種進行 Agile 的方式，Agile 團隊使用很多種方法與方法論。但多年來的調查研究發現最常見的 Agile 方式是 **Scrum**，它是一種專注於專案管理與產品開發的軟體開發架構。

團隊採用 Scrum 時，每個專案都依循相同的基本模式。Scrum 專案有三種主要角色：**產品負責人**（**Product Owner**）（例如 Ben）一起維護**產品待辦項目**（**Product Backlog**）；**Scrum 大師**（**Scrum Master**）指導團隊克服障礙；以及**開發團隊成員**（**Development Team member**）（團隊中的其他人）。專案根據 Scrum 模式分成**衝刺段**（**sprint**），或等長的週期（通常是兩週或 30 天）。在一個衝刺段的開始，團隊進行**衝刺段規劃**（**sprint planning**）來決定衝刺過程中要完成哪些產品待辦項目列出的功能。這稱為**衝刺待辦項目**（**Sprint Backlog**），而團隊根據項目建構所有功能。團隊每天召開稱為 **Daily Scrum** 的會議。在衝刺段的最後於**衝刺段審核**（**sprint review**）中展示可用軟體給產品負責人與主管，而團隊召開**回顧會議**以找出所學到的教訓。

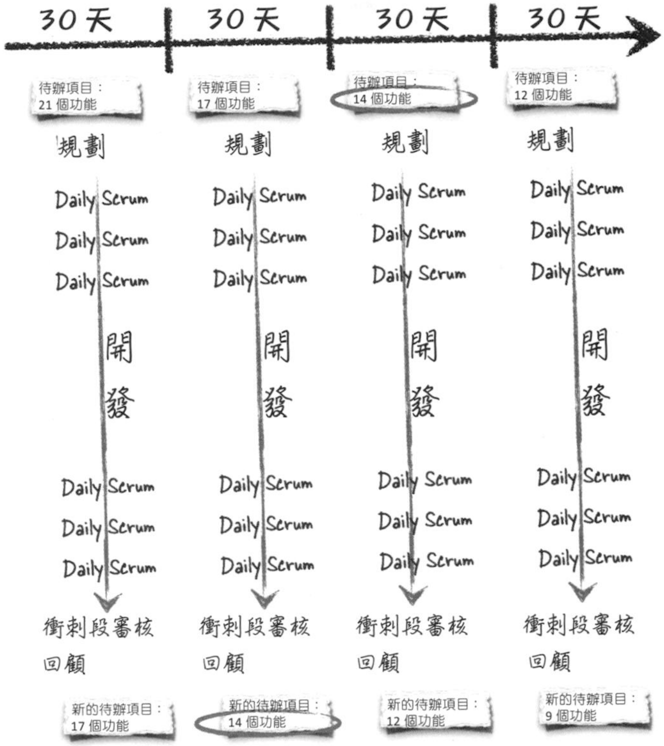

我們會在第 3 與第 4 章深入討論 Scrum，它們不只會教你如何幫助團隊建構更好的軟體與執行更成功的專案，還會探索所有 Agile 團隊共同的重要概念與想法。

XP 與 Lean/Kanban

雖然 Scrum 是最常見的 Agile 方法論，但許多團隊採用其他方式。另一個常見的方法論是 **XP**，此常與 Scrum 結合的方法論專注於軟體開發與程式設計。有些 Agile 團隊採用 **Lean** 與 **Kanban**，這種心態提供工具給你以認識你現在建構軟體的方式以及幫助你日後進入更好的狀態的方法。你會在第 5 與第 6 章學到 XP 與 Lean/Kanban。

Fun 輕鬆

一下子冒出太多新名詞嗎？

我們在新名詞首次出現時以**粗體字**突顯。這一頁出現很多新名詞 —— 如果有幾個沒見過也沒關係！在相關背景中見到新東西之後再深入學習，能幫助你的大腦記住。這是深入淺出系列以對大腦友善的神經科學，讓你輕鬆記憶和學習！

削尖你的鉛筆
解答

團隊可以透過回顧專案並討論什麼是對的與什麼可以改善來避免犯重複的錯誤。

"我們在糾纏不清的程式碼中浪費很多時間找 bug！"

回顧（retrospective）是一種會議，每個人在會議中討論專案最近一部分的狀況並討論從中學到的教訓。

任務版是讓所有團隊成員看到相同專案大局的好方法。

"OK，我們已經討論完使用者故事，接下來讓我們研究一下以計劃轉這幾週的工作。"

使用者故事（user story）是一種表達使用者特定需求的方式，通常是寫在便條紙或索引卡上的幾個句子。

"每個釋出版本總是反覆遇到相同類型的問題。"

任務版（task board）是一種 Agile 計劃工具，將使用者故事貼在版上並根據其狀態以欄分類。

"影音串流使用者提出幾個功能需求。客戶說新功能沒有真正的解決他的問題。"

燃盡圖（burndown chart）是個每日更新的線圖，記錄專案所剩工作，在工作完成時"燃盡"。

團隊中每個人都知道使用者要什麼的時候會更好的建構出使用者需要的軟體。

這是個 <u>XP</u> 實踐。有些專案經理在第一次發現 Agile 實踐不只是規劃與執行專案還專注於程式碼時感到驚奇。

"我以為我們已經說好在禮拜五更新音樂資料庫程式碼。你們現在才告訴我還要三個禮拜？"

開發者持續的**重構（refactoring）**程式碼或改善程式碼結構而不改變其行為來改正程式問題。

沒有蠢問題

問：聽起來 Scrum、XP、Lean/Kanban 是非常不同的東西，怎麼可能都是 Agile？

答：Scrum、XP 與 Lean/Kanban 專注於不同領域。Scrum 主要專注於專案管理：要完成什麼工作，並確保與使用者和主管的要求一致。XP 專注於軟體開發：建構設計良好且容易維護的高品質程式碼。Lean/Kanban 結合 Lean 心態與 Kanban 方法，團隊以它專注於持續改善建構軟體的方式。

換句話說，Scrum、XP、Lean/Kanban 專注於軟體工程的三種不同領域：專案管理、設計與架構、以及程序改善。因此它們有不同的做法是合理的 —— 這就是不同之處。

下一章會討論它們的共同點：能幫助團隊採用 Agile 心態的共同價值與原則。

問：這不是新瓶裝舊酒嗎？例如 Scrum 的衝刺段只是里程碑與專案階段，不是嗎？

答：第一次接觸到 Scrum 等方法論時，很容易會覺得內容與你已經知道的東西類似 —— 這是件好事！如果你曾經參加過團隊，應該會覺得很多 Agile 實踐很熟悉。你的團隊打造某些東西，而你與團隊成員應該會好好的做出你（目前）不想再修改的東西。但人們很容易掉入 Agile 看似熟悉的部分與之前就知道的東西相同的陷阱中。舉例來說，Scrum 衝刺段與**專案階段並不同**。傳統專案管理中的階段或里程碑與 Scrum 的衝刺段有很多不同處。

舉例來說，在傳統的專案計劃中，所有階段都在專案開始時規劃好；在 Scrum 中，只有下一個衝刺段會做細節規劃。這種差別對習慣傳統專案管理的人來說很奇怪。

你接下來會學到 Scrum 的規劃如何進行以及它跟你已經習慣的方式有何不同。此時要保持開放的態度 —— 注意到你覺得“這與我已經知道的一樣”的時刻。

重點提示

- 許多想要採用 Agile 的團隊從 **daily standup** 開始做起，大家站著開會以保持簡短。
- Agile 是一組**方法與方法論**，但也是**心態**，或團隊成員共同的態度。
- daily standup 在團隊成員具有正確的**心態**時更有效率 —— 每個人傾聽他人並合作確保專案在正軌上。
- 每個 Agile 方法論有一組**價值**來幫助團隊進入最有效率的心態。
- 團隊成員依循共同原則與共同的價值時會讓所採取的方式**更有效率**。
- **Scrum** 是專注於專案管理與產品開發的一種架構，是最常見的 Agile 方式。
- 在 Scrum 專案中，專案根據 Scrum 模式分成**衝刺段**（**sprint**），或等長的週期（通常是 30 天）。
- 每個衝刺段從決定要進行什麼工作的**衝刺規劃**開始。
- 在衝刺段期間團隊每天召開稱為 **daily scrum** 的短會。
- 衝刺段結束時，團隊與主管召開**衝刺段審核**並展示軟體。
- 團隊召開**回顧會議**以檢視衝刺段的進行並一起討論如何改進來完成衝刺段。

照過來！

不要立即排斥！

許多人 —— 特別是硬派開發者 —— 一聽到心態、價值、原則等詞彙就嗤之以鼻。對習慣關起門來不與人交談的程式設計師更是如此。如果你開始這麼想，試著給這些想法一個考慮的機會。畢竟有很多好軟體是這麼開發的，因此它一定有些優點…不是嗎？

削尖你的鉛筆

下列哪些情境應用了實踐，哪些情境應用了原則？沒有看過這些實踐也沒關係，試著從題目中找出正確的答案（這是應考時的技巧！）。

1. Kate 知道與團隊溝通專案重要資訊最有效率的方式是**面對面的交談**。

☐ 原則　　☐ 實踐

2. Mike 與他的團隊知道使用者可能會改變主意，而這些改變會損害程式，因此他們使用**漸進設計**來確保程式碼在之後容易修改。

☐ 原則　　☐ 實踐

3. Ben 使用**人物**建構典型使用者的模型，因為他知道團隊越能認識使用者則越能建構良好的軟體。

☐ 原則　　☐ 實踐

4. Mike 總是確保他的團隊做出可以展示給 Kate 與 Ben 看的東西，因為他知道**開發中的軟體**是展示團隊進度最好的方式。

☐ 原則　　☐ 實踐

5. Kate 想要改善團隊建構軟體的方式，所以她召集所有人一起對流程做出**合作改進與進化實驗**並使用數據證明這些改變讓事情變得更好。

☐ 原則　　☐ 實踐

6. Mike 與他的團隊以建構在過程中容易修改的程式來**擁抱改變**。

☐ 原則　　☐ 實踐

→ 答案見第 20 頁

哇！我們從來沒有合作的這麼好。
daily standup 會議改變了一切！

Kate：這個專案比以前進行的更好。這都是因為每天的一場小會議！

Mike：呃，我不這麼認為。

Kate：哎呦，Mike ！不要這麼悲觀。

Mike：真的，不開玩笑。你不會真的以為你是第一個嘗試以增加開會來解決問題的人吧？

Kate：這個…嗯…

Mike：結果還不錯，我就老實跟你說，你開始 daily standup 時，團隊中幾乎每個人都不高興。

Kate：真的？

Mike：是的。你不記得前一兩週我們都在低頭看手機嗎？

Kate：沒錯。我猜是沒什麼用。其實我真的有考慮取消。

Mike：然後有個程式設計師提出了一個嚴重的架構問題。大家因為他很強而傾聽他的意見，而大家也很尊重他的意見。

Kate：對，當時我們必須做出重大改變，而我決定砍掉兩個功能。

Mike：就是！那非常重要。我們遇到這種問題時通常必須工作到很晚。例如我們發現分析演算法有嚴重的瑕疵時。

Kate：對啊，那很糟糕。我經常發現我們承諾了辦不到的事情。這次我們提前發現問題，我和 Ben 合作管理使用者的期待，並讓你們有時間做出新方案。

Mike：我們絕對會在出現這種問題時提出來討論。

Kate：等一下 —— 蝦密？這種問題很常發生？

Mike：拜託，我就沒有遇過開始進行程式設計後從不出包的專案。這就是真正的軟體專案，年輕人。

看起來 Kate 領悟到實際上的軟體專案比紙上計劃更混亂與複雜。以前她只需要寫好計劃然後逼團隊跟上…有問題都是他們的錯。

另一方面，此專案進行的比以前都好。她必須更努力的處理問題，但結果更好！

Agile 填字遊戲

解決這個填字遊戲並讓執行 **Agile** 概念烙進你的大腦！不看書你可以回答幾個字？

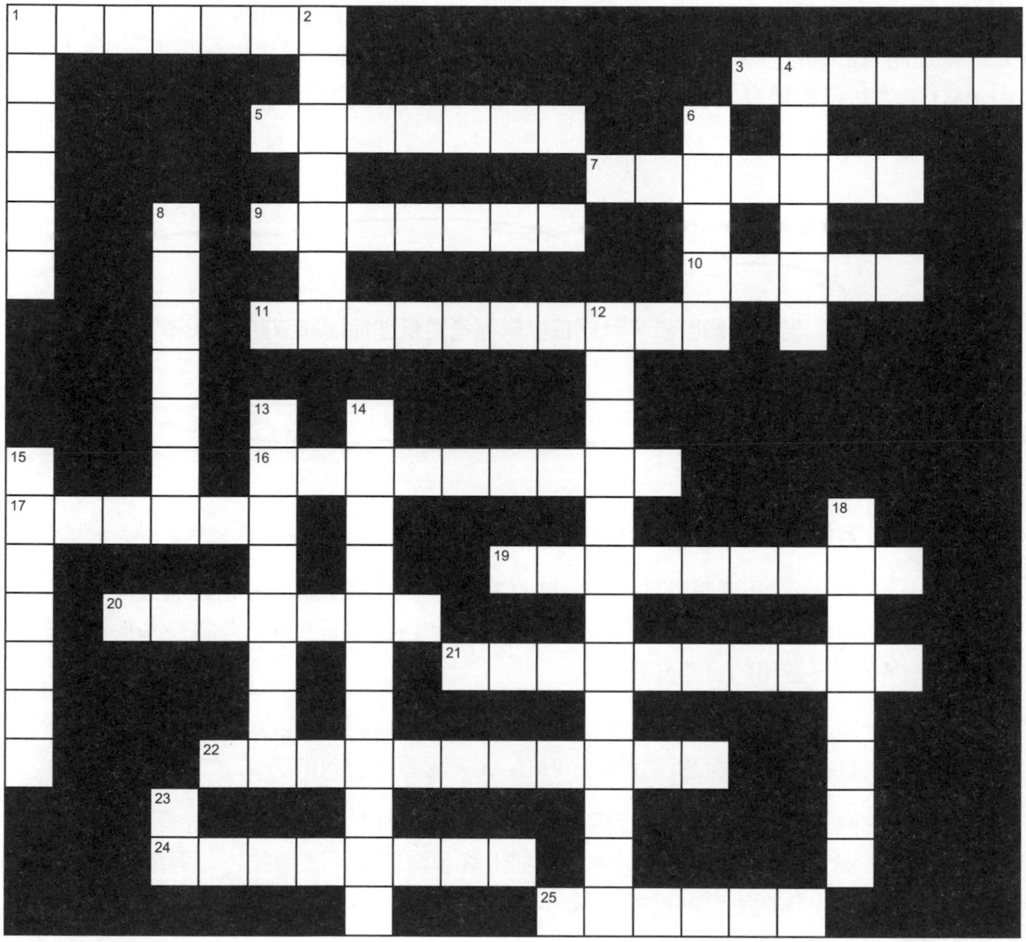

橫排提示

1. A daily ______ can be valuable, but it really works best if everyone on the team has the right mindset
3. In the Kanban method, teams improve collaboratively and _______ experimentally
5. Kanban is an agile method focused on _______ improvement
7. Holds the features that haven't been built yet
9. The Scrum team always demos _______ software
10. Who the Scrum team does the demo for
11. What Scrum teams do every day
16. Helps the team understand their users' needs
17. The Scrum ______ guides the team past roadblocks and helps them implement Scrum
19. Agile planning tool
20. The ______ Owner on a Scrum team maintains a backlog
21. The most effective way to communicate
22. _______ design helps XP teams make code easy to change
24. Scrum teams get together to do this at the start of the project
25. Scrum team's demo at the end of the project

直排提示

1. How Scrum teams divide up their projects chronologically
2. Helps the team understand who their users are
4. These help teams understand the mindset of a methodology
6. Framework focused on project management and product development
8. Makes a big difference when adopting practices
12. When the team gets together to figure out what lessons they've learned
13. Chart that tracks the amount of work left on a project
14. What XP teams do constantly to improve their code structure
15. What XP teams do with change
18. A tool or technique used by a team
23. Methodology focused on code and software design

PMI-ACP 認證能幫助你更 Agile

Agile Certified Practitioner（PMI-ACP）® 認證由 Project Management Institute 創設以滿足越來越多運用 Agile 方法、方法論、實踐、與技術的專案經理的需求。如同 PMP 認證，PMI 的考試是根據真實世界中的任務、Agile 團隊每日使用工具與實踐所設計的。

PMI-ACP 認證面向任何在 Agile 團隊工作或組織將要採用 Agile 的人。

考試醫生在此幫助你進入最佳的應試狀態。

若你計劃應試，我們會以模擬考題幫助你回顧教材內容來準備考試。

考試是針對實務 Agile 知識。

PMI-ACP 考試設計用於反映真實世界中的團隊運作。它涵蓋最常見的方法與方法論，包括 Scrum、XP、與 Lean/Kanban。考題是基於團隊每日運用的實務知識。

這就是為何本書的設計是**教你 Agile**：因為認識 Agile 的方法、方法論、實踐、價值與想法是準備 PMI-ACP 認證最有效的方式。

除了教你 Agile，我們還會花一些時間專注於考試內容。這表示 **100% 涵蓋 PMI-ACP 考試內容**，加上許多練習題、應考技巧、與準備題目，其中包括完整的模擬考試。

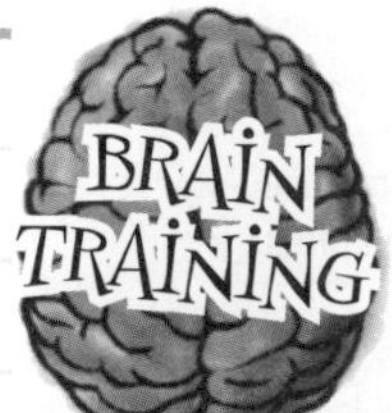

就算你不是用本書準備 PMI-ACP 認證，實務問題也提供不同的研讀方式。這是**牢記在大腦中**的好方式。

第 2 章到第 7 章後面都有實務問題，其中還包括解析不同類型問題的“題目診療室”。

學習辨識不同類型的考題很有用，因為見的熟悉的東西可以幫助你的大腦放輕鬆，能讓答案更快的浮現。我們稱此為 **“只說事實”問題**。看起來只是問基本資訊，但要**仔細閱讀所有答案！**它通常含有看似正確但其實不然的誤導答案。

我們會使用練習題給你提示與應試策略…

39.下列何者用於團隊認識專案進度？

A. 重構

某些答案明顯是錯的。重構是關於改善程式碼而非認識專案進度。

B. 回顧

某些答案會誤導！回顧幫助團隊更好的認識專案，但並不追蹤進度，因為它主要是回顧已經完成的工作。

C. 燃盡圖

這是正確答案！燃盡圖是顯示專案進行狀態與剩下多少工作的工具。

D. 持續整合

我們還沒有討論到這個詞 – 它是 XP 團隊運用的實踐。有些考試題目會有你不認識的答案，這還好！放輕鬆，專注於其他答案。此例中有另外一個答案是正確的，但若沒有一個是對的，你可以消去它們並從可能的答案中猜一個！

我們會以專注於不同類型考試題目的“題目診療室”幫助你準備 PMI-ACP 考試並讓你練習自行出題！

削尖你的鉛筆 解答

這是 Agile 的基本原則之一：面對面的交談是與軟體團隊傳達資訊最有效率的方式。

1. Kate 知道與團隊溝通專案重要資訊最有效率的方式是**面對面的交談**。

☒ 原則　　☐ 實踐

漸進設計是一種 XP 實踐，讓團隊逐步增加程式碼。

2. Mike 與他的團隊知道使用者可能會改變主意，而這些改變會損害程式，因此他們使用**漸進設計**來確保程式碼在之後容易修改。

☐ 原則　　☒ 實踐

人物是一種實踐，團隊建構出具名的虛擬使用者（通常還有假照片）以更好的認識誰會使用他們的軟體。

3. Ben 使用**人物**建構典型使用者的模型，因為他知道團隊越能認識使用者則越能建構良好的軟體。

☐ 原則　　☒ 實踐

一種重要的 Agile 原則是以進行中的軟體作為專案進度的主要度量，因為它是每個人判斷團隊實際完成工作最有效率的方式。

4. Mike 總是確保他的團隊做出可以展示給 Kate 與 Ben 看的東西，因為他知道**開發中的軟體**是展示團隊進度最好的方式。

☒ 原則　　☐ 實踐

5. Kate 想要改善團隊建構軟體的方式，所以她召集所有人一起對流程做出**合作改進與進化實驗**並使用數據證明這些改變讓事情變得更好。

這是 Kanban 的一種核心實踐。團隊使用科學方法判斷改善在實際工作中是否確實可行。

☐ 原則　　☒ 實踐

6. Mike 與他的團隊以建構在過程中容易修改的程式來**擁抱改變**。

☒ 原則　　☐ 實踐

一種所有 XP 團隊共用的重要價值，他們擁抱改變而非嘗試抗拒改變。

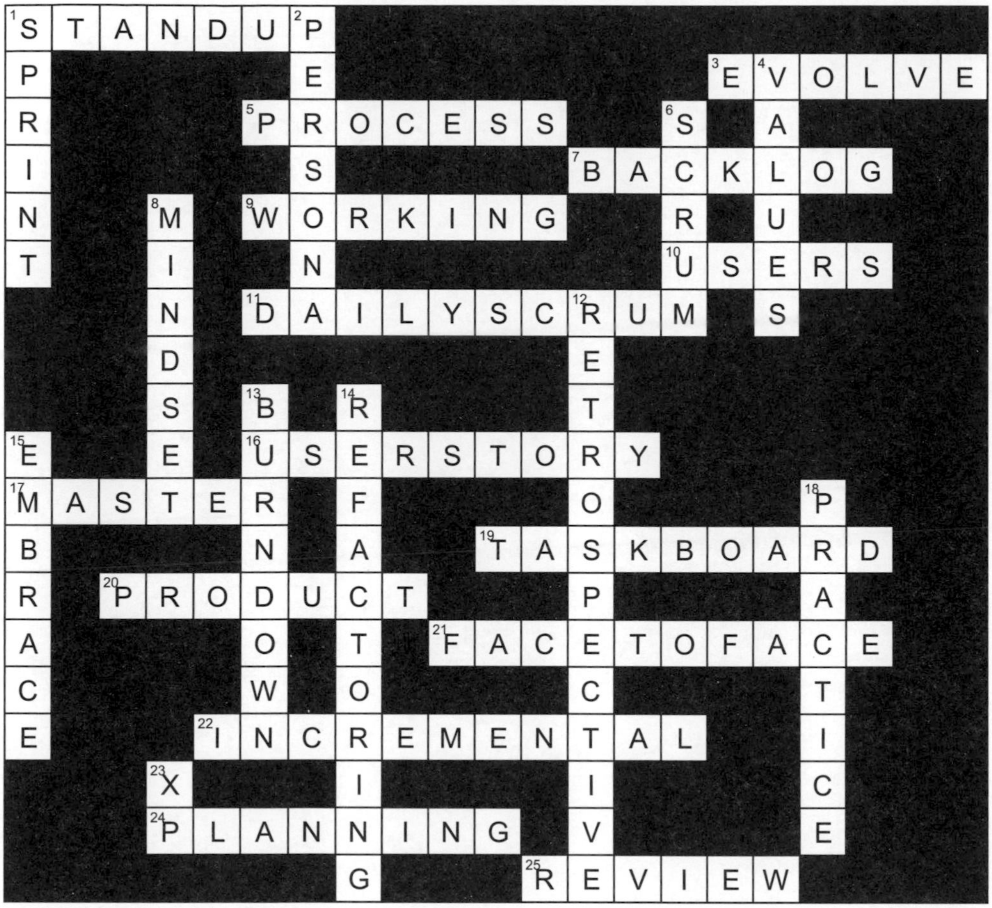
1 STANDUP
3 EVOLVE
5 PROCESS
7 BACKLOG
9 WORKING
10 USERS
11 DAILYSCRUM
16 USERSTORY
17 MASTER
19 TASKBOARD
20 PRODUCT
21 FACETOFACE
22 INCREMENTAL
24 PLANNING
25 REVIEW
1 SPRINT
2 PERSON
4 VALUES
6 SCRUM
8 MINDSET
12 RETROSPECTIVE
13 BURNDOWN
14 REFACTORING
15 EMBRACE
18 PRACTICE
23 X

嘿，注意看！前一頁“削尖你的鉛筆”的解答加上了***有用的解釋***！我猜那會是很好的學習工具。

這一頁刻意留白

2 Agile 價值與原則

心態與方法

我知道這個規格有問題。另一方面，我不記得團隊有任何人在開始寫程式之前**讀過規格**。所以算是扯平了？

建構軟體沒有“完美”的實踐方式。

有些團隊在採用 Agile 實踐、方法、與方法論後有很大的改善與成就，而有些則不然。我們已經學到差別在於團隊成員的心態。那麼你要做什麼才能產生很好的結果？你如何確保團隊有正確的心態？這時候要靠 **Agile 宣言**（**Manifesto**）。當你和你的團隊思考它的**價值和原則**時，你開始對 Agile 實踐和它們的工作方式進行不同的思考，並且它們開始變得**更加有效**。

雪鳥發生了一件大事

軟體開發圈於 1990 年代進行了一場運動。團隊越來越受不了傳統的 **waterfall 流程**，它定義嚴格的需求然後規劃完整的設計並在開始撰寫程式前在紙上設計好軟體架構。

waterfall 團隊成員並不一定 100% 清楚為何不喜歡他們的流程，但都認為流程太“繁重”且麻煩。

該年代末有些團隊意識到需要更“輕量化”的軟體建構方式，此時有幾種方法論（特別是 Scrum 與 XP）因這種實踐方式而越來越受到歡迎。

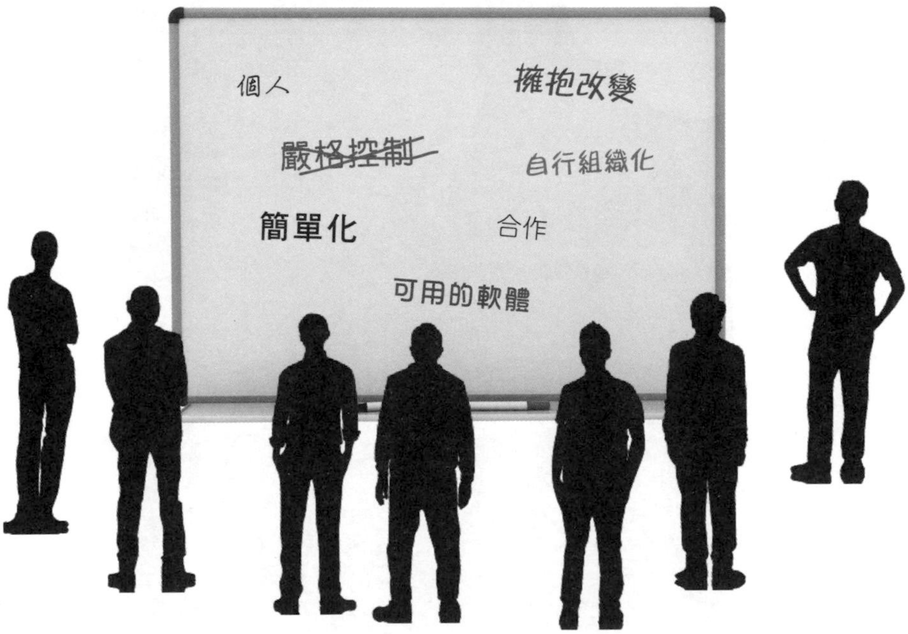

業界領導者聚集討論各種輕量化軟體建構方法是否有共通處。

智者會議

在 2001 年，有十七個人在猶他州鹽湖城雪鳥滑雪勝地聚集。這一群人包括 Scrum 與 XP 等各種“輕量化”世界的領袖。他們不確定會議會達成什麼結果，但都認為這些建構軟體的新型輕量化方法有些共通處。他們想要知道這是否正確且或許能找出寫下來的方式。

Agile 宣言

沒多久這個群體就整合出四個共通價值。他們將這些價值寫下而被稱為 **Agile 宣言**。

Agile 軟體開發宣言

我們正在尋找更好的方法
來開發軟體並幫助其他人也做到這一點。
我們的成果是這些價值觀：

個人與互動重於流程與工具
可用的軟體重於詳盡的文件
與客戶合作重於合約協商
回應變化重於遵循計劃

也就是比起右邊項目，我們更看重左邊項目。

如果這些人這麼聰明，為什麼不直接寫出***建構軟體的最佳方式***？為什麼是這些“價值觀”？

建構軟體沒有“銀製子彈”的看法是由軟體工程先驅 Fred Brooks於1980年代在一篇稱為“No Silver Bullet”的論文中所引起的。

他們並沒有要做出“統一”方法論。

其中一個基本想法是現代軟體工程**沒有“最佳”的軟體建構方式**。這是已經在軟體工程界中流傳數十年的一個重要想法。Agile 宣言有效是因為它**列出幫助團隊進入 Agile 心態的價值觀**。只要團隊中的每個人真正的接受這些價值觀，它就能幫助他們建構更好的軟體。

實際上增加實踐會是個挑戰

團隊總是在尋求改善的方式。我們已經看過實踐的作用，對 Agile 團隊使用的輕量化實踐做法更是如此，它的設計簡單、直接、且容易採用。但我們也看到團隊的心態或態度會讓成功採用更為困難 ——如同 Kate 發現她、Mike、與團隊成員在她嘗試舉行 daily standup 時有很大的不同。

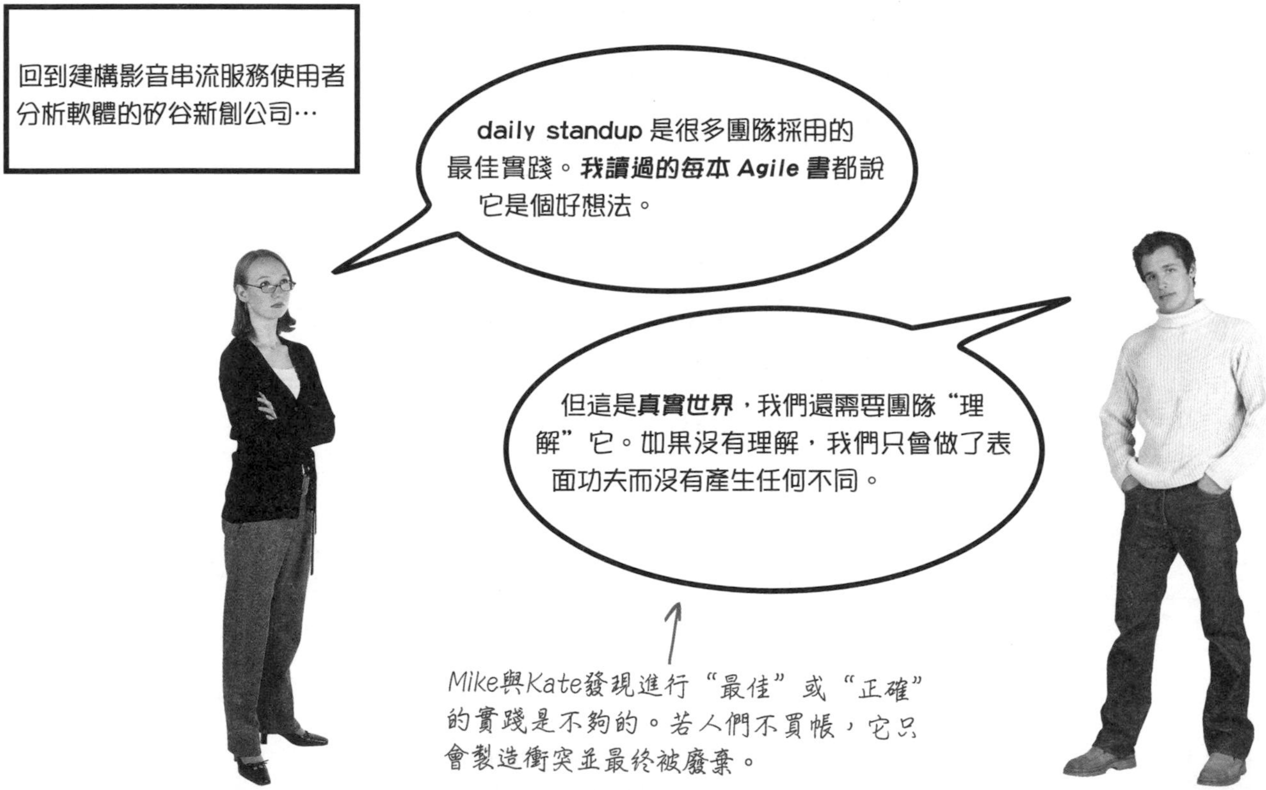
回到建構影音串流服務使用者分析軟體的矽谷新創公司…
daily standup 是很多團隊採用的最佳實踐。我讀過的每本 Agile 書都說它是個好想法。
但這是真實世界，我們還需要團隊“理解”它。如果沒有理解，我們只會做了表面功夫而沒有產生任何不同。
Mike與Kate發現進行“最佳”或“正確”的實踐是不夠的。若人們不買帳，它只會製造衝突並最終被廢棄。

Agile 宣言的四種價值觀指導團隊獲得更好更有效率的心態

Agile 宣言有四個 X 重於 Y 項目，它們能幫助我們認識 Agile 團隊的價值觀。每個項目告訴我們推動 Agile 心態的特定價值觀。我們可以使用它們來幫助我們認識它對 Agile 團隊的意義。

讓我們更深入的檢視這四個價值 ⟶

個人與互動重於流程與工具

Agile 團隊知道流程與工具很重要。你已經學到 Agile 團隊使用的幾個實踐：daily standup、使用者故事、任務版、燃盡圖、重構、與回顧。這些都是可讓 Agile 團隊非常不同的很有價值的工具。

但 Agile 團隊更看重個人與互動，因為團隊在你注意到人類因素時運作得更好。

你已經看過一個例子 ──Kate 嘗試引進 daily standup，最後卻與 Mike 以及他的團隊產生衝突。這是因為讓某個團隊運作良好的工具，對其他團隊可能會因團隊的人們覺得沒有效果或無法對軟體開發有直接的幫助而導致嚴重問題。

下一次嘗試引進新工具或流程時，我會與團隊討論並嘗試***從他們的角度***理解。

好主意，Kate ！

流程與工具對於完成專案很重要，它們非常有價值。但**團隊中的個人**更重要，你引進的任何工具必須改善他們**相互之間**以及與使用者和主管的互動。

可用的軟體重於詳盡的文件

“可用”的軟體是什麼意思？你如何知道軟體可用？這實際上比你想像的更難回答。傳統 waterfall 團隊建構詳細的需求文件來決定團隊要建構什麼、與使用者及主管審核該文件、然後遞給開發者著手進行。

大部分專業軟體開發者都開過很糟糕的會議，團隊驕傲的展示工作成果，但使用者只有抱怨漏掉重要的功能或根本不能正確運作。它通常以爭論告終，例如 Ben 與 Mike 在他展示團隊開發了幾個月的一個功能後所做的一樣：

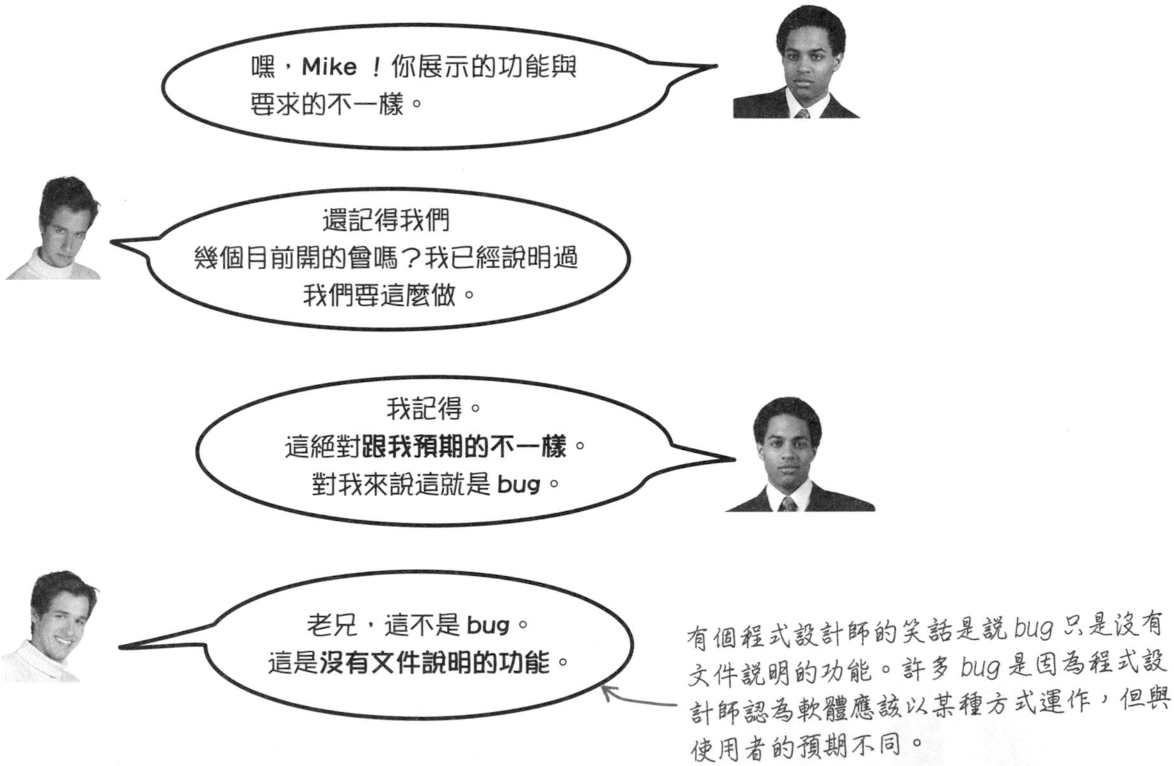
嘿，Mike ！你展示的功能與要求的不一樣。
還記得我們幾個月前開的會嗎？我已經說明過我們要這麼做。
我記得。這絕對**跟我預期的不一樣**。對我來說這就是 bug。
老兄，這不是 bug。這是**沒有文件說明的功能**。
有個程式設計師的笑話是說 bug 只是沒有文件說明的功能。許多 bug 是因為程式設計師認為軟體應該以某種方式運作，但與使用者的預期不同。

許多人嘗試以詳盡的文件解決這個問題，但只會讓情況更糟。文件的問題是兩個人對於同一份文件會產生不同的解讀。

這是為何 Agile 團隊較詳盡文件更看重**可用的軟體** —— 因為實際使用是使用者評估軟體運作最有效率的方式。

腦力訓練

這一題對已經讀過 Head First PMP 的人來說應該很熟悉！

Lisa 正在測試 Black Box 3000 ™的韌體。這個產品只在下列情境下“可用”。你能幫助 Lisa 指出哪個版本的產品具有“可用”的韌體？

Black Box 3000™

提示：有個重要的資訊我們還沒給你。沒有它，這一題很難解決。

甚至有些人說不可能解決！

情境 1

Lisa 按下按鈕，但什麼事都沒發生。

…我如何知道盒子的韌體是可用的？

情境 2

Lisa 按下按鈕，盒子發出聲音：“按鈕錯誤”。

測試員 Lisa 正在測試 Black Box 3000™的韌體，但她不確定要測什麼。

情境 3

Lisa 按下按鈕，盒子加熱到 628° F。Lisa 丟開盒子然後盒子裂開成數百塊碎片。

如果你不知道什麼是**韌體**，它是寫入硬體的唯讀記憶體的軟體。

腦力訓練 解釋

以下是我們在前一頁沒有給你看的重要資訊：Black Box 3000 ™是工業鍋爐的加熱裝置。因此情境 3 展示“可用”的軟體。

判斷軟體可用的最好（有時候是唯一！）的方式是交付給使用者。若他們能使用該軟體進行所需的工作，則它是可用的。但不一定能確定什麼叫做“可用”，這也是為何 Agile 團隊還看重詳盡的文件 ──他們只是更看重可用的軟體。

此例中說的是交付給 Lisa。希望她有戴隔熱手套！

這是團隊會覺得有用的詳盡文件的一個範例：Black Box 3000™ 規格書。

BLACK BOX 3000™
規格手冊

BB3K™ 是個工業鍋爐的加熱裝置。

BB3K™ 必須在0.8秒內加熱到628°F。

BB3K™ 必須有個很大很好按的按鈕。

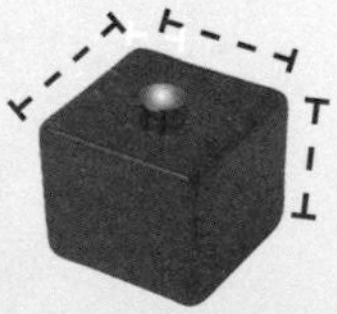

有時文件很有用 ── 例如“可用”的軟體應該要做什麼不是很清楚時。

看起來情境 3 是可用的軟體。幸好有說明文件…但更重要的是我手上有**實際產品**。

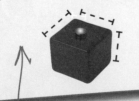

現在她知道此軟體“可用”指的是什麼，Lisa 可以確實的進行測試。

與客戶合作重於合約協商

不，這與採購合約**無關**！

Agile 團隊討論合約協商時，通常指的是對使用者、客戶、或團隊其他人的態度。團隊成員具有“合約協商”心態時，他們會覺得進行任何工作之前都有嚴格的協議。許多公司鼓勵這種心態，要求團隊對產出與進度提供明確的“協議”（通常有詳細的文件並要求嚴格的改變控管程序）。

合約協商在客户不願意合作時是有必要的。與不理性的人是很難真正的合作 —— 例如經常改變專案規格又拒絕給團隊足夠時間進行修改的客户。

Agile 團隊強調與客戶合作重於合約協商。他們知道專案會修改且專案開始時絕不會有完美的資訊。因此相較於嘗試在開始進行前固定規格，他們**與客戶合作**以取得最好的結果。

與使用者**合作**的結果一定比靠合約協商好。

Scrum 團隊特別擅長這個，因為他們有個像 Ben 的**產品負責人**是真正的團隊成員。他或許不開發程式，但他與使用者討論，了解他們的需求，並幫助其他團隊成員了解需求與建構可用軟體。

回應變化重於遵循計劃

有些專案經理會說“規劃工作，依規劃進行工作”。而 Agile 團隊知道規劃很重要，但依有問題的規劃進行工作會導致團隊建構有問題的產品。

傳統的 waterfall 專案有處理改變的方式，但通常需要經過嚴格且耗時的修改管控程序。這反映出改變是例外而非通例的心態。

計劃的問題是團隊在對最終產品所知很少的情況下開始建構，而 Agile 團隊**預期計劃會被改變**。

這是為何他們通常使用具有工具可持續檢視改變並做出回應的方法論。你已經看過這樣的工具：daily standup。

在 Agile 專案中，你的產品是逐步開發的，每個新步驟從前一個步驟獲取知識。計劃（或需求、或專案的其他部分）以這種方式開發時稱為逐步精進（***progressive elaboration***）。

專案的規劃很重要，但更重要的是知道這些計劃會在團隊開始撰寫程式時改變。

開始採用 daily standup 之前，我看不出專案計劃的問題，直到要處理已經太晚了。

Kate 與 Mike 解決了分歧後，他們都了解到 daily standup 是讓每個人每天檢視計劃並合作回應改變的方法。團隊中的每個人合作應對改變時，他們能夠更新一起規劃的計劃而不會產生混亂。

照過來！

應對改變對 Agile 團隊很重要，但他們還是重視遵循計劃。

再看一眼 Agile 宣言的最後一行：

> 也就是比起右邊項目，我們更看重左邊項目。

Agile 宣言的四個價值觀都有兩個部分：Agile 團隊重視的東西（右邊），以及 Agile 團隊更重視的其他東西（左邊）。

因此當 Agile 團隊表示他們重視回應變化重於遵循計劃時，這**並不**表示他們不重視計劃 —— 事實上剛好相反！他們絕對重視遵循計劃，只是更重視回應變化。

事實上，Scrum 團隊比依循 waterfall 程序的傳統團隊做更多的規劃！但由於他們擅長回應變化，所以團隊成員並不這麼覺得。

重點提示

- Agile **宣言**於 2001 年由一群尋找不同“輕量化”方法、方法論、與建構方式共通處的人發表。
- Agile 宣言的**四個價值觀**幫助 Agile 團隊產生正確的心態。
- Agile 團隊**重視程序與工具**，因為它們能幫助團隊更有組織與效率。
- 但他們**更重視人與互動**，因為團隊在注意人這個因素時運作得更好。
- Agile 團隊**重視詳盡的文件**，因為它是溝通複雜需求與想法的高效率工具。
- 但他們**更重視可用軟體**，因為它是溝通進度與取得用戶意見最有效率的方式。
- Agile 團隊**重視合約協商**，因為有時候它是懲罰錯誤的辦公室文化中唯一有效的運作方式。
- 但他們**更重視客戶合作**，因為它比依靠法律或對立的客戶關係更有效。
- Agile 團隊**重視依循計劃**，因為沒有計劃，複雜的軟體專案就會脫軌。
- 但他們**更重視回應變化**，因為錯誤的計劃最終產生錯誤的軟體。

宣言磁鐵

哇！冰箱上有些 Agile 宣言磁鐵掉在地上！你能夠把全部宣言拼回去嗎？試試不偷看前面的頁數下你能完成多少。

有些磁鐵還在冰箱上。讓它們留在原來的位置。

Manifesto for Agile Software Development

We are uncovering better ways of developing
software by doing it and helping others do it.

:

Through this work we have come to

over

over

over

over

That is, while there is | value | in | the items on the | , | we
value | the items on the | more | .

不要在意價值觀的順序。

Agile 宣言的四個價值觀都一樣重要，因此沒有特別的順序。只要確保每個價值觀（*X* 重於 *Y*）是相符的就好。

這些是掉下來的磁鐵。你是否能把它們放回正確位置？

following | individuals | change | left | customer | value | tools | plan
contract | processes | working | and | and | to | comprehensive | negotiation
right | collaboration | a | documentation | software
interactions | responding

答案見第 66 頁

沒有蠢問題

問：我還是不清楚“waterfall”是什麼意思。

答：“waterfall”是特定傳統軟體建構方式的名稱。它將專案分為階段，通常畫成下面這樣的圖表：

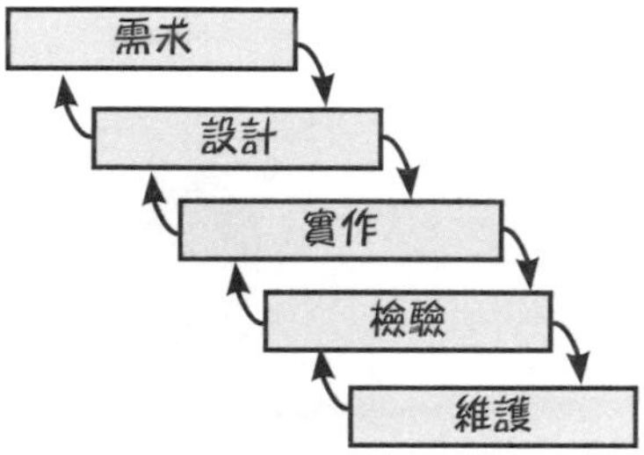

其名稱來自於1970年代一個軟體工程研究者，他首先將此描述為不太有效的軟體建構方式。團隊通常期待在開始撰寫程式前產出接近完美的需求文件與設計，因為發現有問題時需要很多時間與精力回頭修改需求與設計。

問題是通常沒有方法得知需求與設計是否正確，要等到團隊開始設計程式才知道。waterfall 團隊經常認為文件的每個細節是正確的，只會在開發者開始實作設計時才會發現嚴重的瑕疵。

問：那為什麼大家都還是採用 waterfall 程序？

答：因為它可行 —— 至少還能用。很多團隊靠 waterfall 程序做出很棒的軟體。還是有可能先做出需求與設計且改變相對的少。

更重要的是很多公司的文化傾向於 waterfall 程序。舉例來說，如果你的老闆認為你犯錯時會嚴厲的懲罰你，則在開始撰寫程式前讓他簽署完整的需求與設計文件可幫助你保住工作。但無論你怎麼做，找出誰負責專案哪個部分的決策所花的時間會佔掉實際製作產品的時間。

問：所以 waterfall 好還是不好？它為什麼較 Agile 方法、方式、架構更不“輕量化”？

答：waterfall 沒有“好”或“壞”，它只是一種做事情的特定方式。如同各種工具也有好處與缺點。

但許多團隊發現 Scrum 等 Agile 方法比 waterfall 程序更好。其中一個原因是他們發現 waterfall 太“沉重”，因為它限制了很多做事情的方式：它要求在開始寫程式前要有完整的需求與設計階段。下一章會討論 Scrum 團隊如何以衝刺段與計劃實踐快速的開始建構軟體，如此能讓他們交付可用軟體給使用者。這對團隊來說更“輕量化”，因為所做的每件事都對開發中的程式碼有立即的效應。

問：那麼我到底要怎樣執行我的專案？我的團隊要不要建構文件？是否從完整的規格開始？應該要拋棄所有文件嗎？

答：文件對 Agile 團隊很重要 —— 但主要是因為它是建構可用軟體的有效方式。文件只在有人讀時有用，而事實上很多人就是不讀文件。

當我撰寫規格需求文件並交給你與團隊進行開發時，文件並不重要。重要的是**我的認知與你的認知**以及每個團隊成員的認知**相符**。在有些情況下，例如有複雜的計算或工作流程時，文件對產出良好軟體的**共同認知**是非常有效的方式。

問：我就是不相信價值觀很重要。它如何幫助我與團隊實際撰寫程式？

答：Agile 宣言的價值觀幫助你與團隊產生幫助你建構更好的軟體的心態。而你已經學到你的心態 —— 對你所採用的實踐的態度 —— 可產生非常大的影響。

思考前一章的例子，Kate 與 Mike 對 daily standup 會議有分歧。Kate 只想要用它作為指揮團隊與掌握進度的方法但結果不怎麼樣。但當每個人有更合作的態度時，結果更好。這就是心態對實際結果所產生的影響。

問題診所：“哪一個最好”問題

準備考試的一個好方法是學習不同類型的問題，然後嘗試自行撰寫。每個問題診所會檢視不同類型的問題並讓你練習自行撰寫。就算你不是要用這本書準備 PMI-ACP 認證考試，還是可以試試看。這還是能幫助你記住這些概念。

中斷一下來做問題診所。它能讓你的大腦休息並思考不同的東西。

許多考試題目要求你選擇哪一個答案***最好***。這通常表示有個答案還不錯，但另一個答案***更好***。

讓資深管理階層參與是個不壞的主意，但最好用於解決嚴重的衝突。最好讓團隊與使用者一起解決而不要靠權力仲裁。

82. 有個使用者向團隊要求一個非常重要的新功能，但這樣會讓其他功能趕不上計劃進度。團隊最好應該先做些什麼？

A. 與資深管理階層召開會議以對優先做出正式決定

B. 遵照現有計劃才不會趕不上進度，將新功能放在高優先接著做

C. 與使用者討論是否新功能重要到必須改變時程

D. 進行變化控管程序

Agile 團隊重視依循計劃，所以這是個好主意…但他們更重視回應變化。還有答案更符合 Agile 價值觀嗎？

這是最好的答案！Agile 團隊較依循計劃更重視回應改變。所以最好是快速的回應使用者並取得所有資訊。然後他們可以合作指出計劃如何受影響。

如果你是在準備 PMP 考試，這可能是正確答案。由於很多 Agile 團隊在有變化控管程序的公司工作，他們最終可能這麼做。但題目問的是應該先做什麼，而這件事應該稍後再做（或不做！）。

“哪一個最好”問題有多個好答案，但只有一個***最好***的答案。

HEAD LIBS

填空以製作你自己的關於 Agile 團隊重視客戶合作更重於合約協商的“哪一個最好”問題。

你正在開發一個__________（一種產業）專案。有個__________（一種使用者）

想要你__________（做使用者想要你做的工作），但你必須__________（你想要做的相衝突工作）。

下列哪一個是處理這種狀況的最好方式？

A. __________（一個與題目完全無關而明顯錯誤的答案）

B. __________（一個好答案，但與此價值觀不太有關）

C. __________（與合約協商一致的更好的答案）

D. __________（與客戶合作一致的最好的答案）

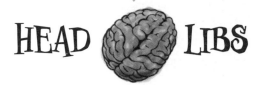

女士先生們，
我們接下來
回到第2章

他們以為對了…

Mike 與團隊對這個新功能做了快一年，他很高興終於完成了。

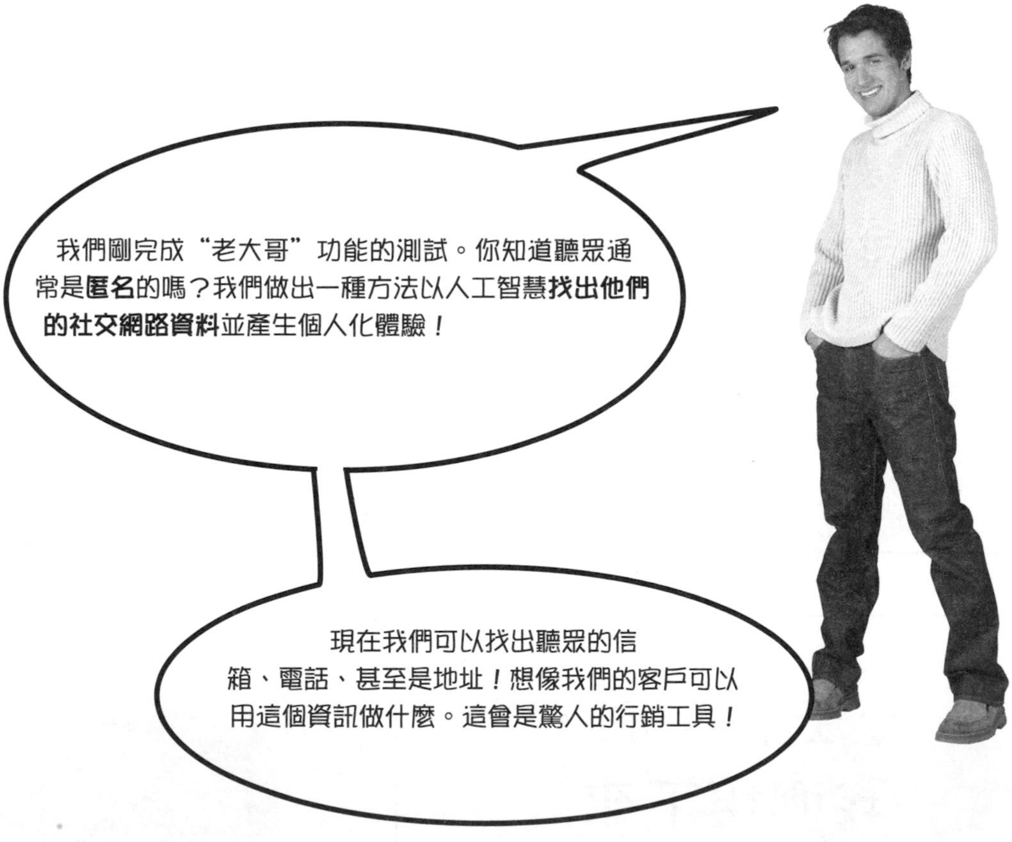
我們剛完成“老大哥”功能的測試。你知道聽眾通常是匿名的嗎？我們做出一種方法以人工智慧找出他們的社交網路資料並產生個人化體驗！
現在我們可以找出聽眾的信箱、電話、甚至是地址！想像我們的客戶可以用這個資訊做什麼。這會是驚人的行銷工具！

…但錯了！

糟糕，Mike 與團隊似乎浪費了一年在沒有人要的產品上。發生了什麼事？

如果能在**一年前**交付就好了，現在已經不能用了！

Mike：什麼？！我們已經做了一年，你說我們只是浪費時間？

Ben：我不知道你們的時間用來做什麼，但我現在可以告訴你，**沒有一個**客戶會用這個。

Mike：我們去年在會展上做了展示啊？每個客戶都說他們要明確的知道誰是聽眾並直接做行銷。

Ben：沒錯。九個月前，有三個客戶被告違反隱私法規。現在沒有人要碰這個了。

Mike：可是…這是很重大的創新啊！你不知道我們要解決多少技術問題。我們甚至找了一家 AI 顧問公司幫我們執行先進用戶分析！

Ben：聽好了，Mike，我不知道要跟你說什麼。或許你可以把程式改成別的用途？

Mike：我們會盡量搶救，但我現在可以告訴你，**改程式就一定有 bug**。

Ben：啊，真希望你早一點告訴我。

這很合理！ bug 的一個主要來源是重寫，或將已經寫好的程式碼改成其他用途。

動動腦

若 Agile 團隊重視回應變化，但變化通常導致重寫，要如何避免重寫產生 bug ？

Agile 宣言背後的原則

Agile 宣言的四個價值觀對掌握 Agile 心態有很好的幫助。雖然這四個價值觀讓你在抽象層面上了解“Agile 思維”的意義，但軟體團隊有很多例行決策要做。因此除了四個價值觀外，還有**十二個 Agile 宣言背後的原則**可幫助你真正的認識 Agile 心態。

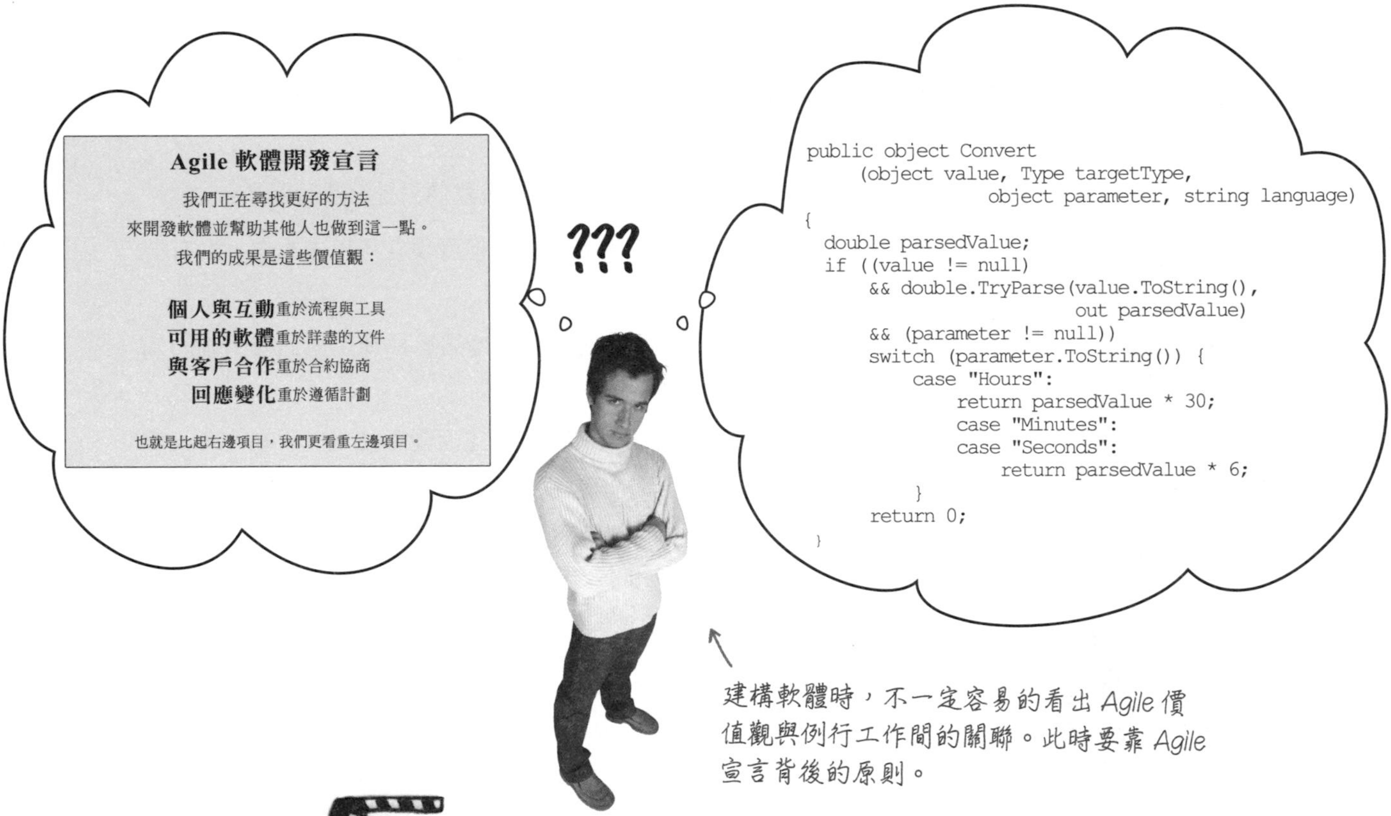
Agile 軟體開發宣言
我們正在尋找更好的方法
來開發軟體並幫助其他人也做到這一點。
我們的成果是這些價值觀：
個人與互動重於流程與工具
可用的軟體重於詳盡的文件
與客戶合作重於合約協商
回應變化重於遵循計劃
也就是比起右邊項目，我們更看重左邊項目。
???
public object Convert
(object value, Type targetType,
object parameter, string language)
{
double parsedValue;
if ((value != null)
&& double.TryParse(value.ToString(),
out parsedValue)
&& (parameter != null))
switch (parameter.ToString()) {
case "Hours":
return parsedValue * 30;
case "Minutes":
case "Seconds":
return parsedValue * 6;
}
return 0;
}

建構軟體時，不一定容易的看出 *Agile* 價值觀與例行工作間的關聯。此時要靠 *Agile* 宣言背後的原則。

幕後花絮

在雪鳥的一群人很快的做出四個價值觀，但花了幾天深入討論才同意十二條 Agile 宣言背後的原則 —— 甚至在離開後還沒有將文字定案。他們製作的第一版與這一版有些不同。最終版本在下一頁（同見 Agile 宣言官網 *http://www.agilemanifesto.org*）。但就算文字在前幾年間有些修改，但此十二條原則的想法不變。

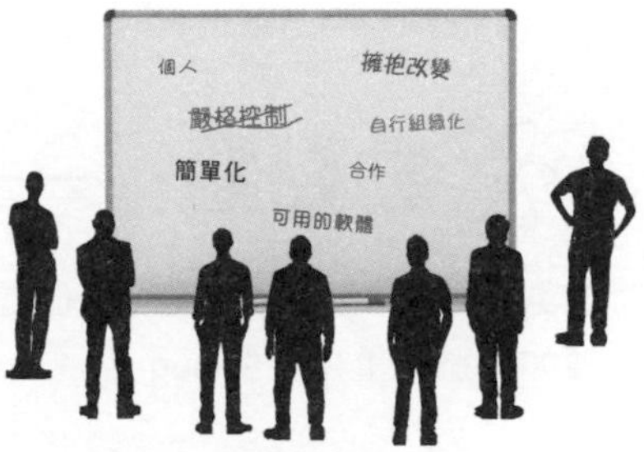

敏捷宣言背後的原則

我們遵守這些原則：

- 我們最優先的任務，是透過及早並持續地交付有價值的軟體來滿足客戶需求。
- 竭誠歡迎改變需求，甚至已處開發後期亦然。敏捷流程掌控變更，以維護客戶的競爭優勢。
- 經常交付可用的軟體，頻率可以從數週到數個月，以較短時間間隔為佳。
- 業務人員與開發者必須在專案全程中天天一起工作。
- 以積極的個人來建構專案，給予他們所需的環境與支援，並信任他們可以完成工作。
- 面對面的溝通是傳遞資訊給開發團隊及團隊成員之間效率最高且效果最佳的方法。
- 可用的軟體是最主要的進度量測方法。
- 敏捷程序提倡可持續的開發。贊助者、開發者及使用者應當能不斷地維持穩定的步調。
- 持續追求優越的技術與優良的設計，以強化敏捷性。
- 精簡——或最大化未完成工作量之技藝——是不可或缺的。
- 最佳的架構、需求與設計皆來自於能自我組織的團隊。
- 團隊定期自省如何更有效率，並據之適當地調整與修正自己的行為。

Agile 原則幫助你交付你的產品

前三個原則都是關於交付軟體給你的使用者。交付最佳軟體最有效的方法是確保它的價值。但“價值”是什麼？我們要如何確保建構時將使用者、負責人、與客戶的最佳利益放在心中？這些原則幫助我們認識這些事情。

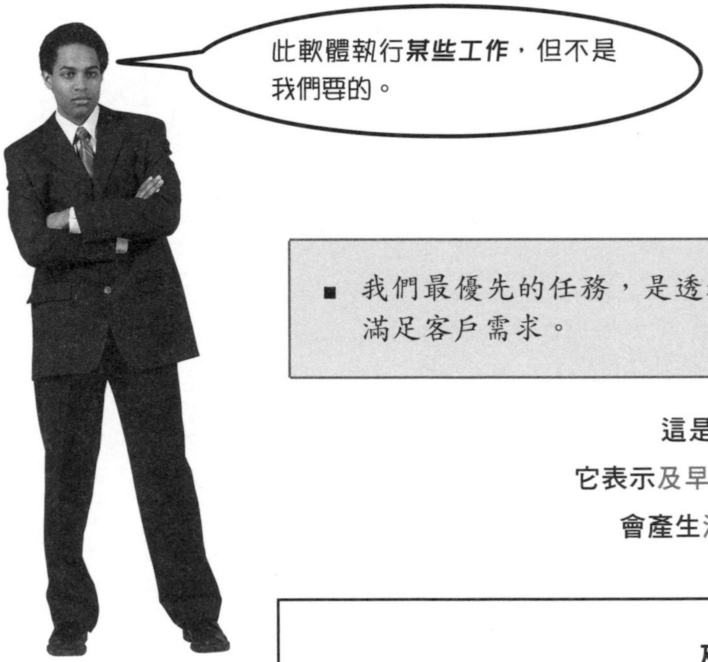

此軟體執行**某些工作**，但不是我們要的。

Ben 等產品負責人與使用者以及客戶合作認識對軟體的需求。他通常會找出使用者其實不用的功能…發生次數通常比你想到的更多！

- 我們最優先的任務，是透過及早並持續地交付有價值的軟體來滿足客戶需求。

這是什麼意思？

它表示及早交付加上持續交付

會產生滿意的使用者：

及早交付

儘早交付第一版軟體給使用者以儘早取得回饋

持續交付

\+ 持續交付更新版本給使用者使他們能夠幫助團隊建構解決最重要問題的軟體

滿意的使用者

= 使用者確保最重要的功能會先加入以幫助團隊上軌道

但我們已經寫好程式了！修改
真是要命。

這是很多團隊在有人指出需要做重大修改時的反應。這是可以理解的，因為可以早一點提出的改變現在需要很多花時間且惱人的工作。

團隊及早且持續交付軟體給使用者、負責人、與客戶會給大家很多機會及早發現修改，而這比較容易進行。

- 竭誠歡迎改變需求，甚至已處開發後期亦然。敏捷流程掌控變更，以維護客戶的競爭優勢。

有人指出需要做重大修改而影響到很多程式碼時團隊如何反應？每個開發者都遇過這種狀況，可能有很多工作（通常很麻煩）。團隊會怎麼反應？自然是抗拒大改變。但若團隊可以找出不只是接受還**歡迎**改變的方法，這表示他們***將使用者的長期需求放在他們自己的短期困擾前面***。

“需求”只是表示軟體應該做的事…但有時使用者改變需求，或程式設計師誤解需求，這都會導致需求的改變。

- 經常交付可用的軟體，頻率可以從數週到數個月，以較短時間間隔為佳。
- 可用的軟體是最主要的進度量測方法。

開發者抗拒修改不是不理性的反應：如果他們花了很多時間在一個功能上，修改程式很久、痛苦、且容易出錯。一個原因是團隊**重寫**（修改現有程式碼以執行新功能）幾乎一定會引發很難找到又難修的 bug。

因此要如何避免重寫？**經常交付可用軟體給使用者**。若團隊建構不實用或錯誤的功能，使用者會及早發現，而團隊可以在寫很多行程式前做修改…防止重寫可防止 bug。

人們在歡迎改變時確實會說出這樣的話。有“價值”的軟體是什麼意思？
這修改很花功夫，但現在這個軟體更有**價值**。
現在我們每隔幾週就會交付可用軟體給使用者，我們可以避免未來**出現意外**。

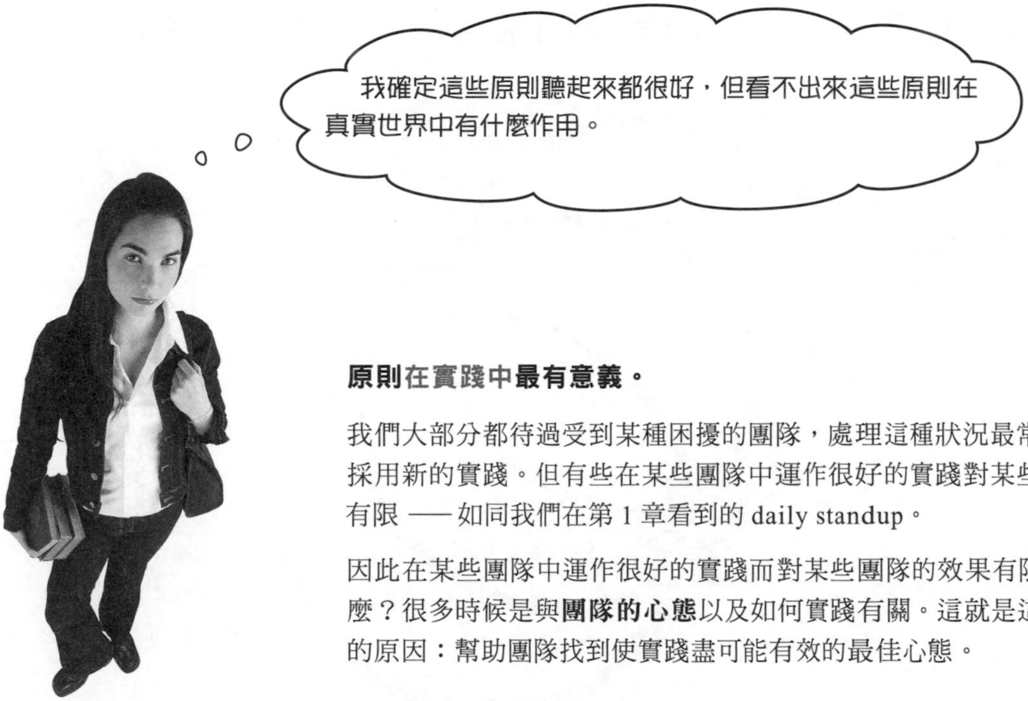

我確定這些原則聽起來都很好，但看不出來這些原則在真實世界中有什麼作用。

原則在實踐中最有意義。

我們大部分都待過受到某種困擾的團隊，處理這種狀況最常見的方式是採用新的實踐。但有些在某些團隊中運作很好的實踐對某些團隊的效果有限 —— 如同我們在第 1 章看到的 daily standup。

因此在某些團隊中運作很好的實踐而對某些團隊的效果有限的原因是什麼？很多時候是與**團隊的心態**以及如何實踐有關。這就是這些原則出現的原因：幫助團隊找到使實踐盡可能有效的最佳心態。

你會在下一頁看到一個例子… ⟶

實踐中的原則

Agile 宣言的前三個原則討論及早與持續交付軟體、歡迎改變需求、與短時間交付可用軟體。團隊在真實世界中要如何進行？靠實踐，例如**迭代**（**iteration**）與使用**待辦項目**（**backlog**）。

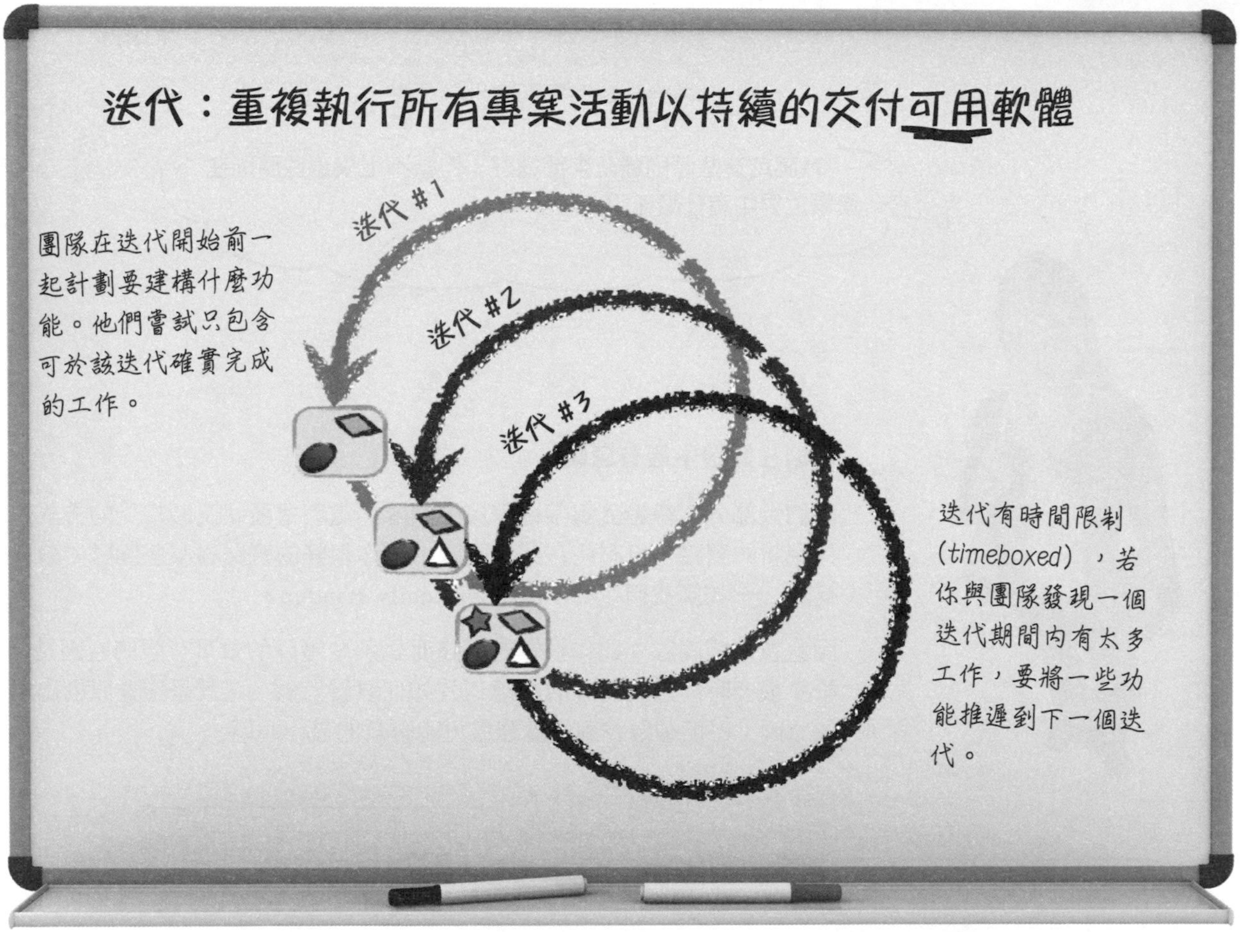
迭代：重複執行所有專案活動以持續的交付可用軟體
迭代 #1
迭代 #2
迭代 #3
團隊在迭代開始前一起計劃要建構什麼功能。他們嘗試只包含可於該迭代確實完成的工作。
迭代有時間限制（timeboxed），若你與團隊發現一個迭代期間內有太多工作，要將一些功能推遲到下一個迭代。

字典定義

timeboxed，形容詞

設定一個活動的硬性完成時間並調整活動範圍以符合截止日期

團隊無法讓目前迭代要求的功能趕上**時間限制**，因此他們專注於最有價值的需求。

如果你讀過我們的《Agile 學習手冊》就會認識這些迭代與待辦項目的插圖！

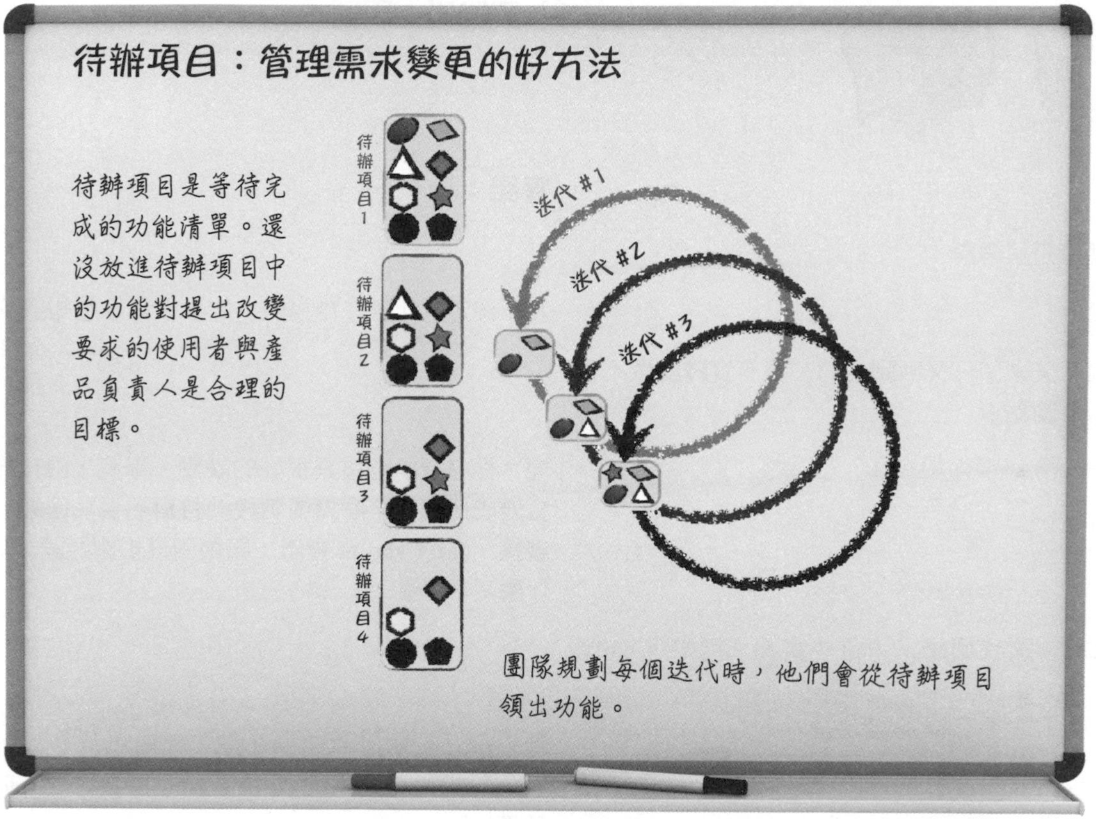
待辦項目：管理需求變更的好方法
待辦項目是等待完成的功能清單。還沒放進待辦項目中的功能對提出改變要求的使用者與產品負責人是合理的目標。
待辦項目1
待辦項目2
待辦項目3
待辦項目4
迭代 #1
迭代 #2
迭代 #3
團隊規劃每個迭代時，他們會從待辦項目領出功能。

嘿，等一下！之前已經說過 Scrum 團隊使用待辦項目。這表示 Scrum **衝刺段**是由**迭代**組成嗎？

是的！ Scrum 使用迭代方式。

Scrum 使用衝刺實踐是個在真實世界中以迭代及早與經常交付可用軟體的典範。Scrum 團隊有個產品負責人與使用者與經營者合作定義需求。所有人從新版本的可用軟體了解到更多，而產品負責人以新的認識決定增減待辦項目中的功能。

下一章會更深入的討論 Scrum。

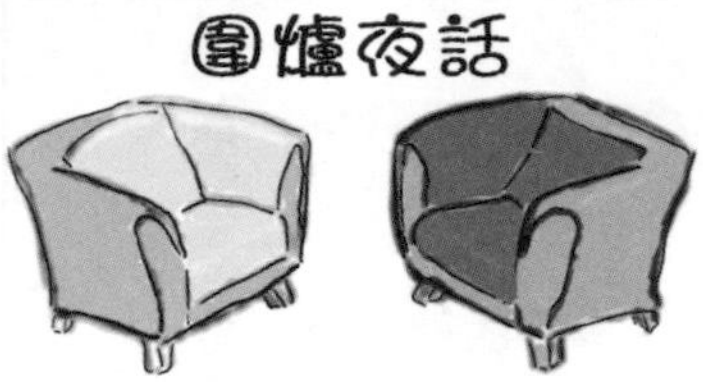

今晚的主題：**實踐碰上原則**

原則：

我一直期待這個辯論。

又是這個？又來了，又回到他的 "沒有實踐就做不了什麼事" 的論點。

是嗎？OK。讓我們談一下這些實踐，例如說 daily scrum…

是的！不只是 daily scrum。讓我們說說看迭代。

確實。但若團隊成員不相信經常交付可用軟體這一套原則呢？

沒錯。但他們**真的**會交付**可用**軟體嗎？或者他們只是在迭代結束前隨便拿出什麼東西出來？他們**真的**會因為趕不及而推遲功能到下一個迭代嗎？或者是增加專案的迭代讓團隊成員覺得他們 "有在動" ？

↑
你曾經待過嘗試 Agile 但結果不理想的團隊嗎？如果有，這可能會讓你想起一些事情。

實踐：

我不確定有什麼好辯論的，如果你只是想知道真相。

呃，你必須承認這是很好的論點。畢竟，Scrum 沒有我會變成什麼樣？拿掉衝刺段、待辦項目、回顧、衝刺段審核、daily scrum 會議、與衝刺段規劃討論後還會剩下什麼？一團亂！

等一下，我知道你要說什麼，你要說的是如果團隊不 "理解" 這些原則，則 daily scrum 只會有 "不理想" 的結果。

它是個很棒的實踐，謝謝你。

還是會有迭代！你知道嗎？有此實踐比沒有好。

↖
真的！就算團隊沒有真正的認識此實踐，採用迭代還是會改善…不是很多，但值得做。

呃，至少他們會有東西可拿出來討論。就算是小改善也比沒有更好！

這裡有些這一章的詞彙定義。你能夠填上每個定義的詞彙嗎？

____________________，名詞

改變寫好的程式碼以執行完全不同的功能或服務不同任務目的的工作，團隊通常因這樣做會增加 bug 而視為危險

____________________，形容詞

設定活動要完成的硬性截止時間並調整活動範圍以趕上截止時間

____________________，名詞

一種實踐，團隊與使用者、客戶、經營者合作以維護未來要完成的功能清單，通常將最有價值的功能放在最高優先

____________________，名詞（兩個英文單字）

逐步發展專案產出內容（例如計劃），使用前一個步驟所獲得的知識來加以改善

____________________，形容詞

一種方法論，團隊將專案拆分為較小的部分，在每個部分結束時交付可用軟體，並可能根據可用軟體得到的回饋改變方向

____________________，形容詞

一種建構軟體的模型、程序、或方法使整個專案拆分成連續的階段，通常包括改變前面階段的改變控管程序

答案見第 67 頁

問：每個原則剛好對應一個實踐嗎？有一對一的關係嗎？

答：並非如此。Agile 宣言的前三個原則強調及早與持續交付軟體、歡迎改變需求、與經常交付可用軟體。我們使用兩個實踐（迭代與待辦項目）幫助你更深入的了解這些原則。但這不表示實踐與原則間有一對一的關係。

事實上剛好相反。你可以有原則而無實踐，也可以有實踐而無原則。

問：我不確定這要怎麼運作。“有實踐而無原則”是什麼意思？

答：下面是團隊採用實踐而未真正認識或內化 Agile 原則的例子。Scrum 團隊在每個衝刺段結束時召開**回顧**以討論什麼做好了而什麼有待改善。

但看看清單中最後一個原則：

> 團隊定期自省如何更有效率，並據之適當地調整與修正自己的行為。

若團隊沒有記住這一條會如何？他們還是會召開回顧會議，因為 Scrum 規則要求他們這麼做。他們或許還會討論遇到的問題，這一定會有某種程度的改善。

沒有蠢問題

問題是雖然會議有做一些事，但感覺還是很“空”或多餘。團隊成員感覺到做“正事”的時間被剝奪了。最終，他們會開始討論其他更“有效率”的方法，例如使用郵件討論或 wiki。很多團隊在有實踐而無原則時會遇到這種狀況。

問：OK，我知道如何有實踐而無原則，但如何有原則而無實踐呢？

答：很多人在第一次接觸以原則推動“Agile 心態”時對這個想法有些困擾。

若團隊非常認真看待如何更有效率的原則，但沒有相對應的實踐呢？這對 Agile 團隊很常見。每個人都有此心態，因此當某人覺得該審核專案進度並做出適當改正時，他可以找一些團隊成員並進行非正式的回顧。若有不錯的結論，他們會加以討論並做出必要的改正。對採用 Scrum 等有完整定義架構的團隊，這感覺上很混亂，或“鬆散”。這是團隊覺得需要標準化實踐的原因之一 —— 讓每個人有共同遵循的規則。

問：第 47 頁為何要強調“產品負責人”？

答：因為雖然許多人的職稱是“產品負責人”，此處強調的產品負責人指的是 Scrum 規則定義的角色與責任。更多資訊見下一章。

團隊採用實踐而無正確的原則所推動的心態時，他們通常會覺得“空”或多餘，好像只是有照做而已，且他們會尋求比較省時省力的替代方案。

哇，Kate ！我覺得專案現在進行得很好。每次拿到新版本都可以**確實看到團隊的進度**。

但有些事情的發展還是困擾著我。

Ben：我覺得專案現在進行得很好，我希望你不必這麼負面。有什麼壞消息？

Kate：我並不想悲觀。我很高興開始使用迭代後的進度。

Ben：對！我與使用者回頭檢視之前的版本，他們發現可以提早修改而無需很多功夫的各種改變。

Kate：是，這很棒。但我們還是有問題。

Ben：什麼問題？

Kate：呃，例如說上個禮拜三的會議，整個下午都在爭論文件。

Ben：你為什麼還要提起這件事？你跟 Mike 一直要求細節規格。

Kate：沒錯，因為這樣我們才能幫助團隊規劃專案並讓 Mike 與團隊確實知道要做什麼。

Ben：沒這麼簡單啦！這些規格很難寫。就算只寫一個迭代的規格，它也會很長。

Kate：如果你有更好的方式讓團隊建構正確的軟體，願聞其詳。

動動腦

許多團隊似乎對撰寫與閱讀非常詳盡的規格有困難。你能想出讓產品負責人更有效率的幫助團隊確實了解使用者真正需求的方法嗎？

Agile 原則幫助你的團隊溝通與合作

現代軟體由團隊建構，雖然個人對團隊很重要，但團隊在每個人合作時最好 一 這是說不只是開發者合作，還要與使用者、客戶、與經營者合作。這就是下一組原則的精神。

- 業務人員與開發者必須在專案全程中天天一起工作。
- 以積極的個人來建構專案，給予他們所需的環境與支援，並信任他們可以完成工作。

開發者經常對與使用者進行的會議感到很疲憊，這是因為這些會議通常會要求修改，這導致麻煩又令人沮喪的重寫。但團隊具有更好、更 Agile 的心態時，他們知道**常與使用者開會**可讓他們一致，從而防止改變。

更 Agile 的心態能幫助 Mike 了解與使用者經常合作可防止改變。

受激勵的成員讓團隊運作的更好。不幸的是，我們大部分人的老闆或同事似乎決心要耗掉大家的動力。人們覺得他們不能犯下嚴重的錯誤時會在長時間工作下感覺到壓力，並且會覺得不受信任，而工作的質與量會降低。具有 Agile 心態的團隊知道大家都受信任且有良好的工作環境時會更好。

我不在乎團隊每週工作 70 小時。失敗不是個選項，而犯錯會被記錄。

這是反激勵整個團隊的好方法，並能讓他們工作很爛。Ben 還不是老闆！但他也能創造出讓周圍的人恐懼與不信任的環境。

- 面對面的溝通是傳遞資訊給開發團隊及團隊成員之間效率最高且效果最佳的方法。

老實說 —— 我們開箱後不一定會詳讀說明書。所以為什麼會期待人們會讀規格？

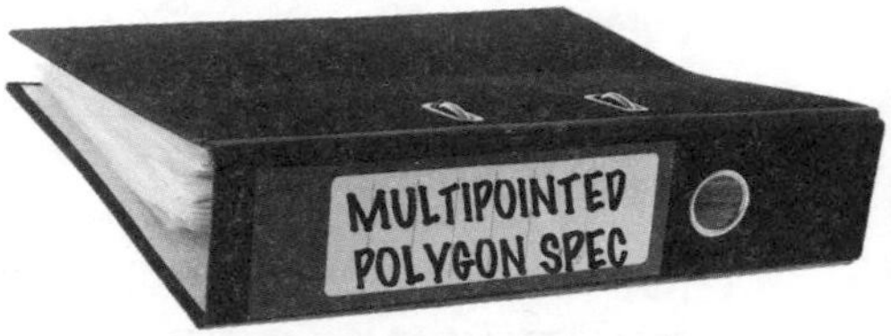

waterfall 團隊通常先建構需求規格，然後根據需求設計軟體。問題是三個人讀規格會有三種解讀。這有點意外 —— 規格不是要精準到讓每個人有相同的解讀嗎？

真實世界中有兩個問題：撰寫技術材料很困難，閱讀更是困難。就算有人寫出完美的規格描述要建構的東西（罕見），讀它的人們經常會有不同的解讀。所以你要如何解決這個問題？

答案異常的簡單：**面對面的交談**。團隊聚集討論要建構的東西時**是**最有效與最有效率的溝通方式…還有狀態、想法、與其他資訊也一樣。

沒有蠢問題

問：你是說人們被反激勵時會故意搞砸工作嗎？

答：不，不是故意的。但在不良環境下很難會有創新、產出、或投入。要讓團隊受挫折很簡單：工作不受信任、犯錯受嚴重懲罰或公開羞辱（每個人都會犯錯！）、或不合理的截止時間。這些事情重複發生會打擊團隊並讓他們漸失生產力。

問：等一下，回到你說的犯錯。我們討論了歡迎變化，這不是說前面有人犯錯後面才會需要改變嗎？

答：將改變視為錯誤是很危險的，特別是使用迭代時。很多時候，團隊與使用者與經營者都同意軟體應該要做什麼，但使用者在迭代完成開始操作軟體時，他們會發現需要修改。不是因為前面的錯誤，而是獲得在迭代開始前沒有的資訊。這確實是建構軟體的好方法，但只在人們適應變化且只在他們不稱呼此為錯誤或“責怪”任何人時才有效。

問：溝通之外不需要規格嗎？未來要回頭參考規格時要怎麼辦？如果需要分發給很多人要怎麼辦？

答：沒錯，這是寫下規格的好理由。這也是為何 Agile 團隊重視詳細文件的原因 —— 只是他們更重視可用軟體。

但要記住若撰寫文件是為了回頭參考或分發給軟體團隊以外的人，則軟體規格不是執行此任務的理想文件。文件是讓工作完成的工具，而你需要使用正確的工具。團隊於建構軟體時所需的資訊通常與給使用者或經理人在軟體完成後所需的資訊不同，因此嘗試建構可供雙方面使用的文件可能兩邊都做不好。

問：這一章快完了，你都還沒討論完全部十二個原則，怎麼回事？

答：因為 Agile 原則並非是團隊看完了就繼續進行工作的獨立主題。它們的重點在於幫助你了解 Agile 團隊如何思考合作建構軟體的方式。這是為何 Agile 宣言的價值觀與原則很重要的原因。

我們不會停止討論 Agile 心態、價值觀、或原則，但我們在下一章會繼續討論方法論。我們會回頭討論原則，因為它們能幫助你認識這些方法論（舉例來說，Scrum 團隊自我組織，而 XP 團隊重視簡化）。

重點提示

- 軟體在執行使用者、客戶、經營者需要的功能時有**價值**。
- 要確保軟體有價值，團隊應該交付**早期**版本給使用者並**持續的**交付。
- Agile團隊**歡迎改變需求**，而及早找出改變能防止重寫。
- 及早找出改變的最佳方式是**經常交付可用軟體給使用者**。
- 文件有幫助，但傳遞資訊最有效的方式是**面對面交談**。
- Agile 團隊的開發者與使用者以及經營者在內的**業務人員每日合作**。
- **迭代**是團隊將軟體拆分成時間段內可交付產品的一種實踐。
- **待辦項目**是團隊維護未來迭代會完成的功能的清單的一種實踐。

Scrum 團隊實際上維護兩個待辦項目：一個給目前的衝刺段，一個給整個產品。

下一章會更深入的討論。

JUDGMENT CALL

有更深入的 Agile 心態不容易！有時我們會有，有時我們需要做一點事。下面是我們聽到 Mike、Kate、Ben 所說的話。從對話框畫出一條線到 COMPATIBLE 或 INCOMPATIBLE 然後到相容或不相容的原則上。

為什麼還問我？規格已經寫明了使用者要求的所有事情。

COMPATIBLE

INCOMPATIBLE

> 可用的軟體是最主要的進度量測方法。

我剛剛發現計算聽眾數量的演算法不能用。我們必須要在下一個迭代中推動這個功能。

COMPATIBLE

INCOMPATIBLE

> 竭誠歡迎改變需求，甚至已處開發後期亦然。
>
> 敏捷流程掌控變更，以維護客戶的競爭優勢。

OK，你們哪一個白癡寫了這一段亂七八糟的程式碼？我們延遲都是你的錯。

COMPATIBLE

INCOMPATIBLE

> 經常交付可用的軟體，頻率可以從數週到數個月，以較短時間間隔為佳。

我正在執行最新版本，但我認為分析功能還有很多事情要做。有沒有什麼我不知道的問題？

COMPATIBLE

INCOMPATIBLE

> 以積極的個人來建構專案，給予他們所需的環境與支援，並信任他們可以完成工作。

答案見第 68 頁

新產品很熱門！

Kate 與 Mike 交付很棒的產品，它非常的成功。

你看到 CEO 寄的信嗎？銷售爆表，這都是因為我們加入的新功能。
團隊很興奮！很久沒有工作的這麼愉快了。

事實上，事情發展的很順利，Ben 有好消息要告訴大家。幹得好，團隊！

因為最新銷售數字很好，我們拿到新一輪的投資，這也表示**大家都有獎金！**

心態填字遊戲

試試看你是否了解 Agile 價值觀與原則。不看書你可以回答幾個字？

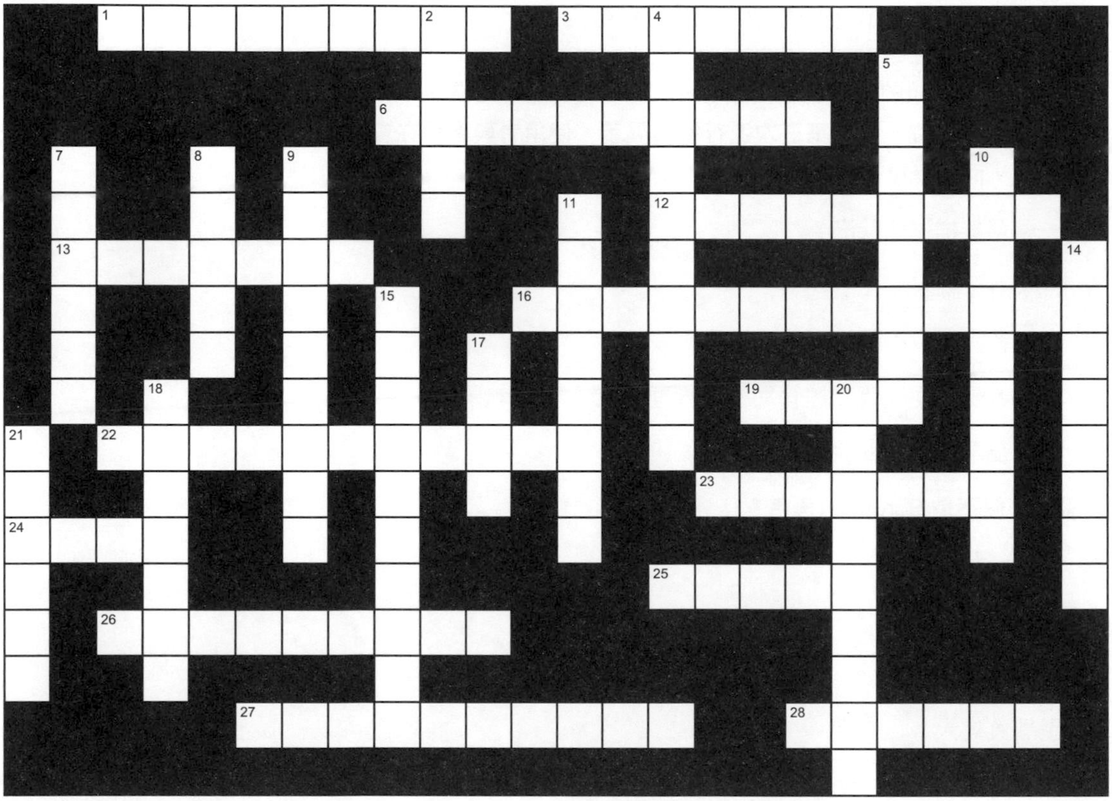

橫排提示

1. When a deadline's been set, and the scope is adjusted to meet it
3. A great way to manage changing requirements
6. How often to deliver
12. When teams repeatedly perform all of the project activities in small chunks
13. What the team does to its behavior after a retrospective
16. An effective way to communicate complex requirements and ideas
19. There's no single "________" way to build software
22. What we do with customers
23. Something that shouldn't be punished if you want a motivated team
24. What business people and developers must do together daily
25. Very useful for agile teams because they help get the work done
26. At regular ________ the team reflects on how to become more effective
27. The most effective and efficient method of conveying information
28. Teams work best when you pay attention to them

直排提示

2. When to deliver software
4. The kind of delivery agile teams try to achieve
5. Attitude toward customers or other teams that requires strict agreements before any work can start
7. What agile teams respond to
8. You need to _______ the team to get the job done
9. Traditional but often less-than-effective way to build software
10. The kind of individuals to build projects around
11. Working software is the primary measure of _______
14. Where the original authors of the Agile Manifesto got together
15. What happens to your team if you create a culture of fear
17. Agile teams still follow one
18. The kind of software delivered at the end of every iteration
20. The kind of users that are the highest priority for agile teams
21. Avoid this if you can

答案見第 69 頁

考試題目

這些考試練習題能幫助你回顧這一章的內容。就算不準備考 PMI-ACP 認證也值得一試。這是發現你不知道的地方很好的方式，能幫助你更快的記憶內容。

1. 你是建構嵌入系統的網路韌體團隊的專案經理。你召開會議，以展示團隊開發的控制介面程式給使用者與客戶的技術單位。這是第五次進行這種展示，使用者與客戶在會議中要求特定的修改。團隊會回去製作第六版，而你會重複進行此程序。

下列哪一條最能描述此狀況？

A. 團隊不懂需求

B. 使用者與客戶不知道自己要什麼

C. 專案需要更好的改變控管與需求管理方式

D. 團隊及早與持續交付價值

2. 下面哪一個不是 Scrum 的角色？

A. Scrum 大師

B. 團隊成員

C. 專案經理

D. 產品負責人

3. Joaquin 是個開發者，他的軟體團隊正在採用 Agile。一個專案使用者寫了簡短的規格，確實的描述他要的新功能，而 Joaquin 的經理指派他開發該功能。Joaquin 接下來要做什麼？

A. 要求與使用者開會，因為 Agile 團隊知道面對面交談是最有效與最有效率的傳遞資訊方式

B. 閱讀規格

C. 忽略規格，因為 Agile 團隊視客戶合作重於詳盡文件

D. 立即開始撰寫程式，因為團隊的最高優先是及早交付有價值的軟體以滿足客戶

4. 下列何者對可用軟體是正確的？

A. 它執行使用者要求它執行的工作

B. 它符合規格記載的需求

C. 以上皆是

D. 以上皆非

考試題目

5. 下列哪一條最能描述 Agile 宣言？

A. 它描述建構軟體最有效的方式

B. 它具有許多 Agile 團隊使用的實踐

C. 它具有建立 Agile 心態的價值觀

D. 它定義建構軟體的規則

6. Scrum 專案拆分成：

A. 階段

B. 衝刺段

C. 里程碑

D. 湧浪規劃法

7. 你是一家社群媒體公司的開發者，正在對一個專案開發新功能以建構企業用戶的私用網站。你必須與公司的網路工程師合作來決定架站策略，並製作一組服務與工具供工程師管理網站。網路工程師想要將服務放在你的網路上，但你與團隊不同意，並認為服務應該放在用戶的網路上。協調過程使工作進度暫停。哪個 Agile 價值觀最適用此狀況？

A. 個人與互動重於流程與工具

B. 可用的軟體重於詳盡的文件

C. 與客戶合作重於合約協商

D. 回應變化重於遵循計劃

8. Donald 是專案經理，團隊將專案分成需求與設計階段。有些程式工作可以在需求與設計完成前開始，但團隊通常不考慮在這些階段完成前進行任何工作。下列哪一個詞彙最能描述 Donald 的專案？

A. 迭代

B. 湧浪規劃法

C. waterfall

D. Scrum

考試題目

9. Keith 是軟體團隊的經理。他明確的表示不能容忍犯錯。有個開發者花了數小時建構“概念證明”程式來測試一種複雜問題的可能解決方案。當他最終發現實驗證明此方案不可行時，Keith 在整個團隊面前斥責他並威脅再這麼做就要他走人。

哪一個 Agile 原則最適合此狀況？

A. 面對面的溝通是傳遞資訊給開發團隊及團隊成員之間效率最高且效果最佳的方法。

B. 以積極的個人來建構專案，給予他們所需的環境與支援，並信任他們可以完成工作。

C. 我們最優先的任務，是透過及早並持續地交付有價值的軟體來滿足客戶需求。

D. 持續追求優越的技術與優良的設計，以強化敏捷性。

10. Agile 團隊的最高優先是什麼？

A. 最大化未完成的工作量

B. 及早與經常交付有價值的軟體以滿足客戶

C. 歡迎改變需求，甚至是開發後期

D. 使用迭代有效的規劃專案

11. 下列何者對 daily standup 不正確？

A. 開會時讓每個人站著以保持簡短

B. 它與進度報告一樣

C. 每個人傾聽他人時最有效

D. 它讓每個團隊成員有機會參與專案規劃

12. 下列何者最能描述與簡單性相關的 Agile 心態？

A. 最大化未完成的工作量

B. 及早與經常交付有價值的軟體以滿足客戶

C. 歡迎改變需求，甚至是開發後期

D. 使用迭代有效的規劃專案

13. A'ja 是開始採用 Agile 的團隊的專案經理。他們的第一個改變是開始進行 daily standup 會議。有幾個團隊成員表示不想參加。雖然她能從每次會議中得到一些有價值的資訊，但 A'ja 擔心這些溝通不值得破壞團隊的向心力。

考試題目

什麼是 A'ja 能做的最佳選擇？

A. 停止召開 daily standup 並找出其他採用 Agile 的方法

B. 製作並施行規定讓與會的每個人交出手機並專心開會

C. 會後向每個人取得更多進度細節

D. 與團隊合作改變心態

14. 你是個開發者。有個使用者要求團隊開發新功能並以規格形式提出需求。他很確定功能要如何運作並保證不會改變。哪一個 Agile 價值觀最適用此狀況？

A. 個人與互動重於流程與工具

B. 可用的軟體重於詳盡的文件

C. 與客戶合作重於合約協商

D. 回應變化重於遵循計劃

15. 下列何者不是歡迎改變需求的好處？

A. 讓團隊有個解釋跟不上截止時間的方式

B. 客戶沒有不能變更想法的壓力時團隊能建構更有價值的軟體

C. 有更多的時間與較少的壓力讓團隊可以做出更好的選擇

D. 改變發生前寫了較少的程式，這可減少不必要的重寫

16. 下列何者不是 Agile 團隊朝向可用軟體的心態？

A. 它具有所有功能的最終版本

B. 它是主要的進度評估方式

C. 它經常交付

D. 它是取得意見回饋的有效方式

17. 下列何者與迭代無關？

A. 團隊必須在迭代結束時完成所有規劃中的工作

B. 迭代有固定的截止時間

C. 迭代期間的工作範圍可在結束時改變

D. 專案通常有多個連續的迭代

~~考試題目~~ 答案

以下是練習題的答案。你答對幾題？如果錯了也沒關係 —— 回頭重讀相關內容以了解為什麼。

1. 答案：D

這個狀況是不是聽起來很差勁，像是個天大的錯誤？若是，你可能要好好想想你自己的心態！這確實是使用迭代方法論的成功 Agile 專案相當精確的描述。只有在視變化與迭代為錯誤而非良好的活動時才會感覺此專案遇到問題了。如果你是這麼看待專案，則你可能會嘗試“怪罪”團隊不懂需求，或使用者不知道自己要什麼，或程序沒有適當的控管以防止改變。Agile 團隊不會這麼思考，他們知道找出使用者的需求最好的方式是及早與經常交付可用軟體。

2. 答案：C

專案經理很重要，但在 Scrum 中沒有特定角色稱為“專案經理”。Scrum 有三個角色：Scrum 大師、產品負責人、與團隊成員。專案經理在使用 Scrum 的專案中會擔任其中一個角色，但職稱通常還是“專案經理”。

團隊依循一種有指定角色的 Agile 方法論時，你扮演的角色並不一定符合你的職稱，特別是團隊剛開始採用該方法論時。

3. 答案：B

Agile 團隊確實重視客戶合作、相信面對面的交談是傳遞資訊最有效的方法、將交付軟體視為最高優先。但使用者花時間撰寫規格，而其中的資訊對寫程式或進行面對面溝通會很有幫助。

有人花時間寫下他們認為很重要的資訊時，忽略它是非常不合作的事情。

4. 答案：D

Agile 團隊討論可用軟體時，他們說的是視為“完成”並已經可以展示給使用者的軟體。但這並不保證它符合使用者的需求或規格列出的需求。事實上，建構軟體以真正幫助使用者的最有效方式是經常交付可用軟體。原因是早期版本的可用軟體通常不全部符合使用者的需求，而唯一能讓所有人看出來的方式是交付到使用者手上以讓他們可以給意見回饋。

這是為何 Agile 團隊重視及早與持續交付可用軟體。

~~考試題目~~ 答案

5. 答案：C

Agile 宣言具有 Agile 團隊共同的核心價值觀。它並不定義建構軟體“最好”的方式或設定團隊應該遵循的規則，因為 Agile 團隊成員知道沒有各種團隊“全部適用”的方法。

6. 答案：B

Scrum 團隊以衝刺段進行，通常（但不一定）是 30 天。他們在衝刺段開始時計劃下一個 30 天的工作（假設長度是 30 天）。在衝刺段結束時，他們展示可用軟體給使用者並召開回顧來檢視什麼做好了與改進方式。

7. 答案：C

專案受阻是因為團隊與客戶的合作不良。在這種情況下，網路工程師是客戶，因為他們是使用該軟體的人。這種狀況容易以合約協商處理，以指定術語與文件描述要建構什麼來讓軟體開發工作開始進行。但更有效的方式是與他們合作發現最好的技術解決方案。

8. 答案：C

waterfall 專案會拆分成階段，通常從需求與設計階段開始。許多 waterfall 團隊會在需求與設計穩定而尚未完全完成時進行“前置工作”的程式。但這絕對與迭代不同，因為這種團隊不會根據建構與展示可用軟體所獲取的知識改變規劃。

9. 答案：B

Agile 專案由受激勵的團隊成員建構。Keith 斥責嘗試讓專案更好的團隊成員的做法打擊了整個團隊的動力。

~~考試題目~~ 答案

10. 答案：B

回頭重新閱讀 Agile 原則：“我們最優先的任務，是透過及早並持續地交付有價值的軟體來滿足客戶需求”。這是最高優先是因為 Agile 團隊專注並將交付有價值的軟體擺在第一位。我們在專案中執行的其他事情 ── 規劃、設計、測試、會議、討論、文件 ── 都很重要，但目的都是要交付有價值的軟體給我們的客戶。

11. 答案：B

雖然有些團隊視 daily standup 為向老闆或專案經理進行的進度報告，但真正目的並非如此。它在所有人傾聽他人並將它作為合作規劃專案時運作的最好。

12. 答案：A

Agile 團隊重視簡單化，因為簡單化的設計與程式比複雜的更容易製作、維護、與修改。簡單化又稱為“最大化未完成工作量之技藝”（特別是軟體）因為保持東西簡單最有效的方式就是做比較少的工作。

13. 答案：D

團隊在 daily standup 不專心，是因為他們不在乎或不相信它是有效的工具，且只想盡快結束以回到“真正”的工作上。團隊具有這種心態時，最終可能會停止參加此會議，而 Agile 的採用就不太可能成功。daily standup 實踐在團隊知道它能幫助他們個人與團隊時最有效。心態的轉換只能透過開放與誠心的討論什麼東西是否可行。這是為何與團隊合作轉換心態是這種情況下最好的方式。

14. 答案：B

閱讀與理解規格當然很合理，但評估團隊是否真的懂需求最好的方式是交付可用軟體，如此他才能檢視他寫的規格被如何解讀，並與團隊一起判斷什麼做好了、而什麼要修改。

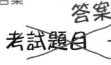

~~考試題目~~ 答案

15. 答案：A

有很多好理由讓 Agile 團隊歡迎改變需求。贊同（而不是反對）客戶改變想法時，他們會提出更好的資訊給團隊，這會產生更好的軟體。就算人們不提修改，他們最終還是會說出來，因此團隊及早改變會有更多的時間做反應 —— 且越早提出改變要重寫的程式就越少。

但改變不是規劃不良或趕不上進度的藉口。良好的 Agile 團隊通常會與使用者協商：團隊歡迎使用者、客戶、經理人改變需求，但不能因此責怪需要時間，因為每個人都知道這是建構軟體最快最有效的方式。因此沒有人將歡迎改變需求作為趕不上進度的藉口，因為進度應該已經根據變化做調整。

16. 答案：A

可用軟體經常交付，使團隊可以經常收到回饋並及早修改。這是為何可用軟體不應該被看作是最終版本。這是為何它叫做“可用”軟體而不是“完成”軟體。

17. 答案：A

迭代有時間限制，這表示截止時間固定而範圍可變。團隊在每個迭代開始時以規劃會議決定要完成什麼。但若沒有做好規劃且工作所需時間比預期長，則沒有完成的工作應該回到待辦項目並調整優先（通常放在下一個迭代）。

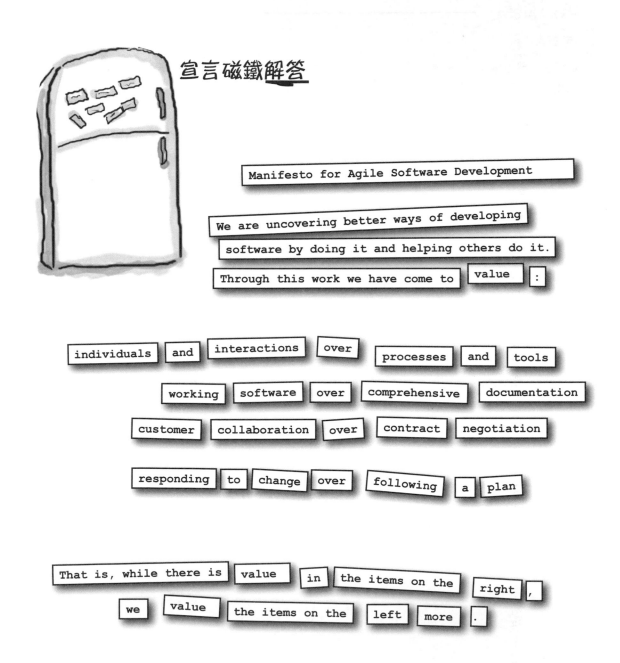

宣言磁鐵解答

Manifesto for Agile Software Development

We are uncovering better ways of developing software by doing it and helping others do it. Through this work we have come to value :

individuals and interactions over processes and tools

working software over comprehensive documentation

customer collaboration over contract negotiation

responding to change over following a plan

That is, while there is value in the items on the right , we value the items on the left more .

字典練習 解答

這裡有些這一章的詞彙定義。你能夠填上每個定義的詞彙嗎？

我們在前一章"重寫是 bug 的主要來源"使用"rework"作為名詞。

rework，名詞

改變寫好的程式碼以執行完全不同的功能或服務不同任務目的的工作，團隊通常因這樣做會增加 bug 而視為危險

rework 也可以是動詞："我們必須重寫這一段程式以執行其他功能"。

timeboxed，形容詞

設定活動要完成的硬性截止時間並調整活動範圍以趕上截止時間

它也可以作為動詞："讓我們將投入此功能的時間限制在 6 小時內"。

backlog，名詞

一種實踐，團隊與使用者、客戶、經營者合作以維護未來要完成的功能清單，通常將最有價值的功能放在最高優先

progressive elaboration，名詞（兩個英文單字）

逐步發展專案產出內容（例如計劃），使用前一個步驟所獲得的知識來加以改善

iterative，形容詞

一種方法論，團隊將專案拆分為較小的部分，在每個部分結束時交付可用軟體，並可能根據可用軟體得到的回饋改變方向

"waterfall"通常是名詞，但此例中它是描述程序類型的形容詞。

waterfall，形容詞

一種建構軟體的模型、程序、或方法使整個專案拆分成連續的階段，通常包括改變前面階段的改變控管程序

例句："Brian 曾經在依序 waterfall 程序的公司工作過，因此他對嘗試 Scrum 等程序感到很興奮"。

JUDGMENT CALL 解答

有更深入的 Agile 心態不容易！有時我們會有，有時我們需要做一點事。下面是我們聽到 Mike、Kate、Ben 所說的話。從對話框畫出一條線到 COMPATIBLE 或 INCOMPATIBLE 然後到相容或不相容的原則上。

COMPATIBLE

為什麼還問我？規格已經寫明了使用者要求的所有事情。

INCOMPATIBLE

Kate 發現這個改變時，他們可以交付不可用的軟體，或延後交付以進行修改。但將功能延後到下一個迭代是比較好的選擇，因為他們還是可以交付具有其他功能的可用軟體。

COMPATIBLE

我剛剛發現計算聽眾數量的演算法不能用。我們必須要在下一個迭代中推動這個功能。

INCOMPATIBLE

COMPATIBLE

OK，你們哪一個白癡寫了這一段亂七八糟的程式碼？我們延遲都是你的錯。

INCOMPATIBLE

若 Kate 僅依靠時間表來評估進度，她可能會覺得專案進行的不錯。依靠可用軟體作為主要的進度依據可幫助她及早發現問題（並修改！）。

COMPATIBLE

我正在執行最新版本，但我認為分析功能還有很多事情要做。有沒有什麼我不知道的問題？

INCOMPATIBLE

可用的軟體是最主要的進度量測方法。

在專案開始時要求使用者提出需求然後又不准改變想法是不合理的（只是他們必須認識到團隊需要時間進行修改）。

竭誠歡迎改變需求，甚至已處開發後期亦然。

敏捷流程掌控變更，以維護客戶的競爭優勢。

經常交付可用的軟體，頻率可以從數週到數個月，以較短時間間隔為佳。

Mike 等技術人員通常很老實。但就算團隊文化接受質疑甚至是羞辱，責怪某人拖延或品質不良會打擊士氣。

以積極的個人來建構專案，給予他們所需的環境與支援，並信任他們可以完成工作。

心態填字遊戲解答

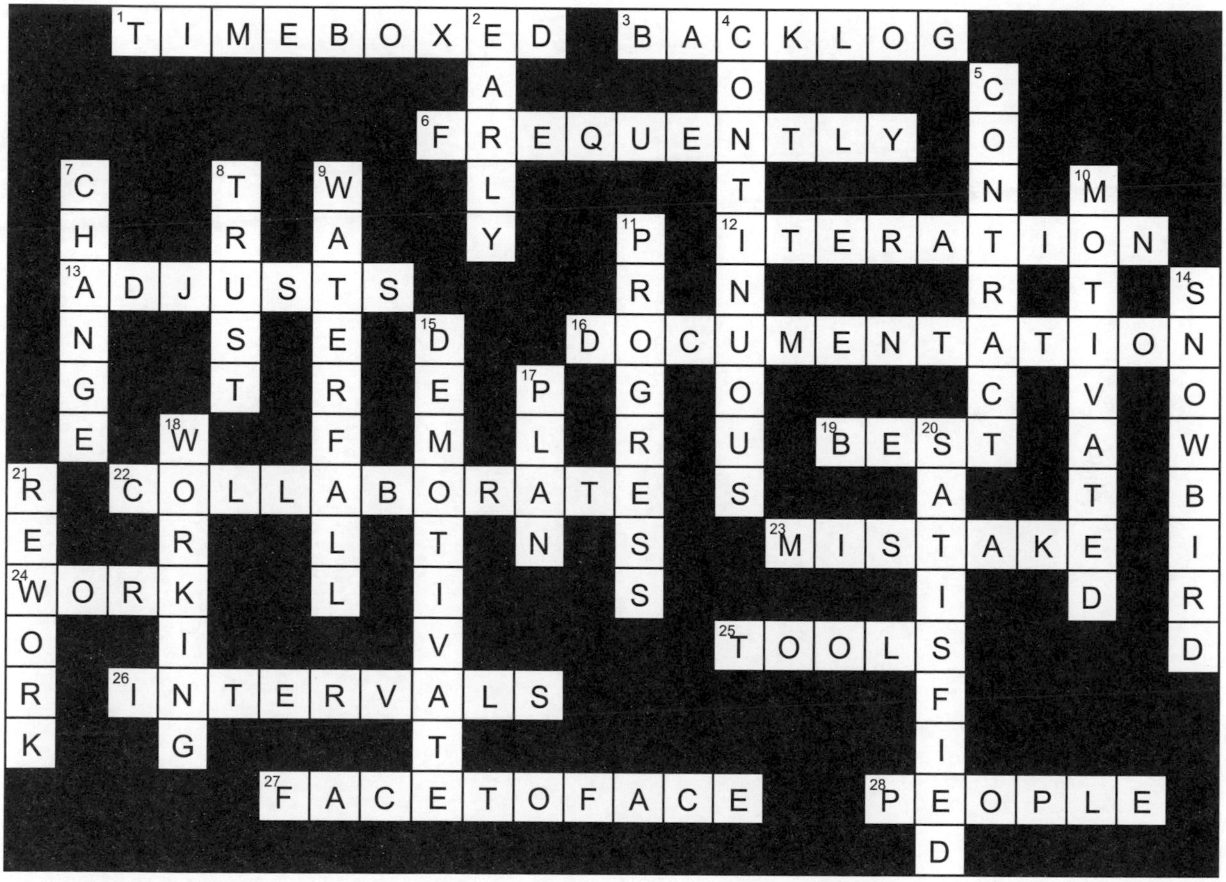
1 TIMEBOXED
2 EARLY
3 BACKLOG
4 CONTINUOUS
5 CONTRACT
6 FREQUENTLY
7 CHANGE
8 TRUST
9 WATERFALL
10 MOTIVATED
11 PROGRESS
12 ITERATION
13 ADJUSTS
14 SNOWBIRD
15 DEMOTIVATE
16 DOCUMENTATION
17 PLAN
18 WORKING
19 BEST
20 SATISFIED
21 REWORK
22 COLLABORATE
23 MISTAKE
24 WORK
25 TOOLS
26 INTERVALS
27 FACETOFACE
28 PEOPLE

這一頁刻意留白

3 以 Scrum 方法管理專案

Scrum 的規則

接下來應該做哪一個待辦項目？
哇，小姐，
這不是我能決定的。要問我老闆，
可能還要問老闆的老闆…

Elizabeth 懷疑 Bruce
可能不是產品負責人

Scrum 的規則很簡單，但有效的運用不簡單。

Scrum 是最常見的 Agile 方法，這是有原因的：**Scrum 的規則**很直白又容易學習。大部分團隊很快能認識組成 Scrum 規則的**事件**、**角色**、與**產物**，但要最有效的運用 Scrum，他們必須確實掌握 **Scrum 的價值觀**與 Agile 宣言的原則，它們可以幫忙產生最有效的心態。雖然 Scrum 看起來簡單，但 Scrum 團隊持續的**檢查與應變**是思考專案的全新方式。

即將推出 牧人遊戲團隊

全球暢銷
瘋牛系列
黃金製作團隊
隆重巨獻

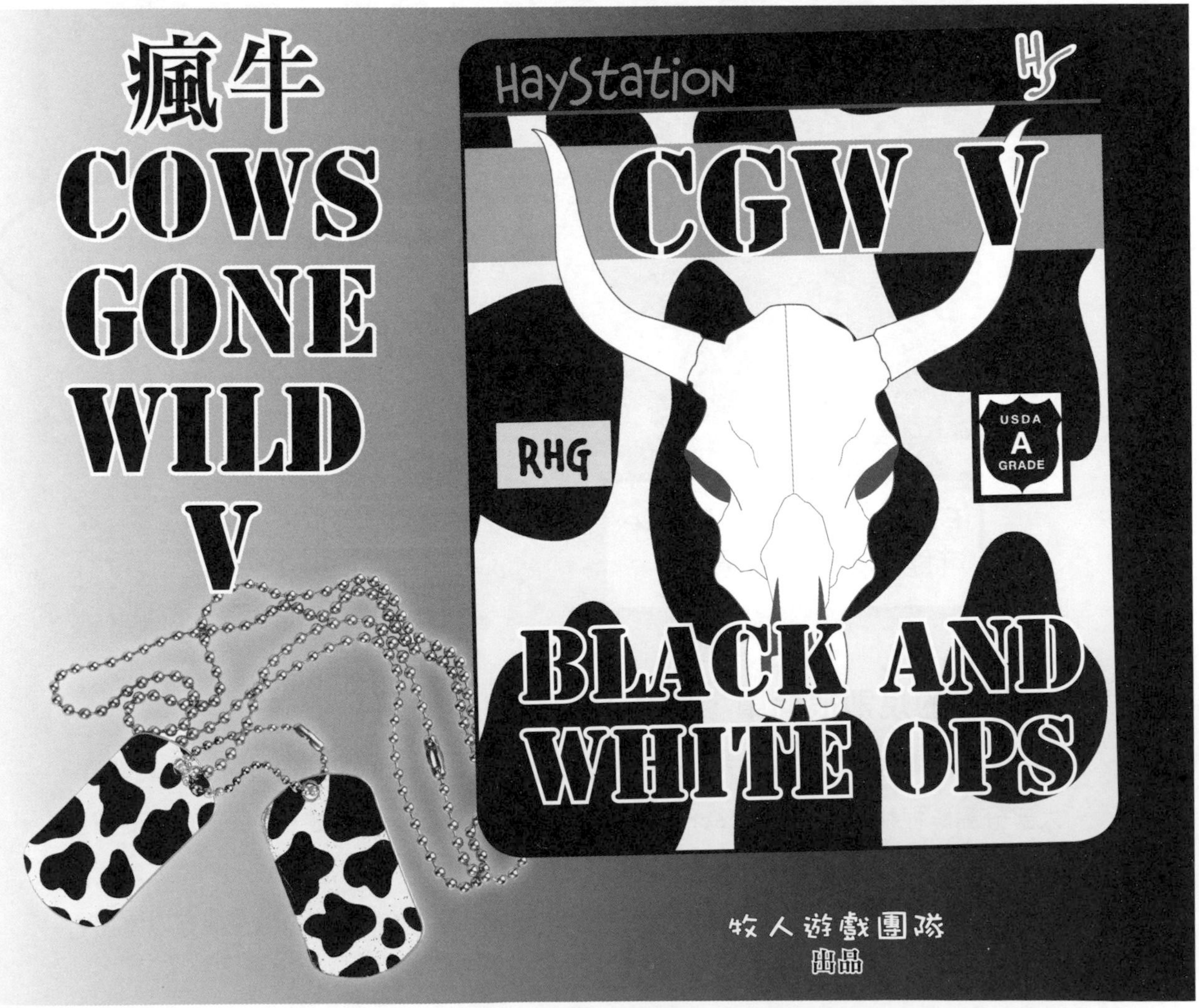

見過牧人遊戲團隊

他們的**瘋牛遊戲第四版**很成功，接下來要進行最具野心的專案！但雖然**瘋牛 4** 賣的很好，但從專案來看還不夠完美，而 Amy、Brian、與 Rick 想要在**瘋牛 5** 改進，而 Agile 就是答案！

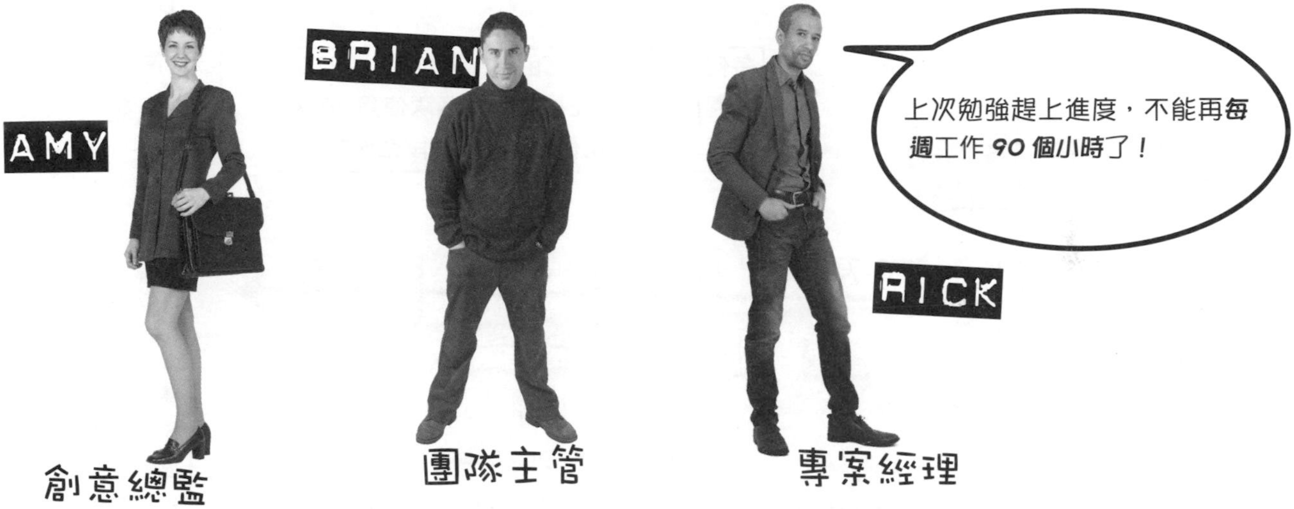

Amy：哇，我很高興你這麼說。我不能再做這種專案了，最後一刻才改視覺設計真的不可能。

Brian：天啊，賣勾共啊。你知道那是一定要改的，因為關卡一直在調整。我讓團隊晚上與週末加班只是為了趕上市時間。

Amy：我知，我知。我們都同時間要解決太多事情。

Brian：無論做了多少計劃，我們規劃的時間似乎永遠不夠。

Rick：是啊，這絕對是個問題 —— 我已經在研究要如何解決。你們覺得 **Scrum** 怎麼樣？

Amy：我還沒有讀過，我覺得應該有幫助。

Brian：只要是能減少失控的東西我都贊成。

Amy：但 Scrum 規則說我們需要一個產品負責人與一個 Scrum 大師？

Rick：呃，我正在研究 Scrum 大師要做什麼，而我覺得我就是。Amy，你比較靠近業務吧？你要不要當產品負責人？

Amy：我可以試試看。我會讓業務與公關知道我是產品負責人。

Brian：就這麼辦！

Scrum **事件**幫助你完成專案

Scrum 是最常見的 Agile 方式，這是有理由的。Scrum 的規則很簡單，全球各地的團隊能夠採用它並改善交付專案的能力。每個 Scrum 專案都遵循相同的行為模式，它由一**系列有時間限制**下依照相同順序進行的事件所定義。下面是 Scrum 模式的樣子：

Scrum 事件：
衝刺段
衝刺段規劃會議
Daily Scrum
衝刺段審核
衝刺段回顧

每個 Scrum 專案都由稱為衝刺段的有時間範圍的迭代來安排。許多團隊使用 30 天的衝刺段，但兩個禮拜的衝刺段也很常見。

這是需求與專案過程中任何對產品的修改的單一<u>來源</u>。

團隊使用<u>產品待辦項目</u>來追蹤整個專案需完成的功能。

Scrum 團隊在每個衝刺段的開始集合進行衝刺段規劃，挑選出哪些項目要在這個衝刺段完成。

此衝刺段的項目從<u>產品</u>待辦項目抽出加入<u>衝刺段</u>待辦項目。在衝刺段期間，所有開發工作專注於建構衝刺段待辦項目中的項目。

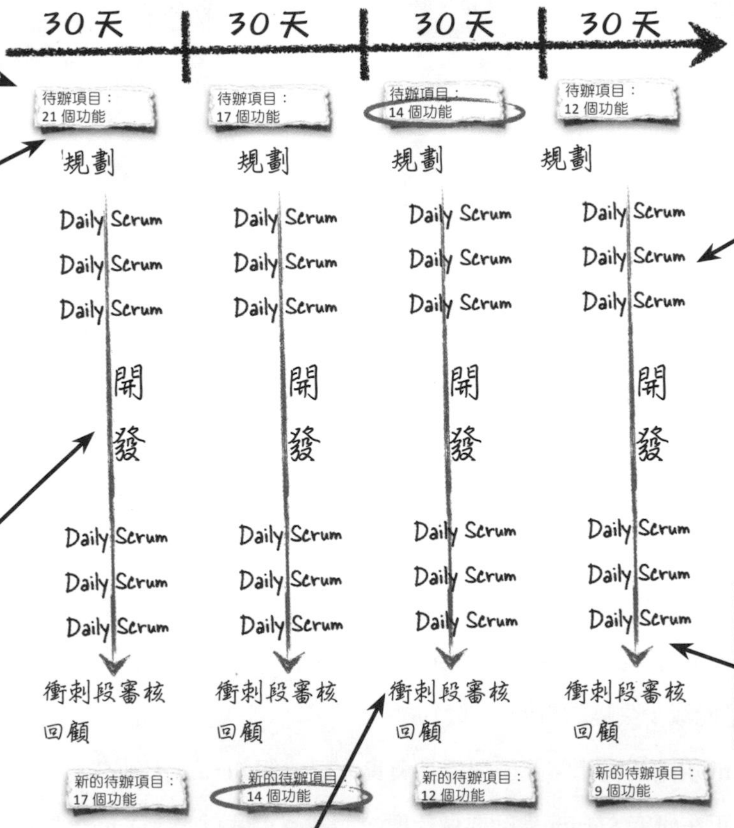

團隊每天召開 Daily Scrum，每個人交待進度更新、下一步工作、與遇到的問題。

衝刺段結束時，團隊召開衝刺段審核會議，展示可用軟體給使用者。

衝刺段最後做的是開會進行衝刺段回顧，討論衝刺段期間發生的事以重複做對的事並從問題中學習。

30 天	30 天	30 天	30 天
待辦項目：21 個功能	待辦項目：17 個功能	待辦項目：14 個功能	待辦項目：12 個功能
規劃	規劃	規劃	規劃
Daily Scrum	Daily Scrum	Daily Scrum	Daily Scrum
Daily Scrum	Daily Scrum	Daily Scrum	Daily Scrum
Daily Scrum	Daily Scrum	Daily Scrum	Daily Scrum
開發	開發	開發	開發
Daily Scrum	Daily Scrum	Daily Scrum	Daily Scrum
Daily Scrum	Daily Scrum	Daily Scrum	Daily Scrum
Daily Scrum	Daily Scrum	Daily Scrum	Daily Scrum
衝刺段審核 回顧	衝刺段審核 回顧	衝刺段審核 回顧	衝刺段審核 回顧
新的待辦項目：17 個功能	新的待辦項目：14 個功能	新的待辦項目：12 個功能	新的待辦項目：9 個功能

如果你讀過我們的 *Learning Agile* 就會認識這些迭代與待辦項目的插圖！

Learning Agile
Andrew Stellman & Jennifer Greene

Scrum 的角色能幫助你知道誰要做什麼

每個 Scrum 團隊一定要有三種角色。第一種角色是我們最熟悉的**開發團隊**（**Development Team**）。團隊成員可能有不同的專業，可能在公司中的職稱也不同，但都以相同的方式參與 Scrum 事件。有兩種非常重要的角色也是由團隊成員扮演：**產品負責人**（**Product Owner**）與 **Scrum 大師**（**Master**）。將他們加入開發團隊時，你就組成了完整的 Scrum 團隊。

產品負責人幫助團隊認識使用者的需求以建構最有價值的產品。

產品負責人與團隊一起工作來幫助他們認識產品待辦項目中的功能：有什麼項目以及使用者為何需要它們。這是非常重要的工作，因為它幫助團隊**建構他們所能做出的最有價值軟體**。

回頭從前一章找出討論交付有價值軟體的agile原則。

Scrum 規則明確指出產品負責人與 Scrum 大師角色是一個人而非委員會。

Scrum 大師幫助團隊認識與執行 Scrum。

Scrum 可能很容易說明，但並不一定能正確做好。這是為什麼團隊中要有個 Scrum 大師來幫助開發團隊、產品負責人、與公司其他人將 Scrum 做好。

Scrum 大師是個領導人（這是為何名稱中有"master"一詞的原因）。但他擔當一種特定類型的領導：Scrum 是**僕人中的領導人**。這表示扮演此角色的人花時間幫助（或"侍候"）產品負責人、開發團隊、與組織中的人：

- ★ 幫助產品負責人找出管理待辦項目的有效方法
- ★ 幫助開發團隊認識Scrum事件並在有需要時協助他們
- ★ 幫助組織中的其他人認識Scrum以及與團隊合作
- ★ 幫助每個人做出最好的工作以交付最有價值的軟體

Scrum Guide 列出運用 Scrum 架構的規則

前進到下一頁之前請造訪 *https://www.scrum.org* 並下載 Ken Schwaber 與 Jeff Sutherland 兩位 Scrum 創始人所著的 Scrum Guide。它的內容為 Scrum 的定義以及最新的 Scrum 運用想法：新的 Scrum 想法可從這裡找到。還有，原文中的 Scrum、Daily Scrum、Sprint、Sprint Planning、Sprint Review、Product Backlog 與其他專有名詞是根據 Scrum Guide 的標準將**首字母大寫**。

Scrum 產物讓團隊持續收到資訊

軟體專案靠資訊運作。團隊需要知道他們開發的產品、目前的衝刺段要做什麼、與如何製作。Scrum 團隊使用三種**產物**（**artifact**）管理此資訊：**產品待辦項目**（**Product Backlog**）、**衝刺段待辦項目**（**Sprint Backlog**）、與**完成增量**（**Increment**）。

下面是產品待辦項目的例子 —— 不一定要長這樣。許多團隊使用試算表或資料庫記錄，或使用軟體工具管理待辦項目。

瘋牛 5 產品待辦項目

項目 #1：設計與測試隱形牛棚關卡

預計投入：27 人日

價值：根據**瘋牛 4** 最受歡迎的關卡設計，玩家會很喜歡

項目 #2：牛奶槍加上噴水動作

預計投入：4 人日

價值：讓遊戲更有趣

項目 #3：完成殭屍關卡的設計，包括殭屍 AI 與殭屍攻擊動作

預計投入：16 人日

價值：現在殭屍很熱門，是個很好的賣點

項目 #4：戰場小地圖讓玩家可以命令 / 控制炮塔、士兵、耕耘機等

預計投入：19 人日

價值：類似**瘋牛 4** 的功能，可重複使用程式碼增加關卡

Page 1 of 7

產品待辦項目中的項目有四個屬性：順序、說明、預估、與價值。

沒有規則要求評估必須是人日，它只是需要使用每個人都懂的單位。

價值可以像這樣說明或用相關數字、金額、或其他度量值。

產品待辦項目在專案進行中不會全部做完。產品負責人會持續與使用者以及經營者新增、修改、刪除、重新排列產品待辦項目中的項目。

產品負責人持續調整產品待辦項目以追蹤專案：持續更新公司的需求並新增、修改、刪除、重新排列產品待辦項目中的項目。

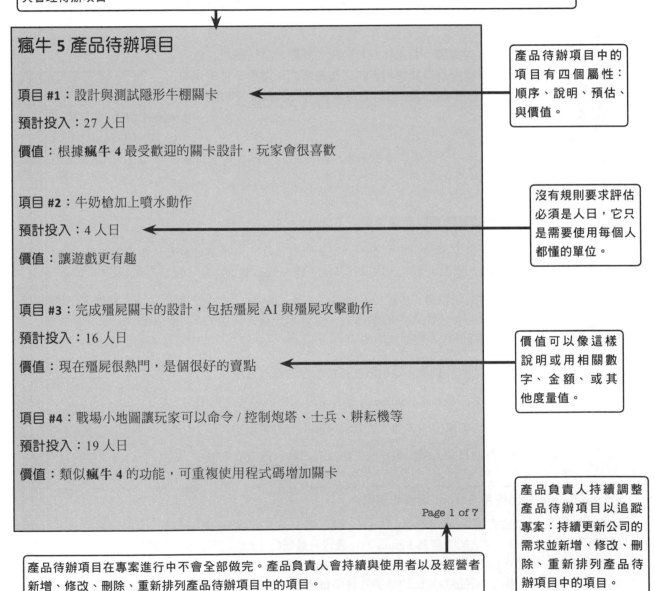

下面是衝刺段待辦項目的例子（同樣的，不一定要用這種格式）。團隊在衝刺段規劃時將它列出，但它可以根據衝刺段進行過程中的遭遇修改。

瘋牛 5 衝刺段待辦項目 —— 衝刺段 #2

衝刺段目標：至少開發一個可以從頭到尾進行的關卡

團隊列出衝刺段必須完成的目標，也就是衝刺段項目。

衝刺段項目：

- 隱形牛棚關卡
- 牛奶槍物理
- 殭屍關卡

在衝刺段計劃的第一個部分，團隊選擇要加入什麼項目以決定此衝刺段可以完成什麼。

衝刺段計劃：

隱形牛棚關卡的工作

- 兩個新敵人的程式
- 建構貼圖材質
- 以關卡編輯器設計關卡的 3D 空間
- 建構隱形模式的 AI

在衝刺段計劃的第二個部分，團隊將衝刺段項目分解成任務以決定所選擇的工作會如何完成。

衝刺段計劃的時間通常在團隊完成分解所有項目成任務時到期，因此他們通常會從第一個項目開始並進行到完成計劃為止。

牛奶槍物理的工作

- 設計噴灑演算法
- 實作牛奶槍類別
- 修改碰撞檢測程式

Page 1 of 4

完成增量是衝刺段結束時實際完成並交付的待辦項目總和

Scrum 是逐步增加的，這表示專案拆分成一個接著一個交付的“段落”。每個“段落”稱為**完成增量**，而每個完成增量代表一個完成的衝刺段的結果：團隊在審核時展示給使用者的可用軟體。可用軟體通常包含之前交付的功能 ——這很合理，因為他們不會刪除它們！——因此**產品完成增量是衝刺段結束時實際完成並交付的待辦項目總和**。

 Scrum 衝刺段解析

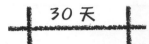
30 天

> 衝刺段是**有時限**的迭代。大部分團隊使用兩個禮拜的衝刺段,但 30 天衝刺段也很常見。

計劃

Daily Scrum

Daily Scrum

Daily Scrum

開發

> **衝刺段計劃**是包括 Scrum 大師與產品負責人的全團隊會議。30 天衝刺段用 8 小時,2 個禮拜衝刺段用 4 小時,其他衝刺段長度用同比例的時限。它分成兩個部分,每個部分佔用一半的會議時間:
>
> ★ 在第一個部分,團隊找出此衝刺段可以完成**什麼**。團隊先寫下**衝刺段目標(Goal)**,它是一句或二句此衝刺段會完成什麼的陳述。然後他們合作從產品待辦項目抽出項目以建構**衝刺段待辦項目**,它是衝刺段期間要製作的所有東西。
>
> ★ 在第二個部分,他們指出工作**如何**完成。他們將衝刺段待辦項目拆分(或**分解**)成一天或少於一天可以完成的**任務(task)**。這就是建構衝刺段**計劃**的方式。

> 所有工作都在計劃中,但並非全部要分解。會議時間可於團隊完成分解每個衝刺段待辦項目前結束以讓他們專注於分解衝刺段第一天的工作。

> **Daily Scrum** 是個每日同一時間召開,長 15 分鐘的會議,開發團隊、Scrum 大師、產品負責人都強烈鼓勵參加會議。每個人回答下列三個問題:
>
> ★ 從上一次 Daily Scrum 後我為衝刺段目標做了什麼?
>
> ★ 從現在到下一次 Daily Scrum 我會做什麼?
>
> ★ 中間遇到什麼阻礙?

Daily Scrum

Daily Scrum

Daily Scrum

> 在**衝刺段審核期間**整個團隊與產品負責人邀請的關鍵使用者以及經營者開會。團隊展示他們在衝刺段期間的成果並聽取經營者的意見回饋。他們還討論產品待辦項目,所以每個人都會知道下一個衝刺段大概要做什麼。對 30 天的衝刺段,此會議是四小時。

> **衝刺段回顧**是團隊用於找出什麼做好了而什麼可以改善的會議。所有團隊成員參加會議,包括 Scrum 大師與產品負責人。會議結束時他們會寫下可以進行的特定改善。30 天的衝刺段時間是三小時。

衝刺段審核

回顧

> 衝刺段在**到達時間限制時**結束。

沒有蠢問題

問：等一下，這就是 Scrum ？

答：這就是 Scrum 全部的規則，但絕對不是 Scrum 的全部。Scrum 的設計是輕量化與容易理解，但掌握 Scrum 不只是遵循規則而已。你在前一章已經學到 Agile 宣言的價值觀可以讓團隊在使用實踐時有所不同。同樣的概念適用於 Scrum：**心態與經驗**讓“只是遵循規則”的團隊與確實“掌握”它的團隊有很大的不同。

問：我已經將專案拆分成階段。衝刺段是不是相同的東西？

答：完全不相同。傳統 waterfall 專案通常拆分成階段，在每個階段結束時有完整交付的東西。但這些階段還是從專案開始就計劃好的。若發現有個改變會影響下一個階段，則專案必須重新計劃，這通常涉及其他的改變控管程序。換句話說，團隊基本上假設專案計劃非常正確，且處理過程中的幾個改變是專案經理的工作。

Scrum 不一樣是因為它是**迭代**的，不只是將專案拆分成階段而已。團隊甚至在目前迭代完成前不會計劃一個迭代。團隊可能會在衝刺段過程發現影響下一個衝刺段或目前衝刺段的改變。這是為何產品負責人是團隊中很重要的角色：他有權代表業務或客戶決定團隊要做什麼功能，讓他們有權立即做出修改。

問：產品待辦項目與衝刺段待辦項目有何不同？

答：產品待辦項目列出產品可能必須具備的所有東西。Scrum 團隊通常對單一產品的持續進行中版本做開發，因此產品待辦項目永遠不會做完。第一個釋出的版本通常具有每個人對需求的最佳理解。隨著專案進行，產品負責人會根據什麼對公司有價值而加入或刪除項目。

衝刺段待辦項目具有團隊在此衝刺段中會製作的特定項目，這些項目是在衝刺段規劃時從產品待辦項目移過來的。衝刺段完成的軟體是**完成增量**：團隊在每個衝刺段交付與審核一個完整的完成增量。衝刺段待辦項目**也**具有**交付完成增量的計劃**。團隊在衝刺段規劃時分解待辦項目成任務以建構該計劃。

問：待辦項目是什麼？

答：產品待辦項目中的項目由簡短的說明、（通常是粗略的）時間估計、商業價值、與順序組成。產品負責人會定期**調整產品待辦項目**。這表示逐條研究待辦項目、刪除不再有用的項目、重新評估每個項目的價值、與更新順序以便先完成最有價值的項目。

問：等一下 —— 故事中，Brian 是團隊領導人，但 Scrum 只有三個角色，而“團隊領導人”並非其中一個。發生了什麼事？

答：角色與工作是同一回事。從 Scrum 來說，Brian 只是開發團隊的另一個成員，雖然他的公司職稱是團隊領導人，比其他開發者更有權力，專業與技能也比較好。他在 Scrum 中可能沒有其他角色，但**在團隊中還是扮演重要與獨特的角色**，只是在 Scrum 相關的事件或產物中沒有針對他。

問：“產物”是什麼意思？

答：產物只是程序或方法論的副產品。Scrum 有**三種產物**：產品待辦項目、衝刺段待辦項目、與完成增量。

問：如果在衝刺段中發現有某種緊急狀況怎麼辦？還是要等待時間到才能結束衝刺段嗎？

答：在**非常罕見的情況**下產品負責人有權在時間到前取消衝刺段。當他這麼做時，會對已經完成的衝刺段項目召開衝刺段審核，而其他項目則放回產品待辦項目並留到下一個衝刺段規劃。**對取消衝刺段要非常非常的謹慎**。它是有緊急狀況時的“打破玻璃”動作，因為它會浪費團隊的動力 —— 更重要的是會導致公司的人不信任團隊並傷害 Scrum 的效力。

Scrum 的設計是輕量化與容易理解，但掌握 Scrum 不只是遵循規則而已。

削尖你的鉛筆

寫下每個 Scrum 事件的名稱、事件發生時間、與事件的時間長度。我們已經填入第一個事件。然後寫出三個 Scrum 角色與三個 Scrum 產物。

依發生順序的事件名稱	何時發生	事件時間長度
Sprint	______	假設衝刺段時間為 30 天
______	______	______
______	______	______
______	______	______
______	______	______

寫出 Scrum 角色	寫出 Scrum 產物
______	______
______	______
______	______

→ 答案見第 112 頁

四個月後一場衝刺段回顧上…

我不認為衝刺段進行得很好。

誰讓你不開心了？我們**哪裡沒做好**了？

Rick：嘿，不需要侮辱人。我們都做的很好！

Amy：失禮，這陣子大家都很緊張，我都快抓狂了。我花太多時間在 Scrum 上，沒時間做我的工作。

Rick：什麼意思？

Amy：我的意思是你們經常要我做決定。例如說規劃這個衝刺段時，我必須決定 Brian 的團隊應該開始寫殭屍關卡還是改善牛奶手榴彈機制。

Rick：是的，你要我們開始寫殭屍關卡，怎麼了？

Amy：我的老天鵝，你怎麼都不懂！展示後我被叫進 CEO 的辦公室 K 了一個鐘頭。瘋牛 4 的玩家討厭殭屍關卡，而經營者最不想看到的是它們在瘋牛 5 中不好的反應。

Rick：蛤？我們非常努力的說。我以為做的很好！

Amy：我也是，但他們說我在衝刺段中不能做關卡的決定 —— 或其他類似的決定。

Rick：但你是產品負責人！做決定是你的工作。

Amy：沒錯，所以我不知道要做什麼。還有，我花很多時間回答團隊關於功能的問題，沒有時間做我真正的工作。

Rick：我也沒比較好。越來越難讓 Brian 的團隊成員參加 Daily Scrum —— 你知道程式設計師很討厭開會。

Amy：你知道嗎？我們正在遵循 Scrum 的規則，我覺得它有幫助。是不是？或許？呃…Scrum 值得嗎？

動動腦

團隊遵循 Scrum 的字面規則，但專案還是遇到麻煩。
哪裡錯了？

Scrum 價值觀讓團隊更有成效

我們已經看到團隊成員具有 Agile 宣言推動的心態時 Agile 團隊最有成效。
Scrum 對於 Scrum 團隊有自己同樣效果的五個價值觀。

開放（openness）

五個 Scrum 價值觀各以一個詞表示。這個價值觀是“開放”。

你總是知道團隊成員正在做什麼，且你覺得他們知道你正在做什麼也沒問題。如果你遇到問題，可以向團隊提出。

遇到問題時總是與團隊討論並不容易。沒有人喜歡犯錯，特別是工作時。這是為何團隊中的每個人必須有相同的價值觀：如果團隊一樣開放與你討論他們的問題使得你與團隊開放討論你遇到的問題更容易 ── 如此能幫助整個團隊。

對不起，我知道我答應完成關卡的程式，但一直沒搞定邏輯。

讓 Brian 坦白有問題對他是一件有點難堪的事，但這對專案最好。

老實說這對我們是個麻煩，但我們會想辦法幫助你解決。

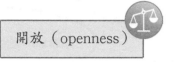

尊重（respect）

你與團隊成員互相尊重，每個人信任對方會做好他們自己的工作。

信任與尊重是互相的。Scrum 團隊成員互相傾聽，有不同意見時會花時間理解他人的想法。團隊成員有意見是必然的。在有效的 Scrum 團隊中，你的隊友不同意你的想法時你會傾聽，但最終他們會尊重你的想法，若你採取他們不同意的做法也會讓你放手進行。

專案經理透過要求團隊成員預估來做規劃的傳統 waterfall 團隊比較難產生信任。如果出了問題，專案經理會怪罪團隊低估，而團隊會怪罪專案經理規劃不良。

Scrum 團隊至少需要三個成員，最多通常九個人。Scrum 團隊至少要有三個人才能在衝刺段中完成一定的工作量。但團隊超過十個人以上時，互相協調會很困難 ── Daily Scrum 會變得很混亂並難以有效的規劃。

鼓勵（courage）

Scrum 團隊鼓勵接收挑戰。鼓勵團隊中的個人為專案站出來。

老闆要求你與團隊追求不可能的目標要怎麼辦？如果他要求不可能少於兩個月完成的專案在兩個禮拜內完成怎麼辦？有效的 Scrum 團隊會鼓勵站出來對不可能的任務說“不”，因為他們有規劃工具可以顯示什麼是可能的，且使用者與經營者信任他們會盡可能交付最有價值的軟體。

專注（focus）

這是為何團隊在衝刺段規劃會議寫下一行或兩行衝刺段目標。它幫助團隊專注於衝刺段。

每個團隊成員專注於衝刺段目標，他們所做的每件事可幫助他們邁向目標。在衝刺段期間，每個人只做衝刺段的任務且一次只做一項任務直到衝刺段完成。

在 Scrum 衝刺段期間，Scrum 團隊的每個成員只專注於衝刺段待辦項目中的項目與規劃會議中所要求的任務。一個人一次只做一項衝刺段待辦項目，專注於計畫中的任務，只在目前任務完成後才會進行下一個任務。

多工呢？同時執行多個任務不是更有效率嗎？

Scrum 團隊成員知道每次專注於一個任務比嘗試多工更有效率。

有個迷思認為在多個工作中多次來回切換較專注於一個工作更有效率。這麼想吧：假設有兩個任務各需一個禮拜。如果同時多工執行，最佳情況是在兩週後同時交付兩項任務。但若在第一項任務完成後開始第二項任務，你會在一週後完成第一項任務。

下一頁還有更多 Scrum 價值觀…

承諾（commitment）

團隊成員承諾交付最有價值的產品 ── 公司其他人也承諾。

團隊向專案承諾時，這表示他們對衝刺段目標規劃的任務是最重要的任務。每個團隊成員覺得他個人在公司的成就取決於專案的成功。不僅如此，每個團隊成員**覺得對完成增量中的每個項目**而不只是他們正在進行的項目**有承諾**。這稱為**集體承諾**（**collective commitment**）。

但若發生有些東西對公司很重要而非專案的一部分呢？Scrum 要有效，老闆必須防止這種事情發生。換句話說，**公司必須對專案完全的承諾**，尊重團隊在衝刺段目標中的集體承諾並遵循 Scrum 的規則。

公司要如何表達這種承諾？

賦予團隊權力決定每個衝刺段要開發什麼功能，並信任團隊如何交付最有價值的軟體。公司以指派具有全權（與意願）決定要做什麼功能的全職產品負責人給團隊來達成授權與給予信任。

集體承諾意味著團隊成員承諾完整交付增量而不只是他負責的項目。

這是我第三次因為同意功能而被老闆吼我“沒有權力”這麼做。

是啊，好像你沒有權力代表公司**做出承諾**。

你知道嗎？我認為我不應該當產品負責人！

幸好我是**最適合的** Scrum 大師。讓我跟上層談談看是否能解決。

Scrum 大師角色一個很重要的部分是幫助每個人認識 Scrum ── 包括經理人與其他團隊成員。

說故事時間

從前有一隻豬與一隻雞是好朋友。

有一天雞對豬說："我有個好主意。讓我們一起開餐廳！"

豬說："好主意！餐廳要叫什麼？"

雞說："培根與雞蛋怎麼樣？"

豬想了一下說："你知道嗎？算了。你只是部分參與，但我得全部投入。"

沒有蠢問題

問：**呃…你為什麼說農場動物的故事？**

答：因為豬與雞的故事是認識承諾的好方法（因為雞只需下蛋，但豬必須被吃掉 —— 一個更重大的承諾）。事實上，有些團隊甚至在實務上使用這些詞，稱呼投入專案的人為“豬”而稱呼只有利害關係但沒有真正投入的人為“雞”（有時候他們在“豬”是個侮辱的文化中還是自稱為豬！）。

Scrum 重視承諾表示你真正的相信你在專業上的成功或失敗視能否交付有價值的軟體而定，而這使你成為全投入的“豬”。使用者與經營者可能有專案完成上的利益，這使他們變成“雞”—— 對專案很重要，但與“豬”的強烈個人投入不是同一個等級。

問：**團隊沒有真正“掌握”一些 Scrum 價值觀怎麼辦？**

答：Scrum 大師的部分工作是幫助團隊成員認識 Scrum 價值觀並最終內化使每個人具有正確的 Scrum 心態。很少有團隊一開始就真正的相信所有價值觀。他們漸漸的一起發展出。Scrum 大師以 Scrum 價值觀幫助團隊認識與處理專案中出現的問題。

問：**若團隊找不到具有足夠權限的產品負責人呢？**

答：若產品負責人沒有權力決定團隊要做什麼，或認可衝刺段待辦項目的每個項目，則公司沒有授予團隊權力執行工作也沒有給專案或 Scrum 真正的承諾。這會是個問題。

許多專案失敗是因為**很好的工作做出錯誤的軟體**，產品負責人能防止它的發生是因為他的**全職工作**是與公司其他人合作並認識商業需求、決定要做什麼功能、以及幫助團隊認識這些功能。

若產品負責人沒有權力決定團隊要做什麼功能，則公司並沒有真正的承諾以 Scrum 交付專案。

重點提示

- **Scrum** 是最受歡迎的 Agile 方法，由三至九個人的軟體團隊使用時最為成功。
- Scrum 包括五種有時間範圍的**事件**：衝刺段、衝刺段規劃、Daily Scrum、衝刺段審核、與衝刺段回顧。
- Scrum 有三種**角色**：產品負責人、Scrum 大師、與開發團隊。
- Scrum 使用三種**產物**：產品待辦項目、衝刺段待辦項目、與完成增量。
- 專案拆分成**衝刺段**，迭代時間範圍通常為 30 天（可以更短）。
- 每個衝刺段從**衝刺段規劃**開始，它是有時間限制的會議，決定哪些項目（例如功能）要包含在該衝刺段待辦項目中，以及將它們分解成至少是第一週的任務。
- **Daily Scrum** 是個會議，每個團隊成員交待他完成的工作、接下來的工作、與是否預見前方有任何問題。
- 產品負責人邀請關鍵經營者參加**衝刺段審核**，會中團隊展示可用軟體並討論下一個衝刺段待辦項目。
- 團隊成員在**衝刺段回顧**時討論什麼做好了與找出可改進的特定事物。
- Scrum 團隊有五個**價值觀**可幫助他們進入更有效的心態：開放、尊重、鼓勵、專注、與承諾。

好消息！我與有關商務的同事討論過承諾的問題，他們同意指派 Alex 作為團隊的**全職產品負責人**。

資深經理 Alex 是遊戲產業的老手。他與使用者、廣告商、遊戲評論者常碰面。他知道怎麼樣讓遊戲大賣。

很高興見到你們。Rick 解釋過 Scrum 如何運作，老闆們都認為 Scrum **很重要**，所以指派我全職參加。

授權方面沒有問題。遊戲內容我說了算。其他資深經理人信任我的判斷，而我信任你們會完成專案。

產品負責人

真是讓人鬆一口氣！現在我可以"只"做創意總監就好。

開發者有很多問題要問你！我會介紹他們給你。

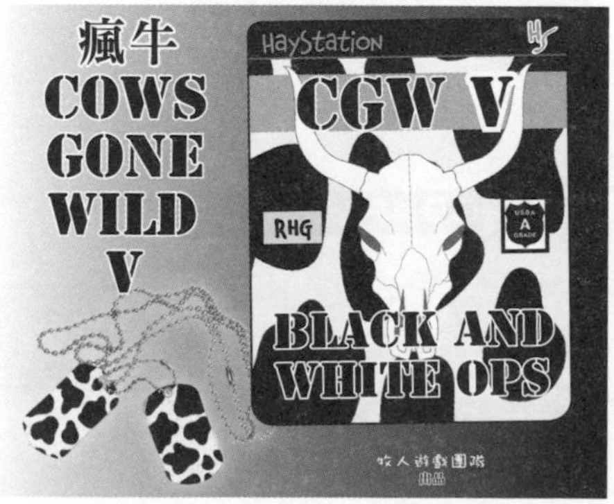

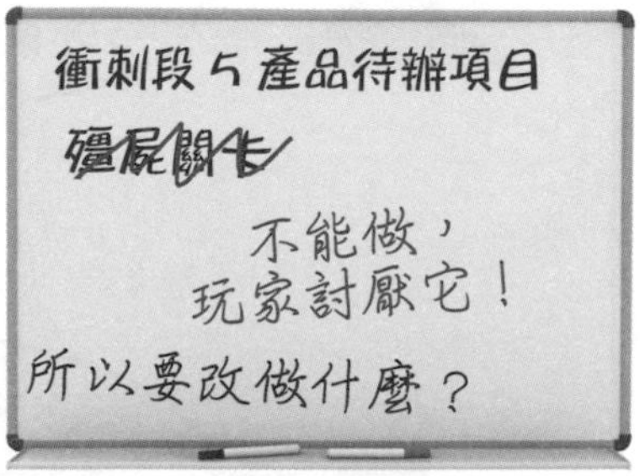

有了新的產品負責人，團隊應該能夠找出下一個衝刺段要做的最有價值功能。

JUDGMENT CALL

下面是我們聽到 Amy、Rick、Brian 所說的話。從對話框畫出一條線到 COMPATIBLE 或 INCOMPATIBLE 然後到相容或不相容的 Scrum 價值觀上。

COMPATIBLE

輪到我講話了嗎？OK。自從上一次 Daily Scrum 後，我還在做相同的功能，會一直持續到下一個衝刺段。沒有遇到問題。下一個？

INCOMPATIBLE

鼓勵

COMPATIBLE

Alex，我知道重新畫圖可讓評論者注意到，但這樣做絕對趕不上發售時間。

INCOMPATIBLE

專注

COMPATIBLE

我唯一注意的是技術能力。如果你不能寫程式就對我沒用。

INCOMPATIBLE

開放

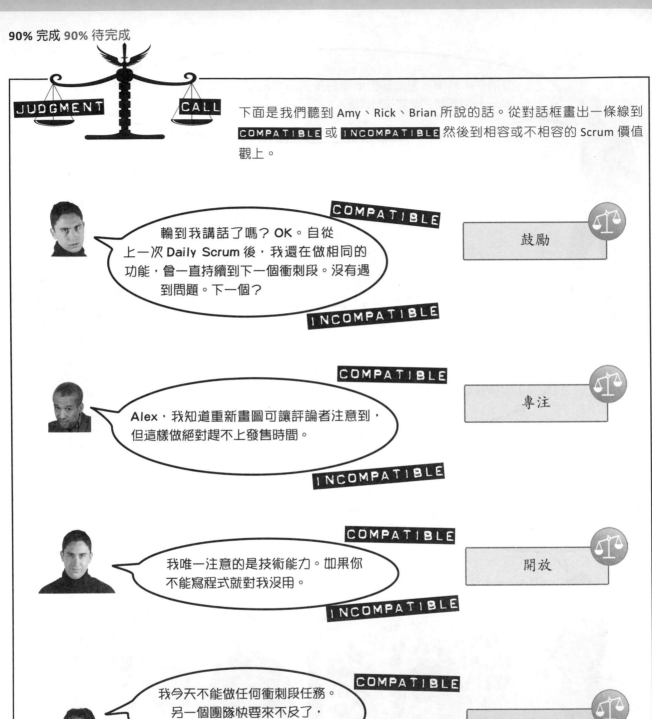

COMPATIBLE

我今天不能做任何衝刺段任務。另一個團隊快要來不及了，他們要把我借過去。

INCOMPATIBLE

尊重

答案見第 113 頁

我以為每天參加 Daily Scrum 會讓我知道狀況，
但我不知道大 BOSS 關卡的狀況。
我知道！但***昨天***是完成 90%，***一個禮拜前***也是 90%，
要我怎麼辦？

你什麼意思？開發者說已經完成 90%。

Rick：我…呃…

Alex：對啊，就是這樣。

Rick：喂，這不公平。我知道他已經很認真的做這個功能一陣子了，只是要花的時間比我們想的久。

Alex：所以你打算怎麼辦？

Rick：喂，我們是同一個團隊，包括你也是，Alex。我覺得你應該是說**我們**打算怎麼辦？

Alex：OK，沒關係。由於我們是同一個團隊，讓我告訴你怎麼辦。其他團隊的時間表有考慮到緊急狀況與加上緩衝時間，所以**不需要告訴像我這種資深經理人**說他們趕不上進度。

在時間表加上緩衝時間跟謊報時間表或全部人一起隱瞞狀況有什麼差別？

Rick：對啊，我以前也這樣管過專案，時間表有額外任務用於處理意外狀況。

Alex：但是你現在沒有這麼做？

Rick：沒有。Scrum 規則並沒有加上緊急狀況處理、緩衝時間，或額外任務的方法。我完全看不出有照著 Scrum 規則加時間的方法。

Alex：可能是 Scrum 有問題。

動動腦

衝刺段一個任務所需的時間比團隊規劃時間更長要怎麼辦？

問題診所："下一個是什麼"問題

許多實踐或事件以特定順序發生，你會被問到"下一個是什麼"的順序問題。這些題目問的是實踐在真實專案中的應用。這些題目通常不難，但有陷阱。

大部分下一個是什麼的題目描述一個狀況並問你下一個要做什麼。有時候看起來不像是問你事件的順序。注意描述情境然後問你下一個是什麼、之後發生什麼、或團隊應該如何處理的問題。

不要因為不熟悉題目描述的產業就放棄。

"下一個是什麼"的關鍵在於找出團隊目前正在做什麼。"會達成的目標"正是衝刺段目標的定義！因此它一定是發生在衝刺段規劃的<u>開始</u>階段。

27. 你是正在開發防鎖死剎車系統韌體的汽車產業軟體團隊的 Scrum 大師。你的團隊剛寫完衝刺段項目會達成的目標。團隊接下來要做什麼？

    A. 將衝刺段待辦項目分解成任務

    B. 與使用者檢視可用軟體

    C. 與業務使用者開會

    D. 決定衝刺段待辦項目要包含什麼項目

這是發生在衝刺段規劃的開始階段，但與其他答案相比，另一個答案發生在它之前。

這些答案都不是發生在衝刺段規劃的開始階段。

哈！若團隊召開衝刺段規劃會議並剛寫出衝刺段目標，下一件事是決定此衝刺段待辦項目要包含哪些產品待辦項目。這就是下一個事情！

HEAD LIBS

填空以製作“下一個是什麼”問題！從思考什麼 Scrum 事件或活動是正確的答案**開始**，然後找出團隊剛剛完成的工作 ——那就是你在問題中的描述！

你是 ______________________ 專案的產品負責人。你的團隊剛剛完成
（產業）

______________________ 。有個 ______________ 告訴你專案
（Scrum 活動的說明）（使用者類型）

______________________ 。
（專案的問題）

問題的最後一個部分完全不會改變答案。很多題目都像這樣。

團隊接下來要做什麼？

A. ______________________
（正確答案 ——下一個 Scrum 活動、工具、或實踐的說明）

B. ______________________
（其他 Scrum 活動、工具、或實踐的說明）

C. ______________________
（不同方法論的活動、工具、或實踐名稱）

D. ______________________
（Scrum 價值觀或角色的說明）

下一個是什麼的題目不一定問活動、工具、或實踐的順序！注意建構或執行動作的特定產物然後問接下來要做什麼的題目說明。

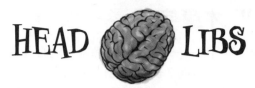

檢視 Scrum 指南會看到它是指“完成”的產品增量。

任務要“完全做完”才算完成

在 Scrum 團隊中，你每次進行一個待辦項目 —— 這是專注價值觀所說的事 —— 且你持續進行直到完成項目為止。但何時才做完？還有一些測試要做嗎？很容易覺得你已經做完…除了有一點小事。這是為何 Scrum 團隊對加入待辦項目的每個項目或功能有個**“做完”的定義**。在項目進入衝刺段待辦項目前，團隊中的每個人必須認識與同意它做完以及“完成”做完的意思。由於待辦項目均有“完成”的定義，***整個完成增量具有“完成”的定義***且團隊承諾在衝刺段結束時交付“完成”的增量。

聽起來 Amy 與 Brian 已經做完這些功能！
戰鬥關卡的畫面已經做完。
酷，因為我已經做完牛奶槍物理的程式設計。
只剩下打包檔案並寄出去給團隊。
剩下一些測試與寫文件，但程式碼已經完成。
嗯…他們還沒有“完全做完”這些功能。

揭秘：衝刺段規劃

衝刺段規劃依靠“完全完成”的定義

團隊在衝刺段規劃會議的第一個部分決定衝刺段待辦項目要包含哪些項目。若團隊成員不了解某個項目的“完成”定義呢？假設某人認為它是完成所有程式碼，但另一個人認為還要包括文件與測試。就算他們不知道雙方對完成的定義有差異，他們還是會發現他們無法一致同意該衝刺段可交付多少項目。這是為何衝刺段規劃只在整個團隊對每個項目有明確一致的“完成”定義時才有效。

Scrum 團隊在衝刺段中適應改變

團隊必須每天做決定：此衝刺段要製作什麼功能？依照什麼順序？使用者如何與此功能互動？採用什麼技術方式？傳統 waterfall 團隊有個答案：所有規劃都在專案開始時完成。問題是開始建構專案時，大部分這些問題還沒有答案。因此專案經理與團隊一起做假設並依靠變化控管程序在猜測錯誤時改變計劃。

Scrum 團隊**拋棄**每個專案問題能在專案或衝刺段開始時回答的**想法**。相對的，他們根據發現時的真正資訊做決定。他們使用 Scrum 的**三個支柱**（**pillar**）：**透明**（**transparency**）、**檢查**（**inspection**）、與**適應**（**adaptation**）循環：

- ★ 循環從**透明**開始，團隊一起決定衝刺段要包含什麼項目與每個項目完成的定義。所有完成的工作在所有時間對每個人都是可見的。
- ★ 整個團隊在 Daily Scrum 中**檢查**每個進行中的項目。
- ★ 若發現改變，他們就**適應**改變（例如遇到問題時新增或刪除衝刺段待辦項目中的項目）。
- ★ 次日**循環重新開始**，團隊成員在 Daily Scrum 中完全坦白。
- ★ 團隊**還檢查與適應其他 Scrum 事件** —— 衝刺段規劃、衝刺段審核、與衝刺段回顧 —— 檢視與修改衝刺段目標、項目、任務、與工作方式。

沒有蠢問題

問：聽起來越來越像是理論，能回到實務上嗎？

答：當然。“透明”只是表示每個人都理解衝刺段中所建構的每個功能，並公開目前的工作內容、下一步計劃、與遇到的問題。“檢查”表示他們以 Scrum 事件（**特別是** Daily Scrum）確保持續更新最新狀況。“適應”表示他們持續根據新資訊找出方法改變下一步計劃。

問：若團隊規劃部分而非全部任務，這不會導致專案後面的混亂嗎？

答：不會。在專案開始時做出所有決定會讓你感到掌握每件事，但通常不是，專案還是會有意外 —— 昨天還很好 —— 突然每個人都慌了。這是為什麼很多團隊都轉向 Agile：因為傳統專案計劃會一直趕不上進度且**有些東西**要修改。Scrum 因為知道許多重要決定要依靠在專案過程中才會**發現**的資訊所以能避免這種陷阱。

問：能給我一個真實世界的案例嗎？

答：這裡有個**瘋牛**團隊可能面對的情況。Brian 必須設計耕耘機的行為，但他必須等到 Amy 完成它的基本行為才能開始。若 Rick 使用傳統專案管理方式，他必須假設 Amy 會先完成（且時間表要加上緩衝以防她花太多時間），或要讓 Brian 先做別的不重要的事。

現在他們使用 Scrum，團隊能有更多的選擇。他們知道 Brian 不能在 Amy 完成基本行為前開始設計，但他們也知道他們會**持續檢查進度並適應計劃改變**。因此相較於**今天**就得決定 Brian 進行耕耘機的設計或其他不重要的事，他們可以將**兩者**加到衝刺段待辦項目中 —— **延遲決定**直到 Brian 可以開始設計。若 Amy 完成了她的工作，他可以開始。若她還沒完成，他會從衝刺段待辦項目挑出其他任務並於完成後回到耕耘機（只能在“**完全完成**”後！）。

我還是看不出衝刺段規劃可行。你怎麼限制規劃時間？
你說過時間限制經常在所有工作規劃前逾期。
半成品計劃不會導致半成品專案嗎？

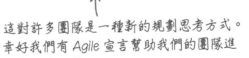

不會 —— 因為 Agile 團隊盡量延後做決定。

很多人在學習 Scrum 時驚訝於衝刺段規劃對兩週衝刺段限制在四小時內（不同衝刺段長度有成比例的長度），因為他們習慣於開始進行前完整規劃好專案中的所有任務。但我們已經看過依循傳統 waterfall 程序的團隊經常遇到專案進行中的問題。事實上，產生更高價值的改變經常只是因重新規劃太花時間而在改變控管程序中被退回。

Scrum 團隊很少（如果有的話！）遇到這種問題，因為他們不在專案初期規劃每個任務。事實上，他們甚至不在衝刺段開始時規劃所有任務。相較於事先規劃所有東西，他們在**最後一刻**做決定。這表示他們只在絕對有必要以開始衝刺段時進行規劃。若需要更多的規劃，可以在衝刺段後面再做。

這對許多團隊是一種新的規劃思考方式。
幸好我們有 Agile 宣言幫助我們的團隊進入有效的心態。

MINI 削尖你的鉛筆

Agile 宣言很有用，因為它幫助進入一種心態，使最後一刻做決定等概念**合理化**。Agile 宣言的十二個原則其中之一對理解最後一刻特別有幫助。寫下你覺得是哪一個 —— 答案見第 98 頁。

The Daily Scrum Way Up Close

"儀式"

雖然很多團隊視回答 Daily Scrum 的問題為"儀式"，但每個人都參加並專心注意。

團隊每天在同一時間集合，而大多數團隊每次從不同人開始。每個人（包括產品負責人與 Scrum 大師）回答三個問題：

- ★ 我**昨天**做了什麼讓我們朝衝刺段目標更進一步？
- ★ 我**今天**要做什麼以符合衝刺段目標？
- ★ 有什麼**問題**阻礙我邁向衝刺段目標？

每個人的回答簡短並有重點，因為會議限時 15 分鐘。

檢查與適應

每個人回答這三個問題的原因是讓正在做的工作完全**透明**。但這只在團隊中的每個人仔細傾聽時有效（這是為何保持簡短很重要！）。Daily Scrum 中最常發生的事情是一個團隊成員發現他的隊友將要進行不合理的工作：或許是開始一項衝刺段待辦項目，但有另一個項目更有價值，或採用另有更好做法的方式，或遇到其他人可以幫忙的問題。

發生這些事情時，他們會在當日稍後召開會議進行討論。通常他們會討論導致改變計劃的原因：他們可能會採取不同的做法，或從衝刺段待辦項目選擇其他項目，或必須增加工作（也可能從衝刺段待辦項目刪除其他項目）以繞過問題。這是團隊如何**適應**改變的方式。

又回到三個支柱，對嗎？
回答問題是**檢查**，改變是**適應**。

沒錯。它可行是因為透明。

每個團隊成員每天回答這些問題，因此每個人都有最新最精確的專案資訊。不想太理論化，但這是一個**經驗程序控制理論**（**empirical process control theory**）的好例子，它告訴我們一個程序（此例中是 Agile 方法）是根據經驗時，它讓團隊將工作方法最佳化以降低風險並產出可持續、可預測的結果。

字典定義

em-pir-i-cism（經驗主義），名詞

知識來自經驗且決策是根據已知資訊的理論。

團隊由**經驗主義**驅動，並根據猜測退回專案計劃。

Agile 宣言幫助你真正“掌握”Scrum

我們已經在第 2 章學到應用任何 Agile 方法論、架構、方法 ── 例如 Scrum ── 最有效的方式是以價值觀與 Agile 宣言的原則推動的心態。讓我們更深入檢視其中三**個**對 Scrum 團隊特別有用的**原則**。

除非你們能讓牛奶槍運作，否則我絕對無法同意戰鬥關卡已經完成。

我們最優先的任務，是透過及早並持續地交付有價值的軟體來滿足客戶需求。

此原則中非常重要的一個詞是“價值”。團隊成員非常認真的看待它並盡力交付最高的價值。

產品負責人確保團隊交付價值

這是團隊需要一個有權力接受衝刺段待辦項目元件完成（或若未完成則拒絕接受）的產品負責人的全部原因。若瘋牛 5 團隊的每個人真的“掌握”此原則，則他們不會對 Alex 不接受此功能完成抓狂，因為他們真正的想要交付最高的**價值**。他們想要**及早**與**持續交付**，而最佳的方式是完成目前的項目（這表示它已經“完成”且可以在衝刺段審核中展示給使用者）使他們可以進行下一個項目並盡量多完成衝刺段中的待辦項目。

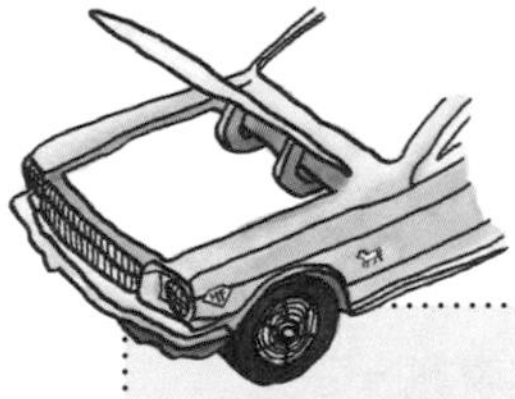

揭秘：衝刺段審核

衝刺段審核是關於價值最大化

在衝刺段審核中，團隊與產品負責人邀請的關鍵使用者及經營者一起檢查完成增量與產品待辦項目，而每個人都知道目標是審核該衝刺段交付的價值，以及讓下一個衝刺段的價值最大化。以下是進行方式：

- 產品負責人逐條檢視衝刺段“完成”了什麼以及由團隊展示可用軟體。
- 團隊討論什麼做好了與什麼可以改善並回答使用者與經營者的提問。
- 產品負責人帶領大家逐條檢視目前的產品待辦項目，每個人提出其認為應該進入下一個衝刺段的項目，讓團隊直接知道使用者與經營者**認為什麼最有價值**。這對規劃下一個衝刺段很重要。
- 他們對市場的改變（若有則會改變接下來最有價值的項目）、公司的時間表與預算、與其他相關事物進行開放與真誠的討論。

Amy 在 Daily Scrum 中的報告。

我結束了攻擊畫面設計，所以又一項衝刺段待辦項目完成。接下來還有幾個項目我可以選擇進行。我考慮進行戰鬥關卡的設計。

我不覺得應該做這個。Daily Scrum 結束後我們能不能討論一下？

聽起來 Amy 可能跑偏了。若 Brian 沒有專心傾聽，他可能不會發現這個潛在的問題。現在他們可以一起研究。

> 最佳的架構、需求與設計皆來自於能自我組織的團隊。

自我組織意味著團隊一起決定接下來做什麼

若你曾經作為傳統 waterfall 團隊的專案經理，則你或許進行過由專案經理規劃的計劃並由專案經理或老闆指派給你的工作。但這不是 Scrum 團隊的運作方式。Scrum 團隊是**自我組織的**，這對很多人來說是全新的工作方式。

整個 Scrum 團隊一起規劃專案。計劃並非由某個人提出並指示他們做什麼。開發團隊成員決定要交付什麼，在有需要時將新工作加入衝刺段待辦項目中。整個團隊一起決定要如何達成目標。

但自我組織不只是發生在衝刺段規劃過程。他們**持續**在 Daily Scrum 中相互檢查以**適應變化**：每個人告訴整個團隊他們接下來計劃進行的衝刺段規劃中決定的項目。若團隊成員發現此方向有問題，則他們會在當天一起解決。

> Daily Scrum 有時間限制，因此兩個團隊成員間發現這種問題時會在會議後另行討論解決（若其他成員有想法也可邀請參與）。Brian 與 Amy 會碰面討論如何解決這種狀況。一旦有了新的計劃，他們會在次日的 Daily Scrum 中公開以確保每個人都知道並看看是否還有什麼想法。

你對第 94 頁的 MINI 削尖你的鉛筆 問題有什麼答案？我們的答案在下一頁……

MINI 削尖你的鉛筆 解答

你的答案不一樣嗎？這是我們認為對認識最後一刻最有幫助的原則，但其他原則也不錯！

竭誠歡迎改變需求，甚至已處開發後期亦然。敏捷流程掌控變更，以維護客戶的競爭優勢。

若沒有這麼做過，或許在最後一刻做決定聽起來很怪。但對**真正歡迎改變需求**的人來說，它就跟騎自行車一樣正常。

這是許多團隊思考計劃的新方式。

這是上一章所討論心態轉變的一部分。以下是它在真實世界中的 Scrum 專案的運作方式：

- 關於產品待辦項目中的每個項目，**只要**寫下來就可以啟動衝刺段規劃。
- 在衝刺段規劃期間，團隊分解足夠的衝刺段待辦項目以讓每個人開始，但**無需認為要分解所有東西**（Scrum Guide 的 Sprint Planning 一節表示團隊在會議結束時分解**衝刺段第一天的工作**）。
- 自我組織的團隊在規劃衝刺段時無需決定每個任務的細節。他們**信任自己**到時候會做出最好的決定。
- 當團隊在衝刺段過程中進行衝刺段待辦項目工作時，他們發現新的任務和變化，並將其帶入 Daily Scrum 中，並且他們使用這些資訊共同為**未來 24 小時制定計劃**。
- 他們**持續檢查與適應**，因此他們信任自己到時候會做出最好的決定。

Scrum 團隊在最後一刻做決定。他們只在當下有需要時做決定，其他就留到之後

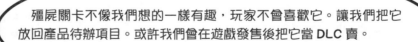

殭屍關卡不像我們想的一樣有趣，玩家不會喜歡它。讓我們把它放回產品待辦項目。或許我們會在遊戲發售後把它當 DLC 賣。

Alex 能夠在最後一刻做決定是件好事！在這種情況下，團隊能發現此功能不好玩（且交付專案所需價值）的唯一方式是把它寫出來。請注意，他還保持正面態度而非責怪浪費時間，並且留下日後發售的選項。

照過來！

Daily Scrum 限時 15 分鐘，因此要確保每個人專注與說重點。

說的比做的容易。一旦團隊開始每天召開 Daily Scrum，你會發現有些人非常不喜歡在團隊其他人面前討論他的工作，而有些人則滔滔不絕完整佔用 15 分鐘。

這是為什麼 Scrum 大師要認真執行他的角色任務 —— 特別是負責讓團隊認識與遵守 Scrum 規則：

- 若某人厭惡開口，Scrum 大師可以幫助團隊成員接受 Scrum 的開放價值觀與認識透明對 Scrum 的運作非常重要。
- 團隊成員佔用太多 Daily Scrum 時間時，Scrum 大師可以指出哪些事實有關，並幫助他們更好的運用 Daily Scrum 時間。
- 若團隊成員的報告超出回答三個問題並提出其他討論議題，Scrum 大師可以提醒團隊召開部分成員參加的會議來進行討論並向全體報告。

重點提示

- 團隊同意每一項衝刺段待辦項目與整個增量**“完成”的定義**。
- 產品負責人不接受項目進入衝刺段審核，除非它是**“完成”**的（也就是符合團隊所決定的“完成”的定義）。
- Scrum 使用**經驗程序控管**，它是根據透明、檢查、與適應**三個支柱**以根據事實做決定。
- **透明**（或可見）表示團隊成員知道隊友在做什麼。
- **檢查**表示他們經常於 Daily Scrum 與其他衝刺段事件中互相檢查他們在做什麼，以及如何進行。
- 團隊持續根據檢查結果改變與**適應**計劃。
- Agile 團隊在**最後一刻**做決定且只對目前有必要的任務做規劃。
- 團隊**及早**（執行每個待辦項目直到完成）與**持續**（在每個衝刺段審核交付完全“完成”增量）交付價值。
- Scrum 團隊**自我組織**：他們一起決定如何達成目標與工作分派。
- Scrum 團隊比傳統 waterfall 團隊更**歡迎改變需求**，因為他們自我組織並盡可能延後做決定。

猜猜我是誰？

多個 Scrum 產物、事件、與角色參加“我是誰”的遊戲。他們給出提示讓你猜它是什麼。寫下它的名稱與類型（事件、角色等）。

注意！有個非事件、產物、或角色的 Scrum 概念可能會出來攪局！

	名稱	類型
我是僕人長，指導團隊認識與實施 Scrum 並幫助團隊以外的人掌握它。	______	______
我在衝刺段結束時召開以與受邀使用者及經營者一起檢查團隊進行的每個項目。	______	______
我是團隊自我檢查的方法，他們檢視什麼做好了，並計劃改善沒有做好的部分。	______	______
我是團隊在衝刺段結束後交付給使用者的項目總和，我只能在每個項目都“完成”後才能被交付。	______	______
我是實際執行所有工作以交付軟體給使用者與經營者的專業群體。	______	______
我負責決定什麼項目進入製作，我有權力代表公司接受它們的“完成”。	______	______
我是每日召開 15 分鐘的會議，團隊在會議中建構下一個 24 小時的計劃。	______	______
我是產品負責人幫助團隊最佳化與最大化的某種事物，團隊嘗試提高我最多的項目的優先等級。	______	______
我是團隊在衝刺段依規劃建構的項目（通常分解成任務）的集合。	______	______
我是有時間限制的會議，團隊在會議中產生衝刺段目標、決定要交付什麼項目、與分解項目成任務。	______	______
我是產品在未來某個時間點所需包含的項目的有序清單（帶有說明、預估、與價值）。	______	______

答案見第 114 頁

沒有蠢問題

問：瘋牛團隊的故事是真的嗎？Scrum 真的能用在需要很多創意、隨時改變、時間很緊迫的遊戲等專案上嗎？

答：Scrum 不只能用於經常改變的複雜與動態專案上，它實際上比傳統的 waterfall 更適合這種環境。Scrum 團隊持續找尋改變並找出方法適應，這使得他們更擅長複雜甚至是混亂。而衝刺段的時間有限本質可幫助團隊趕上進度。Alex 就是真實世界中遊戲團隊做出這種決定的好例子。團隊建構一個功能但結果現在的樣子不有趣，因此他們先將它排除並或許在之後以 DLC 銷售。Scrum 讓團隊能在半路上有彈性做決定，而傳統 waterfall 團隊或許必須經過漫長的變化控管程序。更重要的是 Scrum 團隊**視改變為成就**，因為他們歡迎讓產品交付更多價值的改變。傳統的 waterfall 團隊可能視改變為挫敗，因為它"浪費"時間且必須修改計劃。

問："自我組織團隊"是否意味著沒有老闆？

答：當然有個老闆。若你在一家公司工作且不是 CEO，那你就有老闆。但有效的自我組織團隊通常有個不細微管理的經理人，他信任員工會交付最有價值的軟體。自我組織團隊被授權決定軟體要包含什麼功能，通常由指派給團隊的夠資深產品負責人做決定。他們能自由的規劃工作以便用他們覺得最有效率的方式建構這些功能。他們有彈性能在最後一刻做決定，因為那是做重要決定的最有效時刻。

問：衝刺段回顧要做什麼？

答：衝刺段回顧是團隊檢查剛結束的衝刺段並嘗試找出改進方法。他們檢視所有東西：團隊成員可以改善流程與工具、找出方法改善軟體品質、增進組織人際關係、以及其他影響專案的事情 —— 特別是讓工作更享受或有效率的事情。衝刺段回顧結束時，團隊一起產生改善計劃。此計劃通常由團隊個別成員提出少量的特定工作組成。會議前，Scrum 大師幫助每個人了解它如何運作並確保他們都遵守時間限制。這發生在會議**前**是因為 Scrum 大師與產品負責人必須以團隊成員身分出席，提供他們自己的意見與想法。

問：等一下 —— 產品負責人也參加回顧？產品負責人真的需要參與全部的 Scrum 事件嗎？

答：一定要的。產品負責人是團隊成員，如同其他人一樣參與 Scrum 事件。事實上，許多團隊的產品負責人參與部分開發工作。但就算如此，此人還是有權力對什麼項目進入待辦項目與團隊交付價值最大化做決定，而公司還是尊重他的決定。

問：我找不到有能力且有時間參與所有 Scrum 事件的人擔任產品負責人。產品負責人可以改成委員會嗎？

答：絕對不行。產品負責人**必須**是自然人。此人必須有權力決定軟體功能的去留，且**產品負責人角色必須是他的最優先工作**。

像這種對 Scrum 的修改幾乎都會**降低效力**，通常是刪除讓經驗法則可行的部分。團隊通常嘗試以扭曲或違反找出團隊瑕疵的規則的方式"自訂"Scrum。在這種情況下，Scrum 使得團隊沒有權力決定功能去留變得很明顯。經理人說出"團隊應該做這個功能，但不要做那一個功能"是很**可怕**的事情。錯誤的決定會導致公司財務損失，且出錯時**會有很多責難**。這是為何 Scrum 要求團隊有個產品負責人有權力做決定。

團隊在沒有真正的產品負責人可以做出要建構什麼的困難決定時通常會嘗試"自訂"Scrum。

事情對團隊來說發展的很順利

瘋牛 5 是今年最受期待的遊戲！現在只需把它做出來（說的比做的容易？）。

好消息！我上禮拜在電玩展中展示遊戲關卡，**大受好評！**

讚！我在網路上讀到一些正面評論。看起來瘋牛 5 是**今年最受期待的遊戲！**

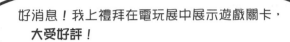

Scrum 填字遊戲

這是熟記 Scrum 概念、價值觀、與想法的好機會。不看書你可以回答幾個字？

橫排提示

1. The Sprint, Sprint Planning, the Daily Scrum, the Sprint Review, and the Sprint Retrospective

4. The Product Owner is allowed to _______ the Sprint, but it wastes the team's energy and damages the company's trust in the team

8. The most effective time to make a decision is at the last _______ moment

10. The Product Owner makes sure the team maximizes this

12. The Product Backlog, the Sprint Backlog, and the Increment

13. When this value isn't part of your mindset, you don't trust your team-mates, and tend to blame them when things go wrong

16. What the team does to turn the Sprint Backlog items into tasks

17. Product Owner, Scrum Master, and Development Team

18. When this is part of your mindset, you don't even consider trying to do two things at once

20. What Product Owners routinely do to keep the Product Backlog current

21. Responsible for maximizing the value of the product and managing the Product Backlog

23. During Sprint _______ the team chooses what items to include in the Sprint and builds a plan

24. The three Daily Scrum questions give the team complete _______ into what each team member is doing

25. The _______ Backlog is the single source of requirements and changes for the product

26. The timeboxed iteration used in Scrum

27. The Daily Scrum _______ is a 15-minute timeboxed meeting

直排提示

2. The Sprint is over when the timebox _______

3. The team decides what can be done in the Sprin during the _______ part of the Sprint Planning session

5. Each item in the backlog has a description, the business value, an order, and a rough _______

6. The Sprint _______ contains items the team will build during the Sprint

7. The Sprint _______ is an objective crafted by the team when they plan the Sprint

8. The Sprint _______ is how the team inspects itself and creates a plan to improve

9. The theory that knowledge comes from experience

11. A self _______ team decides as a team how they'll meet their goals

13. The Sprint _______ is how the team inspects what they built and adapts the Product Backlog

14. What pigs have, chickens don't, and everyone on a Scrum team feels collectively toward the whole project

15. The Sprint Review is timeboxed to _______ hours for a 30-day sprint

16. What teams do with working software at the Sprint Review

19. The team decides how the work will be done during the _______ part of the Sprint Planning session

答案見第 115 頁

考試題目

這些考試練習題能幫助你回顧這一章的內容。就算不準備考 PMI-ACP 認證也值得一試。這是發現你不知道的地方很好的方式，能幫助你更快的記憶內容。

1. Scrum 大師不負責下列哪一項：

A. 幫助團隊認識 Daily Scrum 要做什麼

B. 指導產品負責人有效的管理產品待辦項目

C. 幫助團隊認識客戶需求

D. 指導組織其他人認識 Scrum 以及與團隊合作

2. 下列哪一項不是產品待辦項目的屬性？

A. 狀態

B. 價值

C. 預估

D. 順序

3. Juliette 是一個醫療組織的 Scrum 專案的產品負責人。她被叫到公司資深經理人經營委員會議中，因為她決定在最近的衝刺段中加入一個醫療隱私功能。會議中，資深經理人要求她未來在做這種商業決定前必須諮詢整個委員會。

下列哪一項最能描述 Juliette 的角色？

A. 她的角色是僕役長

B. 她沒有對專案的承諾

C. 她必須聚集於專注與激勵

D. 她沒有與產品負責人角色相符的權力

4. 完成增量何時視為完成？

A. 時間限制到期時

B. 每個交付項目符合“完成”的定義且產品負責人認可

C. 團隊進行衝刺段審核並展示給使用者與經營者時

D. 團隊召開衝刺段回顧時

考試題目

5. 下列哪一項是共同承諾的例子？

A. 每個團隊成員感覺到交付整個完成增量而不只是個人負責部分的個人責任

B. 每個團隊成員總是很晚下班且週末加班

C. 每個團隊成員負責交付一個專案的重要部分

D. 每個團隊成員參加衝刺段規劃與回顧會議

6. 下列哪一項不是 Scrum 事件？

A. 衝刺段審核

B. 產品待辦項目

C. 回顧

D. Daily Scrum

7. Amina 是採用 Scrum 的團隊的 Scrum 大師。她想要做出改變以幫助團隊更好的自我組織。下列哪一項是專注於改善的最佳領域？

A. Daily Scrum

B. 衝刺段規劃

C. 衝刺段回顧

D. 產品待辦項目

8. Scrum 衝刺段何時結束？

A. 團隊完成工作

B. 團隊完成衝刺段回顧

C. 時間限制到期

D. 團隊完成衝刺段審核

考試題目

9. 每個團隊成員在 Daily Scrum 回答下列問題，除了哪一項？

A. 遇到什麼障礙？

B. 無法完成什麼計劃中的工作？

C. 現在到下一個 Daily Scrum 中間會做什麼以達成衝刺段目標？

D. 從上一次 Daily Scrum 後做了什麼？

10. Barry 是個線上購物網站的開發者。他的專案經理告訴他目前開發中的功能的截止時間在三週後，但 Barry 很明確的表示需要四週，且沒有理由一定要在之前完成。Barry 的團隊開始採用 Scrum。哪個 Scrum 價值觀會讓團隊採用 Scrum 更為困難或成效較差？

A. 開放

B. 尊重

C. 激勵

D. 專注

11. Sandeep 是個 Scrum 團隊的產品負責人。使用者在一次定期會議中告訴他關於業務相關法規修改的事。處理這一項法規修改現在是團隊最高優先的工作且必須是下一個衝刺段的主要目標。

下列哪一項用於描述下一個衝刺段的主要目標？

A. 完成增量

B. 衝刺段待辦項目

C. 衝刺段目標

D. 衝刺段規劃

12. 經驗法則程序控制理論的哪個方面涉及經常檢驗不同的 Scrum 產物並確保團隊還是在軌道上以達成目前目標？

A. 考試

B. 適應

C. 透明

D. 檢查

考試題目

13. 什麼是 Scrum 的完成增量？

A. 團隊在衝刺段實際完成的衝刺段待辦項目中的項目

B. 團隊在衝刺段實際完成的產品待辦項目中的項目

C. 分解衝刺段待辦項目的結果

D. 描述衝刺段目標的陳述

14. 下列哪一項幫助 Scrum 團隊專注？

A. 多工

B. 召開 Daily Scrum

C. 撰寫衝刺段目標

D. 召開回顧會議

15. Danielle 是個 Scrum 團隊的產品負責人。她與一個使用者討論，使用者提出一個新的需求。Danielle 接下來應該做什麼？

A. 更新產品待辦項目

B. 召開衝刺段規劃會議

C. 更新衝刺段待辦項目

D. 在下一個 Daily Scrum 提出新需求

16. 下列哪一項最能描述團隊如何決定執行哪些特定工作以完成衝刺段待辦項目？

A. 產品負責人與使用者一起決定哪些項目加進產品待辦項目

B. 團隊將衝刺段待辦項目分解成任務

C. 團隊選擇哪些產品待辦項目要包含在衝刺段待辦項目中

D. 團隊決定每個衝刺段待辦項目的“完成”的定義

17. 下列哪一項不在衝刺段審核時進行？

A. 產品待辦項目被更新以反映什麼項目會進入下一個衝刺段

B. 團隊與使用者合作討論接下來做什麼

C. 團隊展示在衝刺段製作的可用軟體

D. 團隊回頭檢視衝刺段並建構改善計劃

~~考試題目~~ 答案

以下是練習題的答案。你答對幾題？如果錯了也沒關係 —— 回頭重讀相關內容以了解為什麼。

1. **答案**：C

幫助團隊認識客戶需求是產品負責人而非 Scrum 大師的工作。其他三個答案是 Scrum 大師擔任僕役長角色的好例子。

2. **答案**：A

產品待辦項目並沒有任何任務狀態的資訊。這很合理 —— 目前沒有任何產品待辦項目正在進行中，因此它們的狀態都是尚未開始。

花幾分鐘閱讀 Scrum Guide 的 Product Backlog 說明，它表示產品待辦項目的屬性有說明、順序、預估、與價值。

3. **答案**：D

Scrum 團隊最常遇到的問題之一是產品負責人沒有權力代表公司決定團隊在衝刺段中要建構什麼功能或代表公司接受功能完成。

4. **答案**：B

完成增量在團隊交付的每個項目符合“完成”的定義且產品負責人接受時算完成。衝刺段待辦項目中的每個項目有個“完成”的定義供團隊判斷何時可以釋出給使用者。產品負責人只能在它符合“完成”的定義時代表公司接受 —— 任何與時間到而沒有“完成”的項目必須放到下一個衝刺段。

5. **答案**：A

集體承諾意味著團隊中的每個人覺得有個人的責任要交付的不只是自己負責的部分，還要全力幫助團隊交付每個衝刺段的完成增量。

每個人加班工作並不代表真正的承諾。事實上，他們可能會對專案和組織干擾他們的生活感到憤慨，他們只能在壓力下超時工作才能保住自己的職位。

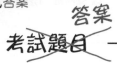

~~考試題目~~ 答案

6. 答案：B

產品待辦項目是 Scrum 的產物而非事件。

7. 答案：A

自我組織的團隊負起自己規劃以達成目標的責任，自行指派工作（相對於依靠專案經理來指派）並改正計劃中出現的問題。在答案列出的實踐中，只有 Daily Scrum 對團隊規劃工作與執行計劃的方式有影響。

Daily Scrum很重要的原因之一是它是透明-檢查-適應循環的一部分。團隊每天檢查計劃並在發現新資訊時進行調整。

8. 答案：C

衝刺段在時間到時結束。有時限的事件也一樣。答案 D 似乎正確是因為衝刺段回顧通常是衝刺段期間最後一件事。但若在團隊可以召開回顧前時間到，則衝刺段還是要結束（Scrum 大師可以利用這個機會幫助他們認識下一次如何更好的規劃）。

產品負責人可以在時間到之前取消衝刺段。但這會浪費團隊的精力並導致公司失去對團隊的信任，因此應該要非常少見。

9. 答案：B

Daily Scrum 問題的目的是讓每個人知道每個團隊成員的進度，因此他們可以幫助找出目前計劃需要改正的問題。但沒有問題是關於失敗 ── 這會產生負面與令人難堪的環境並降低環境的開放性。

10. 答案：B

此專案經理在 Scrum 的尊重價值上出現了問題。Barry 誠實的評估工作所需時間，但專案經理忽略它並在沒有必要下要求更短的時間。這樣很不尊重。

它也非常的反激勵。

11. 答案：C

團隊在衝刺段開始時召開衝刺段規劃會議，第一件事是決定衝刺段的目標，它是完成待辦項目的衝刺段目標的簡短說明。

~~考試題目~~ 答案

12. 答案：D

經驗法則程序控管理論 —— Scrum 的理論基礎 —— 的核心是透明、檢查、與適應的“三個支柱”的循環。在檢查步驟中，Scrum 團隊成員經常檢視 Scrum 產物以及目前衝刺段目標的進度。他們嘗試檢查目前狀態與預期狀態間的不一致，因此他們可以採取行動（也就是適應）。

13. 答案：A

完成增量是團隊在衝刺段的實際交付。團隊在衝刺段開始時打算完成的項目通常與最後實際交付項目不一樣。這是好事 —— 這表示團隊使用過程中得知的資訊來改變方向。完成增量是實際產生的產品，而團隊直到交付時才會確實知道目前的衝刺段完成增量有什麼。

我們在之前學到 Scrum 採取增量方式。它交付增量使得它是增量的。

14. 答案：B

衝刺段目標幫助團隊專注於衝刺段規劃的特定目標。

回顧與Daily Scrum很有幫助，但召開會議並非團隊用於幫助專注的常見工具。

15. 答案：A

產品待辦項目是產品需求的單一來源，由產品負責人維護。產品負責人發現新的需求時，他將新需求加入產品待辦項目。

~~考試題目~~ 答案

16. 答案：B

Scrum 團隊在衝刺段決定要完成什麼工作以完成分解成任務的衝刺段待辦項目。其他答案也是團隊在衝刺段規劃時的東西，但不是團隊決定要完成什麼工作。

17. 答案：D

在衝刺段審核時，團隊與使用者以及客戶開會檢視已經完成的工作並一起討論下一個衝刺段要完成什麼。他們審核完成增量，它通常涉及展示他們建造的可用軟體。他們還討論待辦項目並加以更新以顯示他們或許在下一個衝刺段進行的項目。衝刺段審核不是用來檢視已經發生的事情並加以改善 —— 那是衝刺段回顧要做的事情。

更新待辦項目僅反映下一個衝刺段可能會進行的項目。這與承諾進行特定項目不一樣 —— 團隊會在衝刺段規劃列出衝刺段待辦項目，而產品負責人可以在衝刺段中改變它。

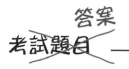

你有答錯一些題目嗎？完全**沒關係**！只要記住它們並回頭重新閱讀相關內容。

現在答錯，考試時更可能讓相同主題的回答正確！

削尖你的鉛筆 解答

以下是五個 Scrum 事件、三個 Scrum 角色、與三個 Scrum 產物。記得，每個事件有時間限制，但時間限制視團隊使用的衝刺段長度等比例調整。

依發生順序的事件名稱	何時發生	事件時間長度
衝刺段	在整個專案期間	假設衝刺段時間為 30 天
衝刺段規劃	衝刺段的開始	8 小時
Daily Scrum	每天	15 分鐘
衝刺段審核	衝刺段结束	4 小時
回顧	衝刺段審核後	3 小時

寫出 Scrum 角色	寫出 Scrum 產物
Scrum 大師	衝刺段待辦項目
產品負責人	產品待辦項目
開發團隊	完成增量

JUDGMENT CALL —解答—

下面是我們聽到 Amy、Rick、Brian 所說的話。從對話框畫出一條線到 COMPATIBLE 或 INCOMPATIBLE 然後到相容或不相容的 Scrum 價值觀上。

輪到 Brian 在 Daily Scrum 說話時，他並沒有說什麼。開放意味著分享你正在進行的工作與接下來的工作的細節。

輪到我講話了嗎？OK。自從上一次 Daily Scrum 後，我還在做相同的功能，會一直持續到下一個衝刺段。沒有遇到問題。下一個？

COMPATIBLE

INCOMPATIBLE

對資深經理人說"不"要有膽子，而 Rick 受鼓勵為專案站出來。

Alex，我知道重新畫圖可讓評論者注意到，但這樣做絕對趕不上發售時間。

COMPATIBLE

INCOMPATIBLE

有些硬派程式設計師懶得跟這種非技術人員討論，而這樣很不尊重。

我唯一注意的是技術能力。如果你不能寫程式就對我沒用。

COMPATIBLE

INCOMPATIBLE

專注意味著你的最高優先是達成衝刺段目標並進行衝刺段待辦項目。

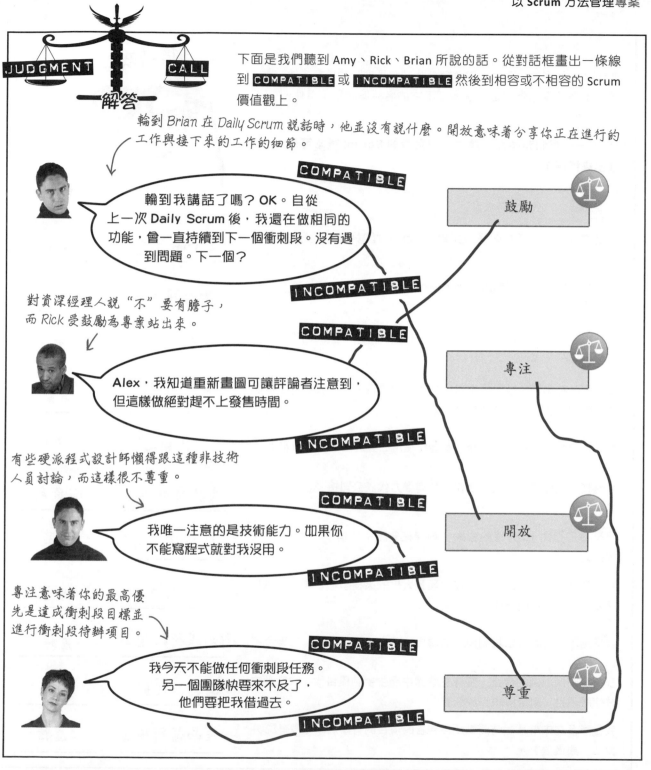

我今天不能做任何衝刺段任務。另一個團隊快要來不及了，他們要把我借過去。

COMPATIBLE

INCOMPATIBLE

鼓勵

專注

開放

尊重

猜猜我是誰？

解答

多個 Scrum 產物、事件、與角色參加“我是誰”的遊戲。他們給出提示讓你猜它是什麼。寫下它的名稱與類型（事件、角色等）。

注意 —— 有個非事件、產物、或角色的 Scrum 概念可能會出來攪局！

	名稱	類型
我是僕人長，指導團隊認識與實施 Scrum 並幫助團隊以外的人掌握它。	Scrum 大師	角色
我在衝刺段結束時召開以與受邀使用者以及經營者一起檢查團隊進行的每個項目。	衝刺段審核	事件
我是團隊自我檢查的方法，他們檢視什麼做好了，並計劃改善沒有做好的部分。	衝刺段回顧	事件
我是團隊在衝刺段結束後交付給使用者的項目總和，我只能在每個項目都“完成”後才能被交付。	完成增量	產物
我是實際執行所有工作以交付軟體給使用者與經營者的專業群體。	開發團隊	角色
我負責決定什麼項目進入製作，我有權力代表公司接受它們的“完成”。	產品負責人	角色
我是每日召開 15 分鐘的會議，團隊在會議中建構下一個 24 小時的計劃。	Daily Scrum	事件
我是產品負責人幫助團隊最佳化與最大化的某種事物，團隊嘗試提高我最多的項目的優先等級。	價值	概念
我是團隊在衝刺段依規劃建構的項目（通常分解成任務）的集合。	衝刺段待辦項目	產物
我是有時間限制的會議，團隊在會議中產生衝刺段目標、決定要交付什麼項目、與分解項目成任務。	衝刺段規劃	事件
我是產品在未來某個時間點所需包含的項目的有序清單（帶有說明、預估、與價值）。	產品待辦項目	產物

Scrum 填字遊戲解答

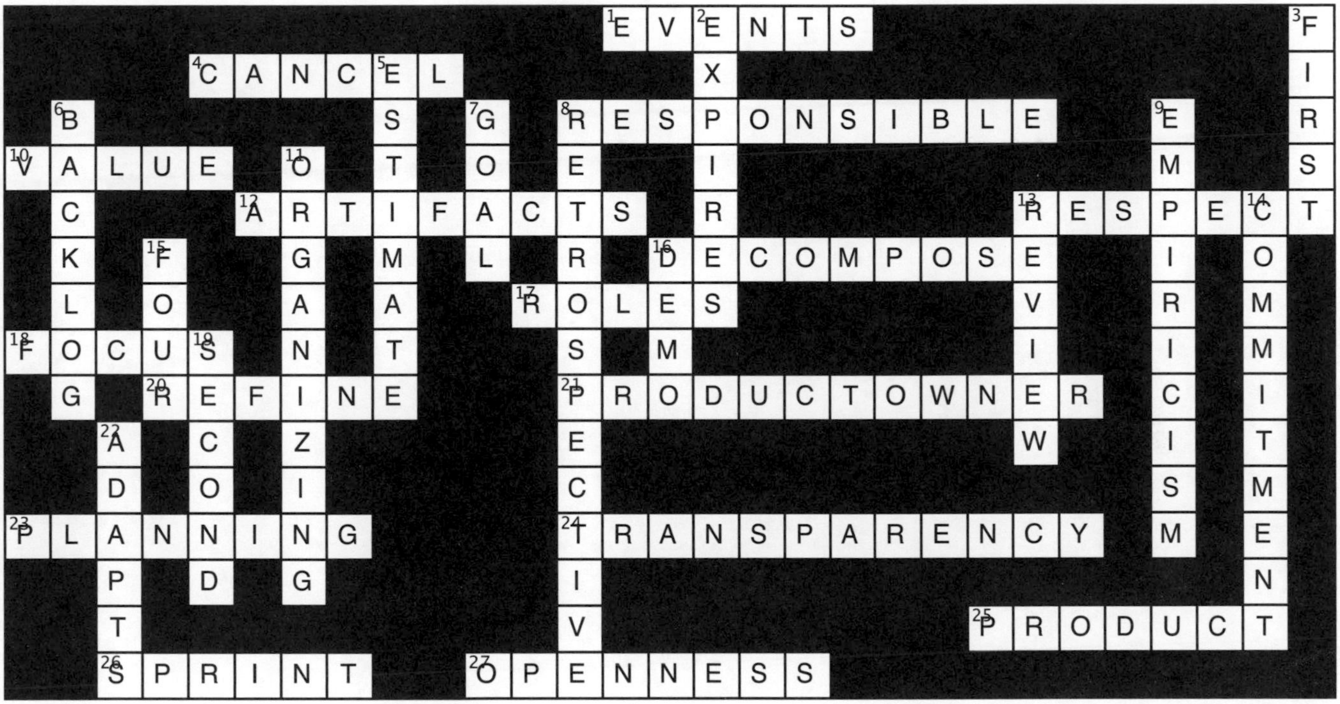

4 Agile 計劃與預估

Scrum 通用實踐

Agile 團隊使用直接的規劃工具來處理他們的專案。Scrum 團隊一起規劃他們的專案使團隊成員承諾每個衝刺段的目標。要維護團隊的**共同承諾**，計劃、預估、追蹤必須簡單與容易。從**使用者故事**與**規劃撲克**到**速度**與**燃盡表**，Scrum 團隊總是知道他們已經完成什麼與還剩下什麼。準備好學習讓 Scrum 團隊知悉與控管工作的工具！

回到牧場…

瘋牛 5 是遊戲展最大的驚奇。但團隊是成功的受害者嗎？現在似乎遊戲界的每個人都期待它是最有創意與最有趣的年度遊戲。團隊的壓力很大！

要如何解決這些問題讓**瘋牛** 5 團隊專注於達成使用者的期待？有創意點！

對每一項寫下簡短的句子。

1. 一開始，團隊認為要將產品定位為子供向，但有些內容有點暴力且玩家們希望更成年向。

....

展示看起來不錯，但並沒有完全與瘋牛 5 的程式整合。

2. 很多展示出的功能是有限制的。要做成完整的遊戲，團隊還要回頭修改很多部分。

....

3. 有個開發者想要加上可下載的小遊戲。但這個功能比團隊一開始想的還需要更多的工作。為了一個 DLC 值得犧牲團隊最佳程式設計師離開主要專案嗎？

....

4. 玩家對展示的最大抱怨是戰鬥中必須停止跑動才能換武器。這導致他們不停死掉並讓遊戲不好玩。

....

習題解答

以下是我們想出的解決方法。你想的方法不一樣嗎？Agile 團隊不停的改變 —— 你與團隊處理的方法會導致成功或失敗。

1. 一開始，團隊認為要將產品定位為子供向，但有些內容有點暴力且玩家們希望更成年向。

與真實世界中的真正的使用者一起討論並以他們為功能設計目標

如果不認識使用者，你無法做出適合他們的產品。

2. 很多展示出的功能是有限制的。要做成完整的遊戲，團隊還要回頭修改很多部分。

將此功能加入產品待辦項目並嘗試及早進行

若團隊知道有影響其他工作的待辦工作，最好及早進行。

3. 有個開發者想要加上可下載的小遊戲。但這個功能比團隊一開始想的還需要更多的工作。為了一個 DLC 值得犧牲團隊最佳程式設計師離開主要專案嗎？

產品負責人要指出此功能是否有價值且必須提高在待辦項目中的優先等級

由於產品負責人知道客户要什麼，他必須確保這種功能有正確的優先等級。

4. 玩家對展示的最大抱怨是戰鬥中必須停止跑動才能換武器。這導致他們不停死掉並讓遊戲不好玩。

與團隊開會並討論使用者想要如何玩遊戲

這種討論會在團隊與重要經營者於每個衝刺段結束的衝刺段審核時發生。

列出從使用者觀點必須製作的功能能幫助團隊第一次就做好。

所以…接下來呢？

團隊在專案開始製做出大家都喜歡的展示品，但現在要確保完整的
遊戲也會如同展示一樣受玩家喜歡。

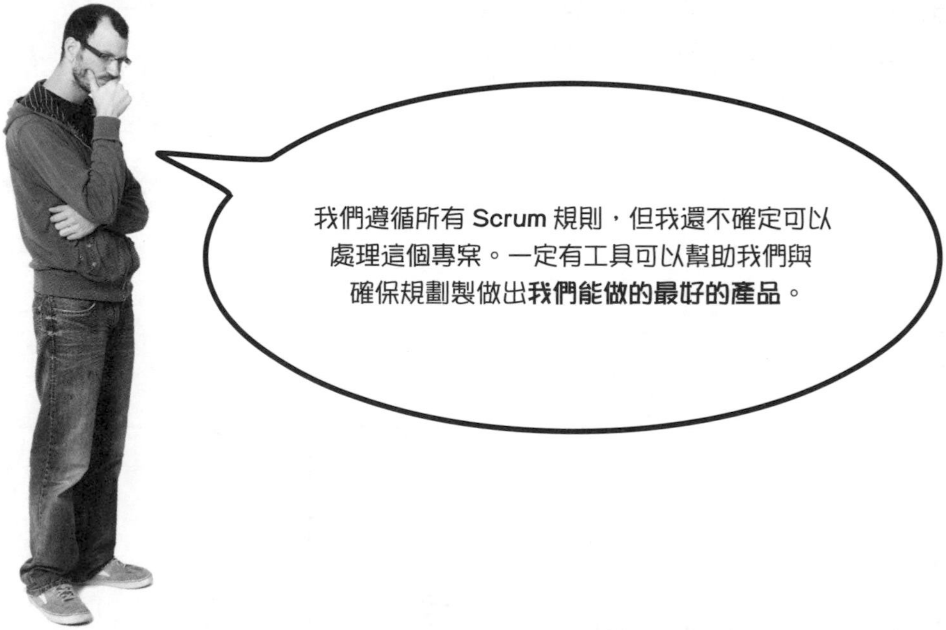
我們遵循所有 Scrum 規則，但我還不確定可以處理這個專案。一定有工具可以幫助我們與確保規劃製做出**我們能做的最好的產品**。

動動腦

瘋牛團隊必須找出方法規劃與追蹤專案。你能想到有幫助的工具嗎？它們能用於 Agile 團隊嗎？

見過 GASP！

Scrum 團隊開始衝刺段時，他們使用設定整個團隊目標與追蹤它們的工具。雖然這些做法並非 Scrum 的核心規則，但許多 Scrum 團隊使用它們規劃工作並讓所有人保持一致。這就是**通用 Scrum 實務**（**Generally Accepted Scrum Practices**，**GASP**）。它們不是 Scrum 架構的技術性部分，但它們常見於有些 Scrum 團隊的每個 Scrum 專案中。

這些工具幫助團隊分享所有為規劃所蒐集的資訊使整個團隊可以一起規劃與追蹤專案。

❶ **使用者故事與故事點數**

使用者故事幫助你掌握使用者對軟體的需求使你可以分段製作他們可使用的軟體。故事點數是表示製作使用者故事需要投入多少的一種方式。

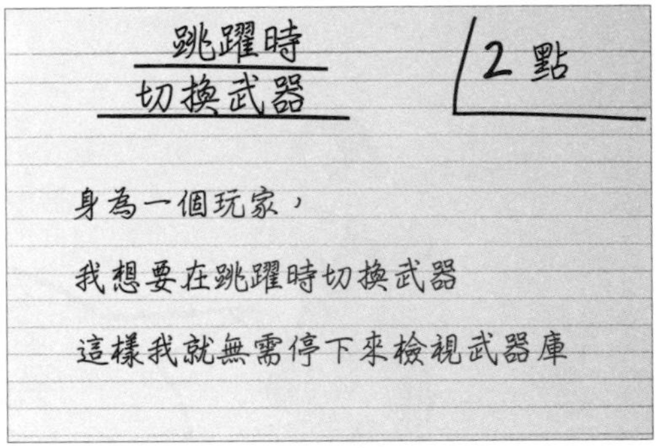
跳躍時
切換武器
2 點
身為一個玩家，
我想要在跳躍時切換武器
這樣我就無需停下來檢視武器庫

❸ **任務版**

任務版讓團隊每個人知道衝刺段目前的進度。它是檢視每個人目前工作的快速、視覺化的方式。

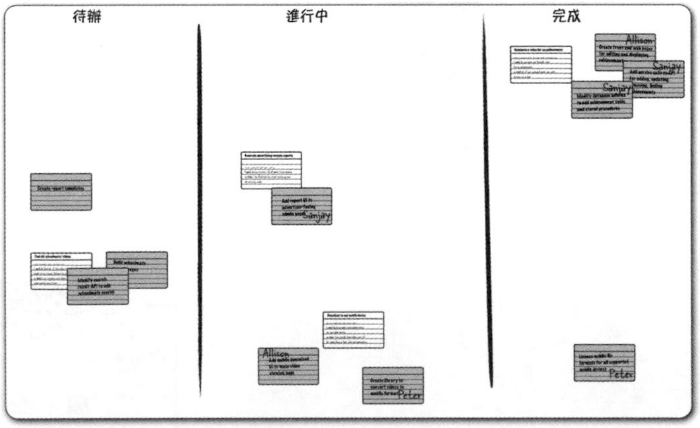
待辦
進行中
完成
Allison
Sanjay
Peter

對團隊透明的任務版記錄所有故事狀態。

GASP 一詞由 Agile 思想家 Mike Cohn 在 2012 年的 "The Rules vs. Generally Accepted Scrum Practices" 部落格文中創造。

https://www.mountaingoatsoftware.com/blog/rules-versus-generally-accepted-practices-scrum

❷ 規劃撲克

團隊使用**規劃撲克**讓每個人思考每個故事有多大與如何建構。

在規劃撲克中，團隊在決定每個故事的點數時解釋他們的預估，然後他們協調出方法與預估。

燃盡圖是很好的工具，能幫助你指出還有多少工作並非常清楚你是否能完成衝刺段規劃的所有工作。

❹ 燃盡圖

團隊中的每個人可以使用**燃盡圖**看到有多少工作完成與多少還沒完成。

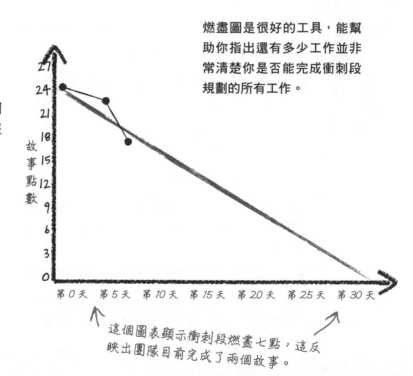

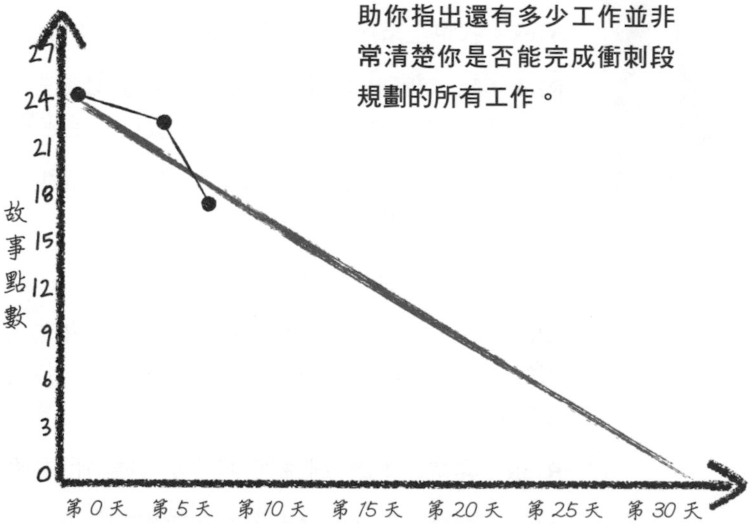

這個圖表顯示衝刺段燃盡七點，這反映出團隊目前完成了兩個故事。

動動腦

此圖表的 Y 軸標示為故事點數。你覺得團隊會如何使用它？

不要再寫 300 頁的規格…可以嗎？

團隊習慣寫出規格細節，因為撰寫遊戲的所有需求似乎是溝通使用者需求最有效的方式。但許多細節在某個人嘗試寫下所有東西並以其與開發團隊溝通時有解讀上的失誤。有更好、更 Agile 的方法寫下所有需求嗎？

我拿到 150 頁的使用者要求功能報告。
我要直接將它們列為需求並交給團隊製作嗎？

我認為我們必須多討論這些規格。
讓我們試著將它們分解成使用者故事並據此規劃。

Alex：我也是這麼想。但我不只需要需求功能報告，對嗎？

Rick：嗯，我猜你是對的。看起來我們必須先找出誰是使用者，然後將功能清單分解成動作與好處清單。你覺得有足夠的資訊做這件事嗎？

Alex：實際上，我在思考時覺得有。我們將**瘋牛**系列的玩家定為三種：新手、一般玩家、與專家。

Rick：OK，讓我們用這些角色寫故事。

Alex：好，找出這些使用者會採取的動作相當容易。這通常是要求功能的內容，收到的好處也很容易理解。事實上，以這種方式撰寫我們的需求不會很難。

Rick：非常好！讓我們將它們列在待辦項目中並開始第一個衝刺段。

Alex：別急，Rick。我們還需要指出如何評估這個東西。且我們還不知道“這個東西”是什麼！對…我們到底要做什麼？

使用者故事幫助團隊認識使用者要什麼

軟體幫助人們做事。使用者要求團隊製作一個功能時，那是因為他們在未來需要用它做某些現在沒辦法做的事。確保團隊製作正確的東西的最有效率方式是在開發過程中記得這些需求。**使用者故事**是使用者需要的特定東西的非常短的說明。很多團隊將它們寫在索引卡或便箋上。根據使用者故事組織所有工作，Scrum 團隊可確保使用者需求是規劃與排序過程中的中心。這種方式讓他們專注於使用者的需求且在衝刺段結束展示故事時不會有意外。

使用者故事

使用者故事以幾個句子描述使用者如何使用軟體。許多團隊以填空題格式的記事卡片寫下使用者故事：

作為一個《**使用者類型**》，我想要《**我採取的動作**》使得《**我想要發生的結果**》。

由於故事簡短與模組化，它們可以提醒團隊持續的確認製作正確的規則。你可以將故事卡片想做是團隊與使用者交談的符號以確保他們建構的功能對使用者有用。

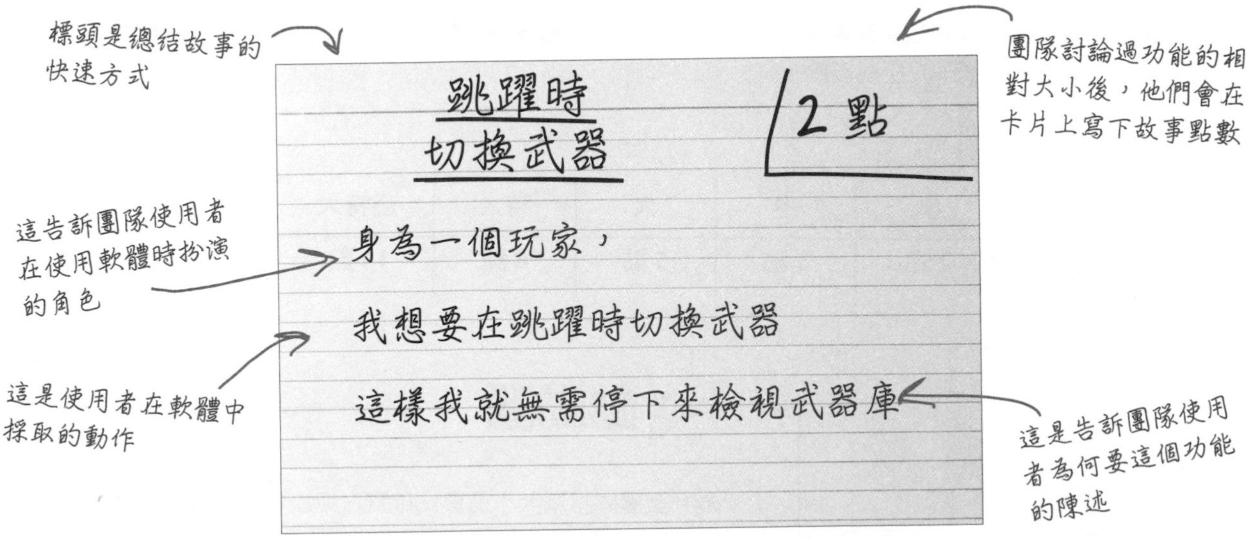
標頭是總結故事的快速方式
跳躍時切換武器
2 點
團隊討論過功能的相對大小後，他們會在卡片上寫下故事點數
這告訴團隊使用者在使用軟體時扮演的角色
身為一個玩家，
我想要在跳躍時切換武器
這樣我就無需停下來檢視武器庫
這是使用者在軟體中採取的動作
這是告訴團隊使用者為何要這個功能的陳述

故事點數讓團隊專注於每個故事的相對大小

規劃的目標不是預測功能的完成順序或確實的完成日期。相對的，團隊根據故事有多大設定其點數值。這是為什麼大多數 Scrum 團隊使用**故事點數**規劃專案，點數讓他們可相互比較故事。透過專注於功能的相對大小，而非開發它們的確實時間量，Scrum 團隊讓團隊一起參與規劃並允許計劃中的不確定性。

故事點數如何運作

故事點數很簡單：團隊挑出代表每個故事所需工作量的點數，指派該點數給衝刺段待辦項目中的每個故事。相較於嘗試預測建構一個功能要多久，團隊根據故事相對之前建構的其他功能的大小指派點數給每個故事。一開始，各個故事的預估都不同。但在一陣子後，團隊會習慣預估的尺度並很容易指出每個故事有多大。

團隊開始使用故事點數的方式之一是將故事分割成 **T 恤尺寸**，並設定每個尺寸的點數值。舉例來說，他們或許會決定用 1 點表示非常小的功能、2 點代表小功能、3 點是中功能、4 點是大功能、5 點是特大功能。決定好尺度後，他們只需決定每個故事適合什麼分類。有些團隊使用費氏數列（1、2、3、5、8、13、21…）作為點數尺度，因為他們覺得它為較大的功能提供更真實的權重。只要你的團隊使用一致的尺度，用哪一種並不重要。

衝刺段中沒有完成的會從該衝刺段移動到下一個，且每個衝刺段完成的總故事點數記錄為專案的**速度**。若團隊完成一個有 15 個故事數共 55 點的衝刺段，他們記錄該衝刺段的速度為 55 點，並對下一個衝刺段能完成多少有個大致的想法。

隨著時間過去團隊指派故事點數會越來越好，且每個衝刺段的點數會越來越一致。團隊以此掌握衝刺段可以做多少工作並控制規劃。

特小	小	中	大	特大	超特大
1 點	2 點	3 點	5 點	8 點	13 點

動動腦

為什麼團隊指派大小點數比確實日期給每個故事更好？

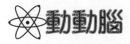

使用者故事太棒了！我們真的能掌握使用者對遊戲的要求。但我們要如何指出一個衝刺段可以做多少？

這個故事適用於所有新手玩家、一般玩家、與專家玩家。

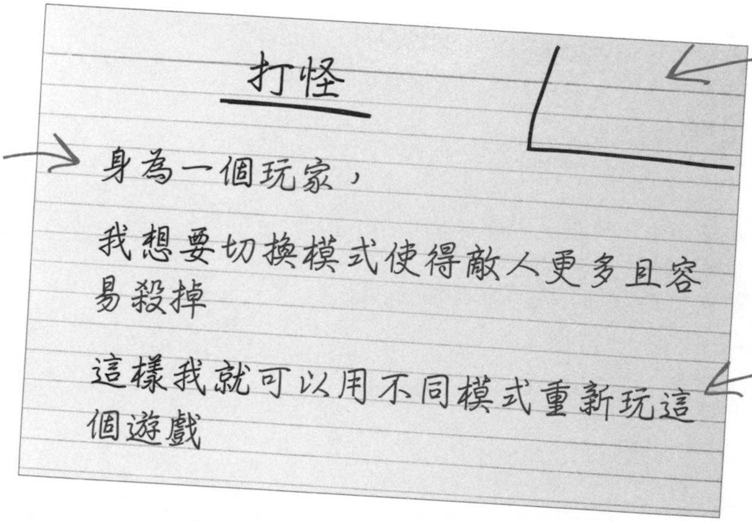
打怪
身為一個玩家，
我想要切換模式使得敵人更多且容易殺掉
這樣我就可以用不同模式重新玩這個遊戲

團隊在指派故事點數給它之前必須一致同意這個故事有多大。

這一版的主要目標之一是讓遊戲可以重玩。

使用者故事很有效的原因之一是這個 *Agile* 原則。

使用者故事相當簡單，這是為何 Scrum 團隊覺得它很有價值。但使用者故事最重要的是團隊、使用者、經營者間會有熱烈的討論。

面對面的溝通
是傳遞資訊給開發團隊及團隊成員之間
效率最高且效果最佳的方法。

削尖你的鉛筆

將待辦項目重寫成使用者故事

瘋牛 5.2 產品待辦項目

項目 #1：偷雞關卡

價值：加入不同遊戲模式給想要能夠重新過關的專家使用者

項目 #2：專家模式的大怪必須能夠接招並更快反應

價值：讓大怪更難打敗

項目 #3：新手玩家想要讓槍上刺刀以加倍傷害值

價值：讓 Easy 模式的新手玩家通過困難的關卡

項目 #4：使用者在跳躍時必須能夠切換武器

價值：使用者可以檢視武器庫而不用停下來

Page 1 of 7

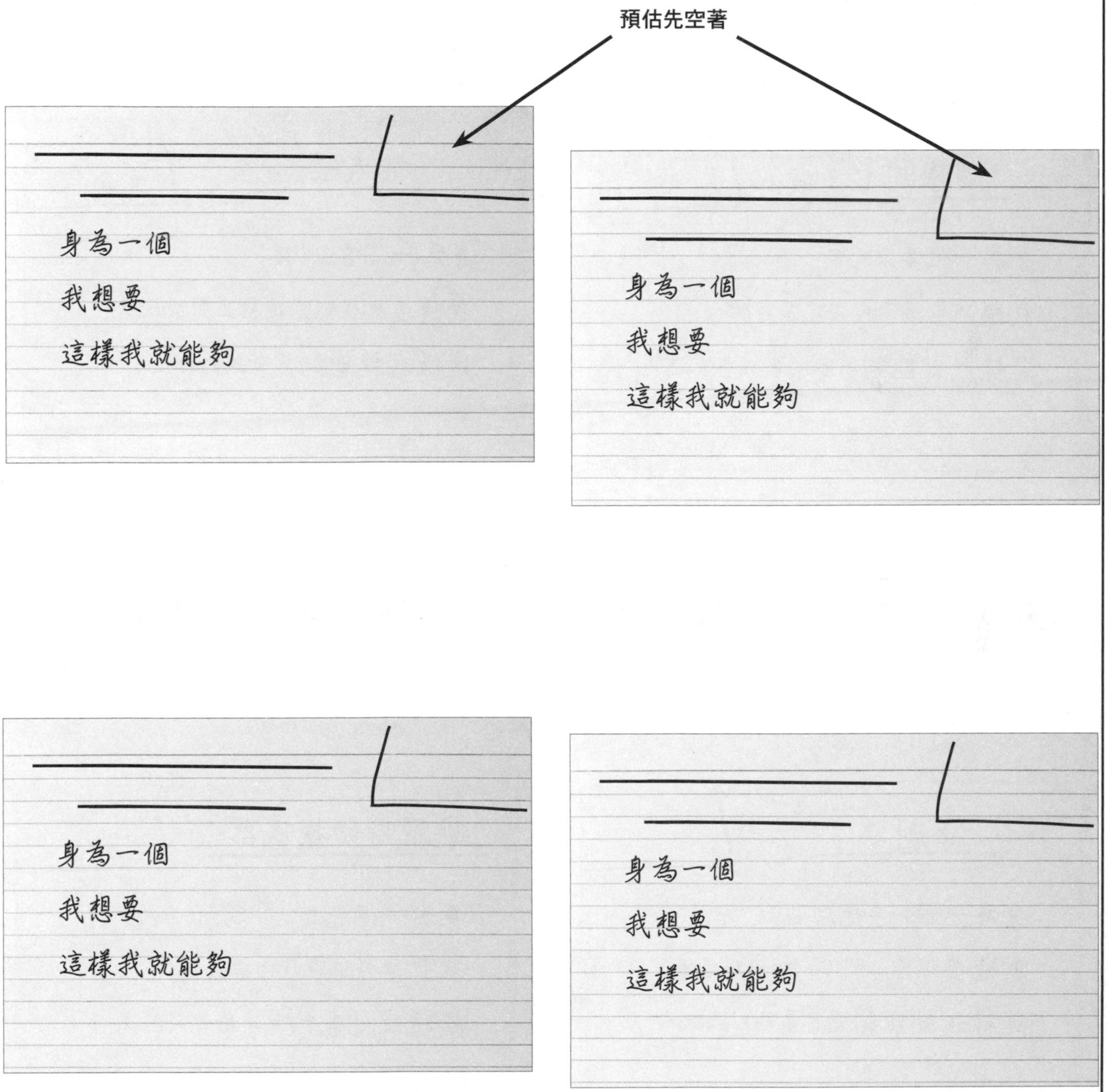
預估先空著
身為一個
我想要
這樣我就能夠
身為一個
我想要
這樣我就能夠
身為一個
我想要
這樣我就能夠
身為一個
我想要
這樣我就能夠

削尖你的鉛筆 解答

將待辦項目重寫成使用者故事

偷雞關卡

身為一個專家玩家
我想要以隱形模式玩偷雞關卡
這樣我就能夠以不同模式重新過關

打大怪

身為一個專家玩家
我想要大怪能夠接招並更快反應
這樣我就能夠更有趣的打怪

這是我們寫的故事。若你的用字不同也沒關係，只是要練習寫故事。

上刺刀

身為一個新手玩家
我想要讓槍上刺刀以加倍傷害值
這樣我就能夠更容易的打敗敵人

跳躍時切換武器

身為一個玩家
我想要在跳躍時切換武器
這樣我就能夠同時檢視武器庫

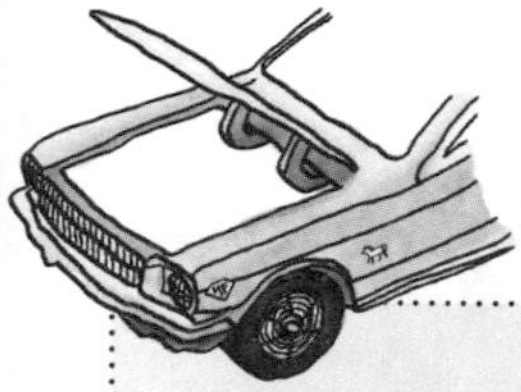

揭秘：使用者故事

使用者故事均與交付可測試的軟體有關

規劃 Agile 專案期間，產品負責人會與最終使用者一起找出使用者故事。這些故事指出使用者的需求與要求該功能的原因。但寫下使用者故事只是團隊認識使用者需求的開始。就算團隊不知道使用者故事一開始寫下時所有需求的細節，他們會使用卡片提醒他們必須找出細節並規劃開發工作。不於事先深入細節使 Scrum 團隊能夠有選擇且讓他們最後一刻對每個故事做出決定。

使用者故事來自於一個 XP 實踐（下一章會討論），但非常多 Scrum 團隊使用它。雖然較傳統軟體需求更短與缺少細節，但它們在同樣功能下提供團隊盡可能延後規劃開發方法的彈性。以下是他們進行的方式：

- **卡片**：首先由產品負責人寫下使用者故事（通常使用我們討論過的“身為一個…我想要…因此…”模板），而該卡片提醒他們要認識必須建構的東西的細節。
- **對話**：該評估故事時，團隊與產品負責人，有時候還加上使用者，進行對話以找出他們必須知道的細節。有時產品負責人會與設計師以及使用者製作模擬原型，有時團隊會製作技術設計來幫助他們產生建構故事的方式。
- **確認**：接下來，團隊將注意力轉移到撰寫確保建構使用者故事的測試。這種確認是重要的回饋循環，且使用者故事比較小又完整而能幫助團隊與使用者一致認可要執行的測試。

有些團隊會在使用者故事卡片的後面寫下確認每個使用者故事的測試。這可以幫助團隊記得故事在完成時應該如何運作。它還可以幫助使用者與團隊在軟體就緒時一致同意故事的行為。這些測試又稱為滿足與接受的條件。

撰寫好的使用者故事的方式可以總結為 **INVEST** 這個縮寫字：

I-Independent（獨立）：使用者故事應該能夠在不依靠其他故事下獨立描述。

N-Negotiable（可商議）：所有產品中的功能都是商議下的產物。

V-Valuable（有價值）：沒有理由花時間撰寫對使用者沒有價值的卡片。

E-Estimatable（可估計）：每個使用者故事必須是團隊可以指派大小或投入數量的功能。

S-Small（小）：使用者故事應該說明獨立的互動而非巨大種類的功能。

T-Testable（可測試）：使用者故事能夠被測試使 Scrum 團隊的回饋循環有效率。

INVEST 與三個 C 源自下一章討論的 XP。更多內容見 Bill Wake 於 2003 年的原文：
http://xp123.com/articles/invest-in-good-stories-and-smart-tasks/
（如其所稱，三個 C 源自 XP 先鋒 Ron Jeffries）

整個團隊一起評估

一旦團隊將使用者故事優先高低排好，他們必須指出建構它們要有多少投入。他們通常在每個衝刺段開始的 Scrum 規劃會議評估建構每個故事所需的故事點數。團隊大部分人知道檢視待辦項目可知哪個故事的優先最高，因此他們會嘗試在衝刺段中盡可能多的承諾高優先故事。一種做法是規劃撲克。

❶ 設置

每個團隊成員有一副撲克，每張牌上有評估點數。會議通常由 Scrum 大師坐鎮。

團隊無法在同一個房間打牌時，團隊會事先同意點數尺度與溝通評估的方法。很多分散的團隊會讓每個人用即時通訊軟體交出評估給主持人而非使用撲克牌。

❷ 認識每個故事

團隊與產品負責人依優先等級逐條檢視衝刺段待辦項目中的每個故事並對故事提問以找出使用者的需求。

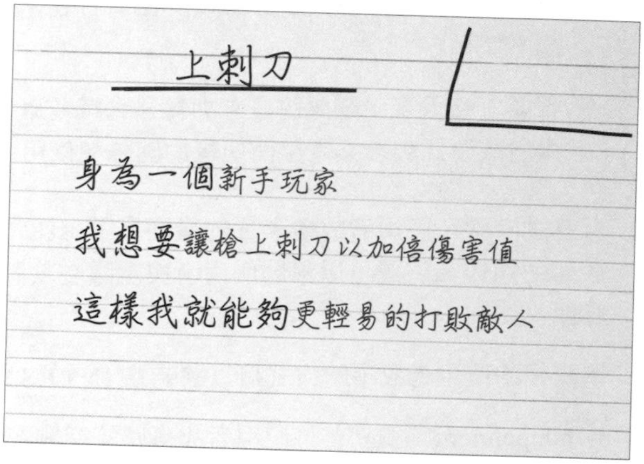

❸ 指派故事點數值

團隊討論過功能後，每個人從牌組中選擇一張牌指派故事點數值並分享給群組。

❹ 解釋高低數

若團隊成員評分不同，最高與最低分的人要提出解釋。

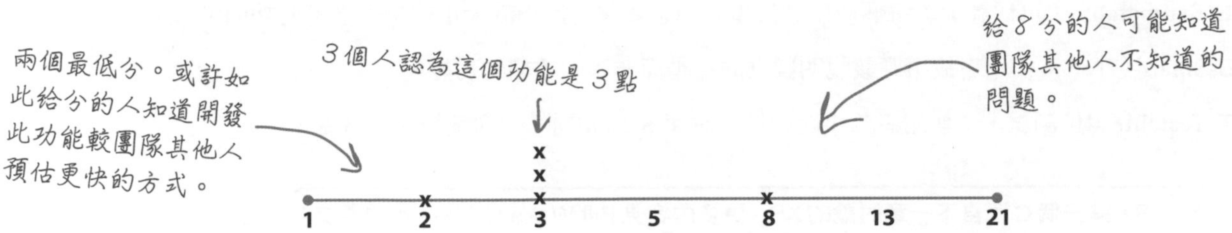
兩個最低分。或許如此給分的人知道開發此功能較團隊其他人預估更快的方式。
3 個人認為這個功能是 3 點
給 8 分的人可能知道團隊其他人不知道的問題。
1
2
3
5
8
13
21

❺ 調整評估

團隊聽取解釋後，它們再次選擇卡片。若團隊不能全部出席，則使用 e-mail 或 IM 與主持人溝通他們的評分而不用告知整個團隊。

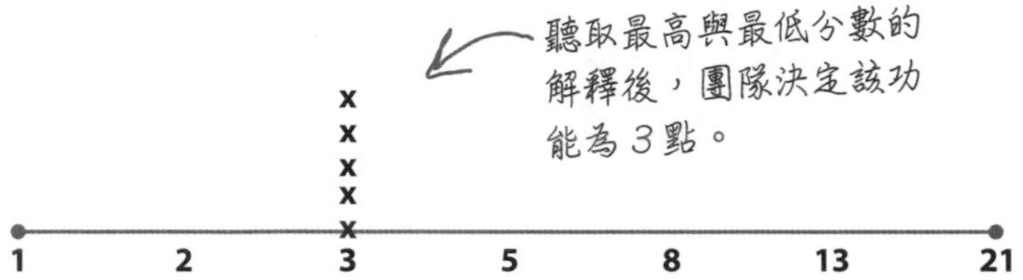
聽取最高與最低分數的解釋後，團隊決定該功能為 3 點。
x
x
x
x
x
1
2
3
5
8
13
21

❻ 整合評估

團隊通常從差別很大的評估開始，但經過解釋與調整後範圍會縮小。多次重複此程序後，評估會整合至一個大家都接受的分數。這通常只需 2-3 輪討論，直到團隊一致同意一個故事點數值。

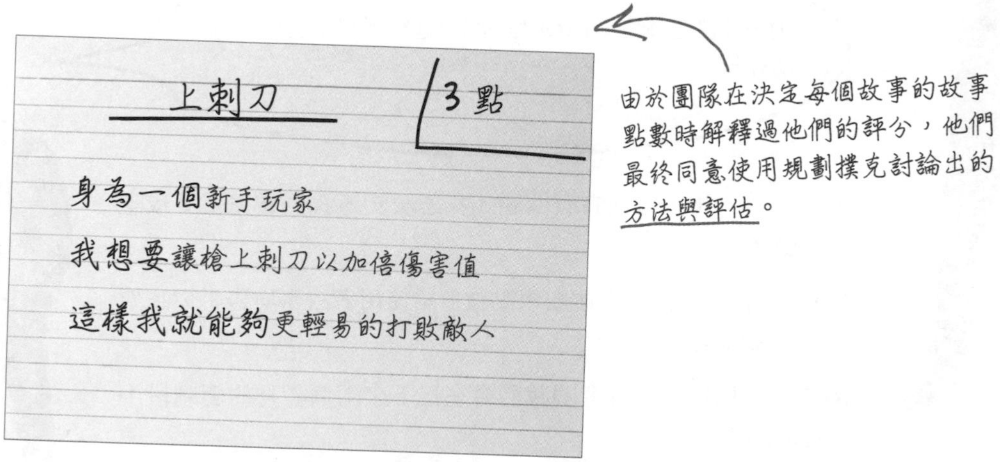
上刺刀
3 點
身為一個新手玩家
我想要讓槍上刺刀以加倍傷害值
這樣我就能夠更輕易的打敗敵人
由於團隊在決定每個故事的故事點數時解釋過他們的評分，他們最終同意使用規劃撲克討論出的方法與評估。

規劃撲克非常有效，部分原因是它是共識。團隊評估一個項目的投入時，每個成員評估全體的投入而非只是個人的投入。因此就算你沒有參與這個部分的工作，你還是會評估它…這能幫助團隊中的每個人更好的認識整個專案。

不再進行專案細節規劃

如果你製作一個計劃來反映出所有的相依關係，並找出從開始到結束的時候誰會做什麼，那麼你會覺得你對項目有很好的把握。傳統的專案規劃讓每個人都感覺到成功的保證，因為所有事情都經過深思熟慮。通常情況下，你在專案開始時提供的資訊不足以制定完全準確的詳細計劃。但是，傳統專案計劃要求你在開始時所做的一些決定，與你在專案過程中所做的決定不同。

Scrum 團隊測試在最後一刻做決定並容許修改，因為他們知道專案細節規劃會讓團隊專注於計劃，而非應對自然發生的改變。這是為什麼 Scrum 團隊將待辦項目排序並先執行高優先項目。這種做法就算發生改變還是一定會進行最重要的任務。

OK。我們玩過了規劃撲克，我也知道了這些故事的點數。但要如何依故事點數***排時間表***？我還是不知道誰負責什麼任務或要花多少時間。

呃…或許每個團隊成員應該開始進行待辦項目中的最優先故事？

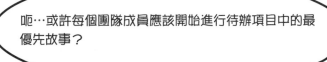

Rick：等一下，這絕對有問題。我怎麼知道我們做完了？或誰做什麼？

Brian：你說得對。指派故事點數值給使用者故事與告訴你它要花多少時間是不同的。

Rick：所以我得告訴老闆我們會在接下來兩個禮拜的衝刺段中盡可能的工作？

Brian：呃，只要我們都在進行最高優先功能，我們就是在盡可能的做最有價值的工作。我覺得這結合了進行最高優先工作與在每個衝刺段審核展示我們完成的部分使每個人都知道狀況。

Rick：OK。但沒有專案計劃，我怎麼知道每個人是否都在忙正確的任務？

評估方式解析

下面是用於評估軟體的幾個概念，能幫助你認識 Scrum 如何評估：

相對時間

以相對時間做的評估可預測一個任務的完成日期。這種評估通常需要預留緩衝與意外的處理。若有個團隊成員在專案期間要休假，則他不能在這一段期間被指派工作，而整個專案預估需要相應調整。有些專案還會嘗試預測每個人每天能投入在專案工作的時間與花在開會或其他行政工作的時間。

傳統專案管理做法嘗試從一開始就計算所有打擾中斷與時間調整。以這種方式規劃的專案嘗試根據預估的工作範圍與投入預測一個絕對的日期。

理想時間

這是一個人在沒有打擾中斷情況下完成一項任務所需的時間。以理想時間預估時，它是假設沒有行政工作、沒有生病請假、沒有插入其他工作讓此人暫停專案並影響交付日期。Agile 團隊以理想時間評估並以過去衝刺段中每個團隊的產出的經驗法則預期在一段時間內會完成什麼。

故事點數

以數值表示一個功能的相對大小。差不多投入的功能會指派相同的點數值。評估以不需要緩衝時間的故事點數完成。指派故事點數給一個功能時，你假設團隊在日常打擾與不確定下的相對大小。因為是相對大小值，它們不會轉譯成特定時間值，例如你不能說一個故事點數等於多少小時的工作。但你可以說一個故事點數等於建構一個按鈕並連接至一個動作所需的投入。

速度

一個衝刺段完成的故事點數的數目。此數目是一段時間的平均值，用於預測多個衝刺段可完成的工作量。專案開始與團隊成員逐漸熟悉其他成員與完成工作後的速度值通常不同。團隊在一段時間有一致的速度後你可以預測他們會以同樣的速度完成工作。相較於在一個 Agile 專案中預測每個功能的交付日期，團隊專注於在每個衝刺段中交付最高價值並維持可持續的工作速度。

速度是歷史評估。團隊使用它根據過去的表現來認識他們的能量（capacity）。但能量會隨著時間改變 —— 改變時，團隊的速度也會改變。

任務板讓團隊知悉

團隊規劃好衝刺段後，他們必須開始建構它。但 Scrum 團隊通常不會在每個衝刺段開始時坐下來找出誰要做哪一個任務。他們讓整個團隊持續更新衝刺段進度，使團隊成員容易在最後一刻做決定。

大部分團隊從有三個欄的白板上做標示開始：待辦項目、進行中、完成。隨著團隊成員開始進行一個故事，他會將它從待辦項目欄移動到進行中欄並於完成後移動到完成欄。

任務板只有故事，許多 Agile 團隊都這麼做。但許多團隊在板上加入故事分解成的任務的卡片或黏貼標籤，依故事卡片分組。第一個任務移動到進行中欄時，故事就跟著走。它會留在該欄直到最後一個任務完成。

❶ 衝刺段開始

所有使用者故事都在待辦項目欄中，因為還沒有人開始進行任何一項。

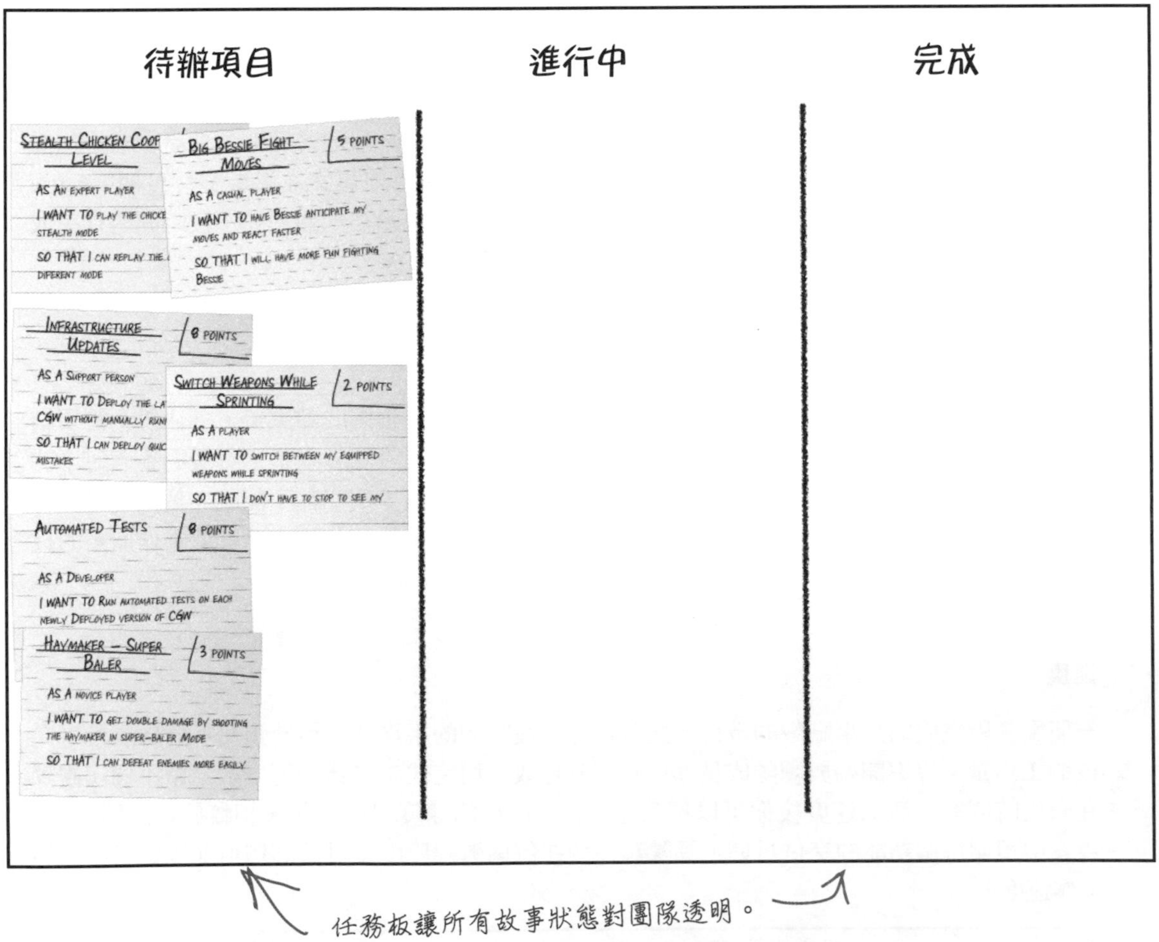

❷ 衝刺段中期

團隊成員在開始進行時將它從待辦項目欄移動到進行中欄並於完成後移動到完成欄。團隊通常在事前同意完成的定義使每個人清楚故事完成的意義。

由於團隊知道哪個故事正在進行，他們知道下一個要做什麼。

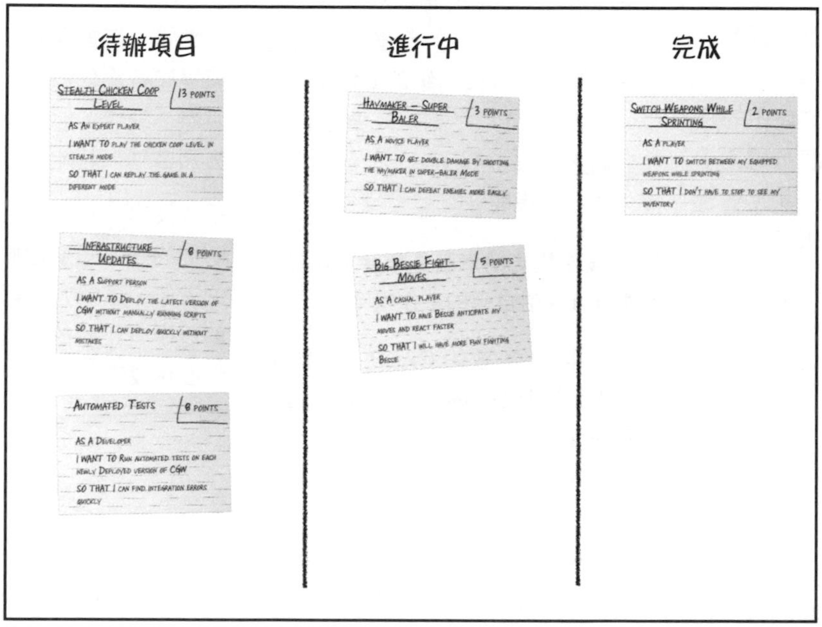

現在每個人可以挑選下一個要做什麼而不是等待某人進行指派。

❸ 衝刺段結束

若團隊預估的好，所有放在待辦項目上的使用者故事被移動到完成欄。若還有使用者故事，它們會被加入下一個衝刺段的待辦項目。

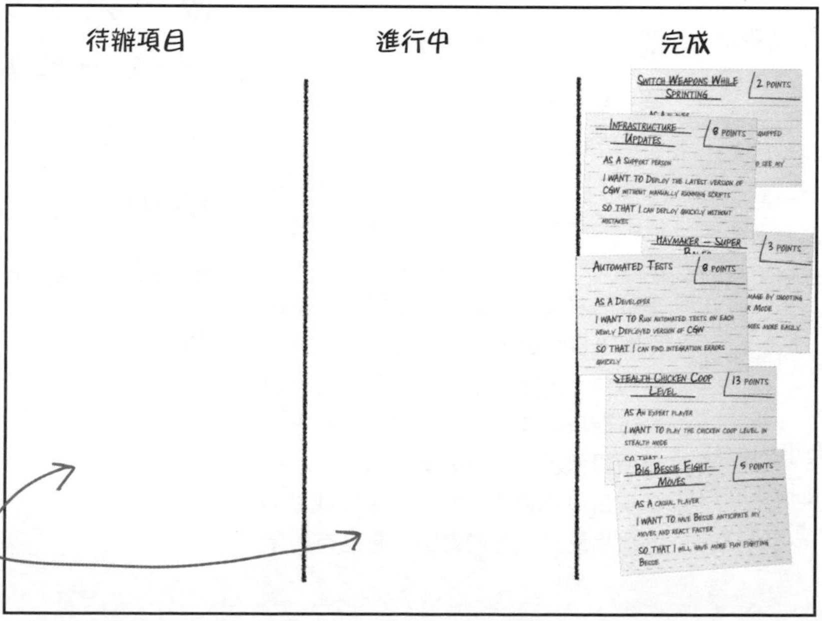

團隊在這個衝刺段中完成所有待辦的使用者故事。

若在衝刺段結束時還有任何故事留在待辦項目或進行中欄，它們會回到產品待辦項目以待下一個規劃會議評估。

問：使用者故事與需求有何不同？只是在於寫在索引卡上？

答：不。事實上很多團隊並沒有將使用者故事寫在卡片上。他們通常在問題追蹤系統上建立一個項目。它們可以是試算表上的列，或文件中的條列項目。使用者故事與傳統軟體需求最大的差別在於使用者故事並不嘗試定下所描述功能的特定細節。

撰寫使用者故事的目標是擷取足夠的資訊以記得誰要使用該功能、它是什麼、以及使用者為何需要它。故事本身是一種確保團隊討論功能並對它的認識足以開工的方式。有時候團隊會在與使用者確認後撰寫更多的文件，有時只需交談，而團隊可以建構功能而不用更多的文件。無論如何他們都會進行，對他們最重要的事情是認識使用者的需求以及他們的觀點。

問：我要怎麼知道一個故事指派了多少故事點數？

答：團隊第一次使用故事點數時，第一件事通常是集合討論什麼樣的工作算一點 —— 通常是團隊的每個人都懂的一個簡單任務（舉例來說，網頁應用程式團隊可能會決定一點等於一個網頁上加入一個按鈕與簡單的功能）。依他們平日的工作類型，他們會選擇合理的尺度。但決定好一點的價值後，它能幫助團隊認識可能的點數範圍。

有些團隊使用稱為 **T 恤大小**的做法來將故事分為小、中、大並指派點數（小是 1 點、中是 3 點、大是 5 點），

沒有蠢問題

也有使用更大的尺度（XS、S、M、L 與 XL）與相對應的點數值。其他還有的團隊指派費氏級數（1、2、3、5、8、13、21、…）。只要團隊在指派點數給故事的尺度上一致，用什麼方式就不重要。

問：規劃撲克的意義是什麼？開發者不能自行評估自己的工作嗎？

答：如同大多數的 GASP，規劃撲克專注於讓整個團隊參與規劃並追蹤專案的進度。規劃撲克讓團隊討論他們的評估，並一致同意開發的正確方式。由於評估與方法的透明，團隊可以互相幫忙避免犯錯並一起思考開發的最有效方法。規劃撲克幫助團隊讓預估透明。團隊一起決定方法與預估時，他們有更好的機會提早抓出方法的瑕疵並將必須完成的工作處理得更好。

問：如果預估錯會怎樣？

答：這一定會發生 —— 但是沒關係。你或許在衝刺段開始時認為一個功能需要 3 點，但最後發現它應該是 5 點。但由於一直使用故事點數評估整體速度，你會發現整個團隊以自己的尺度進行的功能預估會越來越好。規劃撲克與故事點數的好處在於並不期待你能夠預測未來。指派故事點數給衝刺段待辦項目後，你建構你的衝刺段待辦項目然後記錄你的速度數字。若待辦項目有比你能在衝刺段中完成更多的故事點數，它們會回到產品待辦項目重新安排優先順序。隨著團隊繼續預估與記錄交付項目，他們會做得越來越好。

一開始，你會看到每個衝刺段完成的故事點數變化很大。但只要團隊越來越熟悉合作，能夠完成的故事點數的數字會越來越能夠預測。

相較於專注在讓預估正確，GASP 幫助你的團隊知道他們可以實際完成多少工作。這種方式可以讓你在每個衝刺段中有正確的工作量，且讓團隊工作很有效率。

規劃撲克、故事點數、與速度讓整個團隊一起規劃與追蹤工作。這些工具都用於讓整個團隊知道專案的遠景和計劃。

經營者想要知道專案何時完成，
而不是我們今天完成了多少點數。

是這樣沒錯。習慣傳統的狀態報告與專案計劃的經營者必須適應這種做法。

傳統專案管理方法事先規劃並追蹤交付狀態。從一開始就讓組織中的每個人放棄確實掌握專案進度的感覺對 Agile 團隊是個大挑戰。

相較於事先規劃所有細節並讓團隊遵循計劃，Scrum 團隊承諾透明、能夠改變、且專注於在有限時間與資源下做出最好的產品。透過增量建構與經常交付，經營者通常在適應不同的工作方法後會更高興。

照過來！

你的團隊不只可以在待辦項目中加入故事

牧場遊戲團隊的產品待辦項目與衝刺段待辦項目現在只有故事。但其他類型的待辦項目也很常見。許多團隊會在待辦項目中加入重要的 bug 修正、效能提升（或其他非功能性需求）、處理風險或其他工作。所以你也可以在你自己的專案中這麼做！

問題診所：紅鯡魚

有時候一道題目會給你不必要的額外資訊。我會加入胡扯的故事或一堆不相關的數字。

104. 你正在管理一個廣告軟體專案。你必須建構購買平均價格為 $75,000 的廣告版位的介面。你的專案團隊由負責廣告分析的人擔任產品負責人，團隊是有經驗的軟體工程師。你的業務案例文件已經完成，而你必須與經營者與出資人開會。你的資深經理正在詢問第一個衝刺段的計劃。你的團隊已經完成四個非常類似的專案，而你決定讓團隊在群組會議中提出故事點數值並一起整合成一致同意的預估與方法。

什麼預估做法涉及讓團隊提供個人的預估並加以討論直到整合成一致同意的值？

A. 規劃撲克

B. 規劃方法

C. 由下到上

D. 粗估

你是否讀完整段才發現問題與它無關？

看到紅鯡魚題目時，你的任務是找出什麼部分有關而什麼部分只是讓你分心。這似乎很棘手，但其實搞懂之後就很簡單。

HEAD LIBS

填空以製作你自己的紅鯡魚題目！

你正在管理一個 ______________________ 專案。
（專案類型）

你有 ______________________ 可以運用，但 ______________________ 。你的
（描述一種資源）（資源的限制）

______________________ 具有 ______________________ 。 ______________________
（專案文件）（文件內容）（一名團隊成員）

告訴你 ______________________ ，並建議 ______________________ ？
（影響專案的問題）（解決方案）

____
（與上面描述的其中一項事情有關的題目）

A. ____
（錯誤答案）

B. ____
（稍微錯誤的答案）

C. ____
（正確答案）

D. ____
（非常離譜的答案）

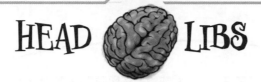

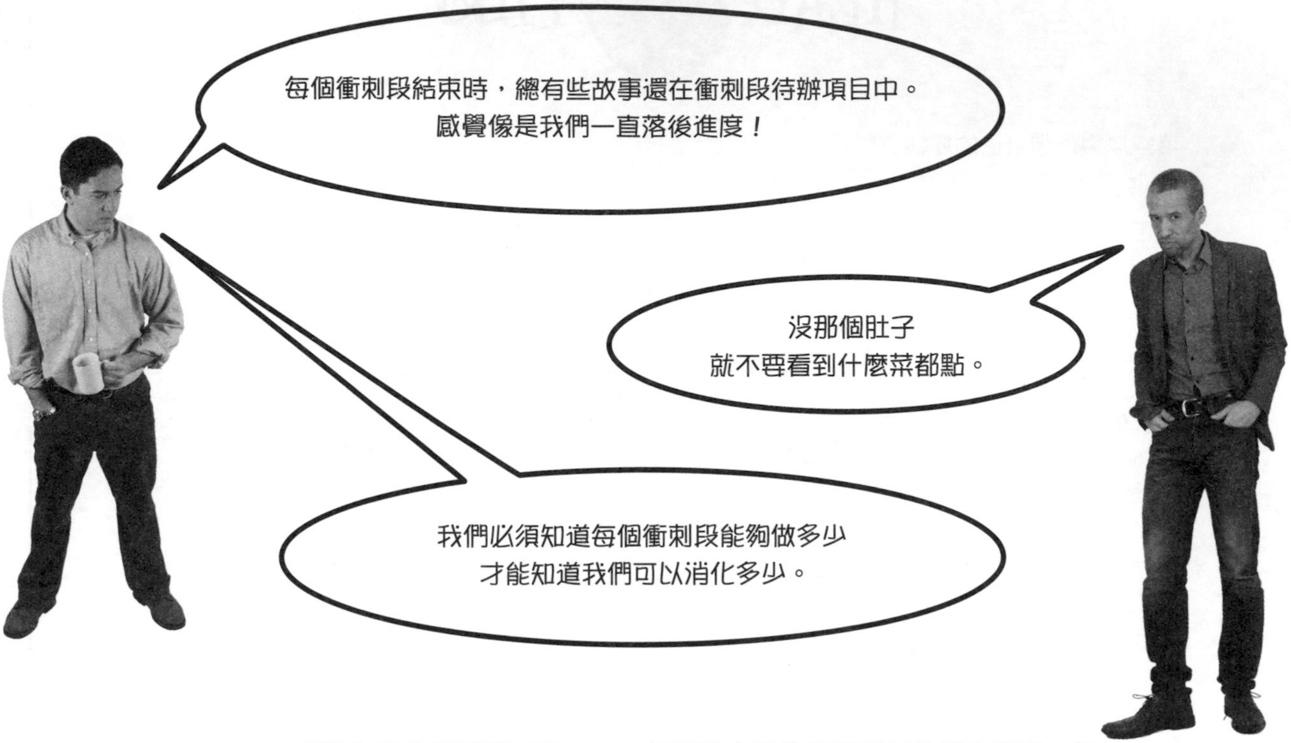
每個衝刺段結束時，總有些故事還在衝刺段待辦項目中。
感覺像是我們一直落後進度！
沒那個肚子
就不要看到什麼菜都點。
我們必須知道每個衝刺段能夠做多少
才能知道我們可以消化多少。

Rick：感覺上幾乎就要搞定了。Alex 持續排定產品待辦項目的優先順序。每個衝刺段的開始我們都逐條看過最高優先的故事、打規劃撲克、並指派故事點數值。然後我們將它們加入衝刺段待辦項目並開始進行。

Brian：一切都運作的很好。團隊想要在進行前討論一下工作。它也能幫助每個人清楚衝刺段要做什麼。

Rick：開始時還不錯，但每次衝刺段結束時總留下比我們想的更多的故事。衝刺段待辦項目一直有東西要留到下一個衝刺段。這讓 Alex 很緊張，與使用者進行的衝刺段審核也很緊張。

Brian：我們必須在衝刺段過程中知道方向是否正確，以便方向跑掉時能夠拉回來。如果我們覺得做不到，就不應該在衝刺段開始時把故事放進來。

Rick：我覺得是時候開始更仔細的追蹤進度了。所以…在 Scrum 中要怎麼做？

燃盡圖可幫助團隊知道還有多少工作

團隊指派衝刺段待辦項目中的所有使用者故事的點數值後，他們可以使用燃盡圖知道專案的進度。**燃盡圖**是簡單的線圖，顯示衝刺段期間每天完成多少點數。燃盡圖隨時讓每個人清楚的知道還有剩下多少工作。使用燃盡圖讓團隊中的每個人知道離達成衝刺段目標的距離。

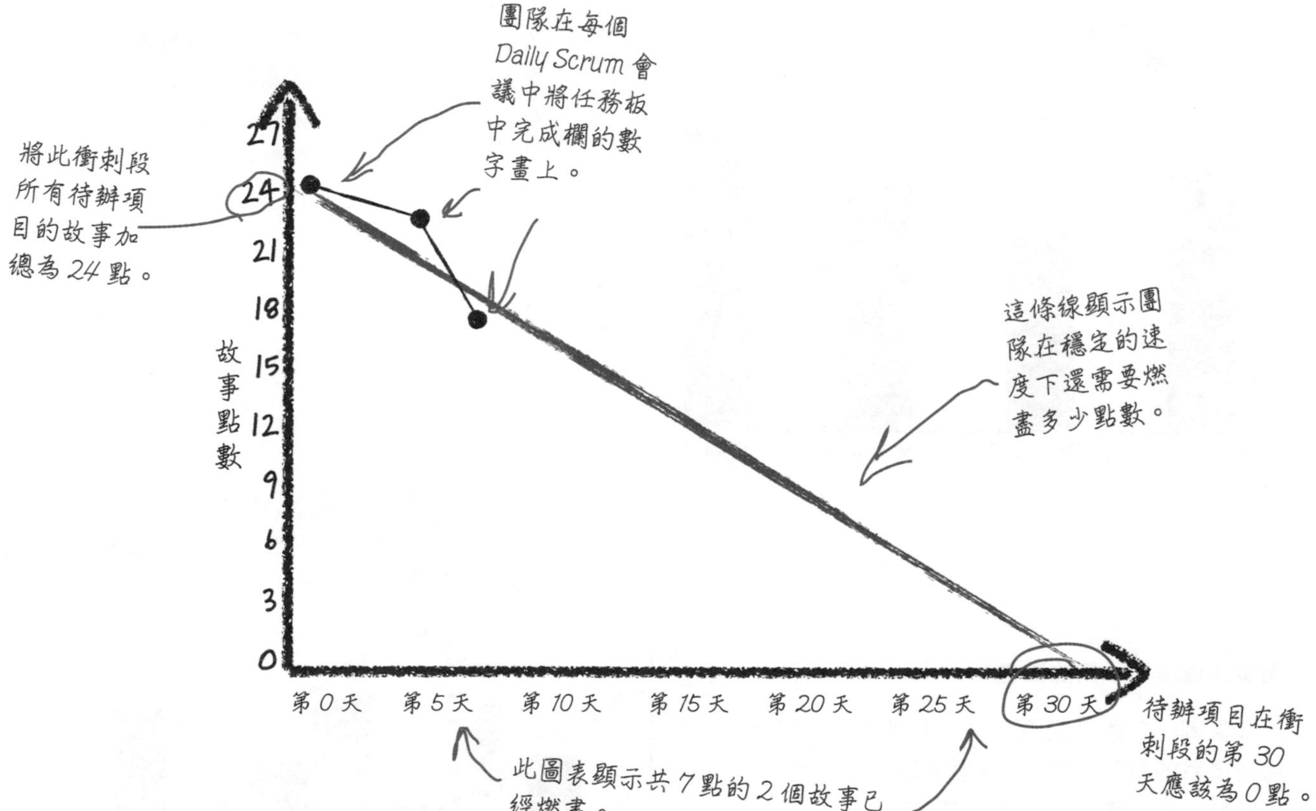

團隊在每個 Daily Scrum 會議中將任務板中完成欄的數字畫上。
將此衝刺段所有待辦項目的故事加總為 24 點。
27
24
21
18
15
12
9
6
3
0
故事點數
這條線顯示團隊在穩定的速度下還需要燃盡多少點數。
第 0 天
第 5 天
第 10 天
第 15 天
第 20 天
第 25 天
第 30 天
待辦項目在衝刺段的第 30 天應該為 0 點。
此圖表顯示共 7 點的 2 個故事已經燃盡。

燃盡圖與速度幫助團隊掌控衝刺段。

速度告訴你團隊在一個衝刺段中可以做多少

在每個衝刺段結束時，你可以計算產品負責人接受完成的故事點數加總。每個衝刺段的點數稱為**速度**，它是計算團隊交付工作一致程度的好方法。許多團隊將每個衝刺段的速度繪製成長條圖以檢視多個衝刺段的表現。由於每個團隊估計故事點數的方法不同，**你不能比較不同團隊的速度**，但你可以用它根據過去的表現幫忙找出你的團隊應該承諾多少工作。

衝刺段速度

這是四個衝刺段完成故事點數的長條圖。若團隊使用相同的尺度估計每個衝刺段，你可以使用這個數字來比較衝刺段完成的工作。要建構這個長條圖，團隊只需加上每個衝刺段結束時任務板上完成欄的故事點數。

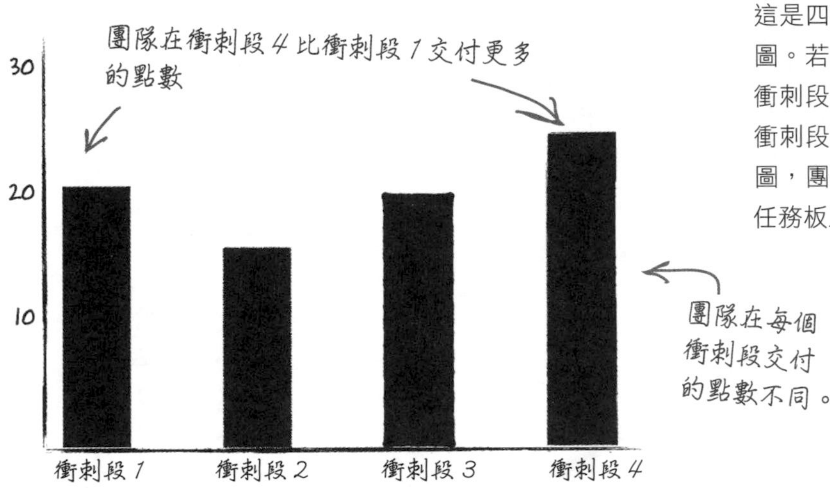

衝刺段速度與承諾的點數

此長條圖的灰色代表團隊放在衝刺段待辦項目的點數，黑色代表實際完成的點數。要建構這個圖表，團隊只需在規劃後加上衝刺段待辦項目的故事點數。在衝刺段結束時加上每個衝刺段結束時任務板上完成欄的故事點數。

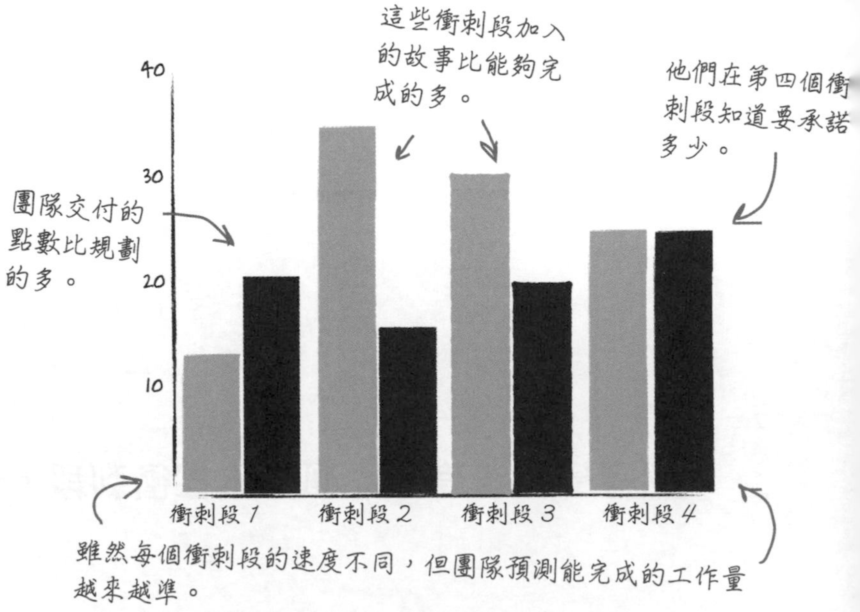

削尖你的鉛筆

下面是 Rick 在每天的 Daily Scrum 後檢視任務板所做的紀錄。
此衝刺段的待辦項目的總預估為 40 點。畫出燃盡圖。

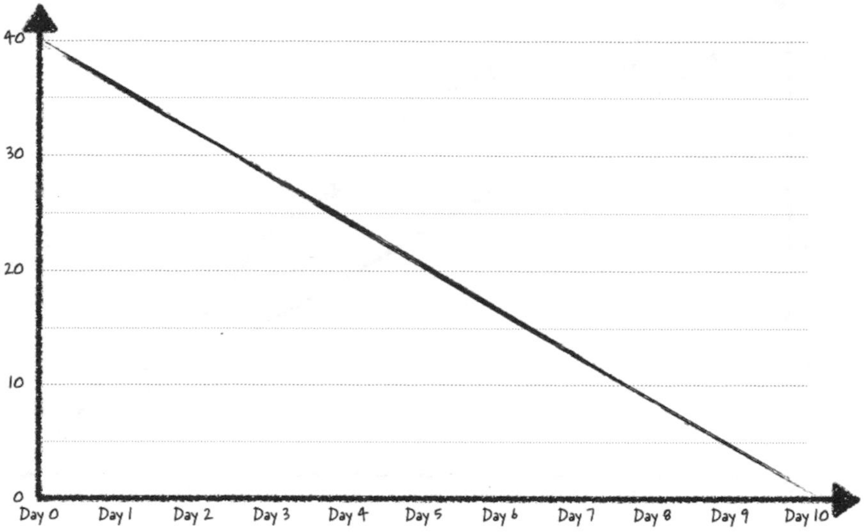

第一天：我們完成了清理功能，那是 2 點。我們也可以標示腳本完成，又是 2 點。

第二天：今天沒有東西可以標示。

第三天：完成戰鬥動作，3 點。

第四天：增加 2 點，因為我們發現必須重構馬賽克功能

第五天：馬賽克功能完成，2 點。

第六天：終於不會閃退，8 點。

第七天：完成吃雞畫面，5 點。

第八天：變裝畫面完成，10 點。

第九天：爆衣系統完成，2 點。

第十天：去馬賽克功能完成，7 點。

削尖你的鉛筆 解答

下面是 Rick 在每天的 Daily Scrum 後檢視任務板所做的紀錄。此衝刺段的待辦項目的總預估為 40 點。畫出燃盡圖。

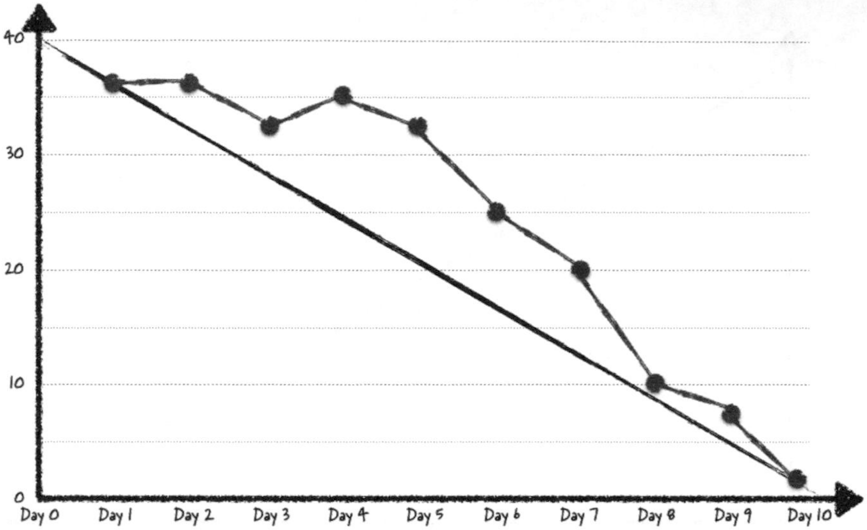

第一天：我們完成了清理功能，那是 2 點。我們也可以標示腳本完成，又是 2 點。

第二天：今天沒有東西可以標示。

第三天：完成戰鬥動作，3 點。

第四天：增加 2 點，因為我們發現必須重構馬賽克功能。

第五天：馬賽克功能完成，2 點。

第六天：終於不會閃退，8 點。

第七天：完成吃雞畫面，5 點。

第八天：變裝畫面完成，10 點。

第九天：爆衣系統完成，2 點。

第十天：去馬賽克功能完成，7 點。

燃燒讓進度與範圍相互分離

另一種在衝刺段過程記錄進度的方式是使用燃燒（burn-up）圖。相較於從承諾的點數減去完成的點數，燃燒記錄衝刺段累積點數並以另一條線顯示承諾的範圍。從範圍加入或移除故事時，檢視範圍線就很清楚了。故事被放到任務板的“完成”欄時，檢視衝刺段的燃燒總點數也很清楚。因為範圍與完成點數用不同的線，範圍有變時就很清楚。

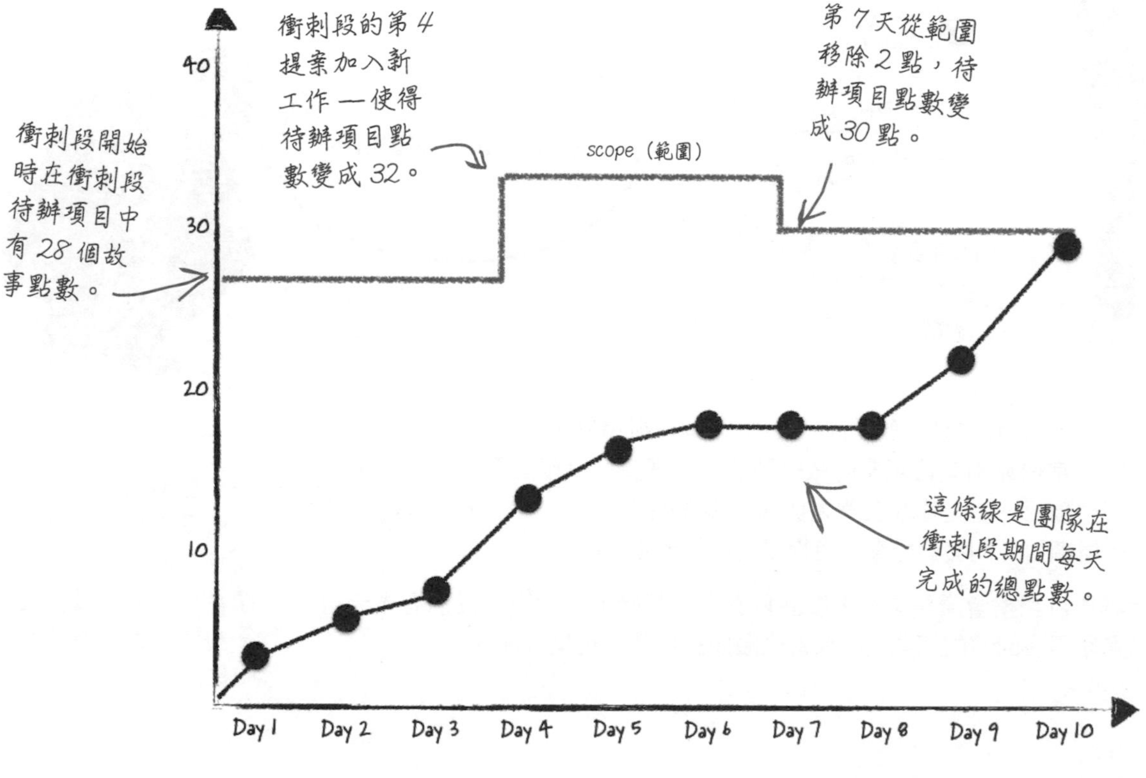
衝刺段的第 4 提案加入新工作 — 使得待辦項目點數變成 32。
第 7 天從範圍移除 2 點，待辦項目點數變成 30 點。
scope（範圍）
衝刺段開始時在衝刺段待辦項目中有 28 個故事點數。
40
30
20
10
這條線是團隊在衝刺段期間每天完成的總點數。
Day 1
Day 2
Day 3
Day 4
Day 5
Day 6
Day 7
Day 8
Day 9
Day 10

我們怎麼知道要建構什麼？

產品負責人在團隊中的角色是讓每個人在每個衝刺段中進行最重要的事情。他們負責衝刺段待辦項目與產品待辦項目中故事的順序。團隊對使用者故事有疑問時，產品負責人要找出答案。許多團隊設置接近每個衝刺段結束的時間點以確保待辦項目在團隊開始規劃下一個衝刺段前依序排列。該會議稱為**產品待辦項目調整會議**。

待辦項目調整是產品負責人預備衝刺段規劃的好方法。

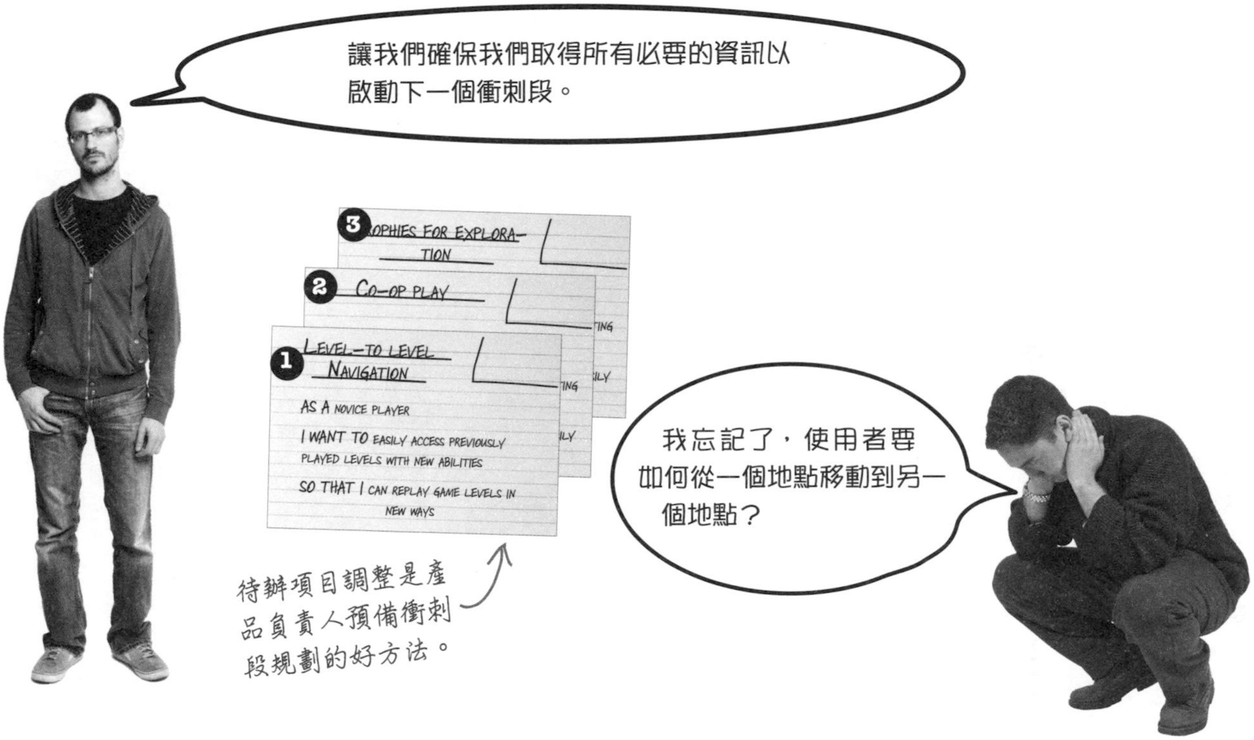

產品待辦項目調整與增加細節、評估每個待辦項目、重新審視排序有關。團隊通常依靠衝刺段規劃時做的評估，但應該可以接受隨時重新評估產品待辦項目。這是產品負責人與開發團隊間的合作 —— 它完全專注於產品待辦項目（開發團隊單獨負責衝刺段待辦項目的排序）。

待辦項目調整會議結束後，產品負責人在開始下一個衝刺段前有幾天可以處理還沒回答的問題並確保優先順序對經營者也是合理的。

許多團隊在衝刺段結束前2或3天暫停以進行待辦項目調整。他們用這個時間提出規劃會議前必須回答的問題並重複檢查故事的優先順序。

有些團隊稱產品待辦項目調整為 PBR（Product Backlog Refinement）。一般來說，團隊通常花少於 10% 的時間做這個。

故事圖幫你排列待辦項目的優先順序

記得這些實踐方式並非是 Scrum 要求的，但它們是一般接受的做法！

一種將待辦項目視覺化的方式是以故事圖攤開。故事圖從找出產品最核心的功能作為**骨幹**（**backbone**）開始。然後該功能被拆解成骨幹最重要的使用者故事。這些被稱為**行走骨架**（**walking skeleton**）。你的第一個衝刺段應該專注於盡可能多交付行走骨架。之後，你可以規劃以圖的優先順序釋出的功能。

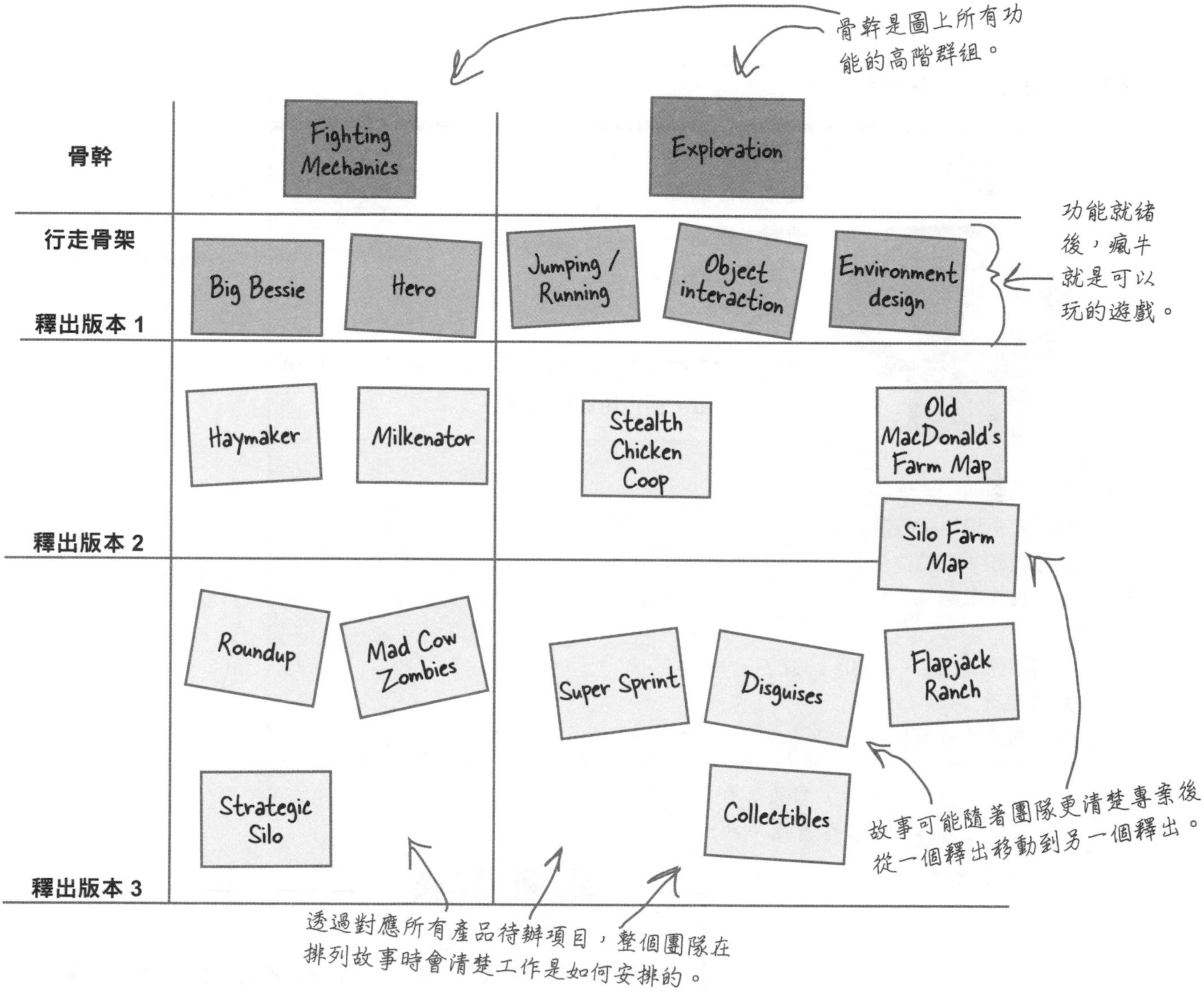

故事圖讓團隊將釋出計劃視覺化

人物可幫助你認識你的使用者

人物（**persona**）是虛構使用者的側寫，包括個人資料，通常還有照片，Scrum 團隊使用它來幫助他們認識他們的使用者與經營者。給每個使用者角色一個照片並列出他們的需求會幫助你在思考如何開發與開發什麼時做出正確的選擇。牧場遊戲團隊建構出他們時，他們開始思考每個使用者對他們建構的功能會如何反應。

Melinda Oglesby

年齡：**28**

職業：**IT** 顧問

位置：紐約

角色：專家玩家

事跡：盡可能參加遊戲展。買了每一種家機。玩過大部分遊戲。自行組裝遊戲 **PC**。

喜歡：

- 有趣的劇情
- 多種遊戲風格 / 故事選項
- 挑戰謎題 / 戰鬥
- 多人合作遊戲

討厭：

- 品質不好（**bug**、卡關、閃退）
- 劇情漏洞
- 伺服器效能低落

要建構這個人物，*Alex* 與 *50* 個參加遊戲展的玩家訪談關於他們如何玩瘋牛遊戲。

這些資訊來自訪談。

現在有了專家玩家的面貌，團隊在決定如何設計一個功能時經常會思考到 *Melinda* 的意見。

動動腦

人物與故事圖如何應用在使 Scrum 可行的透明、檢查、與適應想法上？

重點提示

- GASP 讓整個團隊參與規劃以幫助 Scrum 團隊根據每個衝刺段得到的教訓**改變**計劃。
- **使用者故事**以使用者角色、想要完成的動作、想要達到的目標的描述捕捉其需求。
- 使用者故事通常以這種模板撰寫：**身為一個《角色》，我想要《動作》，所以我可以《達成目標》**。
- T **恤大小**是許多團隊用於根據建構所需投入大小將功能分類（S、M、L、XL、XXL）的方法。
- **故事點數**是一種評估建構故事所需投入大小的方式。它們並不對應小時或日曆時間。
- **速度**是團隊過去的衝刺段所完成故事點數總數的平均。
- **規劃撲克**是 Scrum 使用的共同評估方式以判斷衝刺段中的每個故事的故事點數值並與傾聽給予最高與最低值的團隊成員陳述後調整。
- 團隊使用**燃盡圖**於衝刺段中記錄每天完成的故事點數。
- 產品負責人在衝刺段接近結束時召開**產品待辦項目調整**（PBR）會議以讓待辦項目準備好供下一個規劃會議討論。

沒有蠢問題

問：我要如何使用點數以確保整個專案在正確的方向上？需要評估整個待辦項目嗎？

答：有些團隊是這麼做的。有些團隊評估整個待辦項目以製作**釋出版本燃盡圖**讓他們追蹤已經燃盡多少一開始放在產品待辦項目的功能。這是有些團隊預測主要專案全部釋出日期的方法。

但這只在你相對確定產品待辦項目中的所有東西確實必須作為專案的部分交付時才可行。很多情況下，有些產品待辦項目中的功能優先很低，可能完全不進行。如果是這種情況，評估產品待辦項目中的所有東西且用它預估釋出日期並不合理。相對的，許多團隊專注於在每個釋出盡可能建構最高優先的功能並盡可能的經常釋出軟體。

這種方式會盡快做出最重要的功能。

問：我要如何知道放多少故事到衝刺段中？

答：團隊坐下來規劃衝刺段時，他們總是使用衝刺段目標作為起點以認識衝刺段待辦項目中的每個功能的優先順序。這應該足以讓每個人知道哪個功能最重要。這是**承諾驅動**規劃背後的想法（由最重要的 Agile 規劃思想家之一 Mike Cohn 創造）：在每個衝刺段結束時交付有價值的東西，且你在衝刺段做出取捨以達成。

團隊的另一個選項是**速度驅動**規劃。這表示從團隊的平均速度開始，從待辦項目加入最優先故事直到平均速度為止。Cohn 偏好承諾驅動規劃，因為它依靠團隊成員對什麼是建構有價值產品的判斷。

問：故事圖與任務板是相同的東西嗎？

答：不是。它們都可以使用白板與故事卡片來顯示專案的狀態，但它們顯示非常不同的資訊。

你可以將任務板視為衝刺段待辦項目的最新狀態。檢視它會告訴你目前衝刺段中的每個故事的狀態。

故事圖顯示類似產品待辦項目中的所有故事的目前計劃。

故事圖幫助團隊中的每個人對產品有同樣的概觀。故事圖讓團隊視覺化釋出計劃並認識故事如何互相組合。

消息可以更好…

現在團隊有簡單的方法度量他們的表現，他們很容易看出來事情依計劃進行。當他們檢視多個衝刺段時，他們可以知道他們並不像他們預期的一樣可預測。

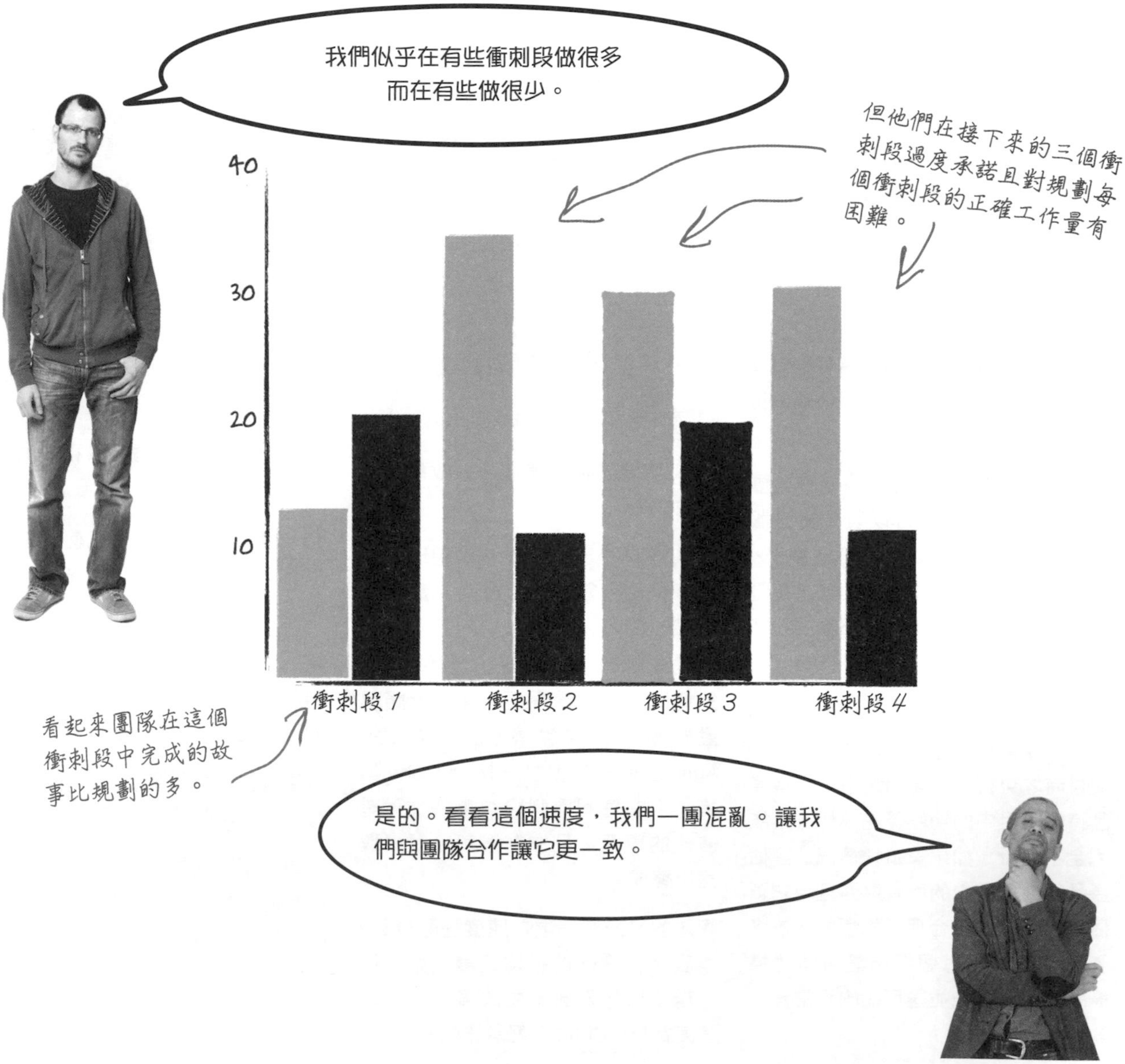
我們似乎在有些衝刺段做很多
而在有些做很少。
但他們在接下來的三個衝刺段過度承諾且對規劃每個衝刺段的正確工作量有困難。
40
30
20
10
衝刺段 1
衝刺段 2
衝刺段 3
衝刺段 4
看起來團隊在這個衝刺段中完成的故事比規劃的多。
是的。看看這個速度，我們一團混亂。讓我們與團隊合作讓它更一致。

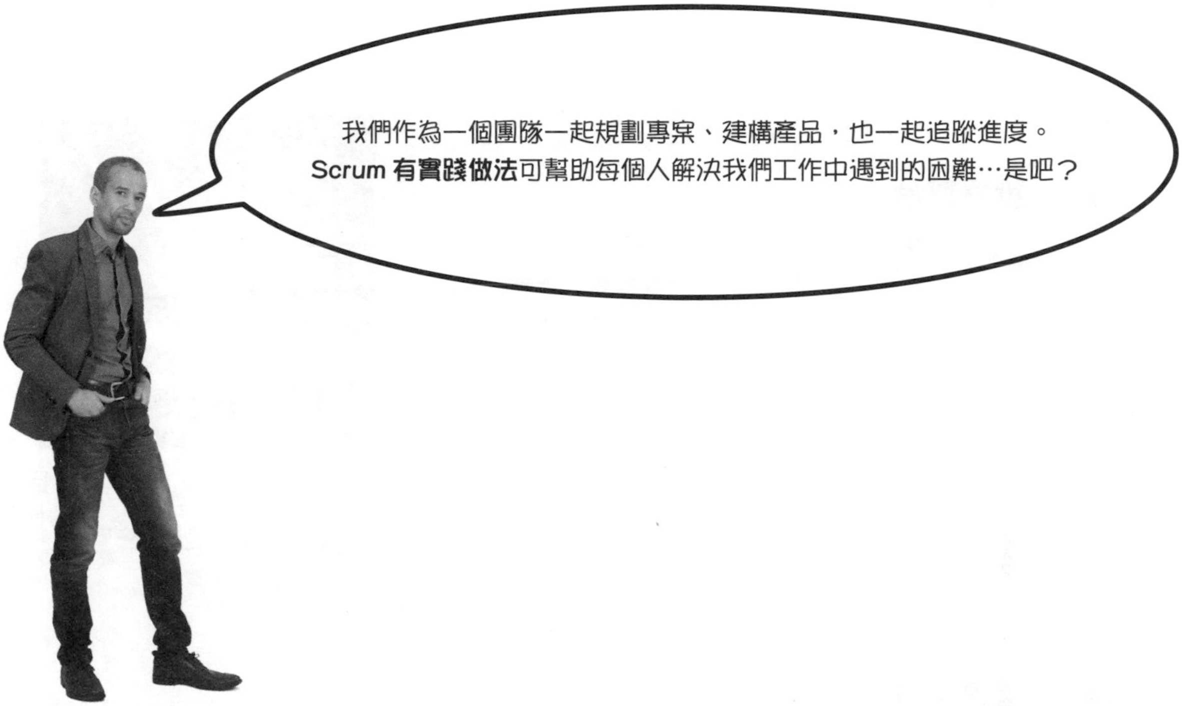
我們作為一個團隊一起規劃專案、建構產品，也一起追蹤進度。
Scrum **有實踐做法**可幫助每個人解決我們工作中遇到的困難…是吧？

動動腦

你能想到讓整個團隊參與透明、檢查和適應團隊在每個衝刺段中使用的程序的方法嗎？

回顧幫助你的團隊改善工作的方法

在每個衝刺段結束時，團隊回顧過去經驗並一起解決發生的問題。回顧幫助你的團隊感知事情的進展並專注於讓事情在每個衝刺段更好。只要團隊從經驗中學到教訓，他們會在專案推進中一起工作的越來越好。在《*Agile Retrospectives: Making Good Teams Great*》一書中，作者 Esther Derby 與 Diana Larsen 簡單描繪出回顧會議的樣子。

❶ 設置舞台

在會議開始時，每個人必須知道目標並專注於回顧。Derby 與 Larsen 還建議讓每個團隊成員告訴團隊他們的情緒作為開場白。若每個人在會議開始時有機會說話，他們很可能會覺得稍後可以分享他們的意見。

團隊可能專注於為何他們在最近的衝刺段中找到更多瑕疵或如何更好的溝通設計修改。

❷ 蒐集資料

在會議的這個階段，團隊以實際資料檢視上一個衝刺段的所有事件。他們依時間逐一檢視並討論完成的工作與做過的決定。通常，團隊成員被要求對這些事件與決定投票，以決定他們在這個衝刺段中得到高分或低分。

❸ 產生洞察

團隊蒐集了該衝刺段的資料後，他們可以忽略對該組來說似乎最成問題的事件。在這部分會議期間，團隊確定了他們遇到的問題的根本原因，並花時間考慮他們將來可能用什麼不同的做法。

垂直的"魚骨"線是幫助你找出與組織問題根源的分類。

水平線顯示你找到的每個分類的根源。

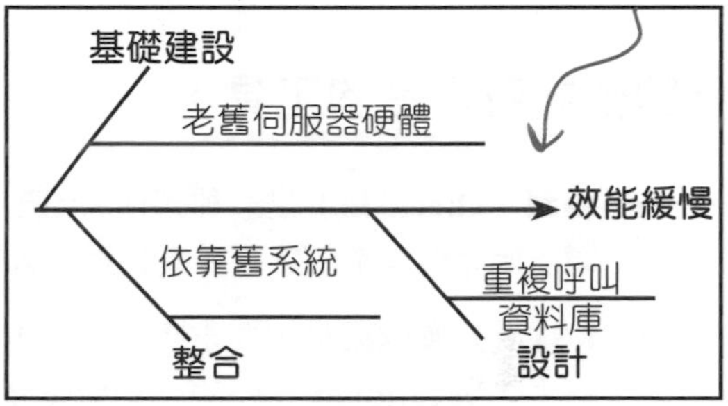

魚骨圖或石川圖

以這個例子來說，團隊正在找尋衝刺段中的問題原因。

團隊使用魚骨圖來認識問題的根源。

❹ 決定要做什麼

他們已經檢視過在衝刺段發生了什麼，並花時間思考還可以這麼做，接下來的步驟是決定下一個衝刺段要實施哪一項改善。

有些工具幫助你從回顧中獲得更多

Scrum 團隊實作 Agile 宣言中“反映與改善工作方式的原則”的一種方式，是在回顧會議中使用這些工具：

幫助你設置舞台的工具：

★ **報到（check-in）**是一種讓你的團隊在回顧開始時參與的方式。回顧會議主持人在會議開始時會經常要求團隊成員對一個問題給出一或兩個字的答案。

★ **ESVP** 是團隊成員被要求將自己分類為：探索者（Explorer）、購買者（Shopper）、遊客（Vacationer）、囚徒（Prisoner）。**探索者**想要盡可能在回顧中學到東西。**購買者**想要從回顧中找到一或兩樣改善。**遊客**只是很高興有不同的活動與離開座位。**囚徒**情願做別的事並覺得是被迫參與。讓團隊成員說出自己屬於哪一種可以幫助每個人認識他們來自何方，且幫助他們覺得更有參與感。

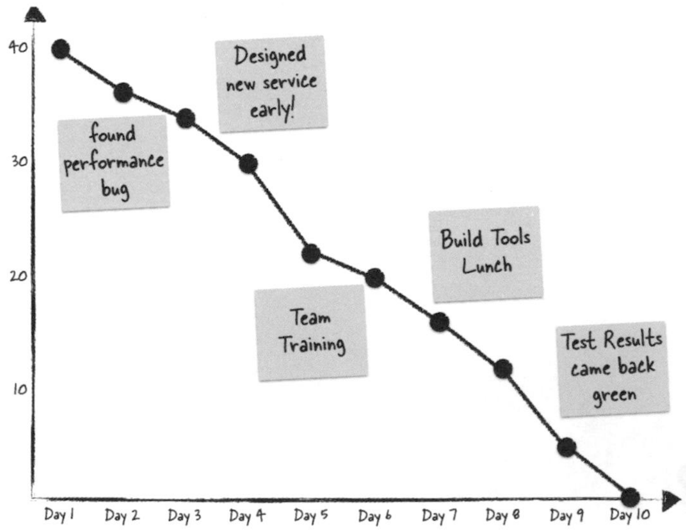

幫助你蒐集資料的工具

★ **時間軸**是依時間顯示所有發生在衝刺段的重要活動的一種方式。每個團隊成員有一個機會將對他很重要的事件卡片加到時間軸上。團隊在時間軸加上第一輪的卡片後，他們一起檢視並可以在想到其他事件時加到時間軸上。

★ **顏色編碼點**用於表示團隊成員對時間軸上所有事件的感覺。主持人或許給出綠點以將時間軸上的一個事件標示為正面感覺，而用黃點標示負面感覺。然後每個成員逐項標示時間軸上的活動為正面或負面。

幫助你產生洞察的工具

- **魚骨圖**又稱為**因果關係**或**石川圖**。它們用於指出缺陷的根源。你列出你找到的缺陷分類然後寫下你從每個分類中分析出的缺陷根源。魚骨圖幫助你從一個地方**看出所有可能的原因**使你能思考如何在未來防止缺陷。
- **以點排列優先順序**是每個團隊成員用 10 個點貼在他們想要團隊先解決的問題上的一種技巧。然後在回顧的“決定要做什麼”階段專注於最多點的問題。

幫助你決定要做什麼的工具

- **短主題**是將團隊產生的所有洞察分類成動作計劃的方式。通常主持人會在白板上面放短主題並讓團隊一起將所有建議放在正確的分類上。一組常見的短主題是停止進行/開始進行/繼續進行。團隊花時間將他們在回顧中提出的所有回饋分類成可以採取的動作以確定保留可行的做法並改變不可行的做法。

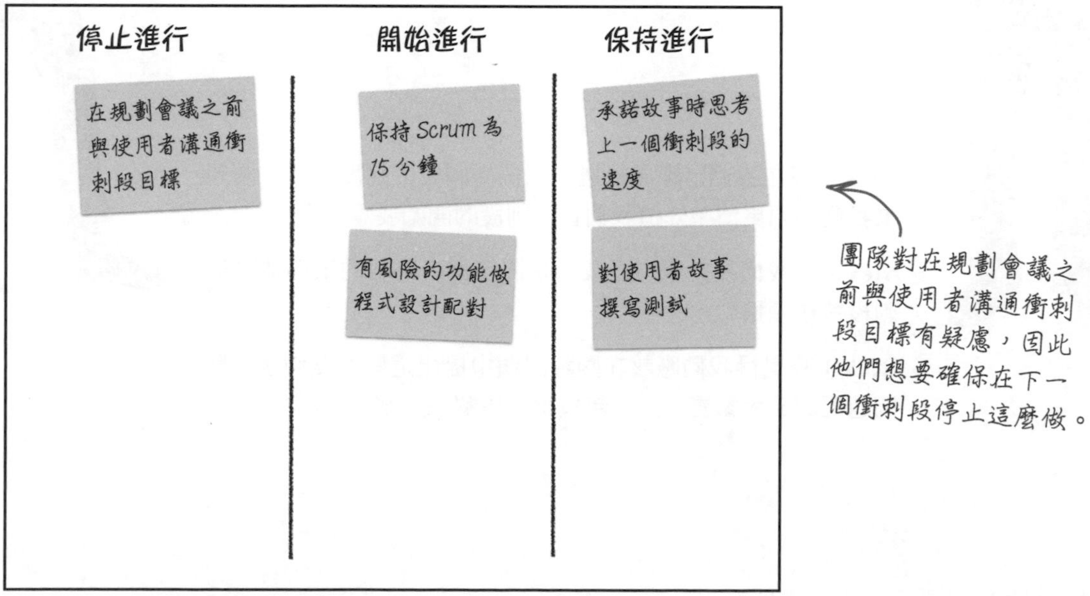

小房間交談

Scrum 團隊總是專注於改善。每個衝刺段結束時，團隊中的每個人檢視他們的燃盡圖、他們的速度、與他們處理掉的待辦項目的故事數量作為他們的回顧的輸入。使用團隊在衝刺段使用的尺度，能幫助每個人對導致團隊的問題原因有一致的看法，而這幫助團隊一起交集他們在過程中可能遇到的問題。回顧只是 Scrum 團隊使用透明、檢查、與適應以越來越好的建構軟體的另一個例子。

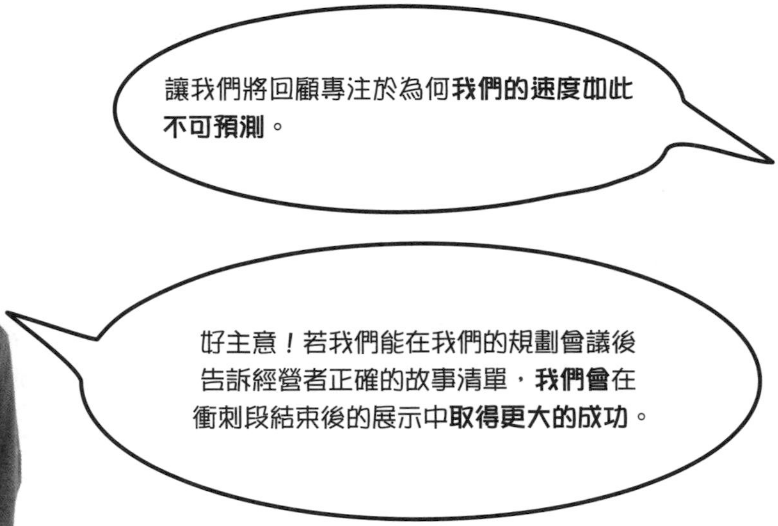

讓我們將回顧專注於為何**我們的速度如此不可預測**。
好主意！若我們能在我們的規劃會議後告訴經營者正確的故事清單，**我們會**在衝刺段結束後的展示中**取得更大的成功**。

Rick：現在我們已經取得過去四個衝刺段的速度數字，看起來我們必須更清楚知道我們在衝刺段的開始要承諾多少。

Alex：但我們要怎麼做？我只是將使用者需要的東西放到衝刺段待辦項目中。

Rick：我覺得我們應該在團隊回顧中提起這些速度數字，將問題攤開給大家看，並一起找出一些解決方案。

習題

以下是團隊在最近的衝刺段回顧中對速度不穩定提出的發言。將發言與其短主題配對。

程式設計師不應該注意速度數字。
這是 Scrum 大師的工作。

我們或許應該不要承諾比我們最近的衝刺段交付的故事點數更多的點數。

我真的喜歡規劃撲克，它幫助團隊找出非常有效的設計方式。

我可以等到我們都同意要做什麼衝刺段待辦項目後告訴經營者關於我們的目標。

持續進行

停止進行

開始進行

沒有建設性

習題解答

以下是團隊在最近的衝刺段回顧中對速度不穩定提出的發言。將發言與其短主題配對。

程式設計師不應該注意速度數字。
這是 Scrum 大師的工作。

我們或許應該不要承諾比我們最近的衝刺段交付的故事點數更多的點數。

我真的喜歡規劃撲克，它幫助團隊找出非常有效的設計方式。

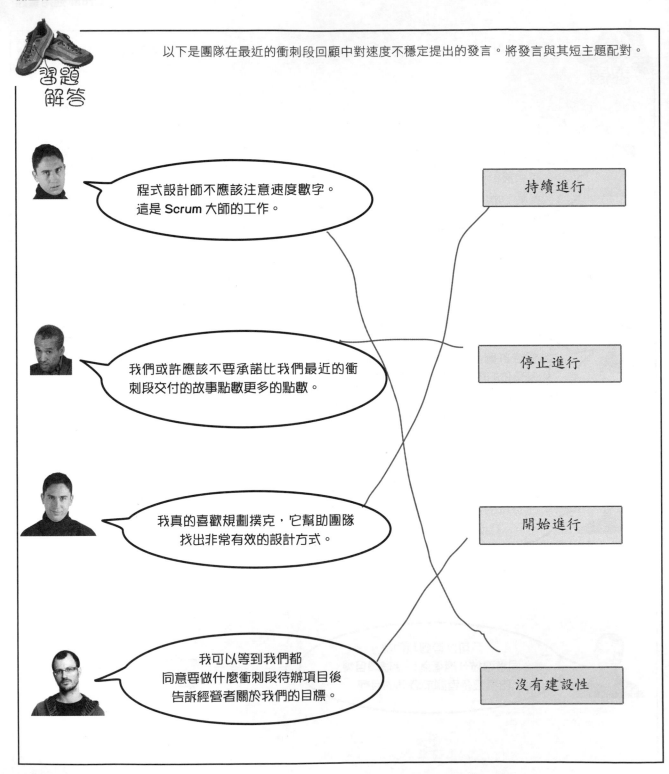

我可以等到我們都同意要做什麼衝刺段待辦項目後告訴經營者關於我們的目標。

持續進行

停止進行

開始進行

沒有建設性

GASP 填字遊戲

這是個讓 GASP 概念烙進你的大腦的好機會。不看書你可以回答幾個字？

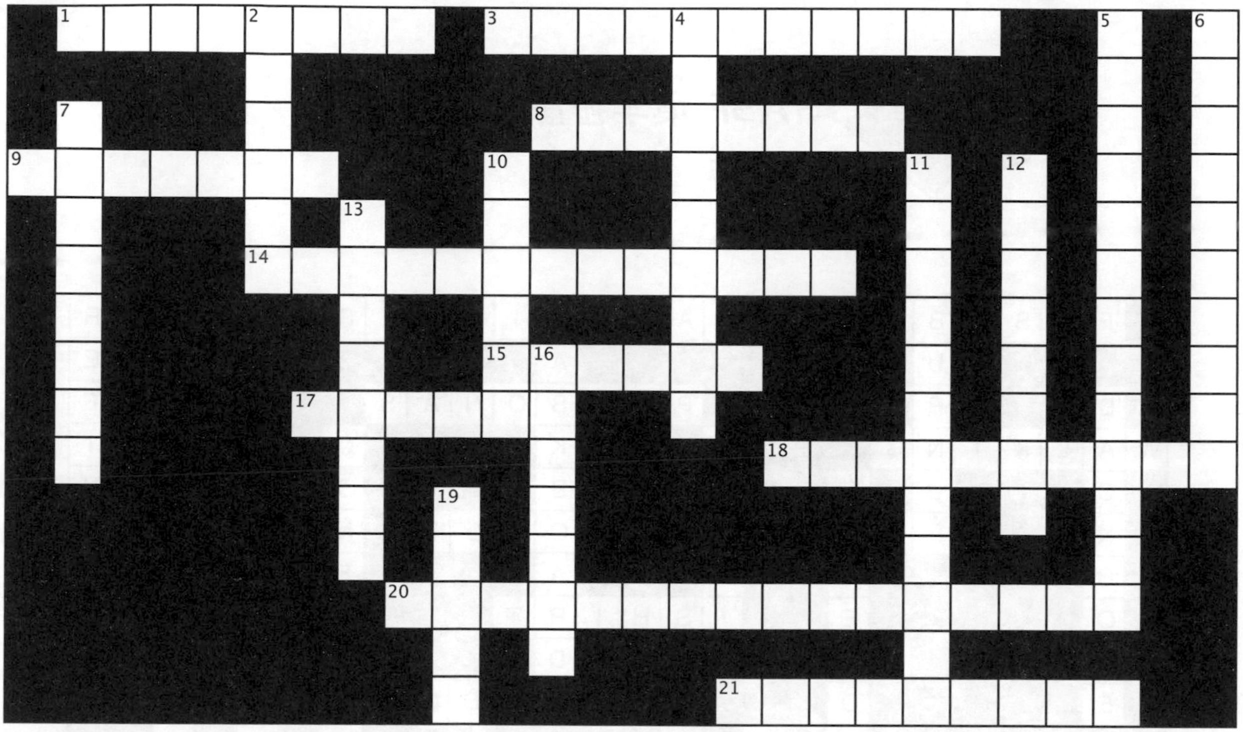

橫排提示

1. __________ diagrams are used to determine the root cause of issues

3. ESVP stands for explorers, shoppers, __________, and prisoners

8. __________ are a way of assigning a name and personal facts to a made-up user of your system

9. The features needed to implement the minimum functionality needed in a product are shown on a story map in the __________ skeleton

14. A Scrum planning technique that depends on the team describing the high and low individual estimates from team members until the group reaches consensus

15. Grouping features in small, medium, large effort categories is called ________ sizing

17. An acronym to help you identify a good user story

18. When planning a sprint, some teams use velocity-driven planning to determine how many story points to include. Others use ________-driven planning to do the same thing

20. Derby and Larsen's basic progression for a retrospective is: set the stage, gather data, __________, decide what to do

21. When estimating effort in story points, some teams use ________ series numbers to appropriately size features

直排提示

2. __________ charts track scope and completed story points on different lines

4. A tool for tracking work by showing the state all stories are in during a sprint

5. ________ __________ are a way of categorizing follow-up actions from retrospectives

6. When the Product Owner prepares the backlog for a planning session a few days in advance, that's called __________

7. The topmost line in a story map is called the __________

10. The y-axis of a burndown chart is labeled story ________

11. User stories are signifiers for a three-step process that focuses on face-to-face communication between development team members and stakeholders; that process is often described as card, conversation, and __________

12. The number of story points completed in a given sprint is called __________

13. Estimates that tell the date features will be delivered are done in __________ time

16. Stakeholder needs written using a template (*as a <role>, I want to <action>, so that <benefit>*) are called user ________

16. __________ charts track scope and completed story points on different lines

19. Time required to accomplish a task if it's done without interruption

GASP 填字遊戲解答

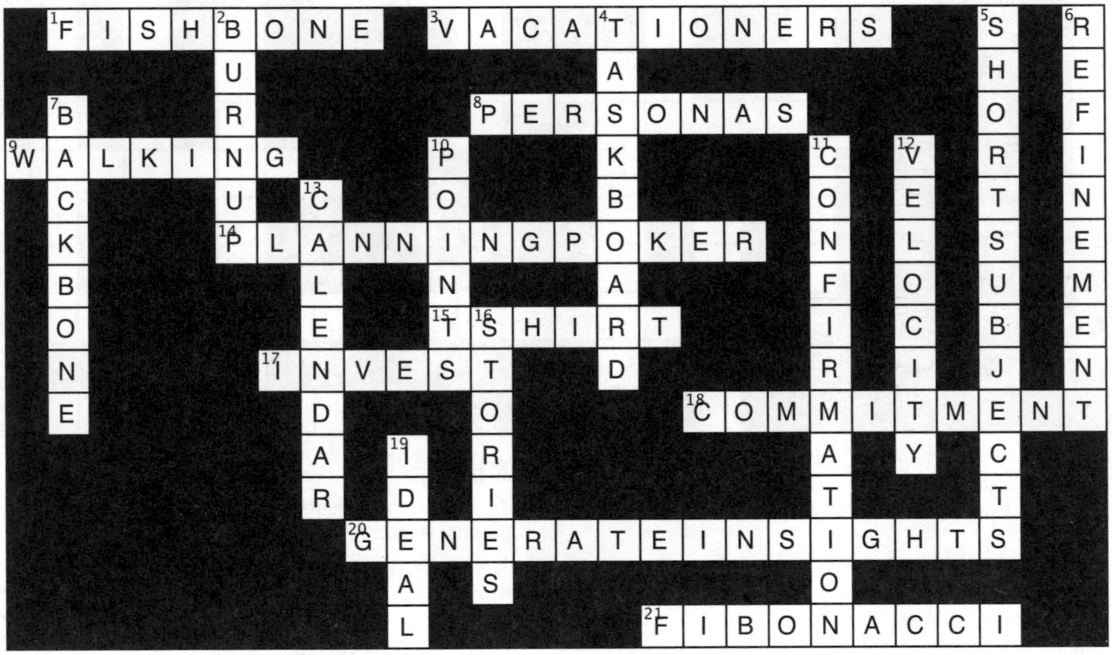
1 FISHBONE
2 BURNUP
3 VACATIONERS
4 TASKBOARD
5 SHORTSUBJECTS
6 REFINEMENT
7 BACKBONE
8 PERSONAS
9 WALKING
10 POINT
11 CONFIRMATION
12 VELOCITY
13 CALENDAR
14 PLANNINGPOKER
15 TSHIRT
16 STORIES
17 INVEST
18 COMMITMENT
19 IDEAL
20 GENERATEINSIGHTS
21 FIBONACCI

披薩派對！

牧場遊戲團隊以回顧找到並改正規劃的問題並交付瘋牛 5。隨著時間過去，他們的衝刺段越來越順暢，且他們發現他們能夠在每個衝刺段展示很棒的新功能。等到該團隊準備好交付遊戲時，整個公司知道他們的手上有個贏家！

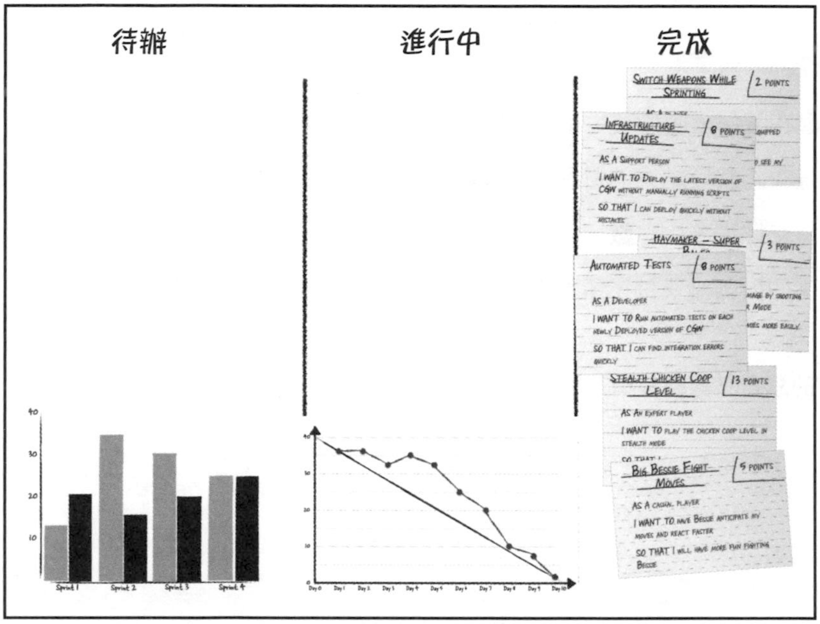

考試題目

這些考試練習題能幫助你回顧這一章的內容。就算不準備考 PMI-ACP 認證也值得一試。這是發現你不知道的地方很好的方式，能幫助你更快的記憶內容。

1. 燃盡圖用於以下全部，除了：

A. 幫助團隊知道在某個衝刺段交付了多少點數

B. 幫助團隊知道在衝刺段結束前還剩下多少點數

C. 每個團隊成員交付了多少點數

D. 團隊是否在某個衝刺段交付了所承諾的所有東西

2. 一個衝刺段交付的故事點數總數稱為衝刺段的_____

A. 完成增量

B. 審核

C. 理想時間

D. 速度

3. Jim 是個媒體公司的一個 Scrum 專案的 Scrum 大師。他的團隊被要求建構一個新的廣告展示元件。他們已經一起合作了 5 個衝刺段並看到過去兩個衝刺段的速度提升。團隊在第六個衝刺段的第一天一起開規劃會議。在會議中他們使用一種方法讓團隊與產品負責人討論要建構的功能、以卡片提供預估、並一起調整預估直到整合成大家都同意的數字。

下列哪一項最能描述他們使用的實踐方式？

A. 規劃撲克

B. 整合規劃

C. 衝刺段規劃

D. 類比預估

考試題目

4. **哪一個縮寫字用於描述好的使用者故事？**

   A. INSPECT

   B. ADAPT

   C. INVEST

   D. CONFIRM

5. **速度可用於下列全部，除了：**

   A. 評估團隊在多個衝刺段中的生產力

   B. 團隊相互比較以找出誰比較有生產力

   C. 知道團隊在評估衝刺段時可以做多少

   D. 知道團隊是否承諾過多或過少

6. **哪一個工具用於視覺化範圍變更？**

   A. 速度長條圖

   B. 燃盡圖

   C. 累積流程圖

   D. 範圍長條圖

7. **使用者故事通常怎麼寫？**

   A. 作為一個《人物》，我想要《動作》，所以《好處》

   B. 作為一個《資源》，我想要《目標》，所以《理由》

   C. 作為一個《角色》，我想要《動作》，所以《好處》

   D. 以上皆非

8. **下列哪一項最能描述任務板？**

   A. Scrum 大師用它檢視團隊是否依循計劃

   B. 它用於在衝刺段中識別新任務

   C. 它顯示一個衝刺段中完成的點數總數

   D. 它將目前衝刺段的工作視覺化

考試題目

9. 下列哪一項最能描述 Derby 與 Larsen 的回顧方法：

A. 設置舞台、蒐集資訊、決定做什麼、記錄決定

B. 報到、建構時間軸、解譯資料、決定焦點、評估

C. 設置舞台、蒐集資料、產生洞察、決定做什麼

D. ESVP、顏色編碼點、短主題

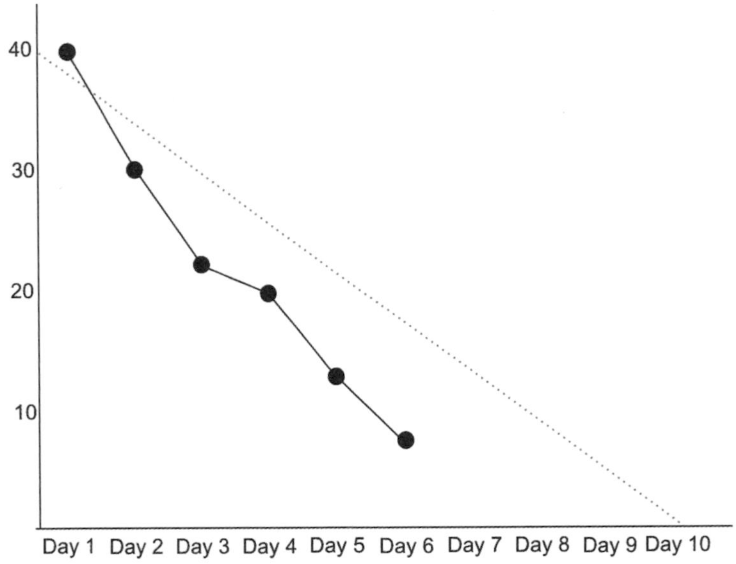

10. 你能從上面的燃盡圖看出什麼？

A. 衝刺段超越進度表

B. 衝刺段落後進度表

C. 專案有麻煩

D. 速度太慢

11. 燃盡圖與燃燒圖有何不同？

A. 燃盡圖從總承諾點數中減去，而燃燒圖從 0 開始加上已經完成的故事點數

B. 燃盡圖有條範圍線告訴你進行中增加或減少多少

C. 燃燒圖有趨勢線顯示完成的恆定速率

D. 燃燒圖與燃盡圖相同

考試題目

12. 下列哪一項最能描述判斷問題根源的工具？

A. 人物

B. 速度

C. 魚骨圖

D. 短主題

13. 一個醫療軟體公司的 Scrum 團隊將產品待辦項目中的所有使用者故事在牆上根據功能對產品的重要性重新排列。然後他們使用該資訊決定先做什麼功能。下列哪一項最能描述此實踐方式？

A. 釋出規劃

B. 行走骨架

C. 速度規劃

D. 故事圖

14. 根據使用者故事識別需求的程序通常稱為

A. 卡片、呼叫、自白

B. 故事、交談、產品

C. 卡片、交談、確認

D. 卡片、測試、文件

15. ESVP 代表

A. Executive、Student、Vice President

B. Explorer、Student、Vacationer、Prisoner

C. Explorer、Shopper、Vacationer、Practitioner

D. Explorer、Shopper、Vacationer、Prisoner

16. 你的 Scrum 團隊開始評估過去三個衝刺段的速度並記錄到下列數字：30、42、23。你能從這些評估看出什麼？

A. 團隊還在決定故事點數的尺度

B. 團隊生產力下降，必須採取行動改正

C. 多個衝刺段的速度趨向平穩

D. 速度沒有正確的評估

考試題目

17. 下列哪一項最能描述識別與代表軟體使用者並描述其需求與動機的工具？

A. 石川圖

B. 使用者識別度量

C. 人物

D. 故事圖

18. Scrum 規劃工具幫助 Scrum 團隊做出專案決定…

A. 及早

B. 及時

C. 最後一刻

D. 反應

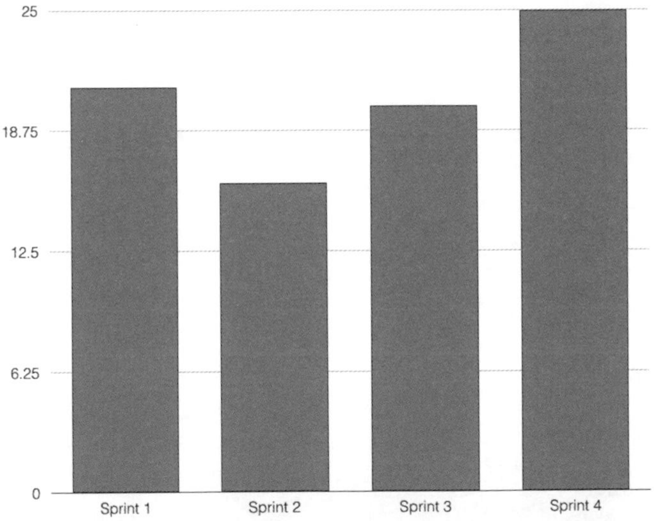

19. 你能從上面的速度圖看出此專案的什麼？

A. 專案速度太快

B. 團隊交付的故事點數越來越多

C. 發生太多範圍改變

D. 專案趕不上進度

考試題目

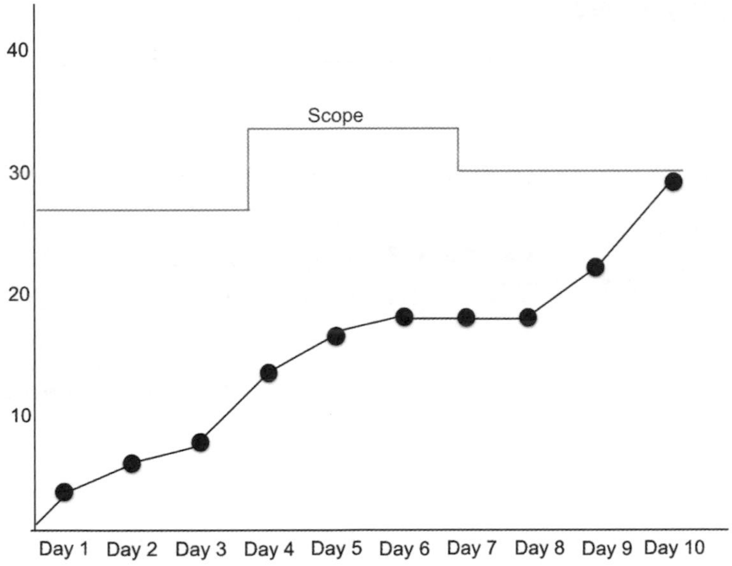

20. **你能從上面的燃燒圖看出此專案的什麼？**

A. 有些故事點數在第四天加入專案範圍而有些在第七天移除

B. 團隊每天在衝刺段加入故事

C. 團隊沒有進度

D. 第四天加入的故事導致第八天的延遲

~~考試題目~~ 答案

以下是練習題的答案。你答對幾題？如果錯了也沒關係，回頭重讀相關內容以了解為什麼。

1. 答案：C

燃盡圖幫助整個團隊知道他們完成了多少與剩下多少。它不顯示個別團隊成員的生產力。

有些人會質疑燃盡圖只知道剩下多少工作。這三件事都顯示在圖表上，因此 C 在技術上是正確的。

2. 答案：D

團隊以速度評估每個衝刺段交付的總點數。速度可跨衝刺段比較以幫助團隊更好的預估與承諾。速度也經常用於顯示改變程序的效果。

3. 答案：A

團隊使用規劃撲克。他們正在進行衝刺段規劃，但由於題目針對他們如何規劃，因此它不是最好的答案。他們也在做類比預估，但這不是最好的答案，因為它不是一般接受的 Scrum 實踐。整合規劃是胡扯出來的答案，所以不要被這種名字騙了。

4. 答案：C

INVEST 這個縮寫字代表 Independent、Negotiable、Valuable、Estimatable、Small、與 Testable。一個好的使用者故事應該包括這些東西。

5. 答案：B

由於速度是一個衝刺段中所有故事點數的加總，它只能用於一個團隊。其他團隊有不同的尺度，因為他們的故事點數來自他們的衝刺段規劃討論，或來自產品待辦項目調整時的預估。

~~考試題目~~ 答案

6. 答案：B

燃燒圖以不同的線條顯示範圍並容易看出範圍何時增減。

7. 答案：C

正確的使用者故事模板是作為一個《角色》，我想要《動作》，所以《好處》。雖然其他答案很接近，但差別在於資源、人物、與角色。角色幫助你識別應用程式中需要考慮到的各種面向。

8. 答案：D

任務板向團隊中的每個人顯示每個衝刺段待辦項目中的任務的狀態。它是確保每個人對有什麼工作可做、進行中、與團隊完成了什麼有相同資訊的一種視覺化方式。

9. 答案：C

回顧從設置舞台並確保整個團隊參與討論開始。然後團隊檢視從衝刺段蒐集到的資訊。每個人都同意事實後，他們使用該資訊產生問題根源的洞察。找出問題後，他們可以找出要做什麼以改正問題。

10. 答案：A

虛線顯示此衝刺段的恆定燃燒速率。點數波動的情況是正常的，有時候在其他點左邊，有時候在其他點的右邊。在這種情況下，實際完成線遠離虛線左側，這表明團隊正在燃燒故事點的速度快於按時完成所需的恆定速度。

有些 Agile 參與者不喜歡以“符合時間表”一詞描述燃燒圖。但此術語可能會出現在 PMI-ACP 考試中，且許多經理人在談話時使用這些詞彙。因此最好要習慣看到它！

11. 答案：A

燃盡與燃燒圖記錄相同資訊，也就是團隊完成故事點數的速率。燃盡減去每天完成的點數。燃燒假設每天完成的點數。

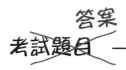

~~考試題目~~ 答案

12. 答案：C

石川圖是將專案中的缺陷與問題的根源分類並幫助你判斷哪些問題屬於哪些分類的工具。它們經常用來幫助你找出你可以改善工作方式的部分使你可以改正程序問題。

13. 答案：D

團隊對應他們的故事使他們可以決定交付它們的最佳順序。

14. 答案：C

卡片、交談、確認是記住使用者故事卡片僅僅是提醒與具有建構故事所需信息的人交談的好方法。這是 Scrum 團隊重視面對面溝通更勝詳細文件的一種方式。他們試圖從關於每個使用者故事卡的對話中寫下他們需要的東西。

15. 答案：D

在回顧開始時，ESVP 是讓每個團隊成員參與的手段。透過要求每個團隊成員告訴大家是否以探索者、購物者、度假者、或囚徒的身份參與回顧活動，團隊可以讓每個團隊成員參與對話並讓每個人從討論開始就了解每個人的心態。

16. 答案：A

當他們先找出他們將用於預估的尺度時，團隊之間有很大的差異是很常見的。速度值有變化時切莫驚慌。衡量速度的目標是讓團隊意識到他們在每個衝刺段中所做的事情，以便他們能夠在未來的規劃會議中更好地確定要做多少事情。

17. 答案：C

人物是團隊掰出的假使用者以幫助他們認識使用者在使用他們建構的軟體時會有怎樣的反應（有些團隊使用真人而非瞎掰出的人物，但這通常因隱私權的問題而無法接受）。

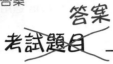

~~考試題目~~ 答案

18. 答案：C

Scrum 團隊知道，事先做出太多的決定，而當你不太了解專案中出現的情況時，會導致更多的問題而不是解決問題。這就是為什麼他們專注於在最後一刻做出決定。

19. 答案：B

團隊在接下來的衝刺段中交付更多的點數。這是專案中觀察到的一個好趨勢。它表示團隊在工作中持續的改善。

20. 答案：A

由於燃燒圖以不同於燃燒線的線顯示範圍，它很容易看出故事被重新評估、加入、或移除（相對於作為每日工作完成）。

恭喜！你知道的東西已經構成殺傷力。

Scrum 是目前最成功與最常見的 Agile 方法。這是因為它是經驗法則方法：你與團隊一起認識專案實際狀況，你做出簡單的調整 —— 同樣與團隊一起！—— 來解決問題，然後你觀察實際行為以判斷這些調整是否確實有效。

Scrum 真正的優點在於它讓你採用大量真正的團隊已經用在真正的專案上的做法的起點。但 Scrum 真正的威力來自與你的團隊一起做出自己的觀察並執行你自己的改善實驗。**這就是它作為架構的方式**。

但你應該遵循一個非常重要的指示：

用常識判斷！

先考慮專案目標

濫用 Scrum 規則會危害專案。舉例來說，若有個嚴重的 bug 不馬上修改會導致公司的重大損失，開發者就不適合說：

我已經在進行某項工作。
Scrum 的專注價值觀告訴我要繼續進行手頭上的工作。
我們會在下一個衝刺段規劃它。

你或許已經知道 Scrum 有處理這種情況的辦法。產品負責人可以在目前的衝刺段中加入改正 bug 的工作並與團隊將它的優先順序排在其他項目之前。

沒有銀製子彈

Scrum 團隊成員經常會以可能對項目造成危害的方式運用 Scrum 規則。這需要時間、投入、與經驗才能習慣 Scrum 並真正深刻理解其實踐或真正內化其價值。因此，開始嘗試使用 Scrum，但要小心保持專案和組織的真正目標優先！這是一個偉大的 Scrum 團隊總是會做的事情。

不要因為感覺不對就改變⋯

在自行改變實踐的做法前，給這些實踐一個依照前述做法進行的機會──真正的以團隊去嘗試。團隊很容易因為 Scrum 遇到問題而感覺不對就改變做法：

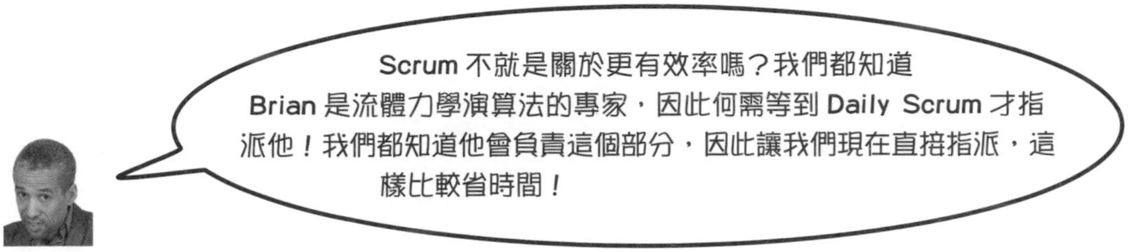
Scrum 不就是關於更有效率嗎？我們都知道 Brian 是流體力學演算法的專家，因此何需等到 Daily Scrum 才指派他！我們都知道他會負責這個部分，因此讓我們現在直接指派，這樣比較省時間！

Rick 是好意的！他嘗試節省大家的時間。但事情不是只有這樣而已。**他還對自我組織感覺不好**。如果他知道 Brian 會負責這個部分且無需等待團隊自我組織則感覺會比較好。

這麼做你沒問題嗎？

Scrum 的基本規則之一是開發團隊自行決定如何達成衝刺段目標並交付完成增量。Scrum 價值觀幫助你真正的"懂"這件事。有些時候你想要做出改變，因為它真的能改善團隊進行專案的方式。但也有時候 Scrum 的價值觀**不符合你的團隊的文化**。

這是為何討論 Scrum 價值觀、共同承諾、與自我組織很重要。這是關於整個團隊如何**轉換心態**而不只是實踐方式。

團隊中的每個人一起轉換心態時，他們可以達成非常棒的成果！Scrum 價值觀是轉換心態非常重要的工具。若你想更深入 Scrum、它的價值觀、以及團隊如何學習自我組織，請看《Agile 學習手冊》。

這一頁刻意留白

5 XP (Extreme Programming)

擁抱改變

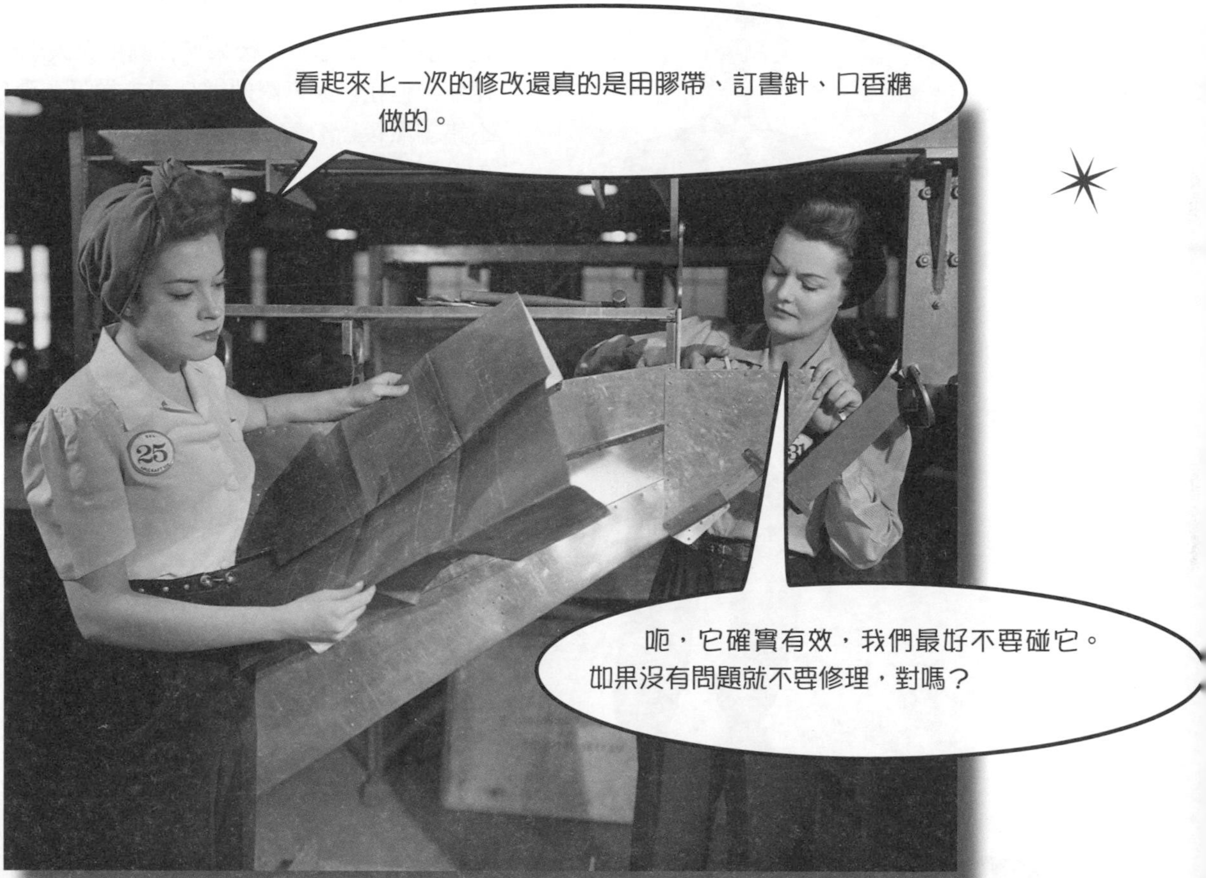

軟體團隊在建構好程式碼時獲得成功。

就算是有非常棒的開發者的團隊的程式也會遇到問題。一小段程式的修改“展開”成一系列**相應的修改**，或提交的程式導致數小時的合併衝突時，之前好好的工作變得**煩人，乏味，令人沮喪**。這時候要靠 **XP**。XP 是一種 Agile 方法論，專注於建構**溝通**良好的團隊，並建構**放鬆**、**有活力**的環境。團隊建構**簡單**而非複雜的程式時，他們可以**擁抱**而非懼怕**改變**。

見過 CircuitTrak 的團隊

CircuitTrak 是個快速成長的新創公司，他們建構健身房、瑜伽館、武術館的課程與會員管理軟體。

Gary 是創辦人與 CEO

他是前大學足球員，後來擔任高中與大學的教練。兩年前他在自家車庫創辦公司，從第一天生意就不錯，然後辦公室搬到市中心。Gary 對他創辦的公司很自豪，並想要保持成長。

Gary 總是僱用有運動背景的員工，因為他知道他們會自動自發的完成工作。

他的員工叫他"教練"，因為相較於老闆他更像是教練。

新的辦公室有最新的裝潢與健身設備，所以員工可以在辦公室運動。

健身房、瑜伽館、武術館透過網站或 app 使用 CircuitTrak 的軟體管理他們的課程表與記錄上課情況。

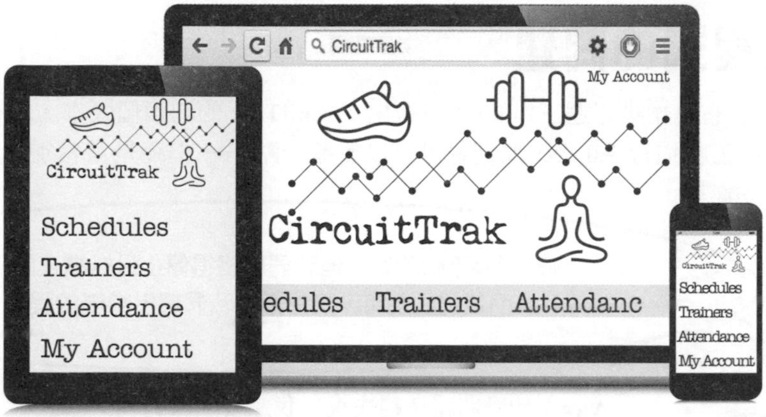

Ana 與 Ryan 是首席工程師

沒有 Ana 與 Ryan 就沒有 CircuitTrak。他們是公司最早的兩個員工，從一開始就在 Gary 的車庫工作。CircuitTrak 現在有九個人（去年又僱用了四個工程師與兩個業務），但 Ryan 與 Ana 還是團隊的核心。

Ana 是 Gary 的第一個員工。她在高中踢足球，大學拿體育獎學金，主修電腦科學。Gary 僱用她不久後僱用了她的同學 Ryan。他晚她一年畢業，也是大學運動員。

Ryan 在創造 400 米自由式紀錄的同一個禮拜駭進了學校的網站（沒有人知道是他幹的）。

Ana 是學校唯一參加過區運也同時拿到校長獎的學生。

加班導致程式的問題

Ryan 與 Ana 靠著決心與咖啡每週工作 90 小時做出 CircuitTrak 的前兩個版本。現在銷售量大增且他們正在進行 3.0 版，他們覺得可以放鬆一點 —— 但還是常常加班…Ryan 擔心對程式的影響。

你知道我不怕加班，但我們最終得停止日以繼夜的工作…
而我們並沒有，這會導致我們**寫出糟糕的程式**。

Ana：什麼問題？趕快說，我還要回去寫程式。

Ryan：就是這個！我們總是在趕進度。

Ana：呃，這是新創事業。你還期待什麼？

Ryan：第一年還可以這麼做，但現在有了用戶，團隊人手也增加了，不應該再這麼搞。

Ana：軟體專案不就是這樣嗎？

Ryan：或許。但看看程式變成了什麼樣子。

Ana：你什麼意思？

Ryan：看看我們做出了什麼。還記得我們修改教練管理服務的儲存方式嗎？

Ana：沒錯，改得很醜陋。我們還是在一些地方使用舊的 ID。

Ryan：對，所以有些地方使用舊的格式，有些地方使用新格式。

Ana：等一下，我們不是要處理這個部分嗎？

Ryan：我們有 **"很多東西"** 等著處理。

Ana：基本上還能用，不是嗎？現在處理這個進度就會落後。

Ryan：所以勒？我們一直隨便改，永遠沒有機會整理？

Ana：我不知道要跟你說什麼。我覺得就是這樣了。

似乎 Ryan 與 Ana 沒有足夠的時間以他們想要的方式建構程式，因此他們在程式加上 TODO 註解來說明沒有時間做的整理工作。

```
public class TrainerContact
{
  // TODO：等有時間的時候必須重新整理
  // 將 getTrainer() 的群組識別 ID 改為 GUID

  public Object getTrainerByOldId(String oldId)
    throws TrainerException {
      UUID trainerGroup = GroupManager.convertGuidToId(oldId);
      if (trainerGroup != null) {
```

XP 帶來的心態可以幫助團隊與程式

XP（E**x**treme **P**rogramming）是一種 Agile 方法論，從 1990 年代開始就很受軟體團隊的歡迎。XP 不只專注於專案管理（例如 Scrum），還有團隊如何建構程式。如同 Scrum，XP 具有幫助團隊進入有效心態的**實踐**與**價值觀**。XP 的心態幫助每個人更凝聚、溝通的更好、做更好的規劃 —— 能留下足夠的時間正確的建構程式。

OK，或許 Ryan 有道理。有一個偉大的教練說過的：“快，但不要急”。我們是否能找到方法讓你們不受時間表的壓力？
那會非常棒，教練。但我們一直改，而修改使我們做出其他修改，這讓我們要改的程式**變得很糟糕**。
改、改、改。或許你們要改的是**對改變的態度**。

Gary 是對的。對程式做出醜陋的修改使得團隊花了太多時間在令人沮喪的工作上，而這是可以避免的。現在他們完全害怕改變。XP 可以幫助他們取得新的心態而不怕改變。

XP 於 90 年代中期由輕量化軟體工程先鋒 Kent Beck 與 Ron Jeffries 創造。Jeffries 曾經說過：“總是在確實有必要時實作某個東西，絕不在你預測有需要時實作”。

動動腦

Agile 的 12 個原則中是否有特別適用此處的原則？

迭代開發幫助團隊掌握改變

Agile 宣言的第二個原則是 XP 團隊如何思考改變的好描述：

> 竭誠歡迎改變需求，甚至已處開發後期亦然。
> 敏捷流程掌控變更，以維護客戶的競爭優勢。

但是，等一下…這本書前面不是已經討論過這個原則嗎？是的，我們討論過 —— 它也是解釋迭代開發的好方法與在最後一刻做決定的想法。因此 XP 是迭代與增量方法論不意外。XP 使用的實踐對已經學習過 Scrum 的人應該很熟悉。XP 團隊使用**故事**，如同 Scrum 團隊。他們使用**季循環**（**quarterly cycle**）規劃待辦項目，拆分成稱為**週循環**（**weekly cycle**）的迭代。事實上，**此處唯一的新規劃想法**是稱為 **slack** 的簡單做法，XP 用它增加每個迭代的額外處理量。

XP 團隊使用故事掌握他們的需求

XP 團隊使用**故事**作為一種核心實踐不意外，因為它們是掌握規劃項目相當有效的方式。它們的運作方式與 Scrum 完全相同。

許多 XP 團隊使用“身為一個…我想要…因此”的故事格式，且經常在索引卡或便箋上寫下他們的故事。

它們通常會包括故事所需時間的粗估。XP 團隊使用規劃撲克產生預估並不罕見。

這是 Ana 寫在索引卡上的一則使用者故事。團隊使用規劃撲克做出預估然後寫在卡片的角落。

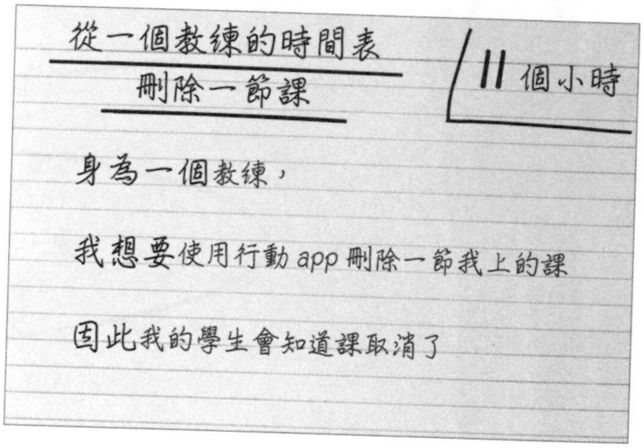

XP 團隊每季規劃一次工作

季循環實踐很合理，因為每季執行遠期規劃很自然：我們將一年分為四季，許多事務通常以季為單位。因此 XP 團隊每季開會進行規劃與反映。

- 開會並反映過去一季所發生的事情
- 討論大方向：公司的目標與團隊如何達成
- 規劃季的**主題**以掌握長期目標（每個主題是用於整合故事的整體目標）
- 與使用者以及經營者開會規劃季待辦項目以挑出下一季要做的故事

XP 團隊使用主題確保不會迷失大方向。主題如同 Scrum 的衝刺段目標：描述想要達成的目標的一或兩個句子。

XP 團隊使用為期一週的迭代

週循環實踐是為期一週的迭代，團隊選擇故事並建構在迭代結束時“完成”的可用軟體。

每個循環從展示可用軟體的會議開始，並規劃接下來要完成什麼：

- 檢視目前進度並展示上一週的工作成果
- 與客戶一起挑出這一週的故事
- 將故事分解成任務

XP 團隊有時候會在規劃週循環時指派個人任務，但他們通常自我組織，建構一堆任務並讓團隊成員自行從中挑選。

週循環每週從同一天開始，通常是禮拜二或禮拜三（避免禮拜一，這樣團隊不會有週末要加班的壓力），且規劃會議通常在每週同一時間召開。客戶通常與會，以幫助團隊選擇故事並掌握進度。

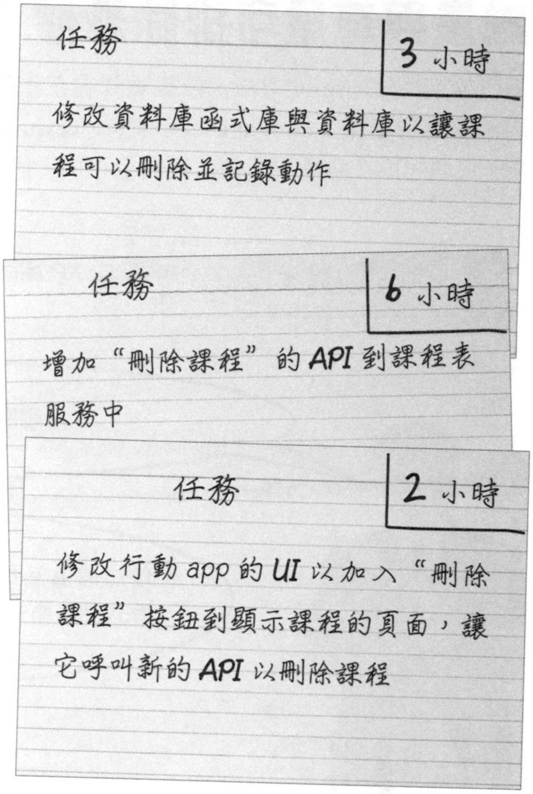
任務
3 小時
修改資料庫函式庫與資料庫以讓課程可以刪除並記錄動作
任務
6 小時
增加“刪除課程”的 API 到課程表服務中
任務
2 小時
修改行動 app 的 UI 以加入“刪除課程”按鈕到顯示課程的頁面，讓它呼叫新的 API 以刪除課程

Ana 的主意可能會改善效能，因此讓此“有也不錯”的功能新增為一個 slack。

我有個課程時間表的最佳化的主意可大幅改善效能。我覺得我們可以把它**當作一個 slack 故事**加入到下一個週循環。

slack 讓團隊有喘息的空間

團隊做出計劃時，團隊新增 slack（另一個 XP 實踐）落後進度時可**放下的少量選擇性或不重要的項目**。舉例來說，團隊可能加入“有也不錯”的故事到週循環中。有些團隊可能在季中舉辦“研討日”或“研討週”，此時團隊可做自己的專案或進行被摒棄的好想法。但不要為 slack 抓狂！有些團隊只會有一兩個 slack 項目，而 slack 很少會佔用超過週循環的 20% 時間。

膽量與尊重可排除恐懼

XP，如同每個 Agile 方法，依靠團隊有正確的心態。這是為何 XP 有自己的價值。前兩個價值是**膽量**（**courage**）與**尊重**（**respect**）。這些價值聽起來很熟悉嗎？應該是──它們與第 3 章所學的價值觀完全相同，因為 Scrum 團隊也重視膽量與尊重。

膽量

XP 團隊鼓勵迎接挑戰。團隊中的個人被鼓勵為專案站出來。

行事曆功能一定要在月底前完成。

我知道這個功能很重要，但你的要求就是辦不到。
讓我們看看我們實際能交付什麼。

Ryan 不喜歡對老闆說“不”，但他有膽量做出對專案最好的事情 ── 這表示不承諾辦不到的時限。

尊重

團隊成員互相尊重，團隊成員信任每個人會完成自己的工作。

尊重從傾聽你可能不喜歡的想法與意見並認真的考慮開始。

這很難接受，但若我們能在 app 的 UI 中顯示
更新後的時間表，我覺得**暫時**就這樣吧。

當每個人 ── 特別是 Gary ── 尊重 Ryan 的意見時，他會很容易生出膽子。尊重是雙向的；Ryan 覺得 Gary 不只是老闆，也是團隊重要的成員並尊重他的意見與想法。

我直接說了。XP 是迭代的，就如同 Scrum。它的**價值**也與 Scrum 相同，包括**尊重與膽量**。這聽起來是重複的，所以為什麼要使用 XP？何不就採用 Scrum？

XP 與 Scrum 各專注於軟體開發的不同面向。

XP，如同 Scrum，是迭代與增量的方法論。但它**不像** Scrum 一樣**特別專注於專案管理** —— 特別是它並不專注於經驗法則程序控管，而這個部分是團隊改善專案管理的好工具。這也是為什麼 Scrum 團隊感覺上很結構化：每個衝刺段從有時限的會議開始與結束，而每天同一時間都召開同樣有時限的會議。

XP 的“P”代表**程式設計**，而 XP 的所有東西都強調幫助程式設計團隊改善工作的方式。XP 與 Scrum 不同處在於較少的專案管理與更多的改善團隊建構程式碼的方式。

XP 專注於軟體開發。Scrum 沒有針對軟體團隊的部分 —— 事實上，許多其他產業也利用其經驗法則程序控管的優點。

所以 Scrum 專注於專案管理，但未深入***團隊實際建構程式的日常***。
那是 XP 的領域，因此它在專案管理部分的著墨比較少。

XP 包含足以讓工作完成的專案管理。

把它們聯繫在一起是共同的想法和共同的價值，就像 Agile 宣言中的那些一樣。由於 XP 的迭代的運作方式如同 Scrum，且 XP 與 Scrum 都有膽量與尊重價值觀，***許多 Agile 混用 Scrum 與 XP***，結合 Scrum 的經驗法則程序控制與 XP 的專注於團隊的凝聚、程式品質、與程式設計。

動動腦

軟體團隊的人可以做什麼來改善相互溝通？

范恩磁鐵

你與朋友花了一整晚在冰箱上用磁鐵排列 Scrum 專屬、XP 專屬、以及兩者共享的實踐與價值范恩圖…然後有人甩冰箱門使得磁鐵全部掉地上。你能把它們放回正確位置嗎？

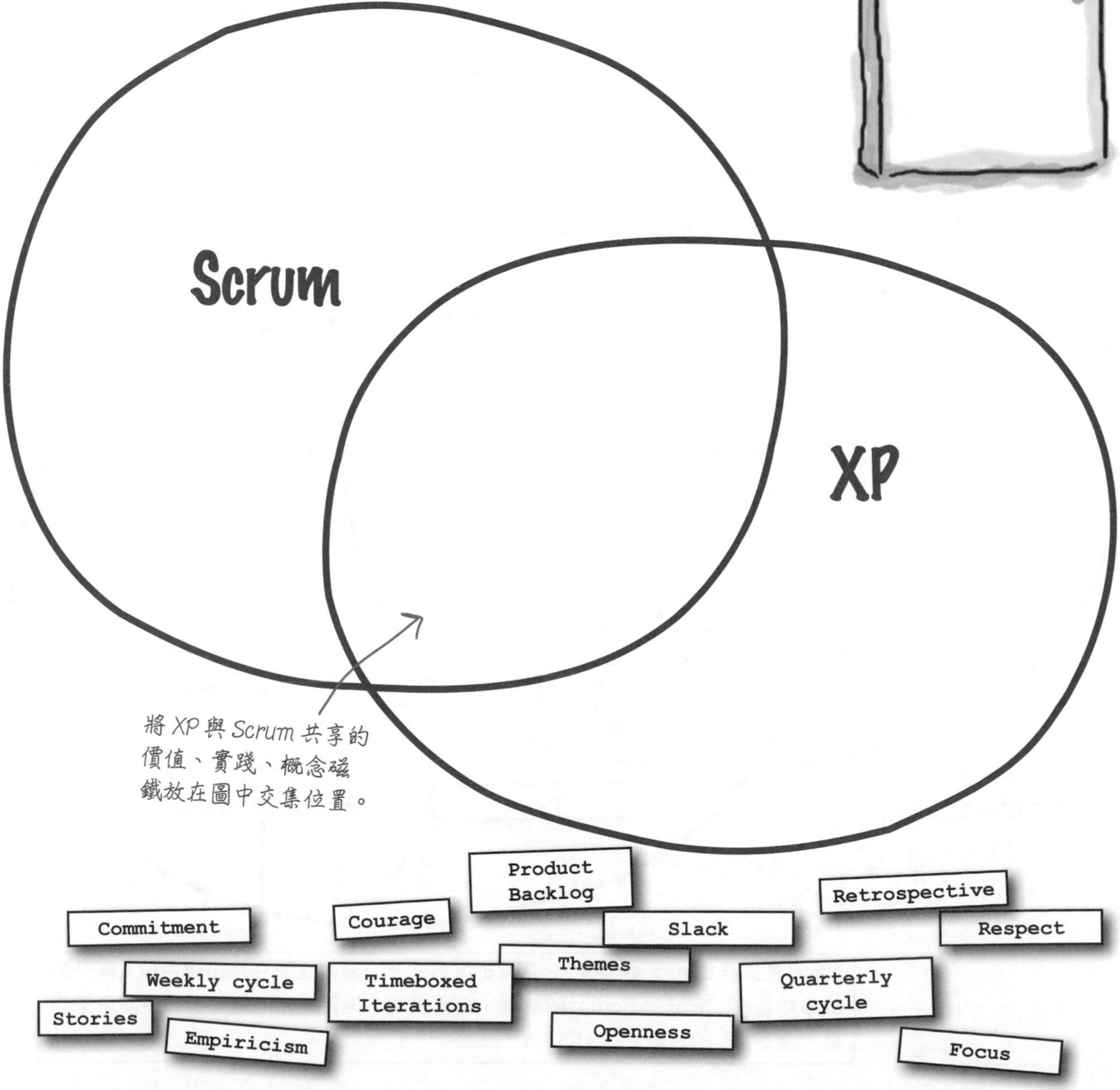

范恩磁鐵解答

XP 對於規劃的態度與 Scrum 團隊不同，這反映在它們共同的實踐與價值以及不同的部分。

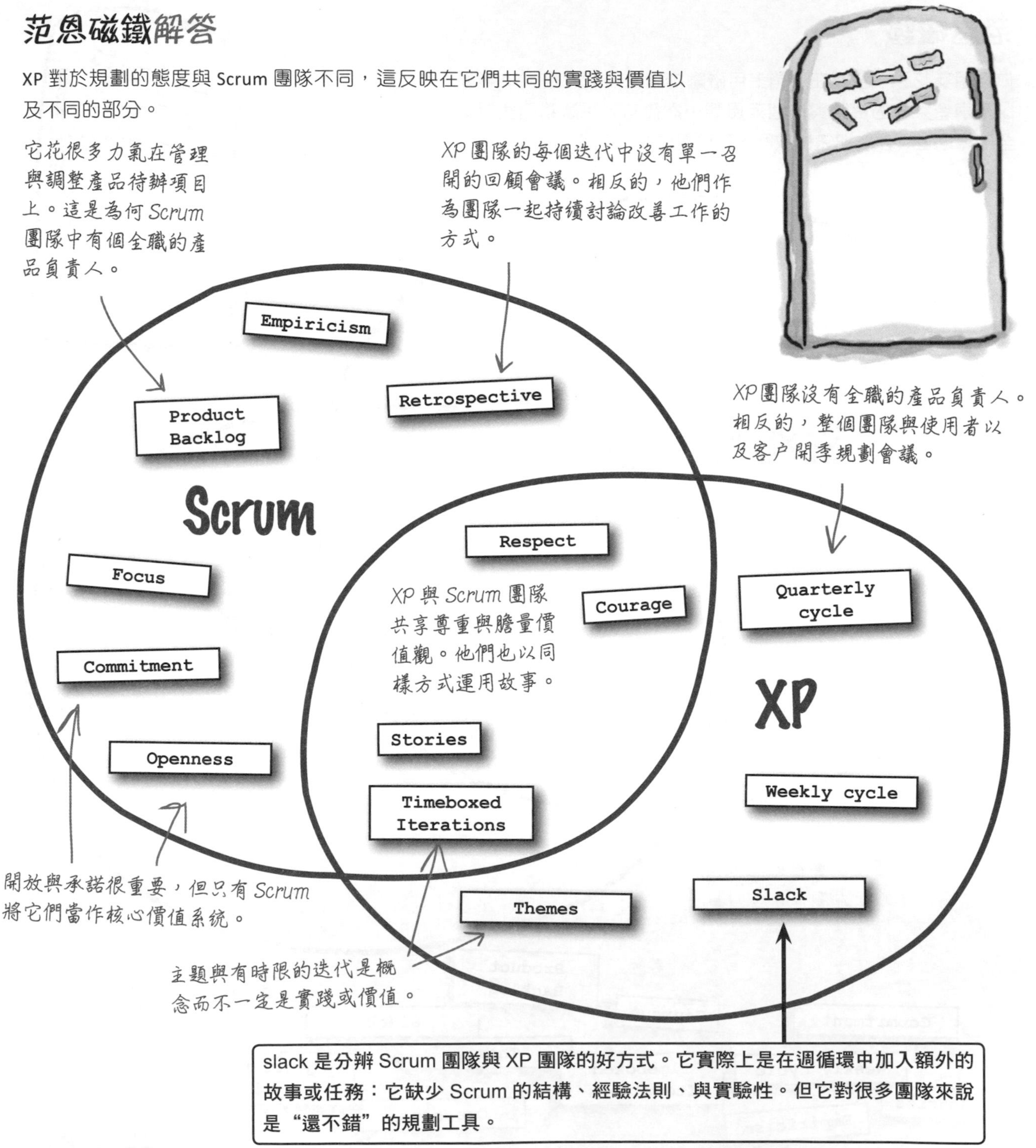

它花很多力氣在管理與調整產品待辦項目上。這是為何 Scrum 團隊中有個全職的產品負責人。
XP 團隊的每個迭代中沒有單一召開的回顧會議。相反的，他們作為團隊一起持續討論改善工作的方式。
Empiricism
Retrospective
Product Backlog
XP團隊沒有全職的產品負責人。相反的，整個團隊與使用者以及客户開季規劃會議。
Scrum
Respect
Focus
XP 與 Scrum 團隊共享尊重與膽量價值觀。他們也以同樣方式運用故事。
Courage
Quarterly cycle
Commitment
XP
Stories
Openness
Weekly cycle
Timeboxed Iterations
開放與承諾很重要，但只有 Scrum 將它們當作核心價值系統。
Themes
Slack
主題與有時限的迭代是概念而不一定是實踐或價值。
slack 是分辨 Scrum 團隊與 XP 團隊的好方式。它實際上是在週循環中加入額外的故事或任務：它缺少 Scrum 的結構、經驗法則、與實驗性。但它對很多團隊來說是“還不錯”的規劃工具。

問：故事如何評估？

答：規劃撲克很受 XP 團隊歡迎，但他們也使用其他預估方法。早期版本的 XP 使用稱為**規劃遊戲**的實踐，於分解故事成任務的過程中指引團隊將任務指派給團隊成員，並將它們轉換成迭代的計劃，有些團隊在有些地方還在使用這種方式。但多數團隊的 XP 預估與 Scrum 預估相同。規劃撲克等技術非常有用，但預估最終還是一項技能：團隊實踐的越多其結果就越好。

問：**一個方法論要如何“專注於”一件事或另一件事？**

答：Scrum 專注於專案管理與產品開發，因為 Scrum 的實踐、價值、與想法都瞄準專案管理的問題：決定做什麼產品並規劃與執行工作。Scrum 的實踐主要是用於幫助團隊

沒有蠢問題

組織化、管理使用者與經營者的預期、與確保全部人的溝通。

XP 的專案管理較有限。它是迭代與增量的，你目前在這一章看到的實踐 —— 季循環、週循環、slack、與故事 —— 是規劃與管理迭代的有效方式。但它們缺少 Scrum 的結構與剛性：沒有每日會議、會議時間沒限制、與 Scrum 相比每件事都較“鬆散”。許多團隊發現 Scrum 的結構對他們很有用，因此他們**混合** Scrum/XP，以**完整的** Scrum 實作取代 XP 的季循環、週循環、與 slack。這表示使用 Scrum 的所有事件、產物、與角色。

問：XP 與 Scrum 的“混種”不會破壞其中之一的規則嗎？

答：會 —— 但 OK 啦！若團隊以 Scrum 的規劃實踐取代 XP 的做法來混合 XP 與 Scrum，則很明顯的你不會執行 XP 的每個實踐。但要記得，方法論的規則是要幫助你很好的進行專案。許多團隊在改變 Agile 方法論的時候遇到問題，是因為他們沒有真正的認識到方法論的運作方式。它們經常改變或拿掉看起來不重要的元素，但不知道那是維持整個方法論的支柱之一 —— 例如團隊將 Scrum 的產品負責人以委員會取代，如此會動到 Scrum 的重要部分。幸好，以**完整的** Scrum 實作取代 XP 的週循環、季循環、與 slack 實踐只影響 XP 的規劃部分而不會動到其他讓 XP 有效的支柱，這是為何很多團隊成功的這麼做。

團隊使用 **Scrum 與 XP 的混種**時，他們結合了來自於 XP 專注於程式的心態與實踐，以及來自 Scrum 基於承諾與加總的心態，並各取所長。

團隊在合作時建構更好的程式

軟體團隊不只是一群人剛好在同一個專案中工作。人們合作、互相傾聽、並互相幫助解決問題時，他們寫出更多的程式（有時十倍！），而他們建構的程式的品質更好。XP 團隊知道這個，且**整個團隊**的實踐幫助他們達成。此實踐是關於每個人作為團隊的一部分合作貢獻職能。這表示不計代價讓人們有歸屬感並互相幫助團隊中的其他人。

XP 團隊中的每個人感覺到所有人都投入團隊中。他們認為建構互助的環境是團隊的核心實踐。

整個團隊構築於信任之上

XP 團隊中的人遇到困難時，他們一起克服。他們面對影響專案方向的重要決策時，決定是一起做的。這是為何信任對 XP 團隊很重要。團隊中的每個人學習如何信任其他團隊成員以找出什麼決定可以個別的進行，而什麼決定必須讓大家一起參與。

呃…我完全誤解這個功能應該如何運行。
這要花我一天的時間修改。

Ryan 知道他可以坦誠這個錯誤，而其他團隊成員會諒解。但他也覺得有責任並會努力改正。

信任意味著讓你的隊友犯錯

每個人都會犯錯。XP 團隊認真看待“整個團隊”的實踐時，人們不會害怕犯錯，因為每個人知道錯誤就是會發生 —— 前進的唯一辦法是犯下不可避免的錯誤並從中學到教訓。

XP 團隊沒有固定或規定的角色

不同的工作：建構程式、撰寫故事、跟使用者討論、設計使用者介面、架構設計、專案管理等。在 XP 團隊中，每個人什麼都做一點 —— 他們的角色根據具備的技能而改變。這是 XP 團隊**沒有固定或規定角色**的原因之一。

角色能讓人感覺不屬於團隊。舉例來說，若他們的“特殊”角色讓他們沒有機會投入，則 Scrum 團隊的產品負責人或 Scrum 大師覺得他們沒有參加日常工作的狀況並不罕見（記得豬與雞嗎？有時候會因為授予專案職務名稱的不同而讓有些人更“豬”而其他人更“雞”）。

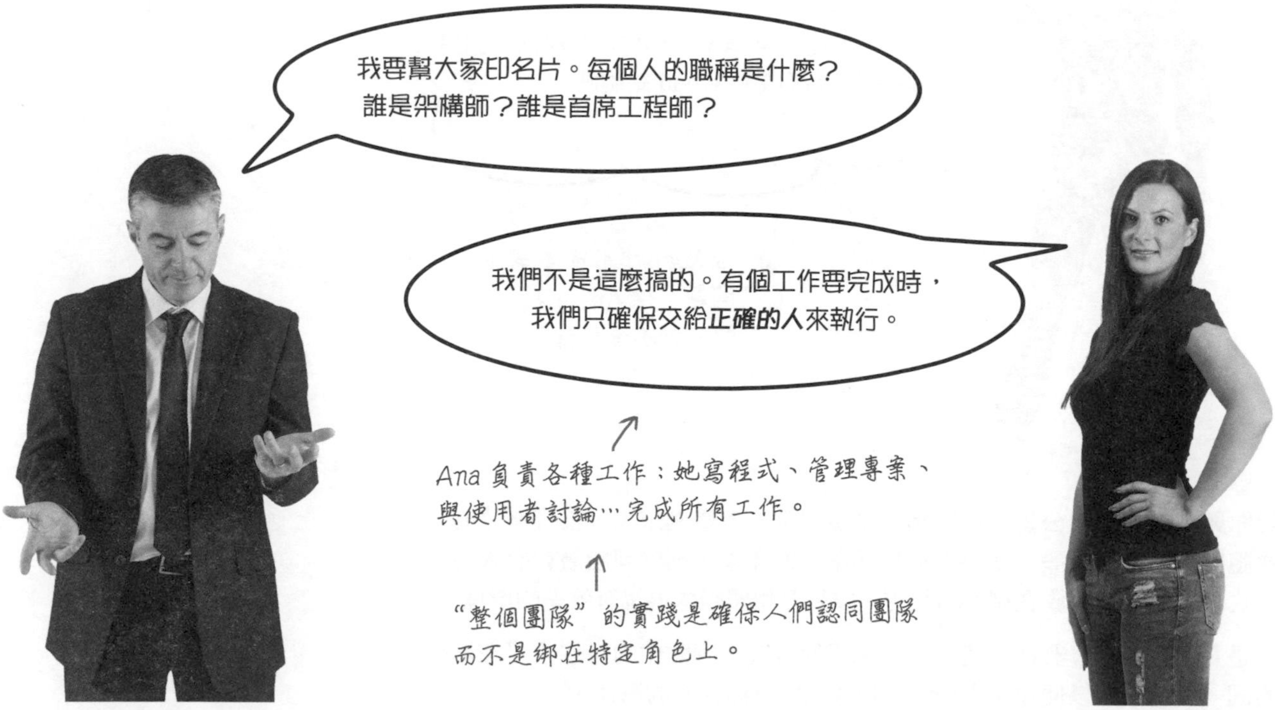
我要幫大家印名片。每個人的職稱是什麼？
誰是架構師？誰是首席工程師？
我們不是這麼搞的。有個工作要完成時，
我們只確保交給正確的人來執行。
Ana 負責各種工作：她寫程式、管理專案、
與使用者討論…完成所有工作。
“整個團隊”的實踐是確保人們認同團隊
而不是綁在特定角色上。

團隊坐在一起時運作的最好

程式設計是高度社交活動。沒錯，真的！我們都熟悉孤獨程式設計師待在陰暗角落默默完成產品的形象。但這不是真實世界中團隊建構軟體的方式。再看一眼這個 Agile 原則：

> 面對面的溝通
> 是傳遞資訊給開發團隊及團隊成員之間
> 效率最高且效果最佳的方法。

XP 團隊坐在一起是因為更方便程式設計師相互討論而無需浪費時間走來走去找到所需資訊。

參與軟體團隊時，你隨時都需要資訊：你必須知道要建構什麼、你與團隊如何建構它、你的工作如何與其餘軟體配合等。這表示你必須進行很多面對面的討論。

我有個問題要問 Ana，但她坐在辦公室的另一頭。我還是寄 email 給她吧。
若 Ryan 有非常重要的問題，但 Ana 一個小時內都不會讀信呢？

若你與團隊坐在辦公室不同區域呢？這很常見：舉例來說，安排座位的人對軟體開發有“程式設計師待在陰暗角落”的印象，則管理階層會有大空間而程式設計團隊隨便放在剩下的地方。這是對軟體團隊很沒有效率的環境。

這是為何 XP 團隊**坐在一起**。這是簡單的實踐，團隊中的每個人坐在辦公室的同一個區域，以便每個人找到其他隊友進行面對面的溝通。

坐在一起解析

團隊空間的佈局對一起工作的效率有很大影響。下面是很多團隊發現特別有效的方法。

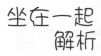

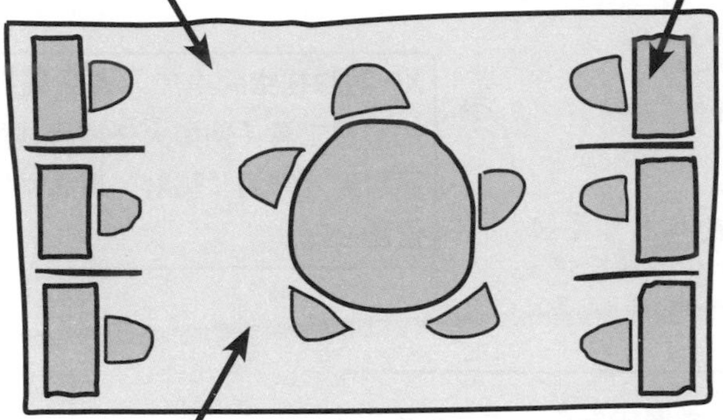
這是非常有效的團隊工作空間安排。它是所謂“caves and commons”設計的一種變化。
每個團隊成員有獨立的一格，讓他不受打擾的完成工作。
有個開會區域（此例中有個大桌子與椅子在中間）讓團隊很方便討論與開會。
caves and commons 不是 XP 的實踐，但是幫助團隊施行 XP 的“坐在一起”實踐的好工具。

重點提示

- XP 是專注於團隊凝聚、溝通、程式品質、與程式設計的 Agile 方法論。
- XP 具有幫助團隊改善工作方式的**實踐**與幫助他們獲得正確心態的**價值觀**。
- XP 團隊使用**故事**追蹤需求。它們的運作方式與 Scrum 的故事一樣。
- 討論大方向、選擇季主題（整體目標）、選擇待辦項目故事的**季循環**實踐幫助團隊規劃長期的工作。
- **週循環**實踐是一週的迭代，從團隊展示可用軟體、與客戶一起挑選該迭代的故事、分解它們成任務的規劃會議開始。
- XP 團隊將選擇性的“有也不錯”故事作為 slack 加到迭代中，若團隊落後進度則可以不做以專注於交付“完成”的可用軟體。
- 有些團隊使用 Scrum/XP **的混種**，以完整的 Scrum 取代 XP 的規劃實踐。
- **整個團隊**的實踐是讓每個人有歸屬於團隊的感覺。
- XP 團隊**沒有固定或規定的角色**。每個團隊成員為團隊貢獻所長。
- 團隊中的每個人在同一個空間**坐在一起**。
- **caves and commons** 是一種常見的空間佈局，每個人有隱私空間，而共用區域在中間。

XP 團隊重視溝通

XP 團隊成員一起工作。他們一起規劃、合作找出要建構什麼、甚至一起寫程式。若你在 XP 團隊中，你會**真正的相信**當你遇到困難時與隊友溝通會找出最佳解決辦法。這是為何**溝通**是 XP 的價值之一。XP 團隊改善溝通的方式之一是**信息空間**（**informative workspace**）。這是一種 XP 實踐，團隊將工作環境設置成不能不吸收到周圍的資訊。

溝通

有兩個更有用的工具可幫助 XP 團隊進行信息空間實踐。

XP 團隊在空間中加入**資訊輻射器**散佈信息。它們是放在牆上的視覺工具（例如大任務板或燃盡圖），每個人都可以從工作區看到。它們"輻射"資訊是因為它們放在工作區域中顯眼的位置。

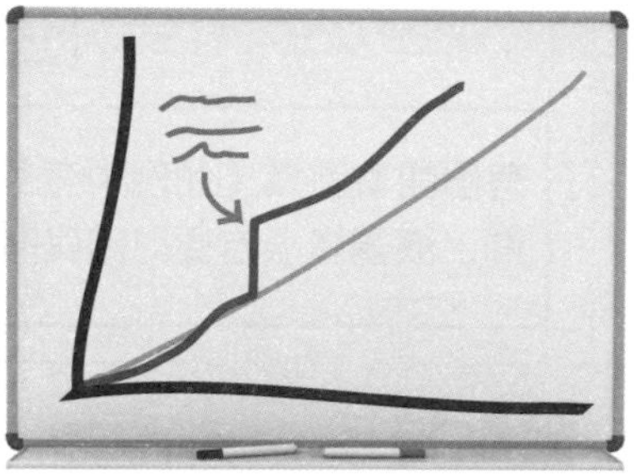

XP 團隊利用**滲透壓溝通**，它是因為你坐在附近而吸收到資訊 —— 幾乎像是滲透一樣。

許多人在戴上耳機與外界隔離時工作得比較好，這也沒關係。你無需隨時隨地吸收周圍的所有東西。

我修改了課程服務，加上快取資料在資料表中的物件。

Ryan 偷聽到 Ana 的對話並有了一些想法。然後他看到牆上的燃盡圖並發現可以將它放在下一個迭代。團隊的信息空間可以改善他們的專案。

我也遇到類似的問題。我應該可以用 *Ana* 的物件。

看起來我們有點落後了。我只能等到下一個週循環。

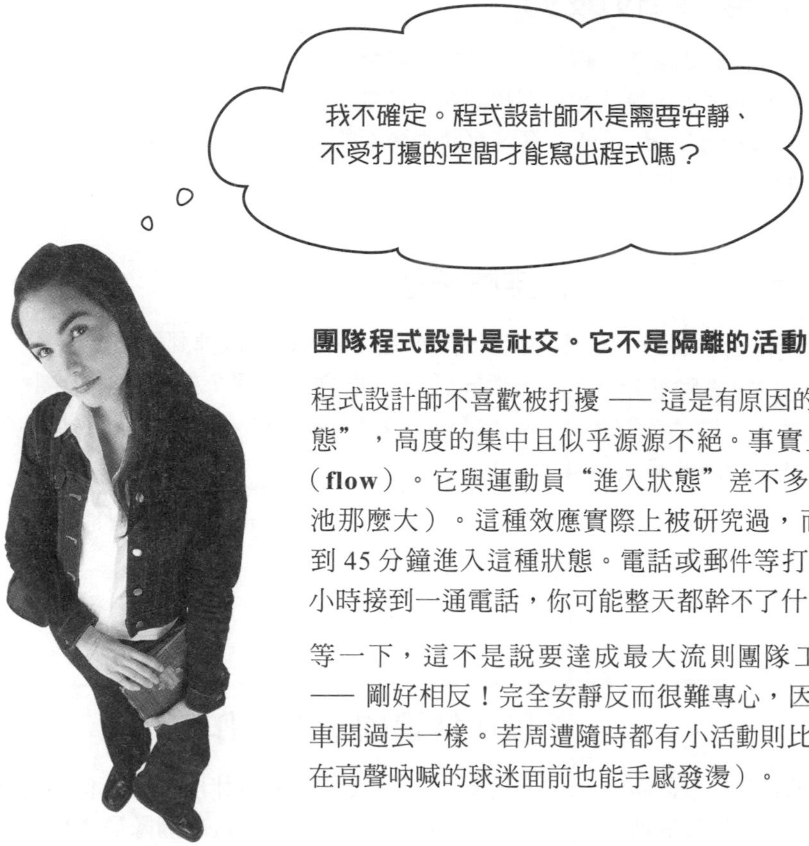

我不確定。程式設計師不是需要安靜、
不受打擾的空間才能寫出程式嗎？

團隊程式設計是社交。它不是隔離的活動。

程式設計師不喜歡被打擾 —— 這是有原因的。你寫程式時會進入一種“狀態”，高度的集中且似乎源源不絕。事實上，很多人對此有個稱呼：**流**（**flow**）。它與運動員“進入狀態”差不多（例如籃球員覺得籃框有游泳池那麼大）。這種效應實際上被研究過，而研究顯示程式設計師需要 15 到 45 分鐘進入這種狀態。電話或郵件等打擾會將流完全中斷。如果你每小時接到一通電話，你可能整天都幹不了什麼事。

等一下，這不是說要達成最大流則團隊工作環境必須完全無聲嗎？不 —— 剛好相反！完全安靜反而很難專心，因為每次一聲咳嗽就會像一列火車開過去一樣。若周遭隨時都有小活動則比較容易進入狀態（畢竟籃球員在高聲吶喊的球迷面前也能手感發燙）。

照過來！ **不要掉進“程式猴子”陷阱。程式設計是創意與智慧工作而不只是打字。**

如果你未曾花很多時間寫程式，你可能會認為程式設計就是“埋頭苦幹”的活動：讓程式設計師坐在陰暗角落的電腦前面幾個小時不受打擾就會生出幾行程式碼。這不是專業軟體團隊工作的方式。人們作為團隊比單獨工作可以完成更多（不只是軟體團隊）。

團隊在輕鬆的心態下運作的最好

軟體團隊必須隨時創新。每天都有新的問題要解決。程式設計是非常獨特的工作，因為它結合設計新產品、實作新想法、認識人們的需求、解決複雜邏輯問題、並進行測試。這種工作需要輕鬆的心態。XP 的有**精力工作**（**energized work**）實踐幫助團隊中的每個人每天都保持最佳狀態與專注。以下是如何保持精力的一些主意：

留給你自己足夠的時間工作

瘋狂、不現實的時間表是摧毀團隊生產力、情緒、與工作樂趣最容易的方式。這是為什麼 XP 團隊使用迭代開發。團隊發現無法"完成"這個週循環的所有工作時，他們會將部分工作放到下一個循環而非嘗試加班完成。

排除干擾

如果團隊中的每個人每天關掉郵件通知並將手機靜音兩小時會怎麼樣？如此嘗試的團隊，發現這樣比較容易進入忘記時間的專心流。

要確保每個人都知道不要打擾其他人，因為拍一下肩膀就能讓你離開狀態。

容許你自己犯錯

犯錯是 OK 的！建構軟體意味著持續創新：設計新功能、想出新主意、建構程式碼 ——而**失敗是創新的基礎**。每個團隊都犯過錯；團隊將犯錯視為學習經驗與教訓會更有生產力。

以可持續的步調工作

有時候加個幾天班不會有什麼傷害，但沒有團隊可以一直如此工作。經常加班的團隊發現他們產出品質較差的程式，而最終較正常工作下寫出比較少的程式與完成較少的工作。**可持續的步調**表示每週工作 40 小時，沒有晚下班或週末工作，因為這是最有生產力的工作方式。

這是關於可持續開發的 Agile 原則。

還記得第 3 章的這個原則嗎？好的工作生活平衡是 Agile 心態的一部分，因為這是最有生產力的方式。

> 敏捷程序提倡**可持續的**開發。
> 贊助者、開發者及使用者應當能不斷地維持穩定的步調。

一群 XP 實踐與價值在玩“我是誰？”遊戲。他們給你提示，你要根據提示猜測。寫下它們的名稱與類型（例如事件、角色等）。

注意 —— 可能會出現一些非 XP 的實踐或價值！

猜猜我是誰

	名稱	類型
我幫助 XP 團隊進入知道互相分享知識時最能解決問題的心態。		
我是從周遭討論中吸收專案資訊最好的方式。		
我幫助你認識使用者的需求，很多 Scrum 團隊使用我。		
我是很能溝通專案資訊的團隊空間。		
我幫助團隊以可持續的步調工作，因為團隊超時工作實際上寫出較少與較差的程式。		
我是 XP 團隊每季與使用者開會一次討論待辦項目以執行長期規劃的方法。		
我幫助人們進入善待對方並重視其他人的意見的心態。		
我是 XP 團隊成員會對專案坦白的原因。		
我是 XP 迭代開發的方式，且團隊用我交付下一個“完成”的可用軟體增量。		
我是放在團隊空間中顯眼位置使每個人都不能不注意到的大型燃盡圖或任務板。		
我確保團隊有著每個人與其他隊友相鄰的空間。		
我加入選擇性的故事或任務，以幫助團隊在每個迭代中具有喘息空間。		

答案見第 242 頁

問：**我不相信這個“有精力”與“可持續”的說法。這不是程式設計師逃避加班的藉口嗎？**

答：絕對不是！現代工作環境每週工作 40 小時不是瞎說的。過去幾年有很多研究顯示不同的產業都發現雖然團隊可以在短期密集工作，但不用多久他們的生產力與品質會下降。若你曾經連續三週每週工作 7 天 70 小時，你就知道為什麼了 ── 你的大腦開始疲勞且無法做出建構優秀軟體所需要的那種高要求的智力工作。這是為什麼 XP 團隊的人非常認真看待工作生活的平衡：他們每天於合理時間下班，並有著離開工作的家庭生活。

問：**不，我還是不同意。程式設計不是主要靠打字嗎？**

答：程式設計師每天花很多時間在鍵盤前面，但建構程式不只是打字。程式設計師每天可以寫出幾行到幾百行的程式。但若拿幾百行紙上程式給程式設計師打字輸入，他可能需要 10 或 15 分鐘才能打完。程式設計的“工作”不是打字，它是找出程式要做什麼，並讓它正確與有效率的執行。

問：**滲透壓溝通不會打擾人們的工作嗎？在嘈雜的環境下不會很難工作嗎？**

沒有蠢問題

答：滲透壓溝通在團隊中的人習慣一些噪音時運作的最好。我們的耳朵在有人討論重要或相關事情時變得很靈敏 ── 例如在擁擠的房間中聽到你的名字 ── 因此習慣了就很容易過濾周遭的交談。非常“安靜”的辦公室環境，使得人們覺得要小聲説話或乾脆不説話反而不好。

問：**我還是不清楚 XP 如何規劃工作。團隊何時開會？故事要如何評估？**

答：團隊在季循環開始時的季規劃會議中一起評估故事，他們在週循環開始時的週規劃會議討論這些評估。他們還會在過程中發現故事，因此開會一起評估這些故事。評估故事時，XP 團隊經常使用規劃撲克，但他們或許只是討論故事並產生合理的評估。

問：**團隊在什麼時候展示軟體給使用者看？**

答：在週循環開始或結束的會議中，使用者看到軟體並與團隊討論接下來做什麼。團隊與使用者的關係並非如同 Scrum 有產品負責人這種特定角色代表客戶接受軟體的正規做法。XP 沒有規定的角色，但 XP 團隊知道最好有真正的客戶參與。有效的 XP 團隊知道“整個團隊”的實踐表示要將幫助他們認識需求的使用者視為團隊真正的一員。

問：**等一下 ──XP 真的沒有規定的角色嗎？**

答：沒有，真的沒有。XP 的基本想法之一是若有個工作要做就會有人挺身而出完成。團隊中的每個人各有獨特的工作，而每個人在專案中的角色會根據專案的需求與個人的專長改變。

問：**我聽到程式設計師抱怨被指派“維護”任務，像是改正舊系統的錯誤。這也算創意或創新嗎？**

答：事實上，維護工作可能是軟體團隊最具智力挑戰的工作。思考“維護”的真正意義：修改通常不是你寫的程式中的 bug。這可能表示要從非常複雜的系統中看出它如何運作（通常沒有文件也沒有人可以問）、追蹤它是如何發生、並找出修改的方法。程式設計師經常抱怨必須做維護工作，而使它被歸類為“低階”工作：它需要才智，不像想出新功能會被老闆或同事稱讚。

XP 團隊中的人重視工作生活的平衡：他們每天在合理時間下班，所以可維持可持續的步調。

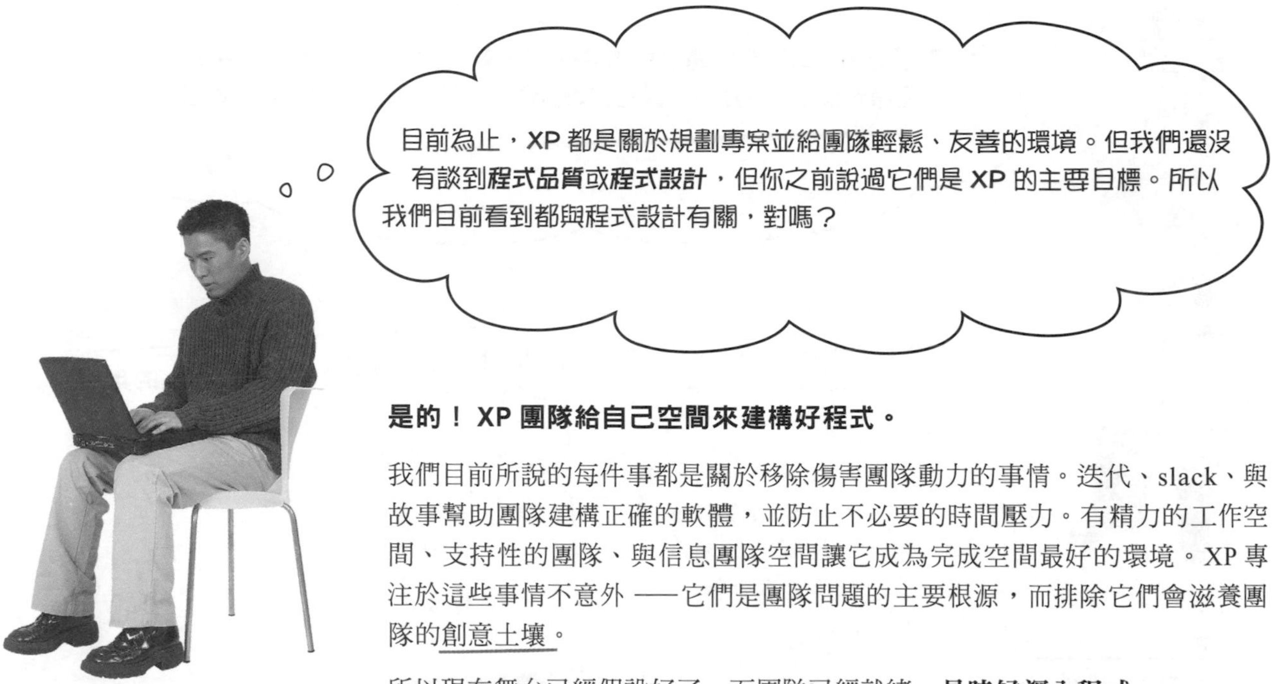
目前為止，XP 都是關於規劃專案並給團隊輕鬆、友善的環境。但我們還沒有談到**程式品質**或**程式設計**，但你之前說過它們是 XP 的主要目標。所以我們目前看到都與程式設計有關，對嗎？

是的！ XP 團隊給自己空間來建構好程式。

我們目前所說的每件事都是關於移除傷害團隊動力的事情。迭代、slack、與故事幫助團隊建構正確的軟體，並防止不必要的時間壓力。有精力的工作空間、支持性的團隊、與信息團隊空間讓它成為完成空間最好的環境。XP 專注於這些事情不意外 —— 它們是團隊問題的主要根源，而排除它們會滋養團隊的創意土壤。

所以現在舞台已經假設好了，而團隊已經就緒。**是時候深入程式**。

重點提示

- **溝通** —— XP 的價值之一 —— 是軟體專案最重要的東西。
- **信息工作空間**實踐表示任何人可進入團隊空間，並觀看四周就能感知專案進行的狀態。
- **滲透壓溝通**透過坐在一起，並聽到有用的討論來吸收資訊。
- **有精力的工作**實踐是團隊維持放鬆、休息、並具有最佳工作狀態的方法。
- **資訊輻射器**是任務板或燃盡圖等"輻射"資訊的大型視覺工具，因為它們放在難以忽略的位置。
- XP 團隊以**可持續的步調**工作所以他們不會疲倦。這通常表示固定的工作時數。
- 有精力的團隊有足夠的時間進行工作且**容許犯錯**。
- 打擾會中斷開發者的集中力，並讓他離開高度集中注意力的狀態。

問題診所：“哪一項不是”的題目

考試時你會看到有些題目列出價值、實踐、工具、或概念，並問你哪一項不是某個群組的一部分。通常你可以逐個檢視答案並排除不是的項目。

XP 與 Scrum 都是迭代。XP 使用週循環而 Scrum 使用衝刺段。因此這不是正確答案。

你一定會在 XP 與 Scrum 中看到故事，因此這也不是正確答案。

97. 下列哪一項不是 XP 與 Scrum 的共同處？

A. 有時限的迭代

B. 故事

C. 尊重與膽量

D. slack

Scrum 與 XP 團隊都有尊重與膽量的價值。因此答案包括價值、實踐、與工具。

D 絕對是正確答案：slack 不是 XP 與 Scrum 的共同處。XP 團隊使用 slack 在週循環中引入額外的故事，若其他故事花較多的時間則可以略過它。Scrum 團隊更專注於專案管理並具有更細節的規劃實踐與工具。

注意“除了以外”的題目（這只是另一種“哪一項不是”的題目）。

慢慢來並仔細思考。除了一項之外都有共同處。只要你記得它們適用的群組就不會有任何問題。

慢慢來回答
“哪一項不是”
題目。

HEAD LIBS

填入空白以製作你自己的“哪一項不是”題目！

下列哪一項不是個 ______________________________?
（價值、實踐、工具、或概念）

A. ______________________________
（該群組中的價值、實踐、工具、或概念）

B. ______________________________
（正確答案）

C. ______________________________
（該群組中的價值、實踐、工具、或概念）

D. ______________________________
（該群組中的價值、實踐、工具、或概念）

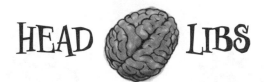

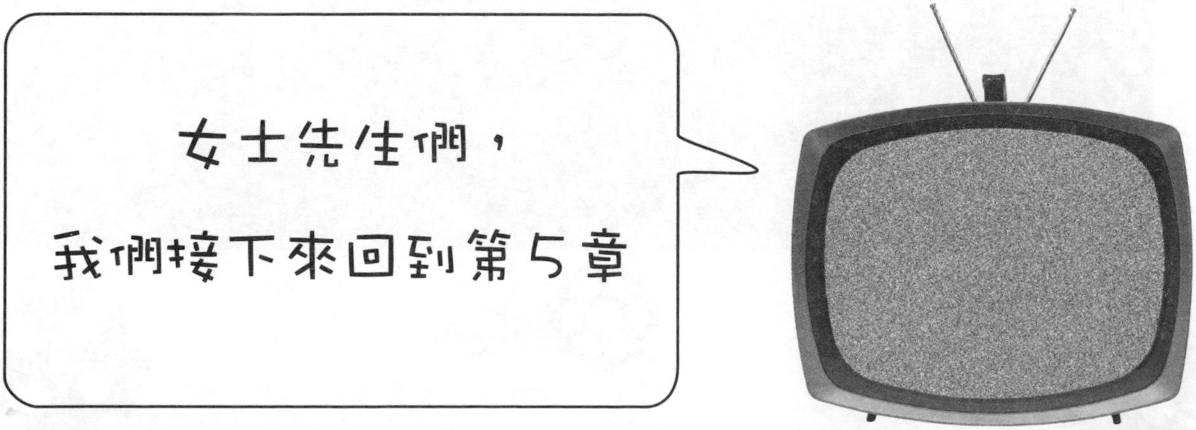
女士先生們，
我們接下來回到第5章

File Edit Window Help XP

警告：接下來討論程式

XP 的 P 代表程式設計，這是有原因的。雖然你目前為止看到的 XP 實踐適用於任何創意或智力工作，但這一章其餘的內容都針對程式。

若你不是程式設計師，這一章還是值得一讀！但有些內容較之前更為程式導向。但若你計劃與建構軟體的團隊合作，熟悉資訊想法對你與團隊非常有價值。更好的認識你的隊友的觀點能幫助你達成更 Agile 的心態。

如果你沒有程式設計的背景，你可以略過有程式碼的部分。只要確保閱讀所有文字，特別注意凸顯的部分。如果你以這一章後面的填字遊戲練習與測試你的知識，它是讓 XP 的重要部分印記在你的大腦非常有效的方式。

若你使用這本書準備 PMI-ACP® 考試，別擔心 —— 考試不要求你有程式設計的知識。

我承認我懷疑過可持續步調，但現在我信了。
我們不再日夜加倍，但**完成更多的工作！神清氣爽時**寫程式速度更快。

回到團隊的會議空間…

啊！這個修改真的讓我頭痛…
它本來可以**避免的**。

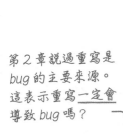

Ana：不要靠北，Ryan。

Ryan：喂，別用這種態度跟我說話。這也跟你有關係。

Ana：OK，我在聽。什麼問題？

Ryan：你不會喜歡的。行動 app 的私人教練課程表要改。

Ana：客戶會收到私人教練課程通知。怎麼了？

Ryan：問題是他們不只要收到通知，他們還想從 app 排課。

Ana：噢，不要，不，不，不。我們的程式不是這樣寫的。

Ryan：你跟教練說去。他答應客戶的。

Gary：誰在叫我？

Ana：你答應客戶讓他們從 app 排課？！

Gary：有什麼問題？有困難嗎？

Ana：我們必須重新設計從系統讀取資料的方式。

Ryan：你知道嗎？**如果早幾個月告訴我們**，我們就可以在前一個版本建構完全不同的後台。

Ana：現在我們必須丟掉資料庫存取程式並改用新的服務。

Gary：我知道你們行的。

第 2 章說過重寫是 bug 的主要來源。這表示重寫一定會導致 bug 嗎？

Ryan：我們當然行。但重寫程式會導致一**團混亂**。

Ana：你聽說過重寫導致 bug 嗎？這是個活生生血淋淋的例子。

Ryan：這還表示**完全不能避免的加班**。雪特。

XP 團隊擁抱改變

這是軟體專案的事實：它會改變。改很大。使用者不停的要求修改，而通常他們不知道一個修改要花多大的功夫。這還不是最壞的，但有個問題：許多團隊建構**很難修改**的程式：改變需要做很困難的修改，值讓程式的狀況很糟。這通常會導致團隊抗拒修改。團隊抗拒修改時，專案就有麻煩了。XP 的價值與實踐幫助團隊建構容易修改的程式以從根本解決這個問題。程式容易修改時，程式設計師不會抗拒改變。這是為何 **XP 有專注於程式設計的實踐與價值**。由於這些實踐幫助團隊建構容易修改的程式，XP 幫助他們獲得**擁抱改變**而非抗拒的心態。

Gary 知道使用者需要這個修改，而事前完全無法得知。
我們要改行動 app 使它能夠修改課程。
上一次這樣改程式後留下一片亂七八糟的程式碼。
但 Ryan 感覺這個修改會需要很多時間與"東拼西湊"的程式碼才能及時完成。

有重寫導致 bug 經驗的軟體團隊成員會抗拒修改…但重寫不一定得這樣。XP 以幫助他們建構容易修改的軟體的實踐與價值幫助團隊擁抱改變。

聽說過程式設計師抱怨意大利麵程式嗎？此時程式碼複雜又糾纏（如同一盤意大利麵）。這通常是對同一段程式碼反覆修改的結果。程式設計不一定要這樣！XP 團隊有實踐與價值讓程式容易修改，因此團隊可以重寫而不會讓程式一團亂。

經常的回饋讓修改變小

跟一群程式設計師聊天，不用多久就會有人抱怨使用者老是改變想法。“他們要求一個功能，等我們寫出來他們又說要的不是這個。如果一開始就寫對的不是比較省事嗎？”

但問同一群程式設計師多常設計與建構一個 API 後發現有些功能很糟糕又難用。如果一開始就寫出正確的 API 不是比較省事嗎？答案很明顯。在沒有人實際撰寫程式使用服務前，你不會知道你設計的介面很好用。

一個 API（"application programing interface"）是系統中一組其他程式設計師可以撰寫程式控制它的功能。

透過這種方式表達，程式設計師會知道少有東西的建構是第一次就做對的，因此他們嘗試及早取得回饋並持續的經常取得回饋。這是為什麼 XP 團隊重視**回饋**。

回饋有多種形式：

迭代

你已經看過一個回饋的好例子：迭代。相較於規劃六個月的工作以做出一個大 demo，你的團隊會做一小段的工作然後取得使用者的回饋。這讓你能在使用者知道他們的需求時**持續的調整計劃**。

整合程式

你的電腦中的程式檔案與團隊不一致時會產生很多問題。你經常與團隊**整合**程式碼時，它會及早給你回饋。越常整合，你就越早能發現衝突，這樣比較容易解決。

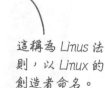

團隊審核

開源團隊有個說法：“足夠多的眼睛，就可讓所有問題浮現”。你的團隊也一樣。**你的隊友的回饋**可幫助你抓到問題 —— 它也能幫助他們知道你在做什麼，所以之後他們可以利用它。

這稱為 Linus 法則，以 Linux 的創造者命名。

單元測試

取得回饋的一個非常有效的方法是建構**單元測試**，或確保你的程式可用的自動化測試。單元測試通常與程式碼放在一起。修改程式使得測試失敗是你能獲得的最有價值回饋。

不好的經驗導致理性的害怕改變

很少有事情會比因為煩人的問題而停下腳步更讓程式設計師沮喪。大多數開發者都遇過 Ryan 與 Ana 正在面對的問題。

不！有人一次提交三個禮拜的程式，現在我提交我的程式時有**幾十個衝突**。

這下子我得花好幾個小時解決衝突，真是個**惡夢**啊！

CircuitTrak 的程式儲存在版本控制系統中。團隊使用這個軟體工具在同一份程式上工作而不會互相蓋掉別人的修改。它記錄每個變動，讓你看到誰動了程式與前後版本。

將你的最新程式改變加入版本控制系統稱為提交（commit）。

Ana 已經改了好幾個檔案。過去幾週有個隊友修改了很多檔案然後一次提交他的修改。好消息是她提交她的程式時，版本控制系統偵測到衝突並退回她的更新。壞消息是現在她必須逐個排除她與隊友所產生的衝突。

這有很多工作要做，Ana 正在考慮重寫而不合併她的修改。

我修了一個 bug，但因此得修改其他兩個程式…

…其中一個修改導致必須修改另外兩個程式…

…啊，這麼多修改**讓我頭好痛！**

Ryan 對程式做了一些修改，但影響到很多程式。他一路改完其他程式後，卻完全想不起來最初是為了什麼改程式。很多程式設計師都有這種經驗，而這種情況有個名字：散彈槍手術。

版本控制系統如何運作

Ana、Ryan 與其他人在 CircuitTrak 工作多年，此專案現在有數千個檔案，包括原始碼、建置腳本、
資料庫腳本、圖片與其他檔案。若他們只是用網路共用資料夾保存檔案，很快就會一團亂：

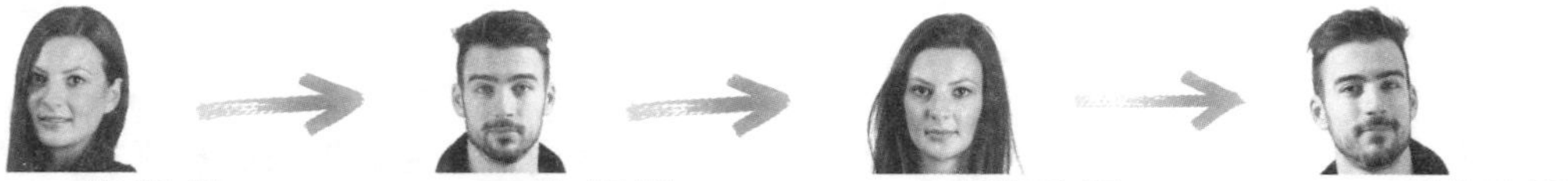

10:00：Ana 複製原   11:30：Ryan 也複製   13:00：Ana 將修改過   15:00：Ryan 將修改過
始檔資料夾到她的   原始檔資料夾到他的   的 *TrainerContact.java*   的 *TrainerContact.java*
電腦上   電腦上   上傳到共用資料夾   上傳到共用資料夾

哇！Ryan 上傳他的修改時蓋掉 Ana 的修改。
這產生了 bug ！

這是為何團隊使用版本控制系統，它提供的**程式庫**不只保存每個檔案，還有完整的修改紀錄。它甚至讓多
人同時修改同一個檔案：

10:00：Ana 從程式庫   11:30：Ryan 已經叫出   13:00：Ana 提 交   15:00：Ryan 提 交
叫出一個檔案到她自   原始檔，因此他修改的   *TrainerContact.java*   修改了不同地方的
己的電腦   是最新版本   到程式庫   *TrainerContact.java*

Ryan 與 Ana 修改同一個檔案不同的位置，因此版本控制
系統能夠自動合併他們的修改。

兩個人對同一個檔案做出修改衝突時會產生混亂（但還在控制下）。

10:00：Ana 與 Ryan 都   13:00：A n a 將   14:30：Ryan 嘗 試
從最新原始檔複製到工   *TrainerContact.java* 提   提交有衝突的修改
作資料夾   交到程式庫   被退回

此例中僅有幾個衝突，因此 Ryan 能夠輕鬆的解決
並提交程式碼。但有<u>很多</u>衝突時，合併就很困難。

> Ryan 嘗試提交他的修改時，
> 系統發現 Ana 已經提交了同一
> 個檔案同一行的修改，因此它
> 退回修改並更新他的本機檔案
> 以顯示兩邊的差異。Ryan 必
> 須在再次提交前解決衝突。

XP 的實踐給你關於程式的回饋

許多 Agile 實踐的設計讓團隊及早與經常收到回饋 —— 例如專注於迭代的實踐讓團隊收到他們規劃要建構的產品的回饋。每個迭代給他們更多的資訊，而他們使用此資訊改善下一個迭代的規劃。這是**回饋循環**的例子：團隊從每一輪回饋中學習，做出調整與改正，因而改變了下一輪所學。接下來的**四個 XP 實踐**是特別好的工具，因為它們讓團隊很好的回饋他們如何設計與建構程式。

XP 實踐
結對程式設計

兩個團隊成員在一台電腦前面坐在一起並一起討論、設計、提想法、與撰寫程式。

→ **團隊成員互相給對方關於正在撰寫的程式的回饋。他們經常交換同伴，幫助每個人掌握整個程式的變化。**

XP 實踐
10 分鐘建置

團隊維護自動化建置，它編譯程式碼、撰寫自動化測試、並建構可部署的套件。他們確保它的執行小於 10 分鐘。

→ **建置你的程式並看到問題能讓你知道很多關於程式的事情。建置執行的很快時，團隊中的每個人能夠在有需要時經常的執行。**

這是自動化建置的簡介以備你從來沒有使用過

揭密：建置自動化

自動化建置將原始碼轉換成打包好的二進位碼

如果你不是程式設計師，你可能不完全清楚軟體建構的機制。程式設計師整天打字是如何變成你可以執行的軟體？以下是其中發生的事情：

- 軟體通常從一組**帶有程式碼的檔案開始**。這是專案的原始碼。
- 程式設計語言有編譯器**讀取原始碼並建構二進位碼**，或稱為可執行檔讓電腦的作業系統執行。
- 二進位碼通常必須**打包**出帶有二進位碼與其他檔案的單一檔案（例如安裝程式、可掛載的磁碟影像、或可部署的壓縮檔案）。
- 手動編譯原始碼與打包**很花時間**與**容易出錯**，特別是有多個檔案需要包裝在一起時。
- 這是為何團隊使用**自動化編譯**與**打包**來建構檔案。有很多工具與腳本語言讓團隊可以建構自動化建置。

給你很多回饋的系統經常很快的失敗。你需要系統很快的失敗，以便於在系統將其他相依部分加入前改正問題。

XP 實踐
持續整合

團隊中的每個人持續整合工作目錄回到程式庫，因此沒有人的工作目錄好幾小時沒有更新。

→ **每個人的工作目錄都有最新程式碼時，衝突會立即浮現，而它們在及早出現時比較容易改正。**

10 分鐘的建置可幫助持續整合與測試驅動開發，因為它會執行單元測試使你加入會讓現有測試失敗的程式時很快的被發現。

XP 實踐
測試驅動開發

加入新程式前，團隊成員首先要做的是撰寫會失敗的測試並只在他讓程式通過測試後才加入新程式。

→ **單元測試產生緊密的回饋循環：建構會失敗的測試、撰寫程式通過測試、從程式中學到更多、撰寫另一個測試、重複。**

字典定義

re-factor（重構），動詞

改變程式的結構而不改變行為

特別有問題的程式段在 *Ryan* 重構後好很多。

開發者通常使用特別的程式執行單元測試（通常是建置工具或開發環境的外掛）。單元測試的結果通常以顏色分類顯示：通過的是綠色、失敗的是紅色。測試驅動的團隊通常從加入紅色的會失敗測試開始，讓它通過以變成綠色，然後重構程式。團隊稱此循環為紅 / 綠 / 重構，並視其為有價值的開發工具。

準備好深入這些實踐嗎？翻到下一頁！→

XP 團隊使用快速執行的自動化建置

沒有什麼比等待更讓程式設計師沮喪。這是好事：許多創新來自於程式設計師說："我不能忍受等這麼久"。花很多時間與精力建置程式特別讓人沮喪 —— 很少有事情比沮喪更快的扼殺團隊的創新。有些重複的工作很花時間時，一個好程式設計師第一個想到的是："要怎麼自動化？"。

這時出現了 **10 分鐘建置**實踐。其想法很簡單：團隊建構出自動化建置，通常使用針對建置自動化的工具或腳本語言 —— 從專案的開始就進行。關鍵在於確保整個建置在 10 分鐘內完成。這是大部分程式設計師耐性的上限 —— 但又夠去泡一杯咖啡並思考人生。透過限制建置在 10 分鐘內完成，就不會懶得執行，這能幫助快速找到建置問題。

建置需要大量手動工作或超過 10 分鐘時會帶給團隊壓力並拖慢專案進度。

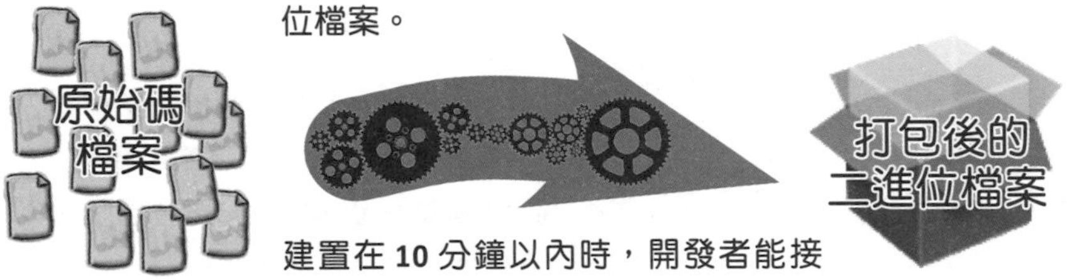
自動化建置讀取原始碼並打包成二進位檔案。
原始碼檔案
打包後的二進位檔案
建置在 10 分鐘以內時，開發者能接受經常執行。

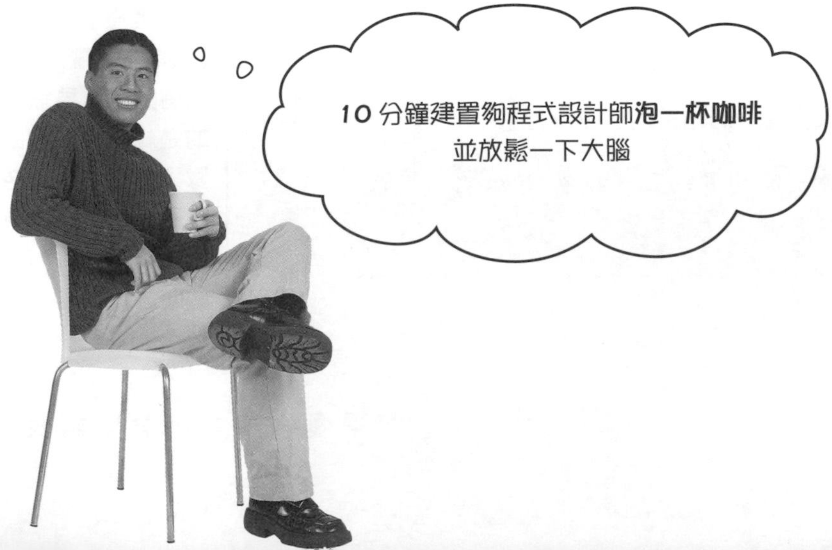
10 分鐘建置夠程式設計師泡一杯咖啡並放鬆一下大腦

持續整合防止意外

在團隊中建構程式並提交到版本控制系統時，你的日常工作依循一個模式。你做一些工作，然後以隊友最新提交版本更新你的工作目錄，然後你提交你的修改回到版本控制系統。工作、更新、提交…工作、更新、提交…工作、更新…**合併衝突！**噢噢 —— 你的一個隊友更新同一行並在你最近一次更新後提交。版本控制系統不知道誰才是對的，因此它用兩組更新修改你的工作目錄中的檔案。你的任務是**解決衝突**：你檢視它們，找出程式應該怎麼做，修改使其正確，並提交解決後的修改回到程式庫：

```
/**
 * Find students by matching a partial name
 * @param partialName Name of the student to search for
 * @return Student collection with the results of the search
 */
StudentCollection findStudentsByPartialName(String partialName) {
   StudentRecordCollection records = getStudentRecords(searchString);
<<<<<<<
    RecordManager.lookupRecord(records);
    StudentCollection studentsFound = new StudentCollection();
    records.toList(studentsFound);
=======
    StudentCollectionHelper.buildStudentCollection(records);
>>>>>>>
    return studentsFound;
}
```

你嘗試提交衝突修改時，大部分的版本控制系統會加上像這樣的標記到你工作目錄下的檔案中，讓你看到有什麼衝突必須解決。

從你上一次更新工作目錄後提交的程式。

這是你嘗試加入的有衝突修改。解決衝突意味著檢視雙方的修改並找出它應該如何運作。

每個衝突合併如同一個小謎題，有時候這些謎題很麻煩，因為你不確定你的隊友想做什麼。

現在翻回第 206 頁。你看到為何 Ana 遇到這麼多問題嗎？

她的隊友好幾個禮拜沒有更新他的工作。他一直在舊版本上修改 —— 版本每天越來越舊 —— 然後一次提交所有修改。Ana 花了幾個小時對這些檔案做修改。但相較於解決一兩個謎題，現在她有數十個檔案被標示有衝突。很少能有事情比一次要解決多個合併衝突更讓程式設計師沮喪。

這是為何 XP 團隊使用**持續整合**。它是非常簡單的實踐：團隊中的每個人每隔幾個小時就整合與測試他們的修改，因此不會有人的工作目錄過期。團隊中的每個人持續整合時，他們都在最新版本上工作。這還是會發生合併衝突，但幾乎都很小與可管理，且絕對不會像 Ana 一樣要處理很多衝突。

每個人都保持工作目錄更新時，合併衝突會很小且可管理。

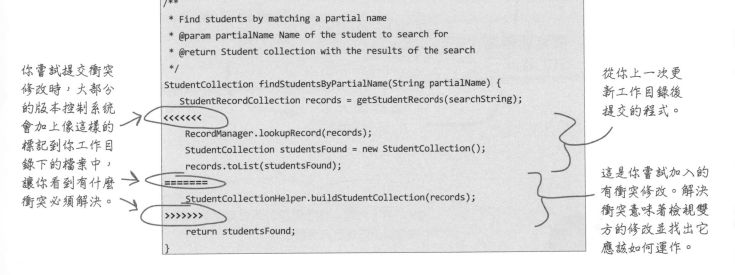

週循環從撰寫測試開始

對許多開發者來說，XP 帶來不一樣的工作方式。最明顯的改變之一是團隊做**測試驅動開發**（**test-driven development**，TDD）。這是一種程式設計師先寫單元測試再寫受測程式的實踐。你習慣先寫單元測試時，你會思考程式的正確運作方式，這能幫助你撰寫**“完成”**工作的程式。

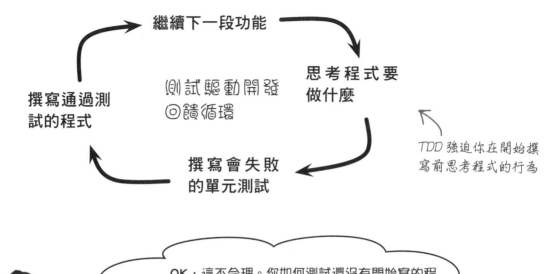

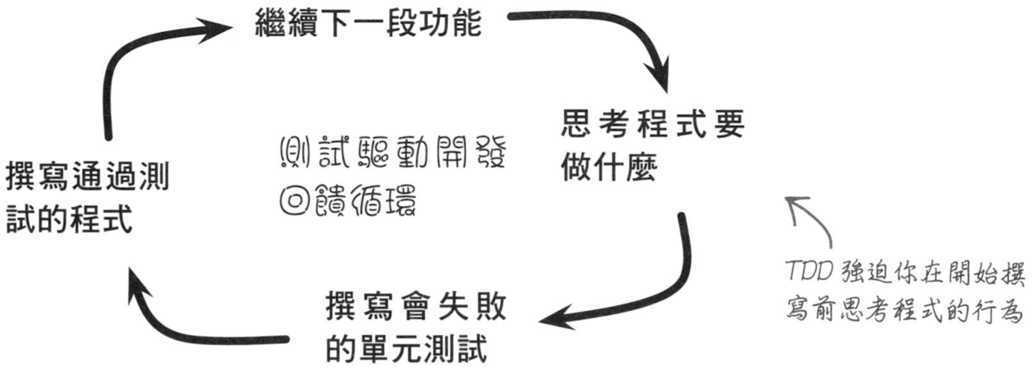

OK，這不合理。你如何測試還沒有開始寫的程式？先寫測試或先寫程式**有關係**嗎？

TDD 讓問題在你對程式的不同部分加入不必要的相依性時變得很明顯，而這些相依性就是引發“散彈槍手術”的根源。

單元測試改變團隊設計程式的方式

所有撰寫過程式的程式設計師，後來都希望當初能夠以不同方式撰寫 —— 回顧時發現如果特定功能用不同的參數會比較好，或使用不同的資料結構，或做出不同的選擇。但現在這個程式被其他五個程式呼叫，要改動得花很多功夫，不如就放著不管。

換句話說，有些程式最惱人的問題來自於不良的設計決定，然後你又加入依靠它的其他程式。這種狀況多了之後你每次要改這個部分的程式都會有“散彈槍手術”的感覺。

單元測試能幫助你防止這種問題。設計問題通常在第一次使用時變得明顯。這是為何要先寫單元測試：你**使用即將撰寫的程式**。以小量如此進行，每次一點點，遇到設計問題時逐個改善。

測試驅動開發解析

```
public class ScheduleFactory {
public class TrainerManager {
public class UserInterfaceModel {
```

程式總是拆分成不連續的單元

某些語言中的單元是類別；某些是函式、模組、程序⋯每個語言的單元不同，但每個程式設計語言都以這種方式運作。舉例來說，撰寫 Java 程式時，大部分的程式“段落”被稱為類別並儲存在 *.java* 檔案中。這些是 Java 程式的單元。

每個單元有自己的單元測試

“單元測試”可以顧名思義：你為程式單元撰寫的測試。舉例來說，Java 的單元測試通常對逐個類別進行。這些測試以受測程式相同的語言撰寫並儲存在同一個程式庫中。測試存取單元開放給其他程式的部分 —— 對 Java 的類別來說就是公開的方法與欄 —— 並使用它們來確保單元正確運作。

```
public class ScheduleFactoryTest {
public class TrainerManagerTest {
public class UserInterfaceModelTest {
```

XP 心態幫助你用不同方式思考程式設計、設計、與程式，因為它的實踐讓你養成保持程式清楚、簡單、與容易維護的習慣。TDD 是其中一項好習慣。

這如同 Scrum 心態幫助你以不同方式思考規劃

先撰寫單元測試會強迫開發者思考測試如何被使用

每個程式單元至少會被系統中一個其他單元使用 —— 這就是程式運作的方式。但撰寫測試時有個矛盾：在很多情況下，實際被使用前，你不知道你做的單元會被如何的使用。

測試驅動開發幫助你及早捕捉你的程式中的問題，此時比較容易改正。設計難用的單元很容易，就如同撰寫其他依靠它的單元來“固定”不良的設計一樣簡單。但若你每次對一個單元改變時撰寫一個小的單元測試，許多這種的設計決定就變得明顯。

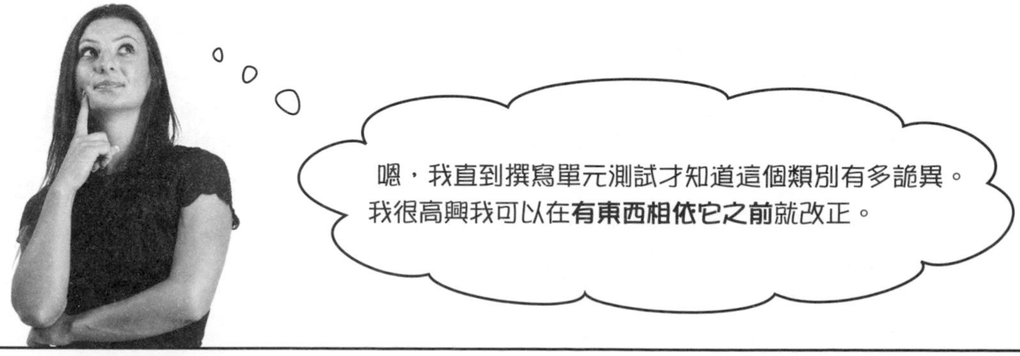

嗯，我直到撰寫單元測試才知道這個類別有多詭異。
我很高興我可以在**有東西相依它之前**就改正。

Agile 團隊從設計與測試得到回饋

Agile 團隊有很好的工具可幫助團隊在專案過程中得到更多回饋。他們可以使用**線框**（**wireframe**）在建構前描繪使用者介面、以**刺穿方案**（**spike solution**）找出困難的技術問題、以**可用性**（**usability**）**測試**確保做出有效的設計選擇。一些團隊列出測試目標作為輕量級的計劃，然後著手分解剛剛開發的功能或產品以此尋找開發者可能沒有想過的新組合。這種測試稱為**探索**（**exploratory**）**測試**，且可能找出使用者會遇到的問題。這些工具都擅長產生回饋，這就是為什麼 XP 團隊將它們整合到週循環中 —— 並依靠它們取得回饋以幫助規劃下一個週循環。

線框幫助團隊及早取得使用者介面的回饋

在軟體團隊建構的東西中，使用者與經營者對使用者介面的意見最多，因此要及早取得關於 UI 的回饋。這是為何團隊使用線框描繪使用者介面。建構線框的方式很多，有些是系統導航的基本描繪，有些是非常細節的個別畫面或頁面。修改線框比修改程式容易得多，因此團隊經常與使用者來回修改線框。

對使用者介面的小修改可能對可用性有很大的影響。這是為何線框與可用性測試非常重要。

線框通常是低傳真：手繪或看起來像是手繪的程式。它看起來不精細的樣子鼓勵使用者提出修改意見。若 UI 看起來是花了很多時間做出來的會讓有些使用者不好意思要求修改。讓線框看起來隨隨便便的會增加更多回饋。

建構刺穿方案以看出接下來的技術難題

團隊評估特定功能時經常會有困難，因為他們不知道某個特定技術問題牽涉到什麼。此時可以使用刺穿方案。刺穿方案是團隊成員針對找出技術問題所寫的程式。刺穿方案唯一的目的是深入研究問題，而此程式通常在完成後就丟棄。

團隊說到可用性時是嘗試評估軟體有多容易學習與使用。供使用者與系統互動的使用者介面或視覺介面（例如視窗或網頁）是很常討論的可用性主題。

可用性測試表示以真正的使用者測試你的使用者介面

你嘗試看出使用者介面好不好時，沒有其他方式比抓一個活體進行實驗並觀察更有效。這就是可用性測試：讓使用者以團隊建構的早期版本 UI 完成通常的任務。XP 團隊通常在接近週循環結束時進行可用性測試，因此所得到的資訊可用於下一個循環，以設置非常有價值的回饋循環。

刺穿方案解析

刺穿方案幫助你解決困難的技術或設計問題。

刺穿方案是簡單的測試，其唯一目的是探索一個問題的解決方案。它的時間限制通常是幾個小時或幾天，刺穿完成後程式通常丟棄或晾在旁邊（因此團隊之後要用也可以）。這讓程式設計師有很大的自由可以專注於解決該問題而忽略專案其他部分。但就算程式碼會被拋棄，刺穿還是視為專案的工作。團隊通常會以故事將它加入週循環中。

架構刺穿

XP 團隊討論到刺穿方案時，通常是指**架構刺穿**。架構刺穿用於證明特定技術可行。團隊通常在有幾個技術方案選項或不知道某個特定方案是否可行時進行架構刺穿。

風險刺穿

有時候一個問題代表專案的風險：開發者相當確定它可行，但不知道是否會讓專案失控。這時候團隊會進行風險刺穿。它的運作方式如同架構刺穿，但目標不同：排除專案的風險。

刺穿方案失敗的很快：若程式設計師發現該方法不可行，刺穿就結束…團隊還是將它視為成功的刺穿。

線框、可用性測試、與刺穿方案不只用於 XP…但很多 XP 團隊使用它們。

削尖你的鉛筆

下面三個 Ryan 與 Ana 的情境必須從專案中獲得回饋。寫下每個情境使用的工具名稱。

我們需要新的課程儲存方式以減少記憶體的使用。我會建構一個概念驗證來看看它需要多少工作量。

____

我不喜歡這個類別初始化的方式 —— 它很難用。通過單元測試後我會修改它。

____

我完成了新使用者介面的設計。讓我們找一群使用者，看看能否使用並觀察他們的使用狀況。

____

→ 答案見第 244 頁

結對程式設計

XP 使用稱為**結對程式設計**（**pair programming**）的獨特實踐，它讓兩個人坐在一台電腦前面一起撰寫程式。這對認為程式設計是單人活動的人來說是個新體驗。但它是非常快速的建構高品質程式相當有效的工具，因為許多進行結對程式設計的人表示結對比分開進行完成更多的工作。

結對程式設計讓每個人專注，幫助團隊捕捉 bug，更容易腦力激盪，且團隊中的每個人更深入程式的每個部分。

Ryan 與 Ana 互相讓對方專注。

Ryan 卡住時，Ana 可跳進來推動，反之亦然。

他們持續討論正在處理的問題並激盪出解決方案。

旁邊有人時你比較不可能抄捷徑。

整個團隊持續輪流結對，因此每個人都有機會參與系統的每個部分。

你不確定是否能夠完全掌握一個想法，直到你解釋給他人為止。

每個修改都有兩對眼睛盯著，它們可以抓到很多問題。

削尖你的鉛筆

個別 XP 實踐很有用，但結合使用更有效。我們已經列出多個 XP 實踐並畫了箭頭。每個箭頭有空白留給你填寫。在空白處寫下來源實踐可以對目的地實踐加強與支援的方法。

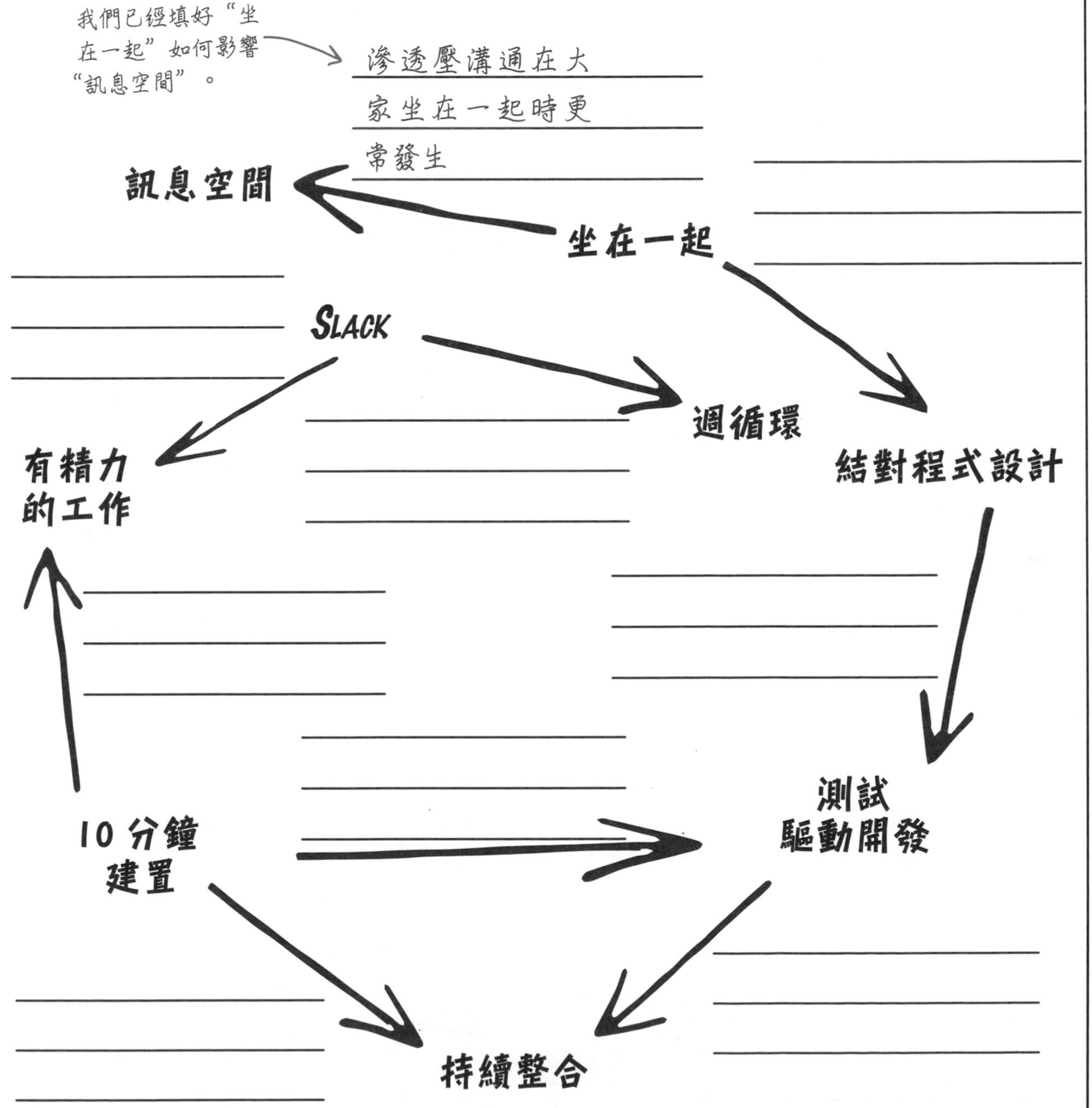
我們已經填好“坐在一起”如何影響“訊息空間”。
滲透壓溝通在大家坐在一起時更常發生
訊息空間
坐在一起
SLACK
週循環
結對程式設計
有精力的工作
測試驅動開發
10 分鐘建置
持續整合

削尖你的鉛筆 解答

答案有很多個，因為 XP 實踐互相加強與支援的方法很多。我們列出了我們認為最重要的方法。你的答案跟我們一樣嗎？

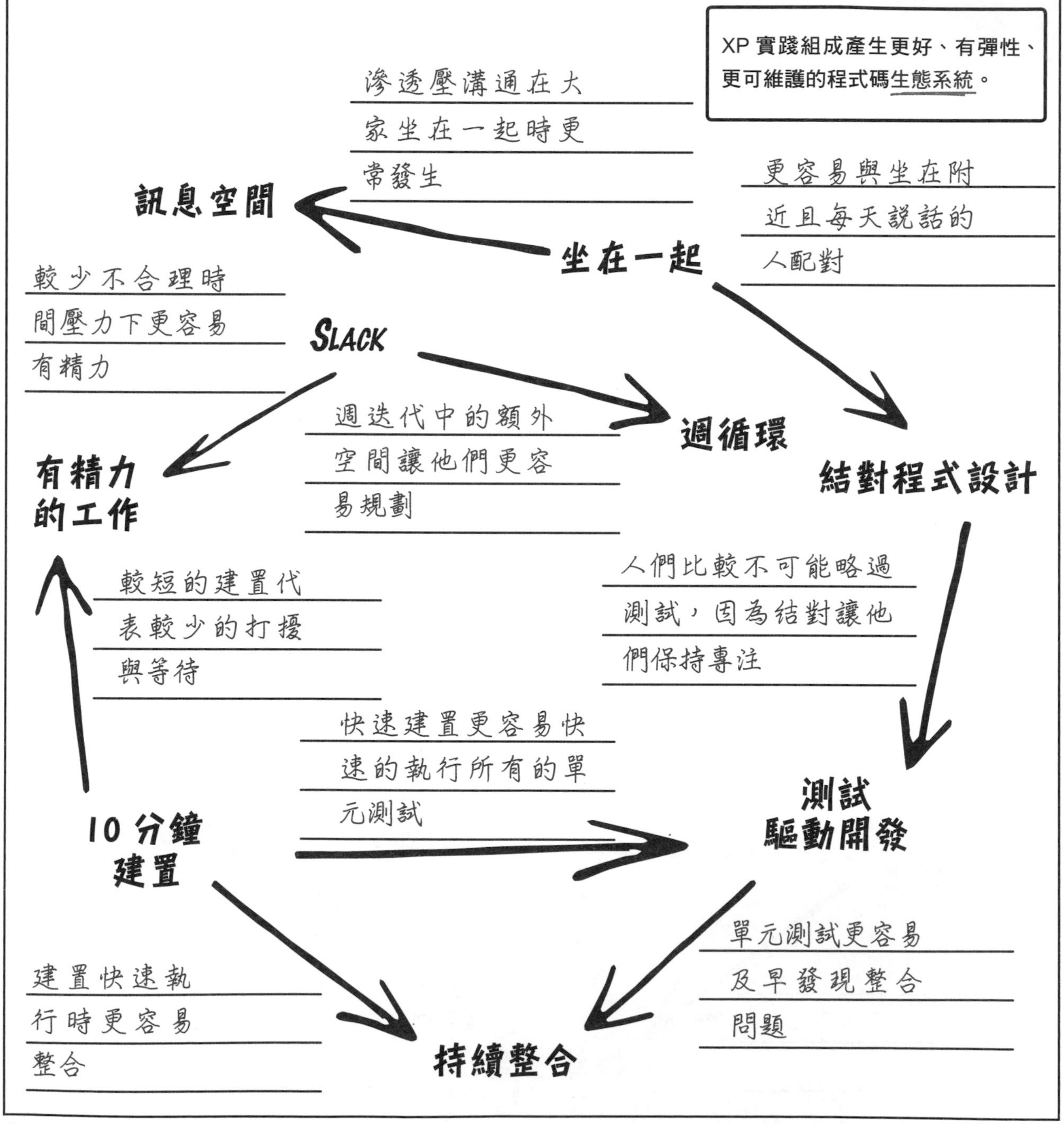

XP 實踐組成產生更好、有彈性、更可維護的程式碼生態系統。
滲透壓溝通在大家坐在一起時更常發生
訊息空間
坐在一起
更容易與坐在附近且每天說話的人配對
較少不合理時間壓力下更容易有精力
SLACK
週迭代中的額外空間讓他們更容易規劃
週循環
結對程式設計
有精力的工作
較短的建置代表較少的打擾與等待
人們比較不可能略過測試，因為結對讓他們保持專注
快速建置更容易快速的執行所有的單元測試
10 分鐘建置
測試驅動開發
單元測試更容易及早發現整合問題
建置快速執行時更容易整合
持續整合

沒有蠢問題

問：“坐在一起”與“結對程式設計”需要大家在同一個辦公室。這是否表示全球或分散團隊不能使用 XP ？

答：許多全球與分散團隊使用 XP。XP 團隊知道他們坐在一起時，他們有更多面對面的時間、較少的電話打擾、並能分享訊息空間。每個人在不同辦公室並透過郵件與電話溝通的分散團隊無法做到。但 XP 心態的重點是讓團隊運作的更好。若辦不到一些實踐，他們還是可以實行能夠做的實踐。

問：但這樣就不是“純正”的 XP 嗎？

答：有效的團隊知道**沒有“純正”的 XP**。XP 團隊總是在尋找改善的方法。沒有“完美”的狀態；他們只是嘗試一起變得更好。無腦遵循實踐會很快的讓環境失去精力並讓人們因為不夠“純正”而感覺不好。**對 XP 的“純正”囉嗦只會傷害生產力**，讓人們覺得你在審判他們的工作。這不會讓任何人改變 —— 它只會讓他們排斥你與 XP。

問：所以這表示我可以丟掉我不喜歡的實踐？

答：不可以。XP 設計的實踐要互相配合，它們一起幫助團隊將 XP 的價值整合到他們的心態中。舉例來說，團隊於訊息空間坐在一起時開始認識 XP 的溝通價值。團隊決定丟掉一個實踐通常是因為心態與價值不相容而導致該實踐不適用。發生這種狀況時，應該要真正的**投入到實踐當中**。這通常能幫助團隊轉換他們的心態使每個人工作的更好並建構更好的軟體。

問：持續整合是否就是設置一個建置伺服器？

答：不是。建置伺服器是定期從版本控制系統取得最新程式碼、執行自動化建置、並於失敗時提出警示的程式。它是很好的想法，幾乎所有 Agile 團隊都有一個。但建置伺服器與持續整合不同。持續整合表示團隊中的每個人主動（並持續！）整合隊友寫的最新程式到他自己的工作目錄中。建置伺服器有同樣名稱的原因是該伺服器持續從版本控制系統“整合”程式碼到它的程式庫中，並於程式碼不能編譯或導致測試失敗時提出警示。但這不能取代每個人保持更新他的工作目錄。

問：我不懂。若有個建置伺服器持續整合程式碼不是可以減少大家的工作？

答：每個人從版本控制系統持續整合最新程式碼到自己的工作目錄確實比設置一個建置伺服器的工作更多。但若只依靠建置伺服器警告程式碼不同步，結果通常很糟。舉例來說，提交不能建置的程式碼時可能會發現大家對你很不爽，因此你會降低提交頻率，或團隊會習慣建置伺服器發出的“不能建置”警示並開始忽略。另一方面，若每個人負責任的每隔幾個小時停止手邊工作並從版本控制系統整合程式碼到自己的工作目錄，不能整合就比較少發生 —— 而發生時團隊會很快的注意到並一起改正。

問：所以持續整合只是確保團隊有足夠的紀律？

答：不是。團隊使用持續整合、10 分鐘建置、或測試驅動開發等實踐時從外面看起來很有紀律。但它與紀律完全無關。團隊這麼做是因為它們對每個人都合理。團隊中的每個人都覺得若沒有讓建置更快或在撰寫程式前建構單元測試會讓工作慢下來。他們無需嘮叨、吼叫、或訓斥 —— 換句話說就是紀律 —— 因為他們不會不這麼做。

問：我在 QA 團隊工作。測試驅動開發不就是讓測試者在我寫程式時撰寫我的單元測試嗎？

答：不是。你先寫你自己的單元測試，然後寫讓它通過測試的程式。單元測試應該由撰寫程式的同一個人寫的原因是你撰寫單元測試時會更認識要處理的問題而讓程式更好。

有些事煩惱著我。結對程式設計似乎很浪費時間。
兩個人一起工作時，不是只能**寫一半的程式**嗎？

結對程式設計是有效率的寫程式方式。

結對讓你專注並排除許多干擾（例如打開瀏覽器或檢查郵件），且一直有另一對眼睛及早捕捉 bug 而不是之後浪費時間改正。但更重要的是它意味著**持續與隊友合作**。程式設計是智力活動：撰寫程式意味著整天解決謎題，一個接著一個。與你的隊友討論謎題是解決它非常有效的方式。

這是為何一開始不接受結對程式設計的人在真正實行幾個禮拜後發現它其實不錯的原因。

使用“不理性”一詞是否合適？我們認為是。結對程式設計相當直接且沒有什麼特別的，很多人每天都是這樣工作。對尋常事物採取負面看法從定義來看就是不理性。

OK，我懂你的意思了。但…你確定嗎？老實說，**我不認同**。我覺得結對程式設計就是不對。

“感覺不對”時的做法。

你覺得你比周遭程式設計師更好嗎？你覺得程式設計是單人活動嗎？如果是，則你對結對程式設計有不理性的心態。你覺得你是被一群不知道怎麼寫程式的白癡包圍的“天才”嗎？如果是則你對結對程式設計有**非常不理性的敵意**。重點在於**理性**：是的，你可以思考不喜歡結對程式設計的原因，但其實你的內心深處就是**覺得它不對**。這就是不理性的定義：由感覺而非理性做決定。

但許多好的程式設計師在實際專案中發現他們“比較差”的隊友（驚！）不只能夠並駕齊驅，**真正**試著結對程式設計時 —— 不只是動作，而是**真正的進行**時 —— 還發現能工作的更快。不止如此，且他們“比較差”的隊友開始掌握他們所學的技術與技能，而整個團隊一起提升。

對不起，我還是不同意。結對程式設計**不好**，你說什麼都改變不了我的看法。這不是說 **XP 對我與我的團隊完全不合適**嗎？

這表示你與你的團隊重視的東西與 XP 團隊不一樣。

XP 團隊重視專注、尊重、膽量與回饋。若你真的重視這些東西，結對程式設計就合理多了。你重視專注時，你會感謝結對程式設計幫助你與隊友上軌道。你重視尊重時，你對結對的隊友的想法不會有不理性的反應，因為你尊重他們與他們的能力。你重視膽量時，你會克服不舒服的感覺並嘗試可幫助他們的事情。你重視回饋時，讓兩對眼睛注意每一行程式碼感覺上會是好主意。

另一方面，若覺得前面的說法很老套、過度簡化、過度理想化、甚至很蠢，則你與有效的 XP 團隊**沒有共同的價值觀**。

你嘗試採用不符合你的心態或團隊文化的實踐時，它通常不會"受用"且你最終只是行禮如儀。

所以勒？沒有相同的價值觀又如何？

採用新的實踐需要投入，而相同的價值觀激勵每個人去投入。

團隊採用具有與團隊文化不相符的價值觀的方法論時，結果通常不好。團隊會嘗試部分實踐，某些實踐可能暫時解決了問題。但最終你與團隊只是對實踐"行禮如儀"。它們像是沒有一點好處的負擔，幾個禮拜過去後團隊又回到以前的做事方式。

但這並不表示完全不行！只是你與團隊應該**在嘗試實踐前討論價值觀**。從文化衝突開始解決會讓 XP（或任何方法論！）更容易採納並讓投入更有機會維持下去。

說到改善團隊運作的方式，讓我們看看 Ryan 與 Ana →

我們的開發嚇嚇叫！我不敢相信過去幾個禮拜寫了這麼多程式。

是啊，這些新實踐真的改變很多。但…我不知道這是不是***一件好事***。

Ryan：哈哈，這個好笑…呃…你不是在說笑話吧？

Ana：不，我很嚴肅。我們寫了更多程式，但我們也做出了相當複雜的東西。

Ryan：是的！

Ana：這不一定是好事。

Ryan：呃…蝦米？

Ana：例如你建構的自動化建置腳本。

Ryan：這怎麼會是問題？我們有很多幾乎相同的建置腳本。我解決了很多重複的程式碼。

Ana：沒錯，你在八個不同的建置腳本中解決了 12 行重複的程式碼…

Ryan：對。

Ana：…變成這 700 行無法除錯的怪物。

Ryan：呃…是啊？

Ana：現在我需要修改建置時就必須花好幾個小時修改這個大腳本。這非常麻煩。

Ryan：但它…呃…好。它排除了 12 行重複的腳本。我懂你的問題了。重複的程式通常不好，但目前情況下維護幾個重複的行比用我寫的腳本更方便。

Ana：不只是建置。還有這個超級複雜的單元測試框架。

Ryan：我知道你要說什麼。我曾經因為要修改一個單元測試的資料還必須花時間除錯。一個只需要五分鐘的簡單工作花了我兩個小時。

Ana：你知道嗎？我覺得這些 XP 實踐曾經幫助我們加快寫程式，但我現在開始懷疑它拖累了我們。

Ryan：你打算怎麼辦？

複雜的程式碼相當難以維護

隨著系統的成長，它們通常變得更大更複雜，而且**複雜的程式**會因為你在上面工作變得**更複雜**。程式變得越複雜就越難在上面工作，這使開發者採取讓問題更糟糕的捷徑。這是 Ryan 嘗試做出客戶要求的改變時發生的事：

❶ 有些 CircuitTrak 的健身房客戶想要讓教練能預約整個健身房做一整天的活動。下面的圖表顯示進行這一項變動時 Ryan 必須修改的程式。

❷ Ryan 開始進行修改時，他以為只要修改 TrainerSchedule 類別。

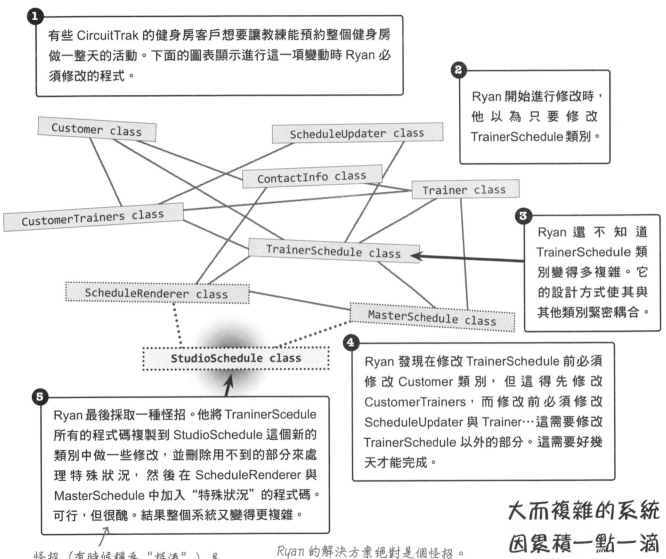

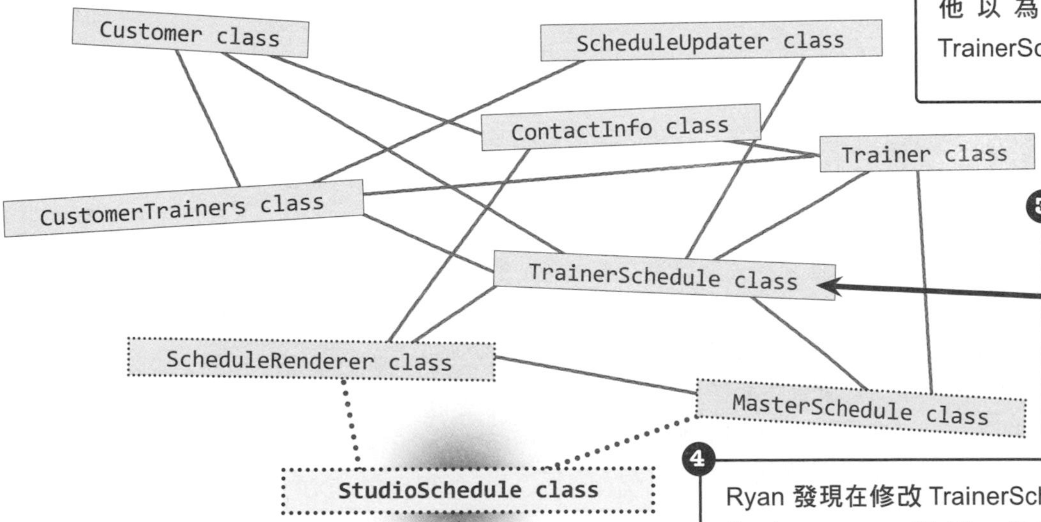

❸ Ryan 還不知道 TrainerSchedule 類別變得多複雜。它的設計方式使其與其他類別緊密耦合。

❹ Ryan 發現在修改 TrainerSchedule 前必須修改 Customer 類別，但這得先修改 CustomerTrainers，而修改前必須修改 ScheduleUpdater 與 Trainer…這需要修改 TrainerSchedule 以外的部分。這需要好幾天才能完成。

❺ Ryan 最後採取一種怪招。他將 TraninerScedule 所有的程式碼複製到 StudioSchedule 這個新的類別中做一些修改，並刪除用不到的部分來處理特殊狀況，然後在 ScheduleRenderer 與 MasterSchedule 中加入"特殊狀況"的程式碼。可行，但很醜。結果整個系統又變得更複雜。

怪招（有時候稱為"拼湊"）是程式設計師對粗劣、快又髒、但現在可行而未來可能引發問題的解決方案的稱呼。

Ryan 的解決方案絕對是個怪招。他的修改方式使得要改變時間表時必須記得同時要改新的類別——這或許會引發"散彈手術"連鎖反應。

大而複雜的系統因累積一點一滴的怪招而越來越複雜。

團隊重視簡單化時建構更好的程式

解決一個程式設計問題幾乎有無限多個方式。有些方式比其他方式更複雜，它們在單元間有更多交互連結或增加額外的邏輯層。單元可能會變大而無法一次看懂，或寫得難以閱讀與理解。

另一方面，簡單的程式碼讓所有東西都運作的更好且容易修改或增加新的行為。程式碼簡單時，bug 較少且發生時容易除錯。

要如何知道一個單元 —— 例如 Ruan 寫的 `TrainerScheudle` 類別 —— 變得太複雜？管理複雜性沒有絕對又簡單的規則。這是 XP 團隊為什麼沒有規則而用價值觀代替。明確的說是 XP 團隊重視**簡單化**。解決特定程式設計問題有許多方式時，XP 團隊會選擇所能想到的最簡單方式。

簡單化

程式在做太多事情時變得複雜。

程式變得複雜的最常見情況是一個單元做太多事。程式單元通常以行為歸納。一個單元做太多事時，降低複雜性的最有效方式之一是將它**拆解成**只做一件事的**較小單元**。

重構現有程式讓它較不複雜。

建構特定程式單元沒有“正確”的方式 —— 有很多正確答案，而很少有程式第一次就最佳化。這是為何 XP 團隊經常在有必要時**重構**他們的程式。他們重構程式時（或修改程式結構而不改變行為），程式幾乎都比原來較簡單。

XP 團隊的成員總是注意到單元變得複雜。他們知道值得花時間盡快在看到可以簡化時進行重構。

好的習慣比紀律有效。

若你嘗試喋喋不休的要求隊友（或你自己）使用測試驅動開發等實踐或重構等工具，他們通常不會固定。相反的，XP 團隊發展出**好習慣**。舉例來說，他們養成每次看到可以重構的程式就進行重構，就如同養成先撰寫單元測試的習慣一樣。這是 XP 心態的一部分。

動動腦

什麼習慣可以幫助 CircuitTrak 團隊避免 Ryan 遇到的相同問題？

簡單化是 Agile 原則的基礎

讓我們仔細檢視一個 Agile 宣言的原則：

> 精簡——或最大化未完成工作量之技藝——是不可或缺的。

嗯…“最大化未完成工作量”聽起來像是譯者偷懶用 Google 翻譯的結果。它真正的意思是什麼？

單元緊密耦合時增加專案的複雜性

重新裝修房子時，最具破壞力的事情是拿大錘子敲掉牆壁。這是撰寫程式與實體工程不同的地方之一：如果你刪除一段程式碼，它不會對專案造成永久破壞 —— 你可以從版本控制系統還原。

如果你真的想讓程式變糟，寫一段新程式、修改現有單元使其相依它、然後修改其他單元使其與你修改過的單元緊密耦合。如此可以保證要除錯時必須花很多時間在不同單元間跳來跳去。

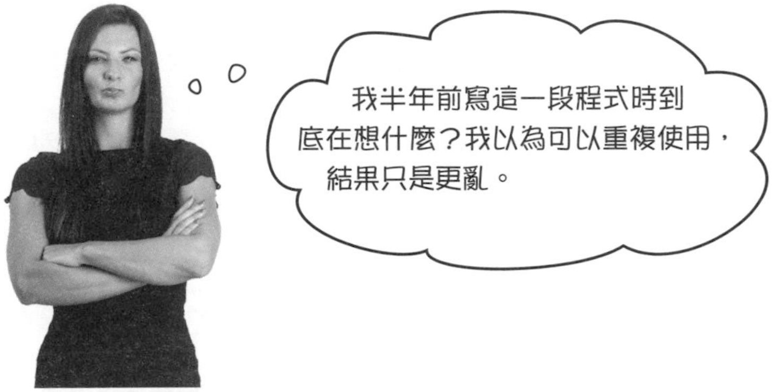

我半年前寫這一段程式時到底在想什麼？我以為可以重複使用，結果只是更亂。

最大化未完成工作量的一種有效方式是只寫目前所知的特定用途程式碼。避免寫出之後有可能會用到的程式碼。

很容易為了可重複使用性而犧牲簡單性

開發者喜歡**可重複使用**的程式。寫程式時，你通常會發現必須在不同的地方解決相同的問題。你在處理複雜問題時發現你可以呼叫現有的方法或使用已經存在的物件時會有很“爽”的感覺。

但有個陷阱程式設計師很容易掉進去：為重複使用最佳化而犧牲簡單性。這是 Ana 在第 222 頁所靠北的事情 —— Ryan 建構相當複雜的建置腳本以解決幾行重複的程式碼，但新腳本很難修改或解決建置問題。Ryan 想要避免重複的程式碼，但最終讓專案更難改變。

每個團隊累積技術負債

程式的小問題隨著時間累積。每個團隊都這樣。所有的開發者 —— 就算是技術非常好的開發者 —— 寫的程式都可以再改善。這是自然的：撰寫程式解決問題時，我們通常在解決過程中對問題的了解更透徹。撰寫可用的程式、觀察結果、**思考一下**、然後發現可以**改善與簡化**的方法是很自然的。

但很多時候開發者不會回頭改善程式 —— 特別是感覺有盡快交付的壓力時，甚至是沒有做到“完成”。“未解決”的設計與程式問題留著越久問題就牽扯更多，這導致複雜的程式難以維護。團隊稱這些揮之不去的設計與程式問題為**技術負債**（**technical debt**）。

我已經兩年沒有碰過這個部分的程式，而它是一堆夾纏的意大利麵。現在我必須改正其中的 bug，**真是頭痛**。

以簡單化與重構償還技術債務

所有團隊都有技術負債。為什麼？因為很容易寫出有點複雜的程式。下面是達成**簡單化**與**避免技術負債**的幾個技巧：

- ★ **關心**：簡單化是**價值觀**，這表示你必須真正的關心。
- ★ **計劃**：將程式簡單化需要投入 —— 事實上，很多人覺得撰寫簡單的程式比複雜的程式困難。
- ★ **搜尋**：看出複雜不容易，特別是你習以為常時。有時候你必須用力找可簡化的對象。
- ★ **行動**：找到可以簡化的程式？現在就重構！

這又回到 **slack**，它不只是填補專案時間表的 Agile 方法，它留時間給你的團隊償還（或預防！）技術負債。

照過來！

別怕刪除你的程式。

開發者最常掉進的陷阱是寫完了程式就**不願意刪除**。這會導致**程式碼膨脹**：額外的行為、死程式、或冗餘或沒效率。

你應該能接受刪除程式碼，因為你可以從版本控制系統復原。

XP 團隊在每個週循環“償還”技術負債

你對程式設計師通常不能在第一次就把程式寫好感到驚訝嗎？是真的！開發者並非“吐出”程式碼然後就進行下一個工作。如同藝術家、工匠先做初步設計再完善成最終產品，程式設計師先做出程式的初始版本然後再重構程式，有時會重複很多次。

這是為何有效的 XP 團隊會確保他們在**每個週循環留下時間**“償還”技術債務並於累積一堆問題前改正。其最有效的方法是重構程式。XP 團隊對這個好習慣有個稱呼：**無情重構**。

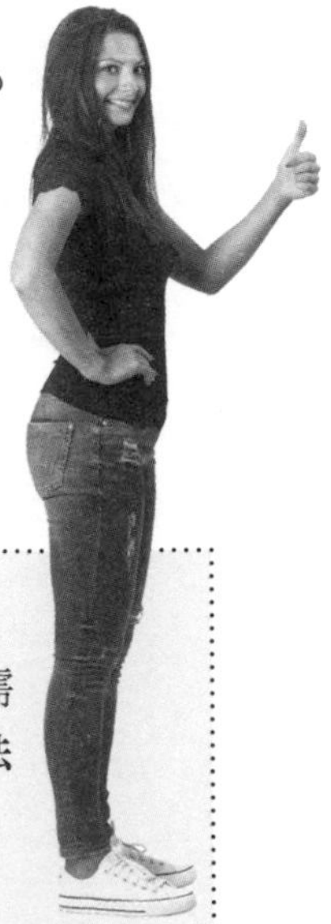

我知道有截止時間，但現在**值得花時間**改正這個程式，因為下一段工作會比較快完成…且比較輕鬆！

揭密：重構

開發者重構程式的方式

著手修改程式的結構而不改變行為，且如同 Agile 團隊所做的大部分事情，它很容易開始（但需要時間與實踐來掌握細節）。下面是 Ana 簡化程式的一種常見重構方式 —— 稱為**萃取方法**（**extract method**）：

```
for ( StudioSchedule schedule : getStudioSchedules() ) {
    CustomerTrainers trainers = getTrainersForStudioSchedule( schedule );
    if ( trainers.primaryTrainerAvailable() ) {
        ScheduleUpdater scheduleUpdater = new ScheduleUpdater();
        scheduleUpdater.updateSchedule( schedule );
        scheduleUpdater.setTrainer( trainers.getPrimaryTrainer() );
        scheduleUpdater.commitChanges();
    } else if ( trainers.backupTrainerAvailable() ) {
        ScheduleUpdater scheduleUpdater = new ScheduleUpdater();
        scheduleUpdater.updateSchedule( schedule );
        scheduleUpdater.setTrainer( trainers.getBackupTrainer() );
        scheduleUpdater.commitChanges();
    }
}
```

前四行程式更新課程時間以讓主要教練教授它。

這四行程式幾乎一模一樣。除了後備教練外，它們做相同的事情。

Ana 重構程式，將重複的四行放在稱為 `createScheduleUpdaterAndSetTrainer()` **的新方法中。**

```
for ( StudioSchedule schedule : getStudioSchedules() ) {
    CustomerTrainers trainers = getTrainersForStudioSchedule( schedule );
    if ( trainers.primaryTrainerAvailable() ) {
        createScheduleUpdaterAndSetTrainer( trainers.getPrimaryTrainer() );
    } else if ( trainers.backupTrainerAvailable() ) {
        createScheduleUpdaterAndSetTrainer( trainers.getBackupTrainer() );
    }
}
```

Ana 消除了重複行，這讓程式更簡化。接下來要對其他教練做相同的事情時，她可以重複使用新的方法。

增量設計從簡單程式開始（與結束）

我們討論過的實踐可幫助團隊中的每個人發展出幫助他們建構小而解耦的獨立運作單元的習慣。隨著他們發展出這些習慣，他們可以開始實踐**增量設計**（**incremental design**）。這個 XP 的實踐如名稱所述：團隊以小增量建構專案的設計、只建構目前季循環所需下一個設計、並專注於這個週循環所需的部分。他們建構小、解耦單元、消除相依性時重構、分解太大的單元、並簡化每個單元的設計。

XP 團隊使用增量設計時，他們建構的第一組單元通常轉化為小而穩定的核心。隨著系統成長，他們在週循環中加入或修改小量單元。他們使用測試驅動開發以確保每個單元與其他單元有最小的相依性，如此能讓整個系統更容易開發。在每個迭代中，團隊只加入建構下一組故事所需的設計。單元間以簡單的方式互動時，它讓整個系統有機的逐步成長。

團隊進行增量設計時一點點的發展設計——如同增量開發，他們一點點的發展計劃。

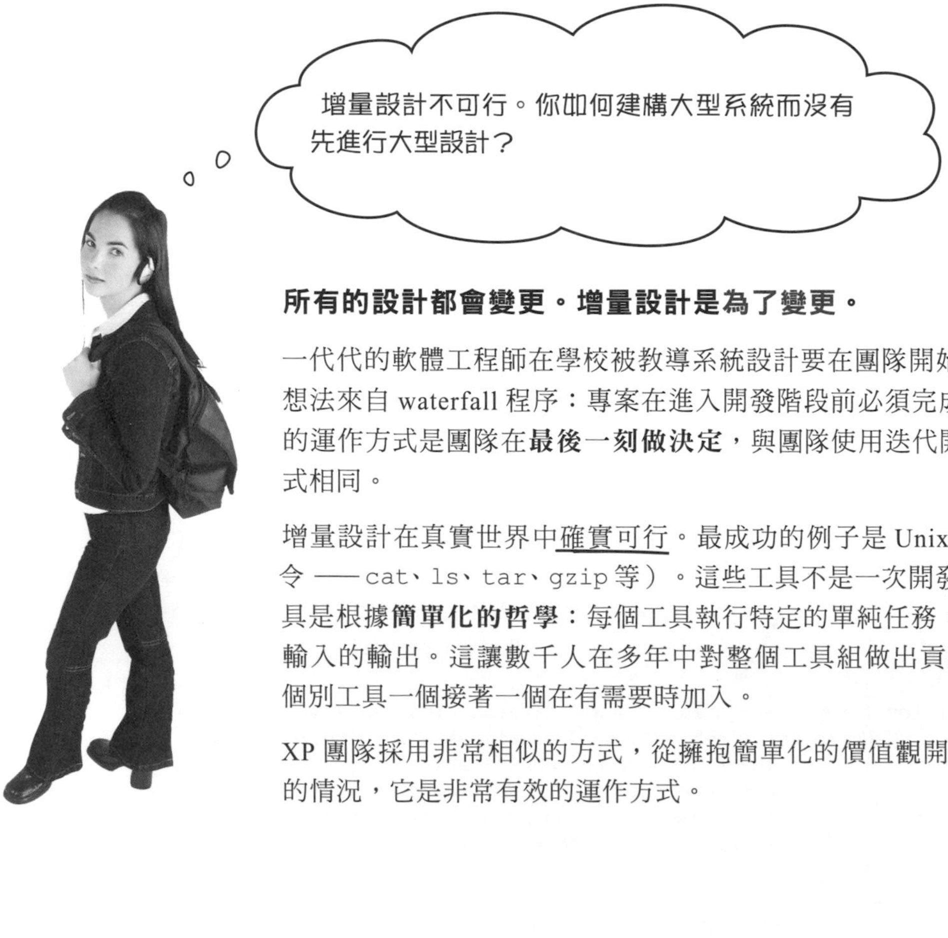

增量設計不可行。你如何建構大型系統而沒有先進行大型設計？

所有的設計都會變更。增量設計是為了變更。

一代代的軟體工程師在學校被教導系統設計要在團隊開始寫程式前完成。這種想法來自 waterfall 程序：專案在進入開發階段前必須完成設計階段。增量設計的運作方式是團隊在**最後一刻做決定**，與團隊使用迭代開發做出規劃決定的方式相同。

增量設計在真實世界中確實可行。最成功的例子是 Unix 的工具組（Unix 的命令 —— `cat`、`ls`、`tar`、`gzip` 等）。這些工具不是一次開發的。相反的，Unix 工具是根據**簡單化的哲學**：每個工具執行特定的單純任務，產生其他工具可作為輸入的輸出。這讓數千人在多年中對整個工具組做出貢獻。它是增量成長的，個別工具一個接著一個在有需要時加入。

XP 團隊採用非常相似的方式，從擁抱簡單化的價值觀開始。如同 Unix 工具組的情況，它是非常有效的運作方式。

因為團隊重視簡單化的價值觀，只建構下一組故事所需的單元很合理，而因為設計已經簡化，所以它**很容易修改**。

沒錯。設計供修改的軟體讓團隊容易擁抱改變。

整個 XP 的重點在於改善團隊撰寫程式的方式，同樣重要的是改善工作環境與提高精力。團隊中的每個人都真正的“掌握”增量設計時，整個系統變得很容易開發。這讓工作**更有滿足感**：軟體開發任務中最乏味的部分都被減少與消滅。

這導致非常正面的回饋循環：週循環與 slack 讓團隊有足夠的時間工作與經常重構程式，讓他們增量的建構簡單的設計，這能幫助每個人保持精力並以最清楚的頭腦解決問題，讓他們快速的前進，讓他們在公司獲得成功。成功**讓團隊更有效率的完成工作**，讓他們能夠以週循環與 slack 規劃專案。

這個回饋循環推動 XP 團隊有能力擁抱改變。

重點提示

- XP 團隊**擁抱**而非抗拒**改變**。
- **10 分鐘建置**讓團隊經常獲得建置的回饋並減少等待。
- 團隊使用**持續整合**，確保每個人的工作目錄不會過期超過幾個小時。
- **測試驅動開發**或稱為先單元測試再建構可通過測試的程式能幫助團隊保持程式單元簡單並減少相依性。
- 開發者一起坐在同一台電腦前面的**結對程式設計**比單獨工作更快產生更好的程式。
- 若不清楚一個技術如何運作，可拋棄的**刺穿方案**能幫助團隊判斷它是否為好方法。
- XP 的實踐**互相加強**以產生生態系效應。
- XP 團隊發展**好習慣**，產生好軟體而無需要求團隊的紀律。
- 方法論的實踐**感覺不對**時，通常是方法論的價值觀與團隊心態或文化的衝突。
- Agile 團隊重視**簡單化**，因為它產生更好的程式並幫助他們寫出較小的程式。
- XP 團隊不為可重複性**犧牲簡單性**。
- **增量設計**或說只進行目前迭代所需的設計是幫助防止系統變得複雜的有效實踐。

沒有蠢問題

問：XP 真的能讓工作更有滿足感嗎？

答：是真的！讓工作空間充滿精力意味著每個人注意疲乏與無聊的徵兆。這些感覺通常表示團隊成員正在處理不可避免的程式問題，或因為不合理的規劃被強迫加班。

問：你怎麼知道 Ryan 的課程修改是怪招？

答：有幾個明顯的徵兆。首先是複製整個類別，留下一些程式並輸出用不到的部分。這會產生很多重複的程式碼。然後他在系統的其他部分加上“特殊狀況”的程式碼。這個程式碼找尋特定狀態 —— 此例中是整個健身房而非單獨課程。開發者嘗試避免這些事情是因為它們讓系統更難維護。解決這種問題總是有更優雅的方式。

問：OK，現在我搞不懂重複程式碼的關係了。Ryan 不應該為避免重複程式碼而做出複雜的建置腳本，但他又不應該複製類別而產生重複的程式碼。所以重複的程式碼到底是好是壞？

答：沒有什麼事情比在兩個（或多個）地方重複的一段程式碼更讓程式設計師覺得不美。將重複程式碼搬到獨立的單元（例如類別、函式、模組等）通常比複製好。但有時候不一定是這樣。幾行重複不一定容易重複使用。有時候將它們獨立出來需要很多工作。我們寫程式時，有時會因為要避免一段重複的程式而增加了複雜性。這就是 Ryan 的建置腳本掉進的陷阱。

問：等一下…“不美”？什麼時候寫程式跟美學有關係了？

答：程式美學很重要！如果你不是開發者，討論程式的“美感”似乎很奇怪。但好的開發者對程式美不美很有感覺。重複的程式碼特別侮辱開發者，因為一定有東西可以簡化。

問：要如何知道程式太複雜或不夠簡單？有規則嗎？

答：沒有複雜度的規則。這是為何***簡單化是價值觀而非規則***。團隊越重視簡單化你讓程式簡單化的經驗就越好。也就是說，程式變得太複雜一定會有徵兆。舉例來說，你會避免碰一段程式是因為覺得它太複雜或有個恐怖的註解寫著**不要碰**！如果你發現有個修改很簡單，但改變建置腳本或單元測試很麻煩時表示建置腳本或單元測試太複雜。

問：我還是不懂測試驅動開發與簡單化的重點。先撰寫單元測試真的能保持程式簡單嗎？

答：是的。很多複雜性來自於程式單元與系統其他部分有很多相依性。若能避免加入相依性，整個系統會比較容易維護並能幫助你避免寫程式時有“散彈手術”的感覺。單元測試可幫助你避免不必要的相依性，因為單元的測試提供單元所需的輸入。若單元有很多相依性則會讓測試非常難寫 —— 所需的相依性會變得非常明顯。通常這還會顯示系統的另一個部分可以重構。它讓你有立即重構的慾望，因為它能讓手頭上的工作比較簡單。

問：讓手頭上的工作比較簡單…也對團隊有好處吧？

答：是的！讓團隊更有生產力的最佳方式之一是讓每個人的工作**比較簡單**。這是建構有精力工作空間非常有效的方式。這是為何 XP 團隊無法想像以其他方式工作的原因。

疲乏、無聊、激動是可避免程式問題的徵兆。

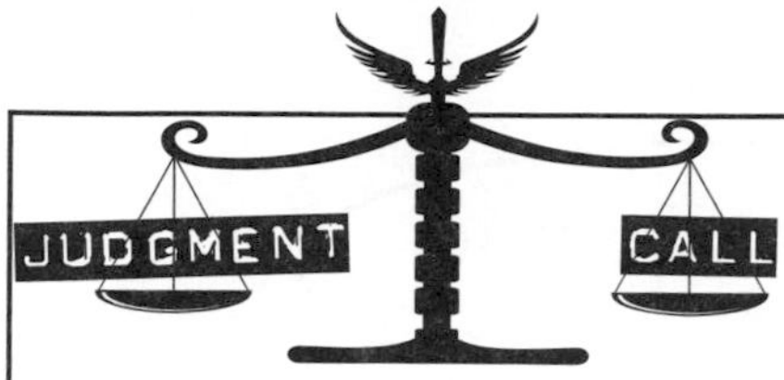

下面是 Ana、Ryan、與 Gary 的談話。有些與 XP 價值觀相容，有些不相容。找出與其相容或不相容的 XP 價值觀。從對話框畫出一條線到 COMPATIBLE 或 INCOMPATIBLE 然後到相容或不相容的 Scrum 價值觀上。

COMPATIBLE

這個 Java 類別太大且做太多事情。
我會重構成兩個獨立的類別。

INCOMPATIBLE

尊重

COMPATIBLE

我總是在提交程式前建置，以確保所有東西都可以編譯且所有單元通過測試。

INCOMPATIBLE

溝通

COMPATIBLE

你指派那個給新人？他很菜，
或許我們應該給他一些簡單工作，直到他更有經驗。

INCOMPATIBLE

簡單化

COMPATIBLE

我的程式有 bug？開一條 ticket，
有時間我就會處理。

INCOMPATIBLE

回饋

答案見第 243 頁

四個月後…

嘿，Ryan！你上一次加班是什麼時候啊？

你知道嗎？很久以前了。我們的程式曾經很糟糕，但現在**很容易開發**了。

從某個時刻起，重構與結對程式設計**不再是苦差事**且變成習慣。現在有人看到不好的程式就會花時間改善。

沒錯！還記得我之前胡亂改的課程表嗎？George 必須修改以讓用戶端結合健身房預約。

我以為會需要三個禮拜，但有人已經重構那個程式使它**很容易清理**。我只用三天就全部完成了。

無論你們做了什麼，它很管用。我與全國最大的健身房連鎖討論過。那個功能對他們是一定要有的，我展示給他們的副總看過了，並拿到今年最大的訂單！

XP 填字遊戲

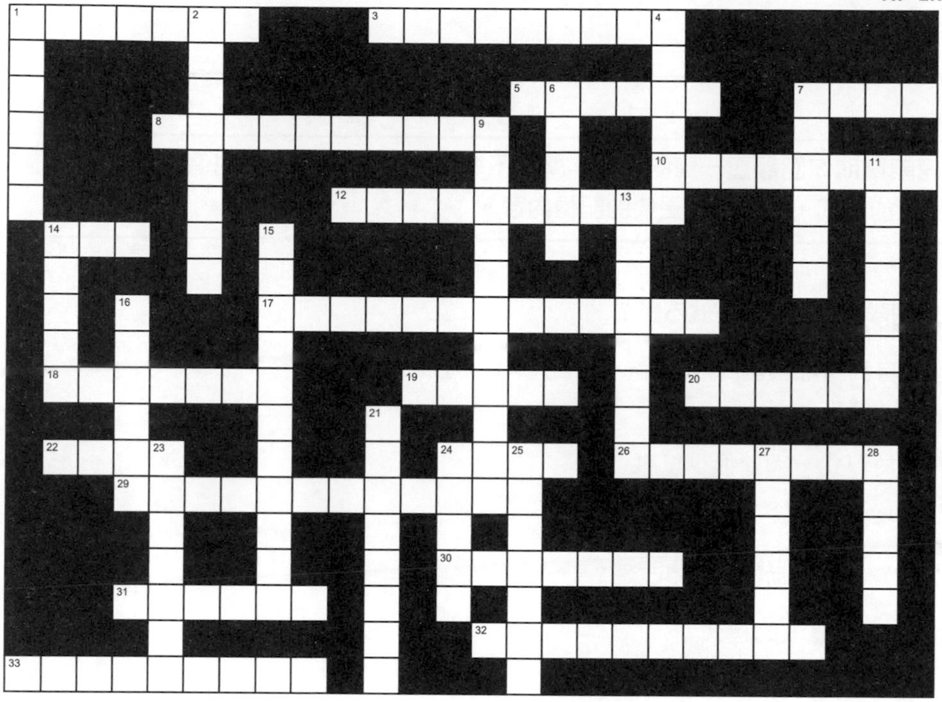

答案見第 244 頁

橫排提示

1. Scrum has a strong focus on _______ management
3. The XP practices work together and reinforce each other to form this
5. XP teams create automated _______ that run in 10 minutes or less
7. A clumsy, quick-and-dirty solution
8. Everyone on the team continually _______ the code in their working folders back into the version control system
10. The kind of loop that teams use to repeatedly get useful information and make adjustments
12. What a version control system provides for the team to store their code
14. What XP teams do together to help them communicate well
17. When people have this value, they don't mind a little chatter in their office environment
18. What XP teams do with change
19. What teams add when they include optional or minor items
20. Another name for a clumsy, quick-and-dirty solution (rhymes with "stooge")
22. The kind of programming where two people sit at one computer
24. A programmer takes 15 to 45 minutes to reach this state of high concentration
26. What you do when you run across complex code that can be simplified
29. They add complexity to your code
30. Practice used in XP and Scrum to manage requirements
31. How often XP iterations happen
32. This value maximizes the amount of work not done
33. The _______ cycle is how XP teams do mid- to long-term planning

直排提示

1. Nagging people to achieve this is not only annoying and ineffective, but actually counterproductive
2. Agile teams welcome _______ requirements, even late in development
4. It's a lot less stressful to work with code that's easy to _______
6. All code is broken down into these
7. They're better than discipline for making practices "stick"
9. The pace that XP teams strive for, and the kind of development that agile processes promote
11. If you agree to a deadline you know you won't meet because it's easier to apologize later, you lack this value
13. A burndown chart or task board posted where you can't help but absorb its data is an information _______
14. The kind of solution where you run an experiment by creating a small, throwaway program
15. The kind of design where teams make design decisions at the last responsible moment
16. When XP teams replace their planning practice with a complete and unmodified implementation of Scrum
21. When you try to commit a code change, but find that your teammate already committed a change to the same lines of code
23. XP and Scrum value that helps team members trust each other
24. TDD means writing unit tests _______
25. The kind of communication that happens when you absorb information from conversations all around you
27. A set of changes that you're pushing to a version control system
28. XP teams don't have fixed or prescribed _______

考試題目

這些考試練習題能幫助你回顧這一章的內容。就算不準備考 PMI-ACP 認證也值得一試。這是發現你不知道的地方很好的方式，能幫助你更快的記憶內容。

1. 下列哪一項 XP 團隊規劃工作的方式不對？

A. XP 團隊經常自我組織讓團隊成員從一堆索引卡片中拉出下一個任務

B. XP 團隊使用週迭代

C. XP 團隊專注於程式，因此很少規劃

D. XP 是迭代與增量的

2. XP 的價值觀與實踐如何幫助團隊擁抱改變？

A. 幫助他們建構容易修改的程式

B. 對使用者請求修改加上嚴格限制

C. 實行不夠控管程序

D. 限制使用者與團隊的接觸量

3. Amy 是個開發者，她的團隊採用 XP，但相較於週循環、季循環、與 slack，他們採用 Daily Scrum、做衝刺段規劃、並舉行回顧。下列哪一項最能說明 Amy 的團隊？

A. 他們沒有適當的規劃

B. 他們正在採用 XP

C. 他們混用 Scrum 與 XP

D. 他們從 XP 轉換到 Scrum

4. 下列哪一項不是 XP 與 Scrum 共通的？

A. 角色

B. 迭代

C. 尊重

D. 膽量

考試題目

5. **下列哪一項是 XP 團隊做預估的有效方式？**

A. 規劃撲克

B. 規劃遊戲

C. 傳統專案預估技術

D. 以上皆是

6. **Evan 是個 XP 團隊的專案經理。他注意到過去幾個週循環中每個人都在寫程式時戴耳機聽音樂。Evan 擔心缺少滲透壓溝通讓工作空間不夠訊息化。他叫團隊開會說明 XP 訊息空間實踐並建議他們採用工作時不能戴耳機的規則。**

下列哪一項最能描述這個狀況？

A. 團隊沒有執行訊息工作空間實踐

B. Evan 有責任幫助團隊採用 XP 並擔負起僕役長的領導任務

C. Evan 必須改善他對 XP 價值觀的認識

D. 此團隊混用 Scrum 與 XP

7. **下列哪一項對測試驅動開發為真？**

A. 單元測試在程式寫好後立即撰寫

B. 先撰寫單元測試對程式的設計有重大影響

C. 測試驅動開發只用於 XP 團隊

D. 撰寫單元測試使得專案花更多時間，因為團隊花時間寫更多的程式，但品質更好

8. **持續整合涉及什麼？**

A. 設置建置伺服器以持續整合新程式到工作目錄並警示建置或測試失敗

B. 使用迭代以持續產生可用軟體

C. 團隊中的每個人持續從版本控管系統更新工作目錄

D. 持續減少技術負債，改善程式結構而不影響行為並將改變整合回去

考試題目

9. 下列哪一項不是資訊輻射的例子？

A. 團隊坐在一起因此能從周遭的談話中吸收資訊

B. 張貼燃盡圖在大家能看到的地方

C. 在共同空間放團隊的任務板

D. 在大家可用看到的白板上維護團隊目前已經完成的週循環故事清單

10. 下列哪一項實踐不是建立回饋循環？

A. 測試驅動開發

B. 持續整合

C. 10 分鐘建置

D. 故事

11. 團隊為何使用低寫實的線框？

A. 使用者在模擬使用者介面看起來很粗糙時會給出更多的回饋

B. Agile 團隊很少建構帶有聲音細節的軟體

C. 團隊在每個週循環只建構與審核一組線框

D. 它們只用於較不複雜的使用者介面，而 XP 團隊重視簡單化

12. 下列哪一項提升可持續開發？

A. 完整規劃下六個月工作使團隊不會遇到意外

B. 確保每個人第一次就正確而無需重寫

C. 確保每個人準時下班且沒有週末加班的壓力，因此團隊不會疲乏

D. 設定非常緊的截止時間來激勵每個人趕進度

13. 下列哪一項不是結對程式設計的好處？

A. 團隊中的每個人獲得系統不同部分的工作經驗

B. 有兩對眼睛看著每個修改

C. 結對使對方專注

D. 人們輪流工作以降低疲勞

考試題目

14. Joanne 是經常重構、執行持續整合、先撰寫單元測試、與執行其他 XP 實踐的團隊的成員。下列哪一項最能描述團隊的文化？

A. 他們有嚴格的經理人實行 XP 規則

B. 他們有好習慣

C. 他們很有紀律

D. 他們擔心不這麼做會被解僱

15. 執行建置需要超過 10 分鐘會怎樣？

A. 導致打包程序發生錯誤

B. 團隊成員不常執行建置

C. 合併衝突難以解決

D. 單元測試會失敗

16. Joy 是個開發者。她測試提交一個功能，但版本控制系統在解決衝突前不讓她提交。下列哪一項實踐最能防止這種問題？

A. 可持續步調

B. 持續整合

C. 10 分鐘建置

D. 測試驅動開發

17. Kiah 是個 XP 專案的開發者。她的團隊正在進行季規劃。有個功能十分重要，交不出來的後果很嚴重。Kiah 是專案這個部分的專家，她會參與這個程式設計工作。她覺得設計相當簡單並知道如何建構。

下列哪一項是 Kiah 與團隊最合適採取的動作？

A. 在週循環中加入架構刺穿故事

B. 建構線框以及早取得回饋

C. 在週循環中加入風險刺穿故事

D. 進行可用性測試

~~考試題目~~ 答案

以下是練習題的答案。你答對幾題？如果錯了也沒關係 —— 回頭重讀相關內容以了解為什麼。

1. 答案：C

XP 團隊也許不如 Scrum 團隊一樣專注於專案管理，但 XP 還是有迭代與增量等重視自我組織團隊的方法論。這些是使它成為 Agile 方法論的部分原因。

2. 答案：A

這也能幫助防止產生很多 bug。

團隊知道改變不會造成頭痛時比較容易擁抱改變。XP 有幫助團隊建構容易修改的程式的實踐與價值觀。

3. 答案：A

混用 Scrum/XP 的團隊將規劃相關的 XP 實踐以完整的 Scrum 實作取代。Amy 的團隊沒有這麼做。他們採用一些 Scrum 實踐，但由於捨棄季循環而沒有加入任何產品待辦項目，他們沒有任何長期規劃。

他們也沒有 Scrum 大師或產品負責人。他們還忽略了什麼 Scrum 實踐？你覺得這反映了 Amy 的團隊成員的什麼心態？

4. 答案：A

XP 與 Scrum 都重視尊重與膽量，且都使用有時限的迭代做規劃。但 XP 沒有固定的角色，而 Scrum 團隊必須有團隊成員擔當產品負責人與 Scrum 大師角色。

規劃遊戲是早期版本 XP 的一種實踐。它指引團隊建構迭代計劃，幫助他們分解故事成任務並指派給團隊成員。還有一些團隊在使用它，但規劃撲克更常見。

5. 答案：D

XP 團隊使用多種不同的技術做預估，沒有特別的規則說團隊必須使用哪一種技術，因此有列出的技術都可行。所以讓團隊開會討論需要花多久也可以。

~~考試題目~~ 答案

在工作中討論感覺似乎有點怪，但讓團隊運作平順確實很重要。被負面情緒影響時很難創新與執行智力工作。

6. 答案：C

Evan 判斷團隊做錯了，因為他們沒有遵循他個人對 XP 實踐的解讀。他召開會議提出不准戴耳機時忽略了這是團隊偏好的工作方式。這非常不尊重並顯示他不信任他們會找出有效工作的方式。尊重是 XP 的核心價值，人們忽略它時會帶來負面情緒並傷害整個團隊。

7. 答案：B

先撰寫單元測試對程式的設計有重大的影響。原因是撰寫測試時，結構與單元間不必要的耦合會變得明顯。測試驅動開發並非 XP 團隊專有 —— 許多團隊都這麼做，甚至是 waterfall 專案。雖然它要求開發者寫更多的程式，但大部分進行測試驅動開發的人發現它確實節省時間，因為它讓修改與除錯更快。

團隊花在撰寫單元測試的總時間比修改所需的時間更少。這不是長期效應——幾天或幾小時內就會注意到。

8. 答案：C

持續整合是簡單的實踐，對專案有很大的影響。團隊每隔幾小時持續從版本控制系統整合最新程式到工作目錄中。這可防止要很多時間處理的跨多個檔案合併衝突。

9. 答案：A

資訊輻射器是任何顯示專案資訊讓所有團隊成員經過時不得不吸收資訊的視覺工具。第一個答案描述的是滲透壓溝通。

滲透壓資訊與資訊輻射器都是幫助訊息工作空間實踐的工具。

10. 答案：D

故事非常有用，但不如測試驅動開發、持續整合、10 分鐘建置等方式能建構回饋循環。原因是故事寫完之後通常不會變更，因此沒有機會重複回饋資訊。其他三個實踐建立在週循環中多次發生的回饋循環。

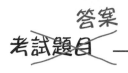

考試~~題目~~答案

11. 答案：A

線框通常低傳真，這表示看起來像是手繪的。使用者對看起來很容易畫的東西比非常精美的模擬畫面更願意提供意見，因為感覺上要求修改精美畫面要很多工作。粗略的線框還是能跟精美模擬一樣抓到使用者介面的細節。

粗略線框所需的工作通常較精美模擬少很多，能讓團隊與使用者審核多種不同的版本。它們可以幫助團隊在一個週循環中嘗試多個迭代。

12. 答案：C

可持續開發發生在團隊以合適的步調工作時，這通常表示每週工作 40 小時。

許多團隊中有幾個人會晚一點下班以顯示"投入"（或做給老闆看）。這通常會帶給其他人壓力，讓團隊進入不可持續的步調並疲乏。

13. 答案：D

結對程式設計是非常有效的實踐，因為兩個人在一台電腦上工作會讓對方專注、持續合作、抓到問題、比單獨進行完成更多工作。兩個人總是在同一時間一起工作 —— 他們不輪流工作。

14. 答案：B

XP 團隊每天使用很好的實踐，因為他們有好習慣。他們不是因為紀律要求，當然也不是因為恐懼。紀律與恐懼會短暫的改變團隊工作的方式，但團隊最終會回到習慣的工作方式上。

建構好習慣的方式是實行實踐、看到好結果、並以此慢慢的改變思考工作的方式。這是為何採用 XP 實踐可幫助團隊獲得 XP 心態。

XP 的創造者 Kent Beck 曾經說過："我不是最好的程式設計師。我只是有**最好習慣**的好程式設計師"。

~~考試題目~~ 答案

15. 答案：B

一個自動化建置需要非常長的時間時，團隊會比較少執行它。這表示團隊比較少得到建置狀態的回饋。

16. 答案：B

持續整合是簡單的實踐，團隊成員從版本控制系統更新他們的工作目錄。它防止浪費團隊時間的許多合併衝突。

17. 答案：C

風險刺穿讓團隊降低專案風險。此例中，Kiah 已經知道她要採取的技術方式，因此無需架構刺穿。但由於此功能的風險很高，加入風險刺穿到週循環是合理的，如此能及早消除風險。

若有意外，及早發現比較好。

一群 XP 實踐與價值在玩“我是誰？”遊戲。他們給你提示，你要根據提示猜測。寫下它們的名稱與類型（例如事件、角色等）。

注意 —— 可能會出現一些非 XP 的實踐或價值！

猜猜我是誰 解答

	名稱	類型
我幫助 XP 團隊進入知道互相分享知識時最能解決問題的心態。	溝通	價值
我是從周遭討論中吸收專案資訊最好的方式。	滲透壓溝通	工具
我幫助你認識使用者的需求，很多 Scrum 團隊使用我。	故事	實踐
我是很能溝通專案資訊的團隊空間。	訊息空間	實踐
我幫助團隊以可持續的步調工作，因為團隊超時工作實際上寫出較少與較差的程式。	有精力的工作	實踐
我是 XP 團隊每季與使用者開會一次討論待辦項目以執行長期規劃的方法。	季循環	實踐
我幫助人們進入善待對方並重視其他人的意見的心態。	尊重	價值
我是 XP 團隊成員會對專案坦白的原因。	膽量	價值
我是 XP 迭代開發的方式，且團隊用我交付下一個“完成”的可用軟體增量。	週循環	實踐
我是放在團隊空間中顯眼位置使每個人都不能不注意到的大型燃盡圖或任務板。	資訊輻射器	工具
我確保團隊有著每個人與其他隊友相鄰的空間。	坐在一起	實踐
我加入選擇性的故事或任務以幫助團隊在每個迭代中具有喘息空間。	slack	實踐

JUDGMENT CALL 解答

下面是 Ana、Ryan、與 Gary 的談話。有些與 XP 價值觀相容，有些不相容。找出與其相容或不相容的 XP 價值觀。從對話框畫出一條線到 COMPATIBLE 或 INCOMPATIBLE 然後到相容或不相容的 Scrum 價值觀上。

這個 Java 類別太大且做太多事情。我會重構成兩個獨立的類別。

COMPATIBLE

INCOMPATIBLE

一個單元做兩件事時，分割成兩個獨立的單元讓程式較不複雜。

我總是在提交程式前建置，以確保所有東西都可以編譯且所有單元通過測試。

COMPATIBLE

INCOMPATIBLE

提交前執行測試讓你立即取得回饋因此你可以發現破壞其他部分的 bug。

你指派那個給新人？他很菜，或許我們應該給他一些簡單工作，直到他更有經驗。

COMPATIBLE

INCOMPATIBLE

認為其他隊友“次等”且只指派“不重要”的工作是相當的不尊重。

我的程式有 bug？開一條 ticket，有時間我就會處理。

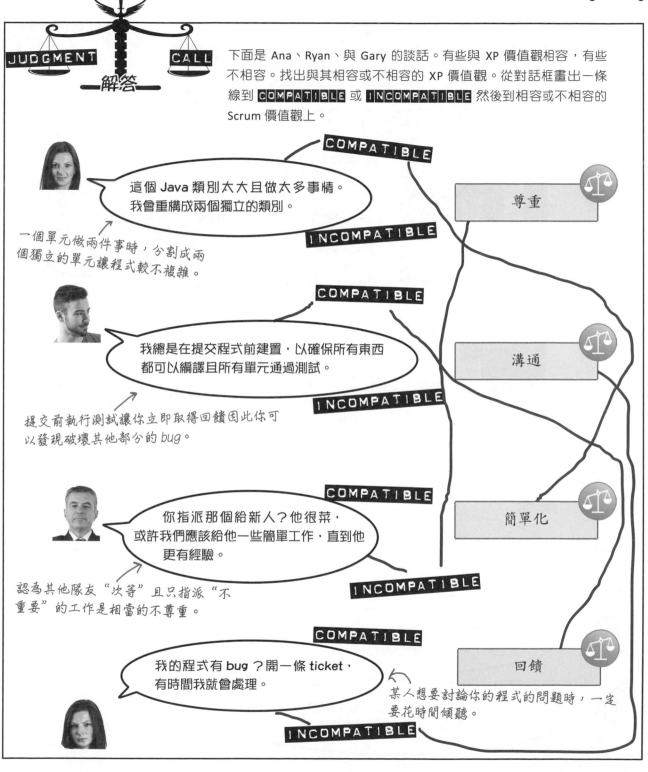

COMPATIBLE

INCOMPATIBLE

某人想要討論你的程式的問題時，一定要花時間傾聽。

尊重

溝通

簡單化

回饋

XP 填字遊戲解答

[1]P	R	O	J	E	[2]C	T				[3]E	C	O	S	Y	S	T	E	[4]M							
U					H													O							
R					A									[5]B	[6]U	I	L	D	S			[7]H	A	C	K
I				[8]I	N	T	E	G	R	A	T	E	[9]S		N			I				A			
T					G								U		I			[10]F	E	E	D	B	A	[11]C	K
Y					I				[12]R	E	P	O	S	I	T	O	[13]R	Y				I		O	
	[14]S	I	T		N		[15]I						T		S		A					T		U	
	P				G		N						A				D					S		R	
	I		[16]H				[17]C	O	M	M	U	N	I	C	A	T	I	O	N					A	
	K		Y				R						N				A							G	
	[18]E	M	B	R	A	C	E				[19]S	L	A	C	K		T		[20]K	L	U	D	G	E	
			R				M			[21]C			B				O								
	[22]P	A	I	[23]R			E			O		[24]F	L	[25]O	W		[26]R	E	F	A	[27]C	T	O	[28]R	
			[29]D	E	P	E	N	D	E	N	C	I	E	S							O			O	
				S			T			F		R		M							M			L	
				P			A			L		[30]S	T	O	R	I	E	S			M			E	
			[31]W	E	E	K	L	Y		I		T		T							I			S	
				C						C			[32]S	I	M	P	L	I	C	I	T	Y			
[33]Q	U	A	R	T	E	R	L	Y		T				C											

削尖你的鉛筆解答

下面三個 Ryan 與 Ana 的情境必須從專案中獲得回饋。寫下每個情境使用的工具名稱。

我們需要新的課程儲存方式
以減少記憶體的使用。我會建構一個概念驗證來看看
它需要多少工作量。

架構刺穿

我不喜歡這個類別初始化的方式 —— 它很難用。
通過單元測試後我會修改它。

紅 / 綠 / 重構

我完成了新使用者介面的設計。讓我們找一群使用
者，看看能否使用並觀察他們的使用狀況。

可用性測試

6 Lean / Kanban

消滅浪費與管理流程

Agile 團隊知道一定要方法改善工作方式。具有 Lean **心態**的團隊成員非常會找出對**交付價值**沒有幫助的事情。然後他們會消滅拖累他們的**浪費**。許多具有 Lean 心態的團隊使用 **Kanban** 來設定**工作量限制**並以**牽引系統**確保人們不會因為工作量不足而跑偏了。準備好學習以**系統整體**來看軟體開發程序能幫助你建構更好的軟體！

Audience Analyzer 2.5 的問題

讓我們回到 Kate、Ben、與 Mike。最新版的運作很良好，因為團隊從開始就知道使用者的需求。他們開始思考 Audience Analyzer 2.5 需要什麼新功能時，使用 Agile 實踐來改正的一些問題又回來了。

我們依照 **Agile** 做改變，但我開始覺得不值得這麼做。我開始覺得我們遇到 **Agile** 應該要解決的***老問題！***我們以前被開發時數與人力糾纏。現在我們經常討論每個版本要完成多少故事點數。再說一次…這算進步嗎？

我懂你的感覺。是的，我們必須合作讓專案完成。但我要處理銷售目標且我們必須告訴客戶團隊在季末會交付什麼。

Ben 很高興看到團隊在每個衝刺段結束時的進度，但身為一個產品負責人，他也必須知道一季可以做什麼以確保產品符合銷售預估。

Mike 的開發團隊成員在開始採用 Agile 時很高興，但接下來常與人們討論專案變得很糟糕。

我同意。這個感覺很熟悉，但不太妙。我覺得我們工作的方式**有些問題**。

Kate 比任何人都清楚這個問題。專案經理通常都很清楚。她可以看出每個人感覺到進度越來越慢而完成壓力越來越大。

Ben：讓團隊告訴我下一個版本有什麼功能很困難？我們不能只告訴客戶來看每個展示並期待我們能完成他們的要求。

Kate：是，我懂。我們都懂。你要求一個非常重要的功能，而大家早就要求過這個功能。

Mike：問題是它們**都是**很重要的功能。

Kate：對啊，大家早就要求過這些功能。

Ben：等一下。我不想當壞人，但我們要做生意。大家曾經運作的很順暢。前幾個迭代進行的很好。我們都知道我們必須做什麼，我都能告訴老闆下一個版本會有什麼功能。但最近越來越多功能被排除。更糟的是我們一直發現 bug，而你們以前的工作品質沒有這麼糟。發生了什麼事？

Kate：老實說，我沒有答案。我們規劃工作時有些問題。我看出進度變慢，但不知道該怎麼辦。我覺得很無助。每個迭代都有待辦項目，這表示我們可以應付不確定性。這不是說我們不能進行長期規劃，但…嗯…

Mike：我知道你接下來要說什麼。我們以前有反應：這個任務做這個，下一個任務做那個。現在團隊都知道接下來的兩個月、三個月、六個月要做什麼功能。這幾乎就像未來的工作如此重要以致於我們覺得今天我們所做的任何事情都會**阻礙我們做明天需要做的事情**。我感覺我們總是落後進度，這導致犯錯與抄捷徑。感覺上工作都沒有完成，所以每件事都要盡快完成。這樣子壓力很大，它影響了品質。

Ben：我知道我們的專案不必如此。我不知道要怎麼辦。你們知道要如何改善嗎？

動動腦

你曾經待過不像以前那麼順利的團隊嗎？你覺得原因是什麼？團隊有任何辦法可以改善工作方式嗎？

Lean 是一種心態（而非方法論）

我們討論過 Scrum 與 XP，各具有心態成分（價值觀）與方法成分（實踐）。Lean 不同，它不是方法論，且沒有實踐。**Lean 是一種心態**，以原則確保團隊依循程序來幫助你建構對客戶有價值的產品。Scrum 給你可遵循的程序模板（角色、規劃會議、衝刺段、衝刺段審核、回顧），而 Lean 要求你檢視現在的工作方式、找出在哪裡遇到問題、並套用 Lean 原則改正問題。相較於告訴你做什麼，Lean 給你工具找出你使用的程序在什麼地方妨礙你達成目標。

Lean 團隊檢視現在的工作方式、找出在哪裡遇到問題、然後改善工作的方式。

Lean、Scrum、與 XP 都相容

隊中有產品負責人或 Scrum 大師。你不必在衝刺段的第一天召開衝刺段規劃會議或在最後一天進行回顧。你不必進行結對程式設計、坐在一起、或重構。但 XP 與 Scrum 都是基於 Lean 發展的。所以若你開始採用 XP 或 Scrum（甚至沒有），你可以使用 Lean 改善團隊工作方式。

Lean 原則幫助你以不同角度觀察

Lean 分成 **Lean 原則**與幫助你在建構軟體時使用這些原則的**思考工具**。所有 Agile 方法論都受到 Lean 思考影響，因此這一章的許多主意與前面章節的概念相同。但 Lean 要求你套用這些概念到開發軟體與持續改善工作方式上。使用 Lean 的團隊對套用這些原則與思考工具有個稱呼：他們稱它為 **Lean 思維**。

消滅浪費

建構產品要投入很多工作。但團隊通常做出比所需更多的工作：他們加入沒有需求的功能、浪費時間嘗試多工、浪費時間等待。團隊具有 Lean 心態時，他們嘗試找出浪費並努力將它從專案中排除，通常是移除讓團隊建構使用者所需的軟體以外的干擾。

放大學習

此原則是從工作中學習並以回饋持續改善。團隊改變工作的方式，觀察改變成果，然後使用觀察結果決定接下來改變什麼。

盡晚決定

在有最多資訊時才做出關於專案的重要決定 —— 在最後一刻。不要勉強決定還無需決定的事情。

若你需要回憶什麼是"最後一刻"，見第 3 章。

盡快交付

延遲專案的代價很高。追蹤如何進行工作、什麼地方遇到延遲、與延遲如何影響團隊。設置**牽引系統**、**佇列**、與**緩衝**來平衡工作，因為這會讓你的產品盡快有效率的完成。

更多細節見這一章的內容。

更多 Lean 原則

還記得第 2 章討論過的雪鳥會議嗎？他們討論自我組織、簡單化、與持續改善等 Agile 原則時，這三個 Lean 原則是討論中的重要部分。

如同 Scrum 將透明、檢查、與適應套用在專案上以讓衝刺段越來越好，Lean 團隊評估改變的效益並判斷改變是否有效或需要不同的方法。Lean 團隊使用原則與思考工具找出從概念到實際交付軟體給客戶最快最有效的途徑。

授權給團隊

沒有人比團隊成員更懂團隊如何運作。這個原則是關於幫助團隊成員能夠存取所需專案目標與進度資訊，以及讓團隊決定最有效的工作方式。

內置品質

團隊建構符合使用者需求的軟體時，使用者最能理解團隊建構的軟體的目的且能評估工作的品質。若軟體夠直覺並執行對使用者有價值的事情，更可能讓每個人投入建構它。

識全局

花時間認識團隊如何進行專案 —— 並進行正確的評估使每個人能接觸做正確決定所需的資訊。團隊中的每個人能知道其他人在做什麼時（不只是自己的工作），團隊可以用最好的方式合作完成工作。

Lean 心態讓團隊專注於在有限時間內建構最有價值的產品。

范恩磁鐵

你花了一整晚在冰箱上用磁鐵排列 Scrum 專屬、XP 專屬、Lean 專屬、以及三者共享的實踐與價值范恩圖…然後有人甩冰箱門使得磁鐵全部掉地上。你能把它們放回正確位置嗎？

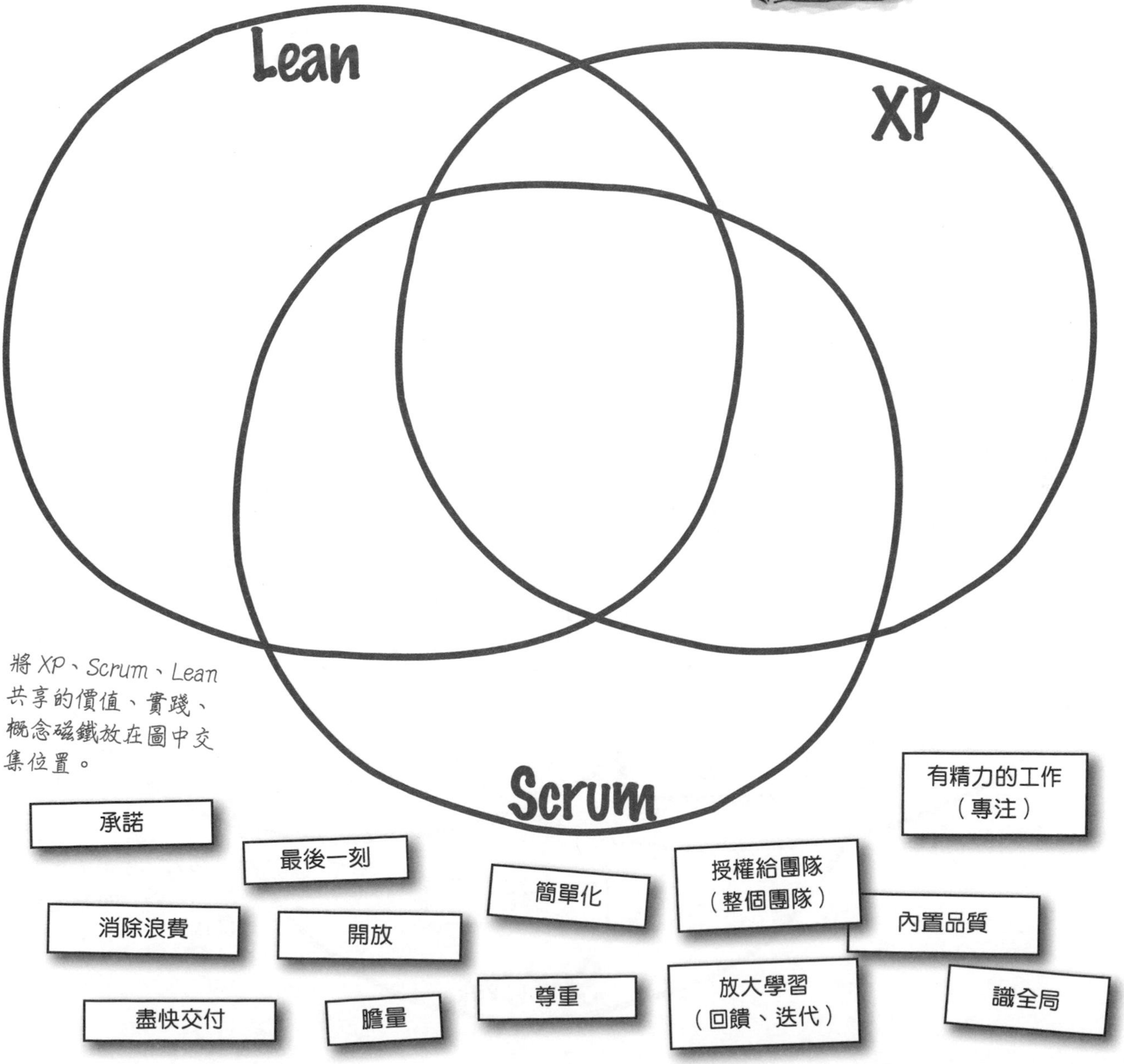
Lean
XP
Scrum
將 XP、Scrum、Lean 共享的價值、實踐、概念磁鐵放在圖中交集位置。
承諾
最後一刻
簡單化
授權給團隊（整個團隊）
有精力的工作（專注）
消除浪費
開放
內置品質
盡快交付
膽量
尊重
放大學習（回饋、迭代）
識全局

范恩磁鐵解答

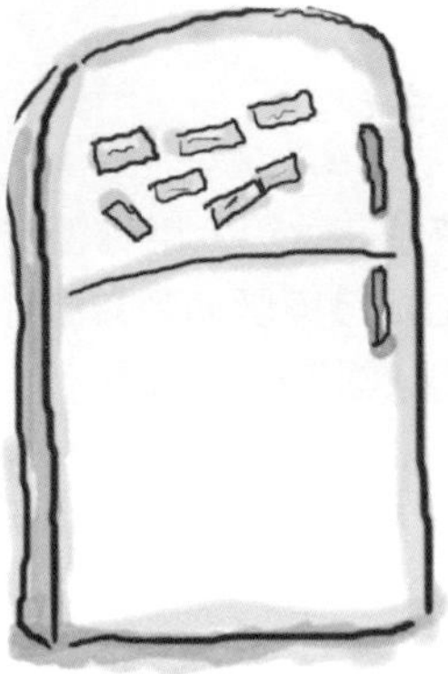

下面是放在正確位置的磁鐵。Lean 與 XP 都專注於授權而三者都專注於最後一刻與回饋循環。Lean 與 Scrum 都專注於承諾。

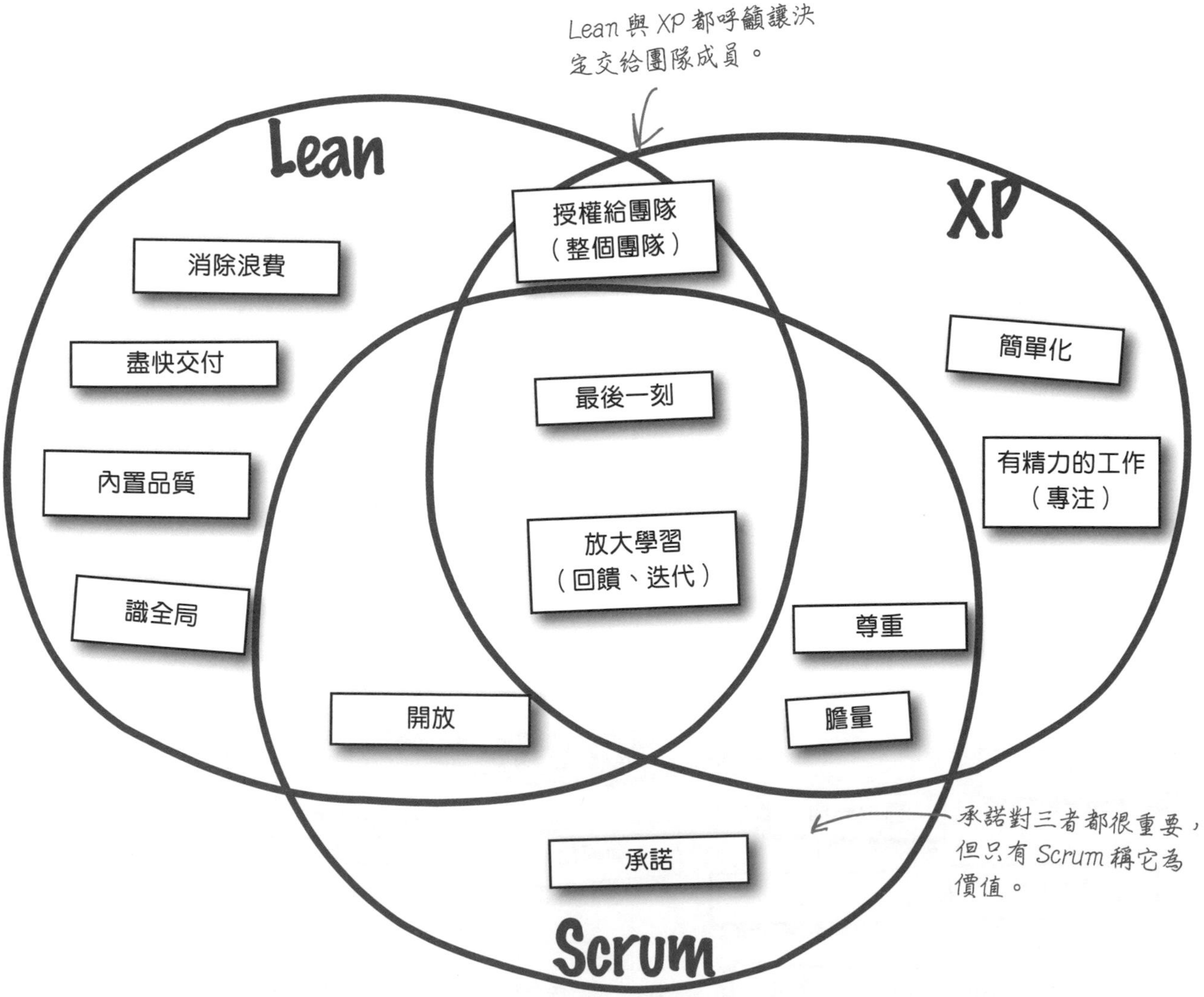

連連看

由於建立 Agile 宣言時很重視 Lean，因此很多思考工具被納入 Scrum 與 XP。下面是一些你已經從前面的章節認識的思考工具。連接工具的名稱與說明。

最後一刻	改變程式以更容易閱讀與維護但不改變其行為。
迭代與回饋	自行決定要完成什麼工作而無需外部同意。
重構	在獲得最多資訊時做決定。
自決、激勵、領導技能	增量交付軟體使繼續開發更多功能同時可以評估新功能。

所以思考工具也是一種實踐。它們幫助 Lean 團隊使用 Lean 原則改善程序。

沒錯。它們是 Lean 團隊做的事情以支持他們做的決定。

Lean 的重點是看出阻礙團隊建構有價值產品的地方。若團隊利用**迭代與回饋**思考工具，他們能夠看出改變產生的影響並**放大學習**。若他們使用**最後一刻**思考工具，他們能夠在**最後一刻做決定**。這是思考工具與原則連結的方式。

你沒有看過的一些思考工具

現在你已經知道 Lean 原則與一些 Scrum 與 XP 使用的思考工具，接下來看看 Lean 專屬的思考工具。Lean 團隊使用這些工具認識程序問題的根源然後加以改正。

看到浪費

消滅浪費前，你必須先看到浪費 —— 但不容易。你是否對家中堆積的物品漸漸地習以為常？一陣子後就視而不見了。程序浪費也是這麼累積的，這是為何看到浪費是很重要的 Lean 思考工具。

找出無助於建構有價值產品的工作並停掉它。你寫沒有人會看的文件嗎？花很多時間進行可以自動化的工作嗎？討論與評估或許不會採用的功能嗎？

價值流對應圖

此工具可幫助 Lean 團隊找出建構軟體的程序中的浪費。要建構價值流對應圖，找出客戶願意對待辦項目排列優先順序的最小的產品“段落”，然後回想團隊建構它的步驟，從最初討論到最終交付的過程。為每個步驟**畫出一個方塊**，使用**箭頭**連接方塊，接下來記錄執行每個步驟的時間與步驟間的等待時間。花在步驟間的等待時間是浪費。**畫出**向上**線條**以顯示專案進行，畫出向下線條以顯示專案等待中。現在你有了工作與浪費的視覺化表示！

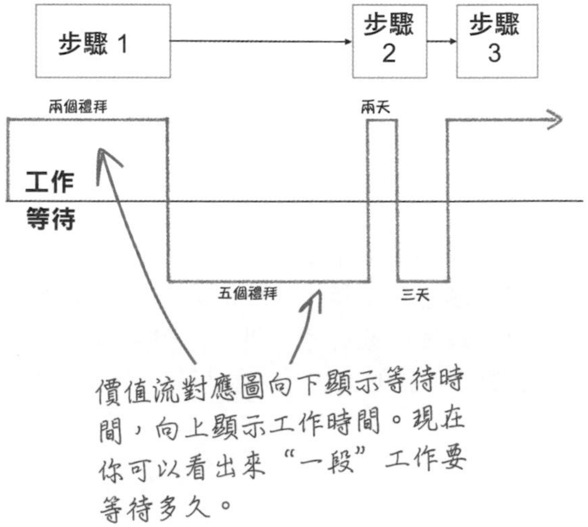
步驟 1
步驟 2
步驟 3
兩個禮拜
兩天
工作
等待
五個禮拜
三天
價值流對應圖向下顯示等待時間，向上顯示工作時間。現在你可以看出來“一段”工作要等待多久。

Lean 幫助團隊專注於及早交付價值的方式之一是要求他們找出他們可以交付的最小價值然後讓團隊專注於盡快交付。Lean 團隊經常以最小可上市功能（Minimally Marketable Feature，MMF）稱呼釋出增量的目標。同樣的，他們嘗試找出對客戶有價值的最小產品 —— 稱為最小可行產品（Minimally Viable Product，MVP）。透過專注於 MMF 與 MVP，Lean 團隊確保盡快交付有價值產品給客戶。

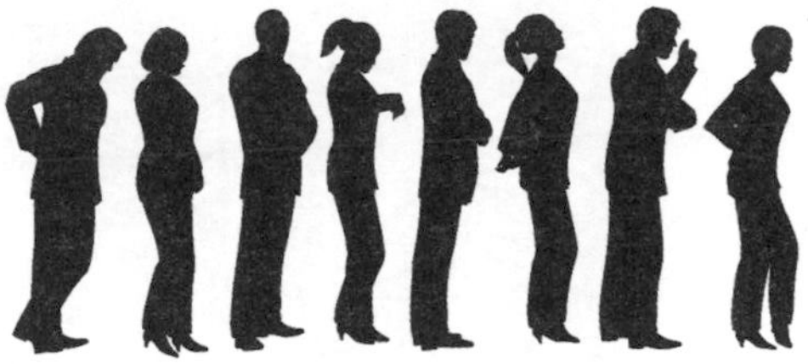

佇列理論

佇列理論是數學上的佇列研究。Lean 團隊使用佇列理論確保人們不會負擔過重工作，因此有時間正確的工作。軟體開發工作佇列可以是團隊或個別開發者的任務、功能、待辦項目清單。將待辦項目看作是一種佇列，你可以發現先進入待辦項目的任務通常是先完成的任務…除非有人，例如說產品負責人，改變順序。Lean 告訴我們公開團隊的工作佇列，並作為決策程序的核心可幫助團隊更快的交付。Lean 團隊通常使用佇列理論嘗試在系統中加入佇列以分散工作流。

牽引系統

牽引系統是團隊將工作放到待辦項目，然後讓開發者在完成舊的項目後從中挑出新任務。待辦項目是工作的佇列。相較於讓使用者、經理人、或產品負責人指派任務、功能、或需求給團隊，他們將需求放到團隊牽出任務的佇列中。牽引系統每次只做一件事，並讓工作在有人有空進行時將工作牽引到下一個程序階段。這種方式讓人們專注於他們挑出的工作，而產品是在注意品質與效率下建造。

Lean 團隊使用價值流對應圖
找出與消滅浪費。

更多 Lean 思考工具

其餘工具幫助團隊在工作時保持選項開放，並持續確保他們在最有價值的事情上工作。

選項思考

團隊決定下一個版本的功能時，大部分人將範圍視為團隊與使用者間的承諾。Lean 團隊知道這個程序是判斷團隊可以採取的選項，以交付每個版本的價值。討論 Scrum 時，我們討論過 Scrum 團隊不花很多時間建構模型與記錄任務間的相依性，相反的，團隊每天在 Daily Scrum 期間可以自由加入或刪除任務板上的任務。這些任務是選擇性的而非承諾：任務沒有截止時間，且沒有“延遲”的任務，因為整個專案還沒到截止時間。讓團隊有選擇工作計劃的自由，他們可以在有需要時做改變並確保他們做出對產品而非承諾最好的決定。

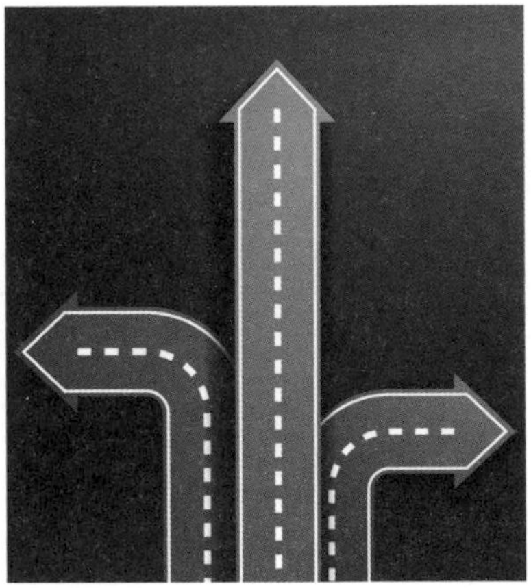

延遲的代價

若有個任務高風險，它的延遲代價會比低風險的代價更高。有些功能沒有在特定時間內完成時就沒什麼用處。認識團隊佇列中每個任務的延遲代價，能幫助你做出要先完成什麼的最好決定。

這是 Lean 團隊為釋出新功能開發**交付波**（**delivery cadence**）的一個原因。這表示相較於承諾在指定時間交付特定功能，團隊承諾以固定間隔交付最多價值。

延遲會發生。但若每個人都知道延遲的代價，他們會排列優先順序。這是 Lean 思維幫助團隊消滅浪費非常重要的方式。

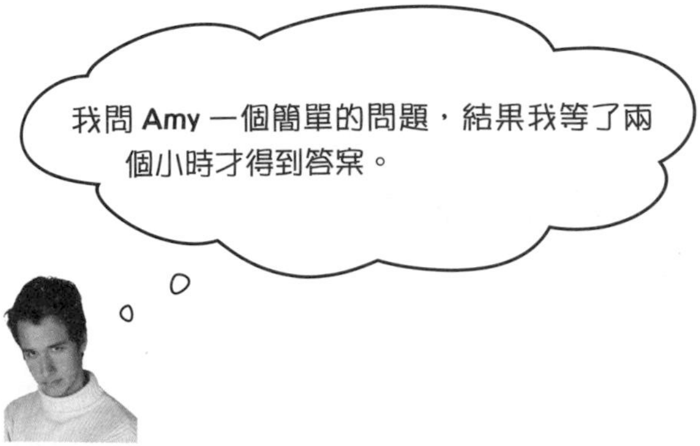

我問 Amy 一個簡單的問題，結果我等了兩個小時才得到答案。

認知品質 / 概念品質

Lean 團隊總是從一開始追求將品質內置於產品中。他們將此 Lean 原則分為認知（perceived）與概念（conceptual）品質。認知品質思考功能如何符合使用者的需求。概念品質思考功能間如何合作組成單一產品。

基於組的開發

團隊實踐基於組（set-based）的開發時，他們花時間討論選項並改變工作方式以給未來更多的選項。團隊做額外的工作以追求一個以上的選項，信任額外的工作會給團隊更多的資訊，使他們之後能做出更好的選擇。這讓團隊一次搜集多個選項的更多資訊，並容許在最後一刻做出採用哪一個選項的決定。

Lean 團隊建立交付波，以固定間隔釋出最新一組完成的工作。

估量

如同 Scrum 團隊專注於透明、檢查、與適應，Lean 團隊在做改變前評估他們的系統運作方式然後評估改變的影響。

- 一項估量是**循環（cycle）時間**，或說是從開發者開始進行一個功能或任務到完成交付的時間。
- 另一項估量是**交付（lead）時間**，或說是從識別功能到交付的時間。循環時間經常用於評估改變開發程序的效能，而交付時間用於評估搜集需求與支援程序的改變。
- 團隊也評估**流程效能**，或說是功能實際所花時間（相對於等待）的百分比。

循環時間與交付時間幫助你從兩個不同的觀點思考你的程序。

團隊在進行一個工作項目時，你通常會以循環時間思考，或說是開始規劃工作到“**完成**”的時間。

但客戶不是看循環時間。假設客戶要求一個功能，但你在六個禮拜後才開始進行。從開始進行到完成花了八個禮拜完成。循環時間算八個禮拜，但交付時間算十四個禮拜 —— 這是**你的客戶真正在意**的估量。

一段對話

Audience Analyzer 團隊成員知道他們的程序有問題，但他們對原因各有不同的看法。

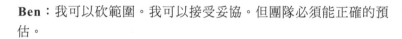

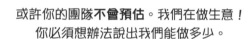

我知道你想要讓我們能精確的估計工作時間。團隊試著在每一個迭代交付使用者要求的所有東西，但我們經常發現有些功能來不及完成。

或許你的團隊**不會預估**。我們在做生意！你必須想辦法說出我們能做多少。

Ben：我可以砍範圍。我可以接受妥協。但團隊必須能正確的預估。

Mike：OK…但事情沒有這麼簡單。還記得上一個版本的隱私選項功能嗎？我覺得這就是沒這麼簡單的一個好例子。你一開始要求直覺化，讓使用者設定隱私層級。發佈前三天你又決定應該預設為嚴格隱私層級並讓他們可以依需求改變。

Ben：呃，我們的市場分析告訴我們要那麼做，但後續的研究顯示必須改變我們的做法。這些改變讓上一版很成功。我知道比較晚說，但我們必須對市場做反應。

Mike：我也很高興做了那些改變。但你必須知道需求一直改時很難事先預估完成一個功能要多久。

Ben：但你不是要擁抱改變嗎？能不能更好的預估工作並記錄相依性使我們有更多的資訊做決定？

真的很難預估功能完成時間。我們很拼但還是趕不及。
一定有發生什麼我們***沒清楚看到***的事情。
Lean 能夠幫助我們的團隊更順暢的進行專案嗎？

動動腦

你能想出 Mike 可以採用的 Lean 原則與 Lean 思維以改善專案的運作方式嗎？

分類浪費能幫助你更好的認識它

Lean 告訴我們必須消滅浪費。但浪費長什麼樣子？如何尋找？一種有幫助的做法是將軟體開發專案的浪費分類。許多 Lean 團隊使用價值流對應圖找出開發一個功能浪費多少時間。團隊找出程序中的浪費後，識別浪費的類型可以幫助他們找出改善的方法。幸好，你不必自己做出分類。Lean 已經找出**七種軟體開發的浪費：**

★ **部分完成工作**

若同時進行很多工作且沒有完成，最終一個迭代會有很多工作還不能展示或釋出。無論團隊是否有思考多工的代價，軟體專案經常發生部分完成的工作。在等待資訊或批可時啟動另一個工作感覺上**很有效率**，但這會導致時間到時第一個工作只完成了部分。

★ **額外程序**

額外程序是對交付軟體沒有實際幫助而只增加負擔的工作。有時候團隊會為不會交付的功能寫很多文件。有時候開不完的會只是為了讓老闆顯示支援團隊，但這只是增加額外的程序 —— 例如要求團隊作特別的進度報告與搜集每個任務的資訊。

★ **額外功能**

團隊成員通常對新技術很感興趣。有時候他們會加入自己覺得很炫但沒有人要求的功能。這是常見的任何創新都對專案有益的誤解。事實上，團隊自己加入的新功能會佔用使用者要求的功能的時間。這不表示團隊不能出好主意，但這些點子在團隊投入開發前必須作為選項提出供審核。

★ **切換任務**

經理人很常忘記已經提出了多少要求並以為給團隊更多工作而沒有調整每個人的預期不會有問題。加上軟體開發者經常會過度承諾來顯示很厲害的樣子，最終你會看到他們在四五個任務間來回切換。這是為何切換任務是軟體專案浪費很明顯的特徵。只要是軟體開發者必須在多個任務間來回切換，時間就浪費掉了。

七個軟體開發浪費可以幫助你的團隊看出程序的浪費，所以你可消滅它。

★ **等待**

有時候團隊必須等待某人審核規格後才能開工。有時候他們必須等待設定硬體或資料庫管理員設定資料庫。有很多合理的原因讓團隊在專案過程中等待。但這些時間都浪費掉了，這應該盡可能避免。

有時候某些浪費就是無法排除 —— 例如等待硬體交貨且沒有辦法事先預購。這是為什麼要盡可能識別更多的浪費，因此你才能排除可以排除的部分。

★ **移動**

團隊坐在不同地方時，從一個人的座位移動到另一個的人的座位都是專案的浪費。移動是工作時轉換場地所浪費的時間。

★ **缺陷**

建構軟體的程序中越晚找到缺陷就浪費越多時間尋找並改正它。越快由罪魁禍首發現缺陷越好，這比由開發程序後期的測試程序發現好多了。團隊越專注於品質驅動開發實踐並分攤程式責任，則浪費在改正缺陷的時間越少。

我剛開始設計這兩個功能，但花在它們的時間就是***延遲其他***等待完成的***功能***的時間。

這些是 Mike 剛開始進行的功能…

輸入資料　機器學習

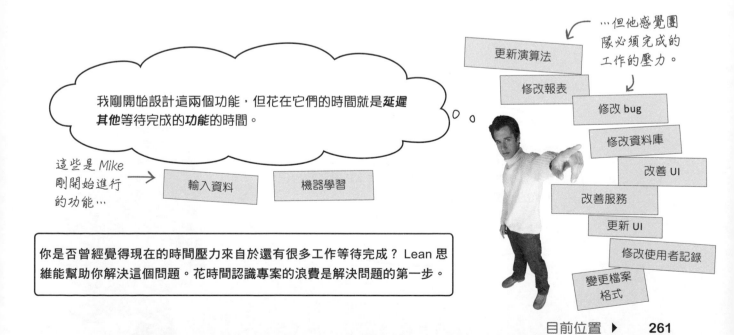

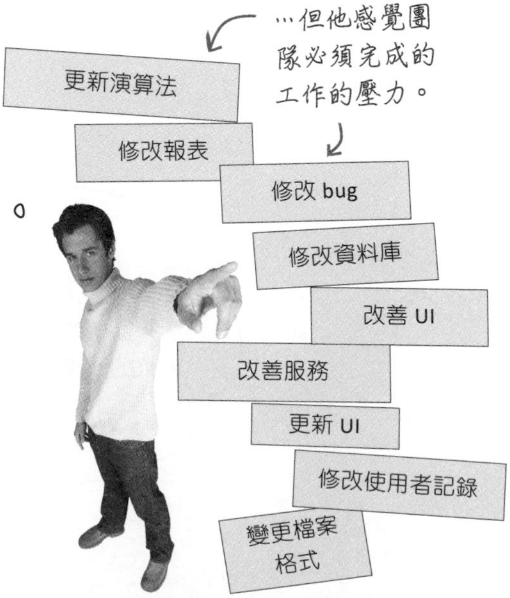
…但他感覺團隊必須完成的工作的壓力。
更新演算法
修改報表
修改 bug
修改資料庫
改善 UI
改善服務
更新 UI
修改使用者記錄
變更檔案格式

你是否曾經覺得現在的時間壓力來自於還有很多工作等待完成？ Lean 思維能幫助你解決這個問題。花時間認識專案的浪費是解決問題的第一步。

沒有蠢問題

問：聽起來 Lean 團隊不說要開發什麼功能。他們在最後一刻決定要做什麼並盡快交付是嗎？這在我工作的地方是行不通的。

答：使用 Lean 思維方法 —— 例如 Scrum 或 XP —— 的團隊專注於經常交付小批量。但相較於嘗試事前找出每個任務，他們同意在時限內進行最有價值的工作。Lean 團隊知道客戶在規劃期間說出的需求在想清楚後會不一樣。因此 Lean 團隊正面看待變更需求。

傳統團隊可能會建構似乎能預測什麼人在什麼時間做什麼事達成什麼目標的甘特圖。雖然它能讓每個人認為團隊有花時間規劃，但計劃一定趕不上變化。

使用 Lean 思維工具的團隊會專注於讓程序正確。若程序正確，最有價值的工作會排在工作佇列的最上面。這可以幫助團隊專注於消滅工作方法中的浪費並盡快交付。Lean 團隊將規劃視為找出選項的辦法，且他們從選項中做出最佳決定。

問：哦，OK。所以 Lean 團隊如同 Scrum 團隊以衝刺段進行開發？

答：不一定。Lean 團隊建構交付波，它通常表示設定每個交付的時限。它可以是兩個禮拜或兩個月 —— Lean 團隊以固定週期經常小量交付。他們依週期規劃釋出。在 Scrum 中，衝刺段結合規劃與波。但許多 Kanban 團隊**切割波與規劃**：他們規劃新的工作項目、將它們移動到工作流程、在波完成時釋出更好趕上釋出狀態的東西。

有些人稱此為**無迭代開發**，因為時限沒有與計劃緊密耦合。

問：關於七種浪費，團隊真的會加入額外的程序與功能嗎？許多團隊覺得沒有時間做多餘的事。

答：是的，他們真的會！有時候壓力最大的團隊是浪費最多的團隊。時間最緊的專案通常每天召開多個進度會議或要求開發者記錄每個小時的活動。這些浪費時間的活動讓產品更難完成。

選項思考幫助你應付浪費。問題越複雜，你越無法事先得知。這是為何 Lean 團隊承諾目標但沒有計劃。他們同意整體目標並在時限內盡可能交付符合目標的最有價值的東西。以這種方式思考承諾讓團隊與組織能夠專注於交付且更快更好。

我懂了。所有 Agile 方法論都受到 Lean 的影響。舉例來說，XP 的增量設計實踐，是 **XP 團隊讓自己**對未來的改變**有選擇的方法**。

下面是 Mike、Kate、與 Ben 的談話。有些是浪費，有些不是浪費。找出是哪一種浪費。從對話框畫出一條線到 WASTE 或 NOT WASTE。如果不是浪費，畫出另一條線到正確的 Lean 浪費類型上。

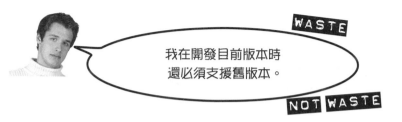

WASTE

我在開發目前版本時
還必須支援舊版本。

NOT WASTE

任務切換

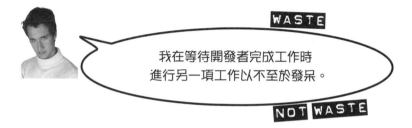

WASTE

我在等待開發者完成工作時
進行另一項工作以不至於發呆。

NOT WASTE

額外功能

WASTE

我想要確保大家都在忙，
所以我要求更多工作。

NOT WASTE

部分完成工作

WASTE

我確保在挑出新任務前
完成目前的任務。

NOT WASTE

答案見第 299 頁

價值流對應圖幫助你看出浪費

價值流對應圖（**value stream map**）是幫助你看出浪費多少專案時間等待與放空的圖表。有時候它幫助以時間線描繪你的團隊使用的程序，以顯示出浪費如何拖累進度。價值流可顯示團隊在對客戶沒有價值的工作上花了多少時間。一旦團隊可以清楚的看見浪費，他們可以一起找出減少時間浪費的方法。

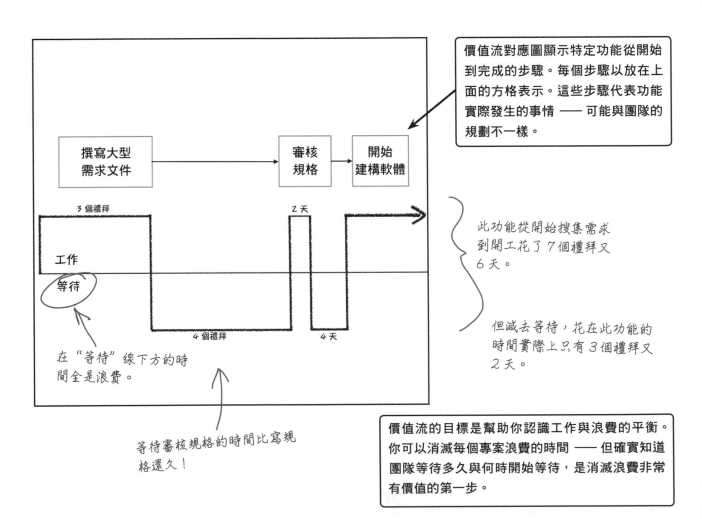

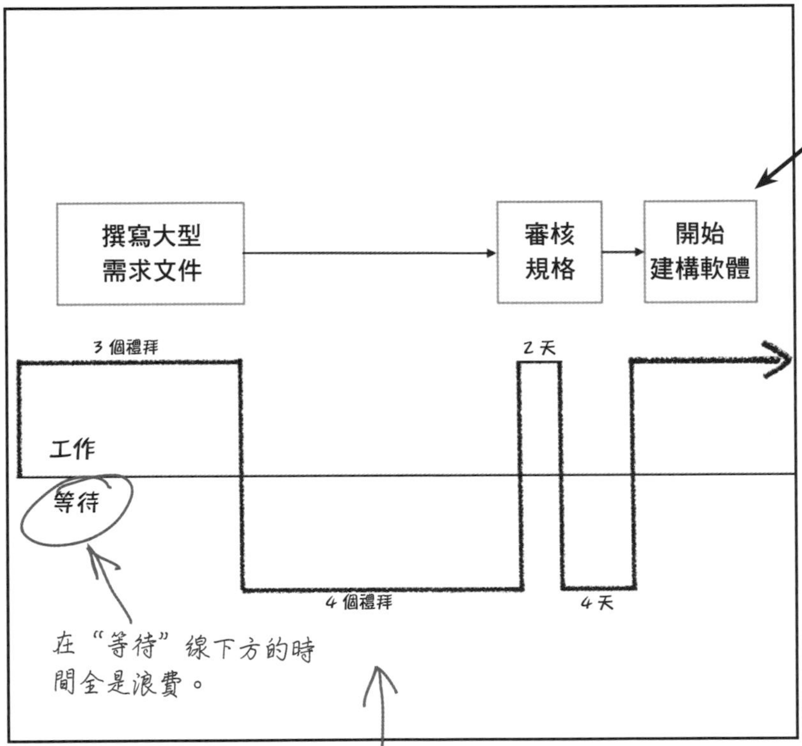

價值流對應圖顯示特定功能從開始到完成的步驟。每個步驟以放在上面的方格表示。這些步驟代表功能實際發生的事情 —— 可能與團隊的規劃不一樣。

此功能從開始搜集需求到開工花了 7 個禮拜又 6 天。

但減去等待，花在此功能的時間實際上只有 3 個禮拜又 2 天。

等待審核規格的時間比寫規格還久！

價值流的目標是幫助你認識工作與浪費的平衡。你可以消滅每個專案浪費的時間 —— 但確實知道團隊等待多久與何時開始等待，是消滅浪費非常有價值的第一步。

許多團隊使用流程效率百分比來評估他們的價值流：

100 * 工作時間 ÷ 交付時間 %

為最近的交付建構價值流對應圖是讓團隊思考如何改善查詢的好方法。

削尖你的鉛筆

Audience Analyzer 團隊節點對最近釋出的 Stat Mapper 功能建構價值流對應圖。從下面的步驟建構價值流對應圖，以顯示多少時間花在工作與等待。

工作

等待

步驟 1：焦點小組，研究用戶需求（3 個禮拜）
步驟 2：撰寫使用者故事，建構故事圖 / 人物（2 個禮拜）
步驟 3：等待上層同意（3 個禮拜）
步驟 4：排列待辦項目優先順序（1 天）
步驟 5：等待開始開發（3 天）
步驟 6：開發與測試功能 / 撰寫整合測試（5 天）
步驟 7：等待整合測試環境與自動化（3 天）
步驟 8：整合測試（2 天）
步驟 9：修改 bug（1 天）
步驟 10：等待整合測試環境與自動化（3 天）
步驟 11：整合測試（2 天）
步驟 12：等待安裝展示環境（3 天）
步驟 13：部署到展示環境（1 天）
步驟 14：展示 / 搜集回饋（2 天）
步驟 15：等待釋出時機（2 個禮拜）
步驟 16：釋出（1 天）

此功能的交付時間（從識別功能到交付）多久？ __________

建構此功能浪費多少時間？ __________

流程效率是多少？ __________

削尖你的鉛筆 解答

Audience Analyzer團隊節點對最近釋出的Stat Mapper功能建構價值流對應圖。從下面的步驟建構價值流對應圖，以顯示多少時間花在工作與等待。

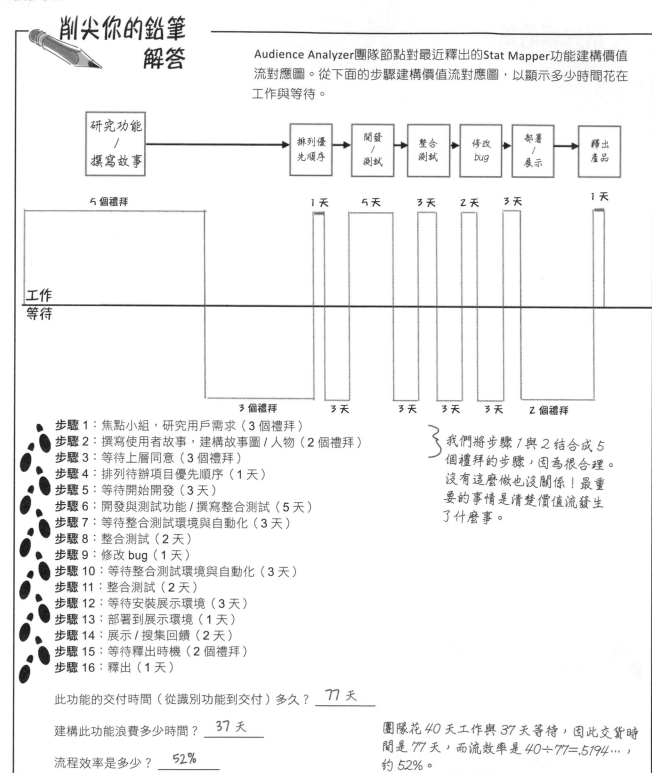

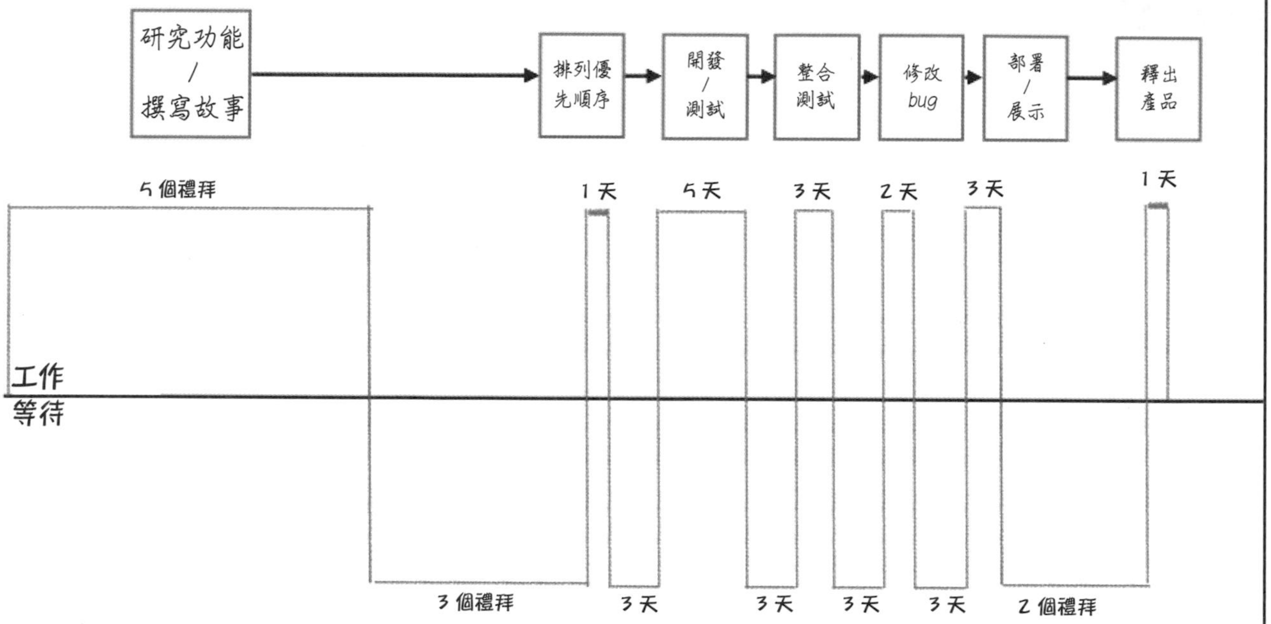

步驟 1：焦點小組，研究用戶需求（3 個禮拜）
步驟 2：撰寫使用者故事，建構故事圖 / 人物（2 個禮拜）
步驟 3：等待上層同意（3 個禮拜）
步驟 4：排列待辦項目優先順序（1 天）
步驟 5：等待開始開發（3 天）
步驟 6：開發與測試功能 / 撰寫整合測試（5 天）
步驟 7：等待整合測試環境與自動化（3 天）
步驟 8：整合測試（2 天）
步驟 9：修改 bug（1 天）
步驟 10：等待整合測試環境與自動化（3 天）
步驟 11：整合測試（2 天）
步驟 12：等待安裝展示環境（3 天）
步驟 13：部署到展示環境（1 天）
步驟 14：展示 / 搜集回饋（2 天）
步驟 15：等待釋出時機（2 個禮拜）
步驟 16：釋出（1 天）

我們將步驟 1 與 2 結合成 5 個禮拜的步驟，因為很合理。沒有這麼做也沒關係！最重要的事情是清楚價值流發生了什麼事。

此功能的交付時間（從識別功能到交付）多久？ 77 天

建構此功能浪費多少時間？ 37 天

流程效率是多少？ 52%

團隊花 40 天工作與 37 天等待，因此交貨時間是 77 天，而流效率是 40÷77=.5194…，約 52%。

嘗試同時做太多事情

觀察 Stat Mapper 的開發時間軸後，團隊發現許多時間浪費在等待測試資源與環境。他們進一步發現開發者在完成開發與單元測試後會開始嘗試新功能。這表示每個開發者有時會進行四五個不同的功能。由於設計是高度耦合的，必須以批次釋出的功能導致測試與部署的延遲。

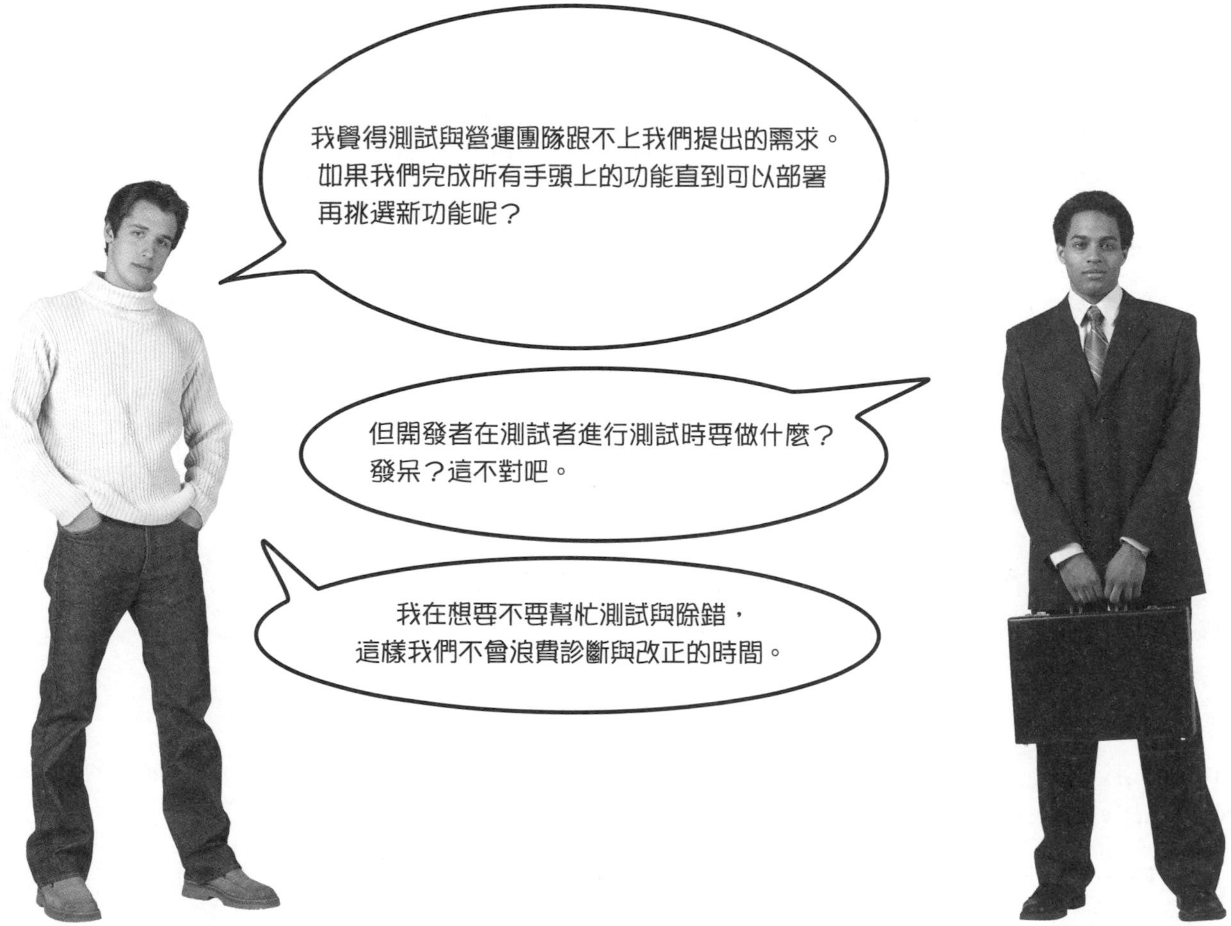
我覺得測試與營運團隊跟不上我們提出的需求。如果我們完成所有手頭上的功能直到可以部署再挑選新功能呢？
但開發者在測試者進行測試時要做什麼？發呆？這不對吧。
我在想要不要幫忙測試與除錯，這樣我們不會浪費診斷與改正的時間。

團隊完成價值流對應圖後很容易提出更多工作且減少浪費時間的建議。團隊一起檢視價值流對應圖可以提出幾個容易實行的建議：

- 測試者建議將整合測試自動化以減少測試時間。
- 開發者建議簡化元件設計以便個別釋出。
- 營運團隊建議部署自動化以方便釋出。

揭密：Toyota Production System

Lean 思維源自 Toyota Production System（TPS）。由 Taiichi Ohno 與 Kiichiro Toyoda 領導的 Toyota 工程師從 1948 到 1975 年間創造了製造系統的新思考方式。他們專注於檢視製造系統的整個流程，並消除對最終產品沒有意義的工作。他們發現限制每個步驟的工作量並管理整個系統的流程，較實行 TPS 前能以較少的時間產出更高品質的產品。

Mary 與 Tom Poppendieck 兩位軟體工程的專家、講師、與顧問在《*Lean Software Development: An Agile Toolkit*》（Addison-Wesley Professional, 2003）一書將 Lean 思維應用在軟體工程上。他們將 TPS 的概念應用在團隊一起開發軟體的方式上。事實顯示製造汽車的程序與建構軟體的程序比你能想象有更多的共通處。

三種必須消滅的浪費來源

TPS 專注於三種必須消滅的浪費來源：

- **Muda**（**無駄**），意思是“無用的；懶惰；多餘；浪費”
- **Mura**（**斑**），意思是“不均勻；不規則；缺乏統一性；不均勻；不等”
- **Muri**（**無理**），意思是“不合理；不可能；超越自己的力量；太難了；透過武力；強迫；強制；過頭；過度”

軟體團隊也處理這些浪費來源。團隊開始檢視部署流程時發現人們在做無用、不可能、或不必要的各種工作。找出這些浪費來源並消滅它們可幫助團隊開發較小的增量，這也是 TPS 嘗試要做的事情。

七種製造浪費

TPS 識別出七種製造浪費，Shigeo Shingo 將它們列於《*A Study of the Toyota Production System*》（Productivity Press, 1981）：

庫存

過度生產

運輸

動作

等待

缺陷

額外程序

軟體開發中的浪費非常像製造中的浪費。乍看之下，兩種程序應該不同，但都要求團隊成員持續的解決問題並思考工作品質。

Mary 與 Tom Poppendieck 將製造業的 Lean 思維運用到軟體開發，從製造浪費發展出七種軟體團隊會遇到的浪費。

流程、持續改善、與品質的基本概念

兩位 Poppendieck 從製造浪費發展出七種軟體團隊會遇到的浪費。他們也運用了 TPS 的排除浪費程序。有幾種 TPS 做法直接套用在軟體開發的 Lean：

- ★ **Jidoka：建構發現問題時盡快停止生產的自動化方式**。在 TPS 中，程序的每個步驟有個自動化檢查，以確保找到問題時立即原地改正而不留給生產線上的下一個人。
- ★ **Kanban：信號卡**。信號卡用於 TPS 製造系統來指示程序中的一個步驟準備好更多庫存。
- ★ **牽引系統：程序中的每個步驟在部件耗盡前指示前一個步驟它需要更多的庫存**。這種方式下，工作以最有效率的方式從系統取出且不會失去平衡或堆積。
- ★ **根源分析：找出發生某件事情的“深沉”原因**。Taiichi Ohno 說過使用“5 個 Why”（或重複 why五次）找出問題的根源。
- ★ **Kaizen：持續改善**。每天所有功能的活動只能在團隊關注工作流程發生的事情時才會發生，並提出改善工作方式的建議。

Taiichi Ohno 以一系列的實驗實施 TPS。他與各個團隊一起工作以找出如何將流程最佳化，並盡可能更快的生產高品質產品。他專注於授權給團隊，並讓團隊負責判斷盡可能更快的生產高品質產品的最佳方式。

Lean 思維是所有 Agile 方法論的基礎，它在雪鳥會議中明確的討論過。這是為什麼你會發現 XP 與 Scrum 都具有這些想法。

> “沒有神奇的方法。相反的，需要一個全面的管理系統以充分發揮人的能力，以最大限度地提高創造力和成果，充分利用設施和機器，並消除所有浪費”。
>
> – Taiichi Ohno
>
> (Toyota Production System, p. 9, CRC Press 1988)

解析一個選項

Lean 團隊使用**選項思維**留下做決定的空間。他們的專案規劃如同其他團隊 —— 但 Lean 團隊中的每個人對專案有不一樣的態度。他們將計劃中的工作**視為選項而非承諾**。團隊承諾目標而非計劃。這讓他們專注於達成目標並在出現有達成目標更好的方法時改變計劃。不承諾計劃中的每個步驟讓團隊在出現新的資訊時有空間改變計劃。

下面是在某個專案中使用選項思維的方式：

1 定義目標並承諾達成目標

目標：釋出一個版本以將資料儲存在新的來源並從新來源服務應用程式。

2 定義達成該目標所需的任務並將完成這些任務視為達成目標的一**個選項**。

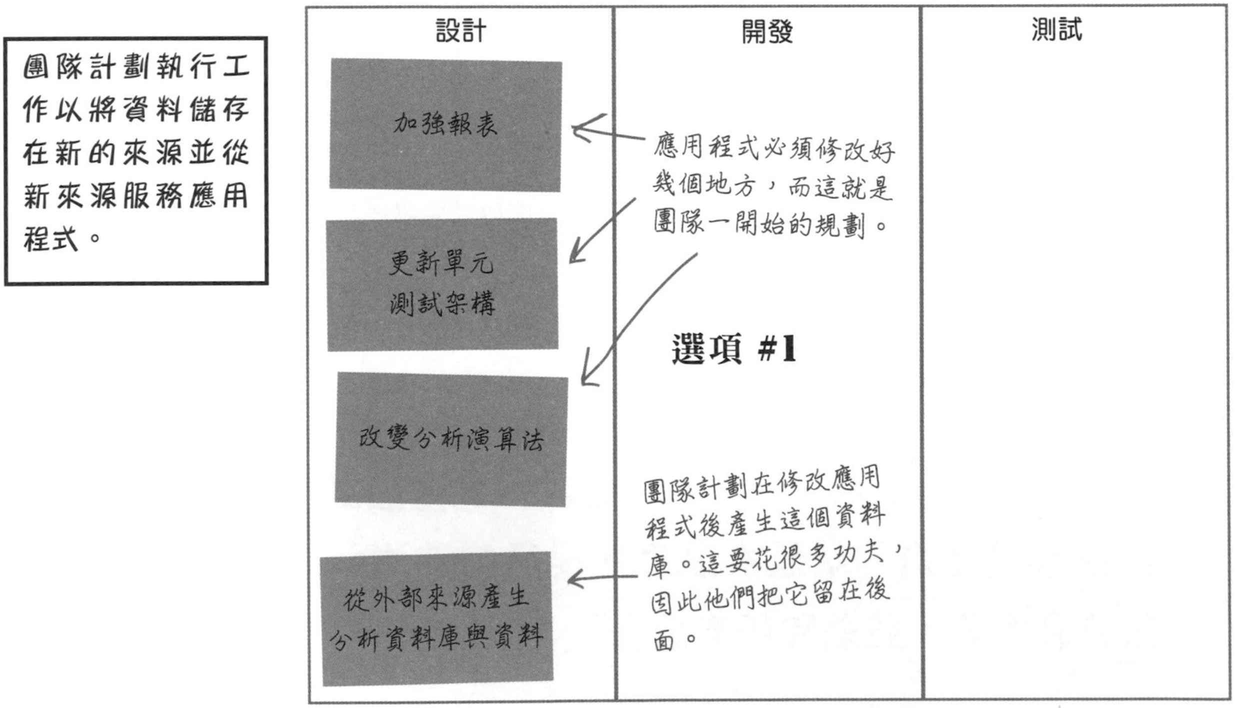
團隊計劃執行工作以將資料儲存在新的來源並從新來源服務應用程式。
設計
開發
測試
加強報表
更新單元測試架構
改變分析演算法
從外部來源產生分析資料庫與資料
應用程式必須修改好幾個地方，而這就是團隊一開始的規劃。
選項 #1
團隊計劃在修改應用程式後產生這個資料庫。這要花很多功夫，因此他們把它留在後面。

團隊在規劃時對如何執行工作有個想法。但他們將此想法視為一個選項並留下改變做法的餘地。

3 開始工作！

…但 Mike 開始與 DBA 團隊工作時，他發現大部分的資料庫工作已經完成了！

DBA 告訴我他們已經把資料載入資料庫了。
我們只需修改程式來存取該資料。

4 看情況改變計劃。

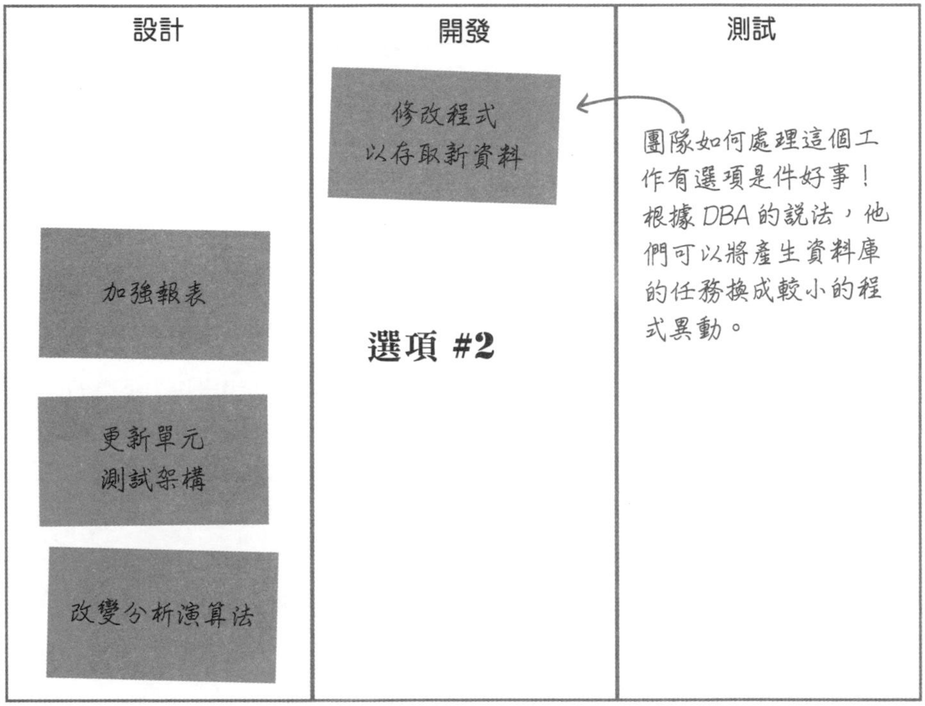
設計
開發
測試
修改程式
以存取新資料
加強報表
更新單元
測試架構
改變分析演算法
選項 #2
團隊如何處理這個工作有選項是件好事！根據 DBA 的說法，他們可以將產生資料庫的任務換成較小的程式異動。

選項思維讓 Lean 團隊可在最後一刻自由的決定並減少改變的代價。

在傳統團隊中，技術方式的改變可能會很麻煩。若你承諾了細節時間表，你可能會預留時間與資源 —— 例如開發與 DBA 團隊以進行程式設計與資料庫工作。你可能會設定任務完成時進行報告的里程碑或讓此任務作為完成應用程式的前置工作。這是很提前的規劃。

若團隊發現已經有解決方案呢？這會導致時間表需要重新計算，而資源必須重新分配。這種事情經常發生！讓原始計劃作為一個選項，你就不需要重新分配相依的任務與資源。

系統思維幫助 Lean 團隊看見全局

每個團隊都有自己的工作方式。有時候看起來好像是各做各的，但總是有每個人遵循的規則（你自己可能都不知道有）。這就是一個 Lean 原則。它稱為**見全局**，而它從認識每個人的工作是較大系統的一部分開始。

團隊將本身視為各司其職的個人組成的群體時，他們只會專注於改善個人的工作。程式設計師可能會專注於讓程式設計更容易、測試者會專注於改善測試、專案經理會專注於改善排程或進度報告。但團隊成員看到個人表現對較大系統的貢獻時，他們會提出幫助團隊達成目標的改善而不是只有自己的部分。

若退一步來看全局，團隊成員個人的“撇步”可能讓自己的工作輕鬆一點，但卻會拖累整個團隊。

每個人見全局時，整個團隊會更好。

舉例來說，專案延遲時專案經理會要求團隊成員每天兩次進度報告以方便進行自己的工作。這或許能讓專案經理的工作比較容易進行，因為他能掌握每個任務。但這也會讓團隊變慢並浪費時間。又例如某個程式設計師認為不寫單元測試就可以多寫一點程式。該程式設計師可能會產出比較多的程式，但找 bug 與改正缺陷或許要花更多時間。

Lean 團隊**排除這種局部最佳化**而讓整個體系一起最佳化。他們一起檢視體系並去除進度與品質的障礙。Lean 團隊知道讓個人更具生產力的方式實際上阻礙了團隊的運作。

幕後花絮

建構價值流對應圖時，實際上是在描繪你的體系要花多久才能讓一個想法變成可用的產品。一旦你發現存在著一個體系，就比較容易找出如何加快與提升品質的改善。它的進行方式是發現你在可以改變程序的體系中工作而非只是改善你自己的工作。

有些“改善”行不通

團隊努力檢視價值流並發現他們必須在開始進行新任務前要完成目前的任務。接下來，他們會開始思考改善與營運團隊協調的方式。相較於嘗試見全局，他們專注於只進行他們可以控制的工作。

一個失敗的實驗（是個好事情！）

Mike 與 Kate 有個好想法！他們可以完成程式然後丟給其他團隊。你覺得可行嗎？兩個禮拜後…被打臉了。他們寫的程式堆在整合環境而客戶抱怨修改太慢。團隊發現改善的交貨時間必須以整個系統來算（包括其他合作團隊）。

並非所有實驗都可行，這沒關係！具有 Lean 思維的團隊能嘗試新方法。一個小失敗是後來大成功的基礎。

Lean 團隊使用牽引系統來確保他們總是在進行最有價值的工作

傳統專案團隊透過系統推動工作。他們嘗試事先規劃工作然後在專案期間控制計劃的修改。透過預測要完成的工作與誰來執行，傳統專案團隊嘗試以規劃維持正確的資源分配。

具有 Lean 心態的團隊以想法的方式工作：他們使用**牽引系統**。在牽引系統中，程序的每個步驟由後續步驟觸發，僅於前一個步驟完成時取得其輸出。透過後續步驟牽引前面的步驟，Lean 團隊會盡快完成每個功能。牽引在系統中建立完成工作的持續流程，且不會以局部最佳化增加過多工作量。

轉移到牽引系統主要是改變工作方式而改變每個人思考工作的方式。

在牽引系統中，程序後面的步驟牽引程序前面的步驟。

設定 WIP 限制來設置牽引系統

下面是個例子。假設一個傳統測試團隊總是忙著跟上開發團隊的進度。若改為牽引系統，開發工作不會在測試團隊向開發團隊要求更多工作項目前開始。他們是怎麼辦到的？

一種有效的方式是限制**進行中的工作（work in progress，WIP）**。Lean 團隊會建立 **WIP 限制**或說是系統中每個步驟任何時間可進行的工作量。若團隊只能同時測試四個功能，他們可以**設定前一個階段的 WIP 限制**使開發團隊不會同時開發超過四個功能。透過設定限制，他們可以定義程序的最短路徑並減少從識別功能到釋出功能的交貨時間。

Kanban 是改善程序的方法，它實施牽引系統並建構 Lean 思維。這一章後面還有更多的討論。

牽引系統解析

開發管道有時被工作阻塞

見大局時，你會從找出步驟依什麼順序發生以交付產品。牽引系統是系統工作流程的特定方式。團隊透過系統推動工作時會遇到阻塞。這是 Mike、Kate、Ben 在專案中遇到的問題。

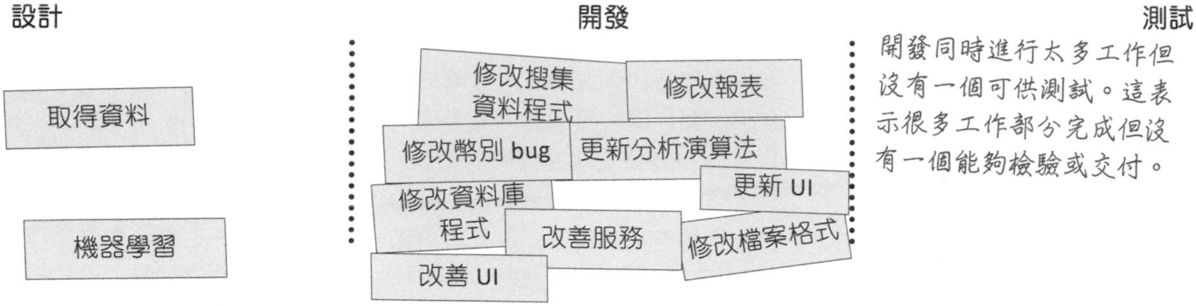

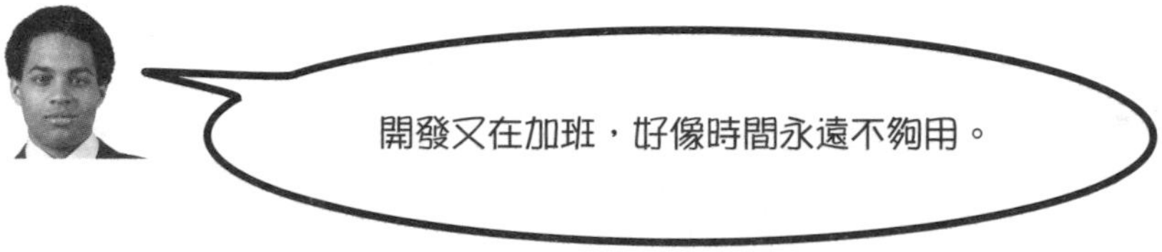

WIP 限制讓牽引系統的流程更順暢

看看大家都同意 WIP 限制時會怎樣。之前，每個完成設計的功能都被推到開發中。加上 WIP 限制後，開發者只在準備好時牽引下一個功能。這是牽引系統建立順暢流程的方法 —— 確保程序中後面的步驟**控制團隊可以進行的工作數量**。

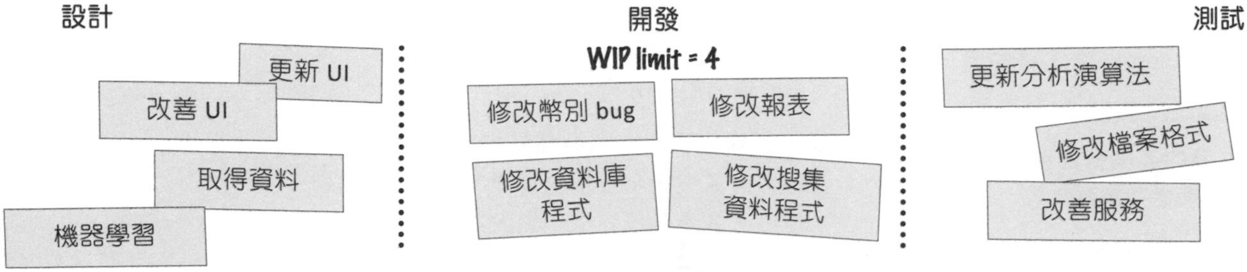

Mike 知道一點測試的事情，這在當下非常有價值 —— 開發達到 WIP 限制時，他能夠測試已經完成的功能。這是為何 Lean 團隊重視專精一個領域但能夠幫助其他部分進行的通才。

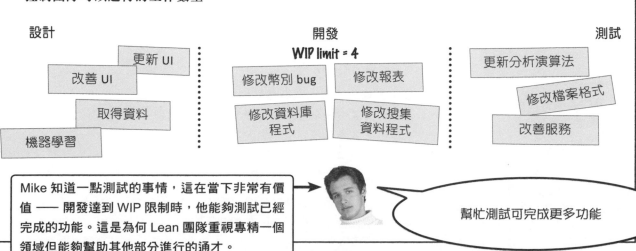

沒有蠢問題

問：選項思維似乎很怪。專案有精確的規劃且盡量可預測不是比較好嗎？

答：想一想你上一個專案開始時你能精確的知道會發生什麼事嗎？如果跟大部分的專案一樣，從開始到完成的過程會有很多意外。Lean 團隊知道這個 —— 相較於嘗試預測會發生什麼事並依預測進行預估，他們將專案的規劃視為選項。這並不表示規劃的事情不會發生，但若出現更好的選項，他們會採用它。

問：聽起來像是理論。實務上是什麼意思？

答：選項思維在實務上意味著同時以多個路徑解決沒有明顯答案的困難技術問題。它表示對改變範圍與策略開放以達成目標並交付最多價值。Lean 團隊專注於結果而對選項開放。他們不規劃達成目標的每個任務的實作細節且不謹遵計劃。

你在之前就看過這種想法。選項思維的另一個名字是在最後一刻做決定 —— 如同第 3 章所述。這是 Agile 宣言簽署人在撰寫 Agile 原則時具有 Lean 思維工具的另一個例子。

問：我的專案就夠我擔心了。現在我還得顧慮整個系統？

答：很多人有這樣的感覺。但專注於自己的工作會使你以讓團隊更難完成工作的方式進行工作。雖然專注於改善你自己的角色會讓你完成更多的工作，但你工作的程序產生更高價值的軟體比你自顧自的工作更重要。

雖然每個人專注於自己的工作似乎能讓產品很快上市，但這很少發生。建構軟體經常需要與許多人合作找出要做什麼、開發它、確保它可用、並讓有需要的人獲得它。太專注於任何一個步驟會讓軟體本身產生問題。Lean 團隊要求團隊中的每個人思考整個系統而非只是個人負責的部分來避免這個問題。這一章前面的 Lean 思維工具可以幫忙 —— 像是找出浪費、使用選項思維、評估、與找出每個功能延遲的代價。

問：我懂其他的思維工具，但還是不清楚延遲的代價。要如何找出它？

答：有些功能很明顯。如果你正在開發報稅軟體，趕不上報稅截止日期的代價會很大。但對其他功能來說，要知道可能比較難。這是為何 Lean 團隊不只專注於找出功能的優先順序，還有功能的延遲代價。團隊討論延遲代價能確保團隊隨時進行最有價值的工作。

找出延遲代價的一個方法是提問。產品負責人在衝刺段規劃會議描述功能時，或團隊承諾下一個版本有什麼時，討論功能的優先順序以確保團隊知道該功能的延遲代價。

有時候提問就足以讓產品負責人重新思考優先順序。有些團隊在衝刺段規劃會議給每個規劃中的功能指派商業價值或延遲成本以讓團隊認識沒有趕快交貨的代價。

最重要的是要在判斷增量中的工作的優先順序時要考慮到延遲成本。

問：“佇列理論”有什麼關係？

答：將你的軟體程序視為一個系統時，不難想象所有工作為佇列的一部分。若將每個功能視為佇列，從第一個步驟到第二個步驟、然後是第三個步驟、以此類推，你會開始將佇列理論套用在團隊進行的工作上。你曾經注意到有些超市結帳的隊列比其他隊列快？某些列比其他列更快的原理與你的團隊建構功能的快慢是相同的。

Lean 團隊將他們的程序看作是一個大（大部分）直線，然後找出識別功能到交付功能最直接與浪費最少的路徑。

現在我們使用 Lean 來思考開發方式，我可以預見
團隊更知道我們能做什麼與什麼最重要！

接下來要讓其他利益相關者
與我們的想法一致。

Mike：我們在每個增量留下一點時間來進行測試自動化，我們也開始重構元件以讓它們可以獨立釋出。所有東西都就緒了。幾個月內我們的速度就可以翻兩翻。

Kate：蛤，什麼？幾個月？我們開始記錄我們的速度時，我以為我們讓每個人看到我們可以做多少。現在整個公司都很信這個。只要速度掉下來，我就必須跟上面開會報告為什麼。

Mike：但是…但是速度與故事點數不是這麼運作的！

Kate：你去跟老闆說啊。他們要求盡早提出故事點數預估並根據預估設定時間表。

Mike：呃，真是令人沮喪！老闆們必須知道我們公佈速度是要幫助他們做出正確的決策，而不是用來增加我們的工作。這與大規劃下的大版本釋出有什麼區別？

動動腦

如何使用牽引系統的概念解決 Kate 與 Mike 遇到的問題？

問題診所：次差選項

有時候考試題目沒有明顯的正確答案。若所有答案看起來都不對，**選擇次差選項**並繼續下一題。

109. 你正在領導一個 Agile 團隊。老闆在一個衝刺段中提出一個緊急修改。你要採取什麼行動？

A. 做個僕役長

B. 將修改加入待辦項目

C. 告訴團隊成員與產品負責人討論

D. 告訴團隊成員將修改寫在修改管理板上

這個答案不是最好的，因為不清楚要加到衝刺段待辦項目還是產品待辦項目中。但看起來只有如此才能讓修改完成。

其餘答案更糟，因為它們完全不能讓修改被完成。

若沒有答案看起來是對的，選擇最接近正確的答案。

HEAD LIBS

填入空白以製作你自己的次差選項題目！

你是個 Scrum 團隊的 ______________________________ 。
（Agile 參與者類型）

你的團隊想要使用 __________________________ 作為衝刺段的例行活動。你要如何幫助他們開始？
（Agile 實踐）

A. ____
（錯誤答案）

B. ____
（有點錯，可能是正確答案）

C. ____
（含糊但正確的答案）

D. ____
（非常離譜的答案）

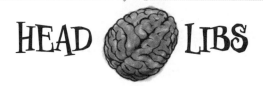

Kanban 使用牽引系統讓程序更好

Kanban 是**改善程序的方法**。它基於 Lean 心態，與 XP 以及 Scrum 同樣都是基於它們的特定價值。但它與 XP 或 Scrum 有點不一樣，它不規定角色或特定專案管理或開發實踐來告訴你團隊如何運作。相反的，Kanban 是檢視你今天工作的方式，找出工作在系統中如何進行，然後以小改變與 WIP 限制進行實驗以幫助團隊建立牽引系統並消滅浪費。

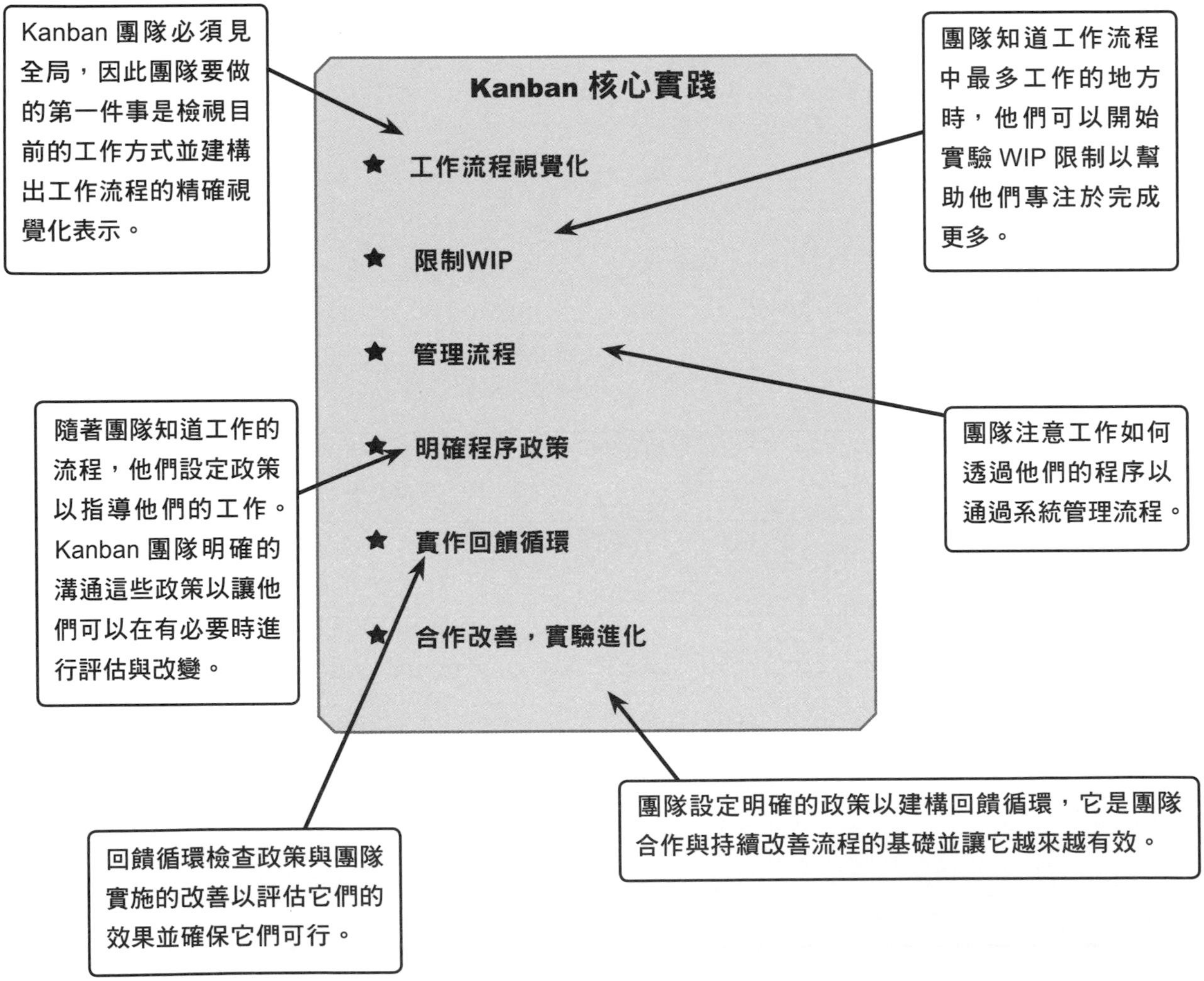
Kanban 團隊必須見全局，因此團隊要做的第一件事是檢視目前的工作方式並建構出工作流程的精確視覺化表示。
Kanban 核心實踐
★ 工作流程視覺化
★ 限制WIP
★ 管理流程
★ 明確程序政策
★ 實作回饋循環
★ 合作改善，實驗進化
團隊知道工作流程中最多工作的地方時，他們可以開始實驗 WIP 限制以幫助他們專注於完成更多。
隨著團隊知道工作的流程，他們設定政策以指導他們的工作。Kanban 團隊明確的溝通這些政策以讓他們可以在有必要時進行評估與改變。
團隊注意工作如何透過他們的程序以通過系統管理流程。
團隊設定明確的政策以建構回饋循環，它是團隊合作與持續改善流程的基礎並讓它越來越有效。
回饋循環檢查政策與團隊實施的改善以評估它們的效果並確保它們可行。

> **Kanban 由 David Anderson 發明，他在 Microsoft 與 Corbis 任職時第一個實驗這些 Lean 想法。**

使用 Kanban 板讓工作流程視覺化

Kanban 板是 Lean/Kanban 團隊用於工作流程視覺化的工具。它由板 —— 通常是白板 —— 組成，分成幾個欄，每個欄有卡片代表流經程序的**工作項目**。

Kanban 板看起來像是任務板，但不一樣。你在 Scrum 與 XP 的討論看過任務板，因此很容易會以為 Kanban 板基本上一樣。不一樣。任務板的目的是讓團隊中的每個人清楚目前的任務的狀態。任務板幫助團隊知道專案的目前狀態。Kanban 板有一點不同。它們是用來幫助團隊知道工作如何流經程序。以為 Kanban 板上的工作項目維持在功能層次，它們不是最適合用來知道哪一個團隊成員正在進行哪一個任務 —— 但它們很適合幫助你看到程序的每一個狀態有多少工作正在進行。

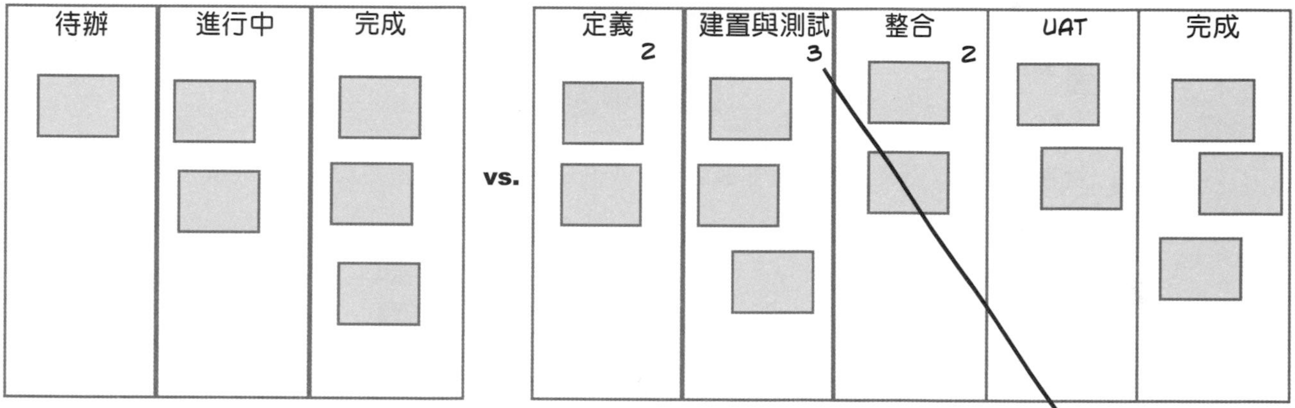

任務板

- ★ 顯示板上所有任務的狀態
- ★ 可用於追蹤進度並在事情未依計劃進行時調整
- ★ 讓團隊清楚衝刺段或專案增量的工作
- ★ 顯示優先順序並幫助團隊成員自我組織

Kanban 板

- ★ 顯示板上所有功能的狀態
- ★ 清楚顯示WIP限制使新工作不會帶進碰到限制的狀態
- ★ 讓團隊定義的工作流程狀態一致
- ★ 顯示流程並幫助團隊成員實驗程序的小改變

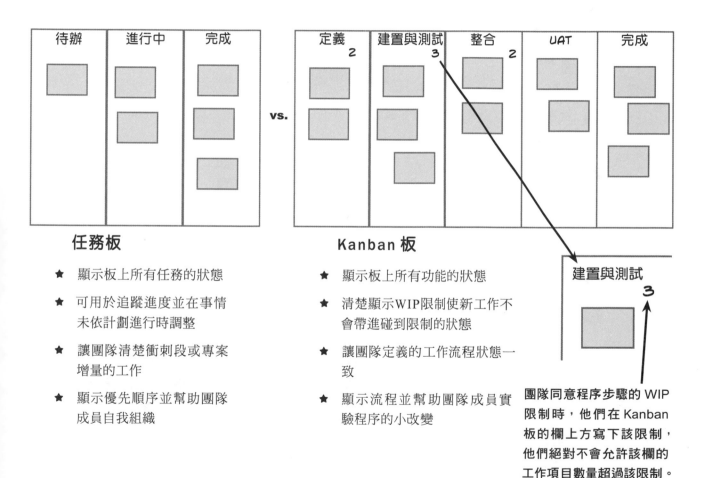

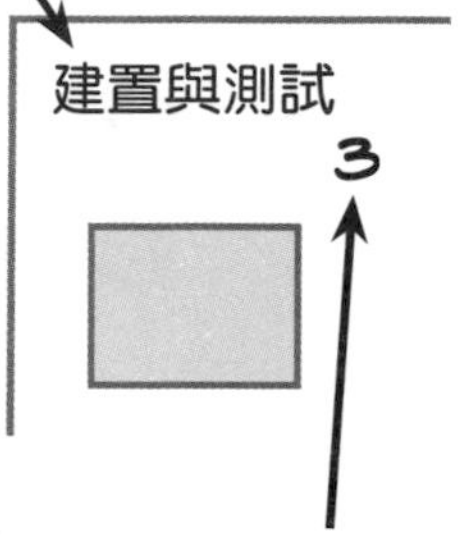

團隊同意程序步驟的 WIP 限制時，他們在 Kanban 板的欄上方寫下該限制，他們絕對不會允許該欄的工作項目數量超過該限制。

如何使用 Kanban 改善你的程序

價值流對應圖是建構這個圖的好方式！這些是你會在圖上看到的相同方塊。

Kanban 的核心實踐是團隊執行的一系列步驟以便看出他們的系統運作的如何，然後建構牽引系統讓工作有效率的在工作流程中移動。

❶ **視覺化工作流程**：建構現在使用的程序的圖形。

❷ **限制 WIP**：觀察工作項目如何流經系統，並在每個步驟中進行小量工作項目的實驗，直到工作流平均分佈。

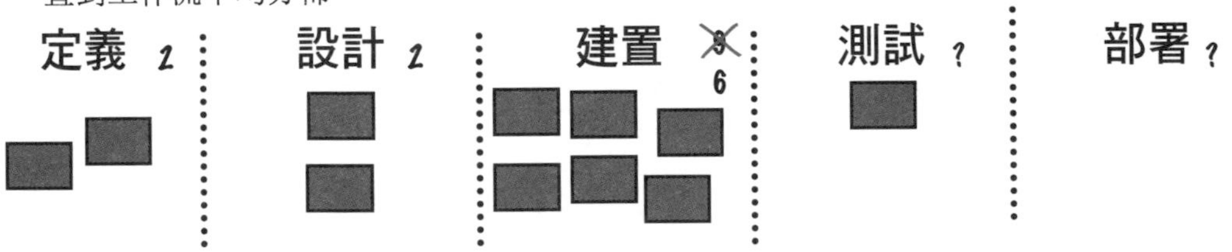

❸ **管理工作流**：評估交貨時間並觀察哪一個 WIP 限制產生最短的功能交付時間。嘗試保持交付步調。

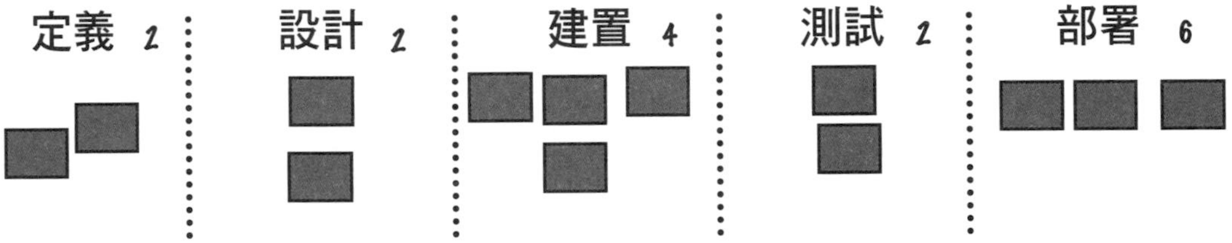

❹ **明確程序政策**：找出團隊做決定時沒有寫下的規則並將它們寫下來。

❺ **實作回饋循環**：為程序中的每個步驟建立一個檢查以確保程序可行。評估前置與循環時間以確保程序沒有慢下來。

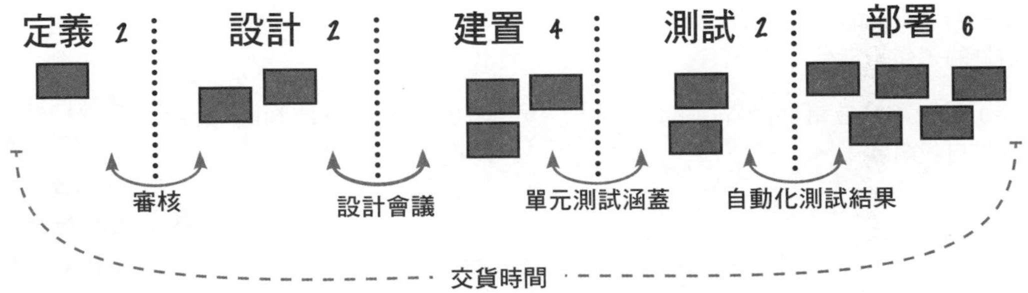

❻ **合作改善**：分享你搜集的評估數據並鼓勵團隊提出建議以繼續實驗。

幕後花絮

為何選擇 WIP？

完成一件事情的最快方式是開始、執行工作、完成它而不讓任何事情阻礙你。這很簡單，是吧？但有很多原因使團隊不這麼做。最常見的原因是他們專注於確保團隊中的每個人都很忙。舉例來說，開發者完成他的程式設計與單元測試時，下一個步驟通常是交給 QA 團隊進行測試。測試功能時開發者要做什麼？通常他會開始進行另一個功能。單獨聽起來沒問題，但若團隊的開發者們在等待測試時啟動新功能並做到一半會怎樣？若是這樣，有很大的機率在增量結束時有很多做到一半的功能。但若這些人**專注於完成可交付的功能**而不是啟動新工作呢？則團隊在每個增量會完成更多。若團隊中的每個人都以保持忙碌為最優先，他們就會保持忙碌…但他們不會盡可能快的完成每個功能。

團隊最終得到全部做一半的工作是完全專注於資源利用率（保持每個人忙碌）而非找出功能在工作流程中最短路徑的一個例子。這經常發生在有不同請求來源的團隊中，例如多個經理人將功能需求塞給一個團隊。若這些經理人不知道別的經理人提出的需求，他們會預期自己的需求是團隊的最高優先。舉例來說，銷售業務通常與支援客服有不同的需求。除非他們清楚看到他們全部的需求，他們會給團隊比計劃更多的壓力。

Kanban 對這種問題的答案是將功能在工作流程中的移動**視覺化**，並實驗設置團隊可同時進行的請求數量限制。顯示有多少功能在進行中與限制團隊在每個狀態可同時進行的請求數量，Kanban 在系統中建立了穩定的工作牽引與經常交付完成的功能。團隊通常從觀察 Kanban 板上的**工作流**開始，並持續實驗狀態的 WIP 限制，看什麼時候啟動的工作似乎多於完成的工作。團隊通常會在任務板的欄標頭寫下 WIP 限制並拒絕在狀態遇到限制時將工作帶入狀態，以避免系統過載。人們專注於讓功能一路完成然後再啟動新功能。團隊限制了同時間一個狀態進行中的工作數量後，他們開始在系統中建立可預測的工作流。團隊發現讓每個人專注於完成工作而不是保持忙碌時，他們的交貨與循環時間會下降。

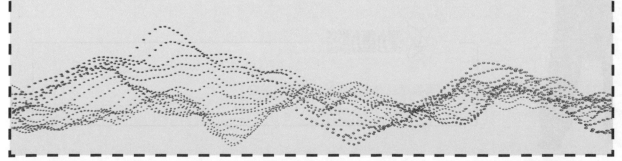

團隊建構工作流程

改善工作流程的第一步是將它**視覺化**，現在就是要做這件事。Audience Analyzer 團隊在每次建置新功能時開會討論團隊依循的步驟。當然有例外：有時候團隊不會排定功能交付。有時候產品經理要求緊急建置，因為使用者馬上就要，而每個人必須放下手上的工作。或 bug 發現的太晚而他們沒有改正。就算程序並不一定依序進行，團隊還是會建構功能應該經過的階段的圖像。

討論過這些例外（與其他例外）後，團隊同意他們最常使用的工作流程如下：

定義：產品經理收到使用者的功能要求並寫下故事 → **規劃：團隊決定下一個版本的功能** → **建置 / 測試：團隊建置功能並審核程式**

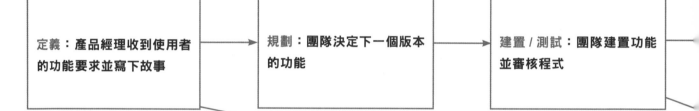

我們開會討論並同意這是目前程序運作**相當精確的圖像**。

動動腦

將程序視覺化如何幫助團隊改善它？

接下來，他們在 Kanban 版上對應他們的程序，以讓他們看到哪個功能在哪個工作流程狀態。他們在任務板上畫出與他們的狀態定義相符的欄，然後每個目前功能在哪一個狀態。對每個功能，他們建構一個自黏便簽並放在板上正確的欄中。

他們建構他們的 Kanban 板時，他們**決定不要在板上加入規劃欄**。團隊總是在每個交付增量的開始時召開兩小時的會議，以規劃要做的工作，因此功能絕不會有超過兩個小時的"規劃"狀態。將該會議記錄為狀態似乎沒什麼用處。

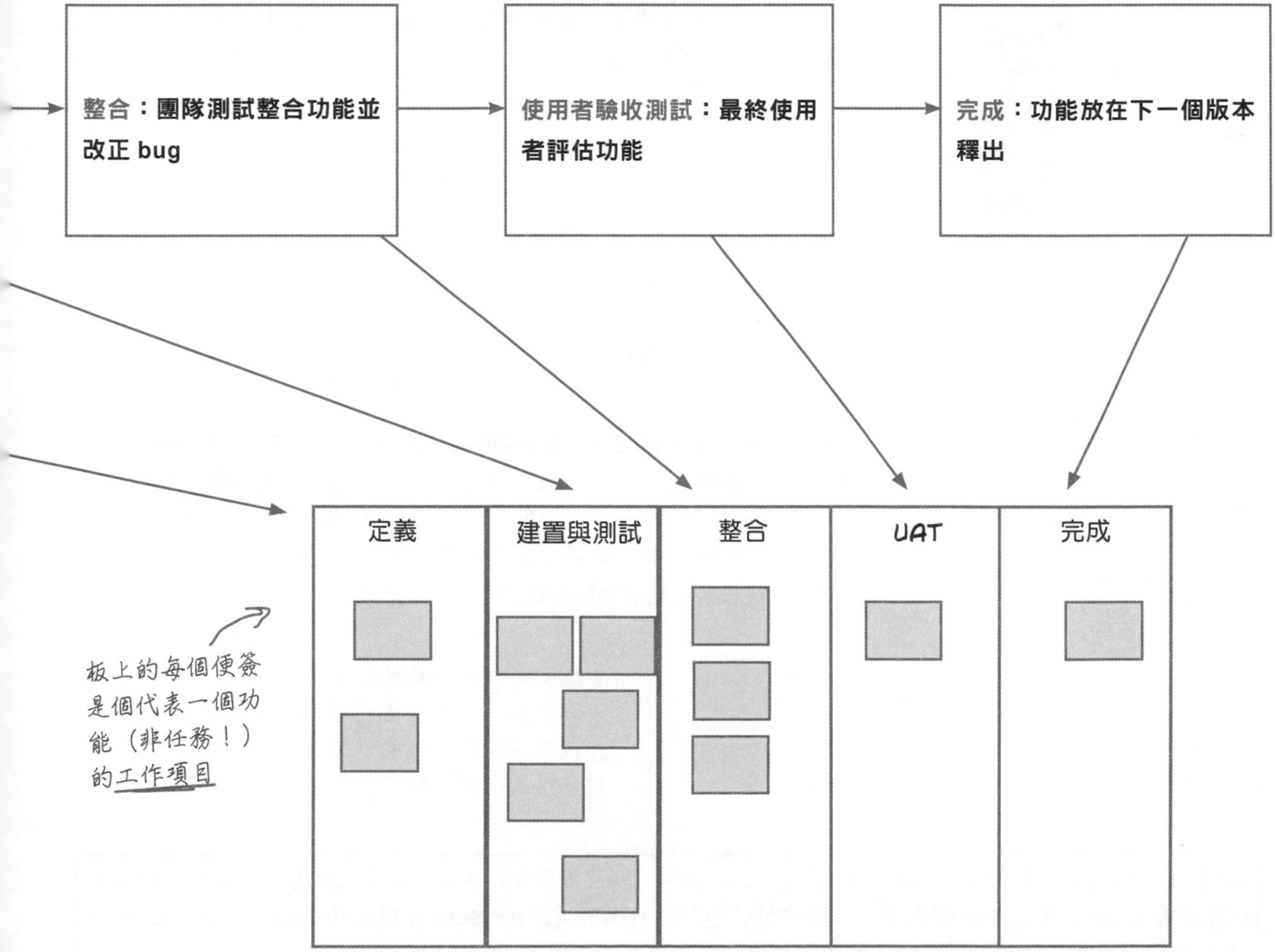

整合：團隊測試整合功能並改正 bug
使用者驗收測試：最終使用者評估功能
完成：功能放在下一個版本釋出
定義
建置與測試
整合
UAT
完成
板上的每個便簽是個代表一個功能（非任務！）的工作項目

等一下。“Kanban 板”不只是更多欄的任務板嗎？

Kanban 不是專案管理的方法論。它是改善程序的方法，將團隊的實際、真正的程序視覺化。

對 Kanban 的最大誤解之一是它基本上像是沒有衝刺段的 Scrum。並不是。Kanban 不**是用於專案管理的方法論**。Kanban 板的使用與任務板不同：任務板用於管理專案，而 Kanban 板用於認識你的程序。

記得如何使用價值流對應圖視覺化功能在專案中的實際路徑嗎？Kanban 板做一樣的事情，但不只是追蹤單一功能，而是所有工作。你與團隊能看到板上整個工作流程的視覺化與工作項目的流動時，你做出調整以讓它盡可能的精確。

Kanban 的目標是幫助團隊檢查工作方式讓他們合作改變，以盡可能的經常釋出小增量。Kanban 並不會告訴團隊時間限制應該有多長，或團隊中應該有什麼角色，或固定召開什麼會議。它幫助團隊自己找出這些事情。

因此 Kanban 要如何運用？每個團隊有點不同，而**這些不同反映在 Kanban 板的欄上**。若你的團隊總是為每個新功能花幾週建構概念證明，並在專案開始前向一群使用者展示，則你會在你的 Kanban 板加上代表該狀態的欄。隨著你進行工作，你會發現新欄並將它加上去，因此整個團隊越來越清楚他們工作的進行狀況。

團隊中的每個人都應該參與 Kanban 板的更新 —— 更多對眼睛意味著更多發現額外狀態的機會，因此你能更精確的將工作流程視覺化。

使用 Scrum、XP、或混種的團隊經常也使用 Kanban。Scrum 團隊使用 Kanban 的常見方式，是在任務板中一併建構 Kanban 將工作流程視覺化。這可幫助他們建立 WIP 限制與 **Scrum 實作中**的牽引系統。Kanban 與 Scrum 可合併，以幫助團隊專注於在衝刺段中完成更多並改善工作的品質。

辦公室討論

團隊用幾個增量觀察功能如何在程序中進行。他們在觀察後知道了更多工作狀況。

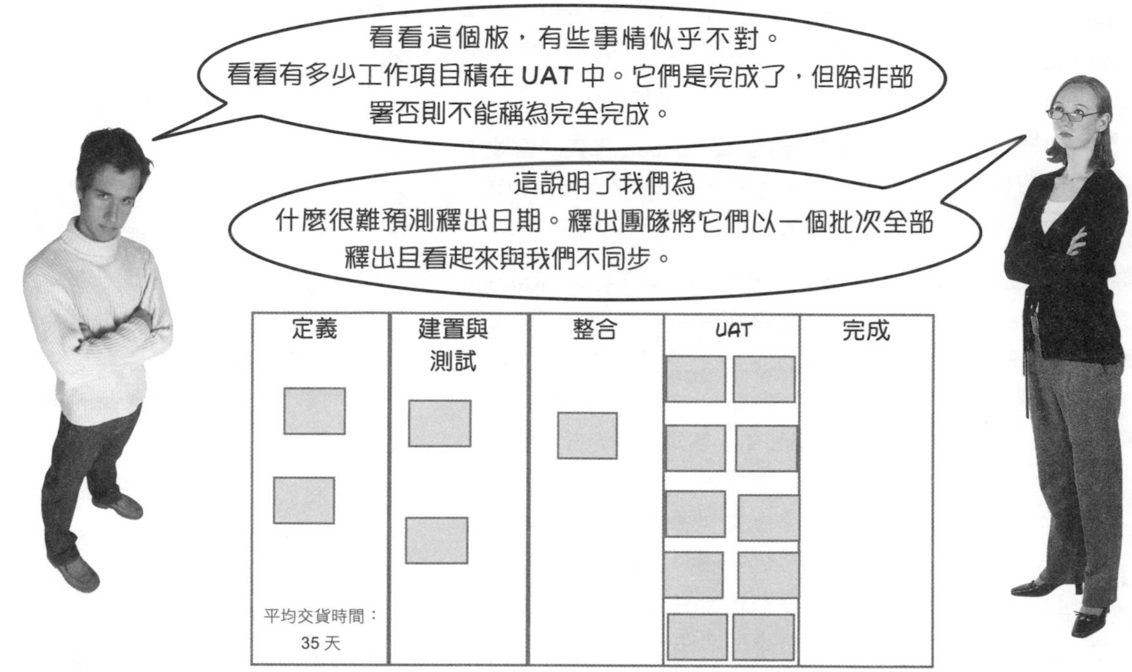
看看這個板，有些事情似乎不對。看看有多少工作項目積在 UAT 中。它們是完成了，但除非部署否則不能稱為完全完成。
這說明了我們為什麼很難預測釋出日期。釋出團隊將它們以一個批次全部釋出且看起來與我們不同步。
定義
建置與測試
整合
UAT
完成
平均交貨時間：35 天

四週後…

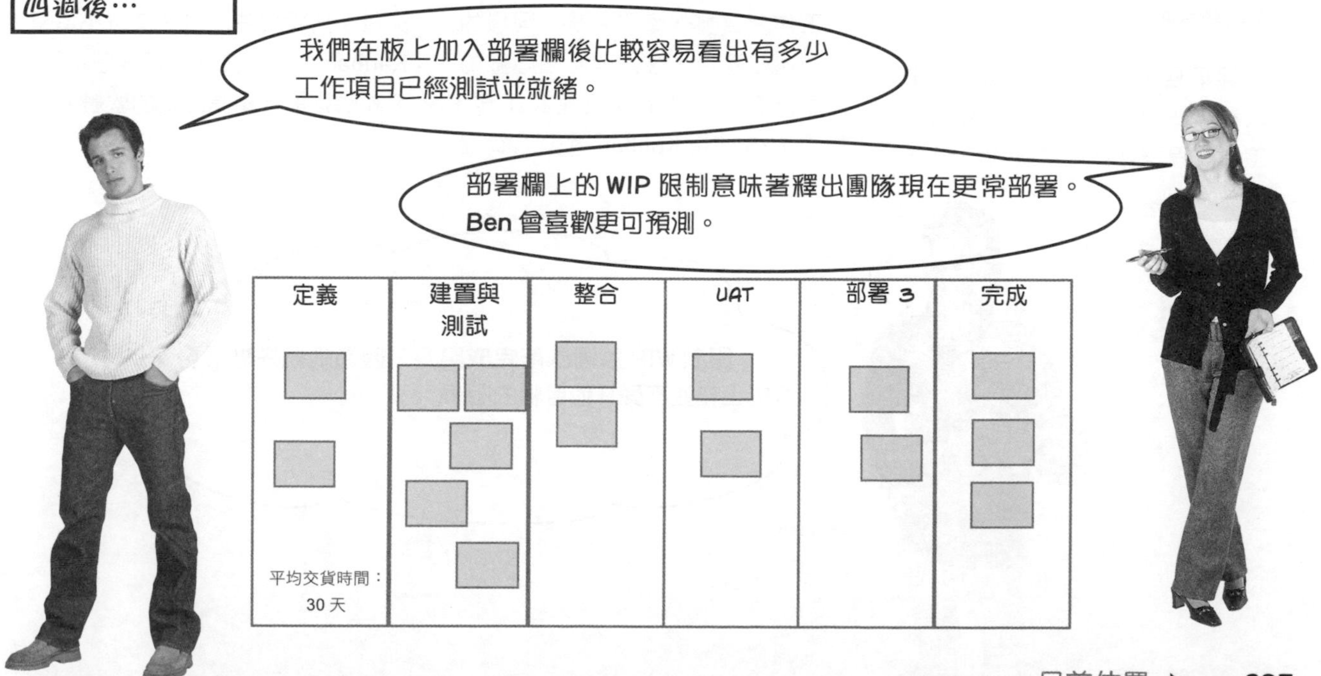
我們在板上加入部署欄後比較容易看出有多少工作項目已經測試並就緒。
部署欄上的 WIP 限制意味著釋出團隊現在更常部署。Ben 會喜歡更可預測。
定義
建置與測試
整合
UAT
部署 3
完成
平均交貨時間：30 天

沒有蠢問題

問：我聽說過“Lean/Kanban”也看過 Lean 與 Kanban 的運作。但兩者要如何融合？

答：Lean 是 Kanban 背後的心態。Kanban 依靠 Lean，如同 Scrum 與 XP 依靠它們的價值觀。Kanban 使用 Lean 的思考工具，且 Lean 團隊使用系統思維改善他們的程序。

如果你在已經建構過軟體一陣子的團隊中工作，你與其餘團隊成員可能正在依循沒有明文規定的一組程序與政策執行工作。由於這些規則與程序沒有明文，小誤解長時間下來會讓團隊在開發過程中的選擇變少。

Kanban 幫助團隊思考工作的方式並實際檢驗建構產品時做的決定。透過要求團隊將系統視覺化並評估工作流程，團隊可以看到工作方式對完成工作量的影響 —— 以及完成工作所需的時間。

透過建構程序的視覺化圖像，他們可以看出任何改變的效應。Kanban 的工作流程視覺化、實驗 WIP 限制、與有效率管理流程等實踐讓團隊中的每個人開始合作採用 Lean 思考工具 —— 例如見全局、延遲代價、牽引系統、與佇列理論。

問：前面說 Kanban 代表“信號卡片”。這是什麼意思？與自黏便簽一樣嗎？

答：好問題。在製造業中，Kanban 是個實體符 —— 例如寫上部件編號的卡片 —— 且它是該環境中牽引系統的基礎。在 Toyota Production System 中，團隊的特定部件量低下時，他們將一個部件編號 Kanban 卡片（日文“看板”）放到一個箱子中。供貨團隊將看板與來自中央供貨系統的部件做交換。此團隊使用卡片牽引部件。

對軟體團隊來說，Kanban 使用板上的工作項目實作牽引系統。同樣的想法還是適用，雖然軟體團隊做的是創意智力工作而非生產線工作。如同 TPS 使用 Kanban 減少浪費程序與建造車輛時的超量庫存，軟體團隊使用相同的 Lean 原則以 Kanban 減少浪費工作以改善他們的軟體開發程序。

問：我好像懂了，但有些事情還是不合理。你可以再解釋一次如何限制工作以完成更多工作嗎？

答：人們專注於很多目標並有自己的工作方式想法時，可能會努力完成各自的目標。在這種狀況下，每個人似乎很忙，感覺上在盡力讓產品釋出。但實際情況是除非專注於相同目標，最終可能讓產品的釋出變慢。

透過限制“同時進行”的工作項目數量，Kanban 讓團隊思考最終目標並消除與其無關的工作。由於 Kanban 團隊評估一個功能在限制 WIP 前後的交貨時間，他們會知道 WIP 限制是否會加速或減緩功能的交付。透過專注於盡快交付小增量，Kanban 能幫助團隊消滅程序中的浪費並快速的建構高品質的軟體。

限制 WIP 讓團隊能完成更多，因為他們先做最重要的工作並不受其他目標的阻礙。

削尖你的鉛筆

檢視 Audience Analyzer 團隊的 Kanban 板並判斷接下來做什麼。在任務板寫下新的 WIP 限制。

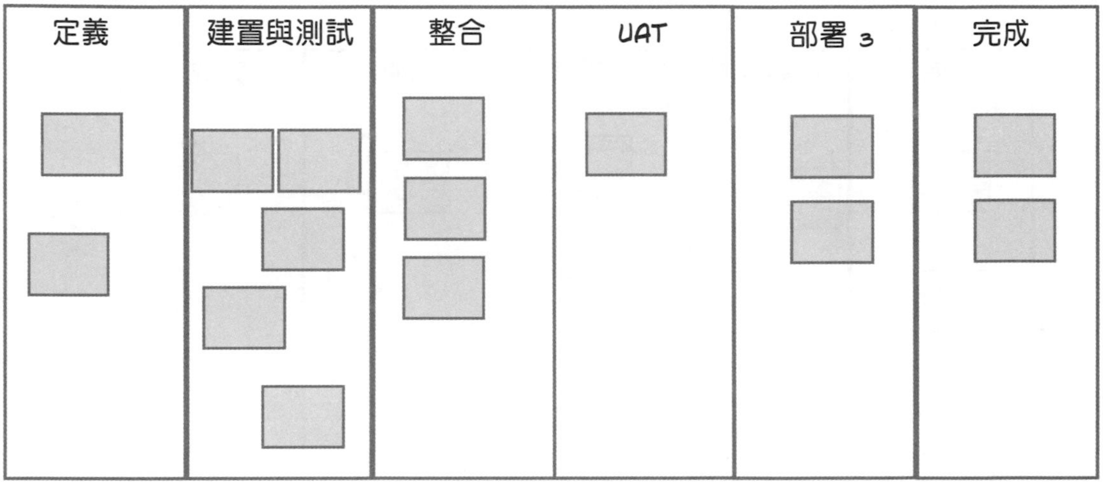

情境：將程序視覺化後，團隊每天開會以決定開發中的功能在接下來的增量中如何進行每個步驟。他們的團隊以前以固定兩個禮拜的週期釋出，因此他們觀察功能兩個禮拜。此團隊有一個產品經理、四個開發者、一個整合所有功能測試的測試者。兩個禮拜後他們的板看起來像這樣。團隊中的每個人都非常忙 —— 事實上有兩個開發者週末加班以讓功能趕上建置與測試進度。

兩週後板看起來是什麼樣子？

....

Audience Analyzer 團隊應該在哪裡試著加上 WIP 限制？

....

應該先試多少限制？為什麼？

....

....

削尖你的鉛筆 解答

檢視 Audience Analyzer 團隊的 Kanban 板並判斷接下來做什麼。在任務板寫下新的 WIP 限制。

這一題沒有正確答案。下面是我們的答案。最重要的事情是思考如何使用 WIP 限制來管理流程。

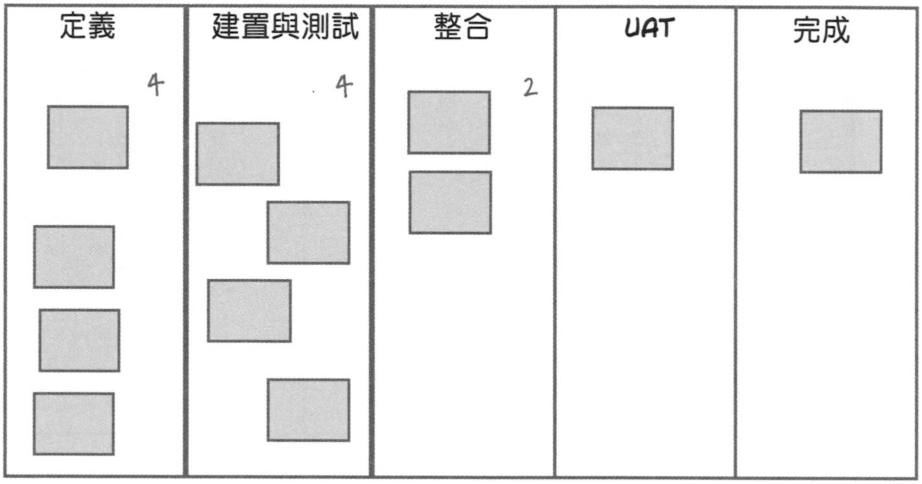

情境：將程序視覺化後，團隊每天開會以決定開發中的功能在接下來的增量中如何進行每個步驟。他們的團隊以前以固定兩個禮拜的週期釋出，因此他們觀察功能兩個禮拜。此團隊有一個產品經理、四個開發者、一個整合所有功能測試的測試者。兩個禮拜後他們的板看起來像這樣。團隊中的每個人都非常忙 —— 事實上有兩個開發者週末加班以讓功能趕上建置與測試進度。

兩週後板看起來是什麼樣子？

理想中，範圍中的所有功能都應該在完成欄。

Audience Analyzer 團隊應該在哪裡試著加上 WIP 限制？

定義、建置與測試、整合。

應該先試多少限制？為什麼？

定義、建置與測試的限制為 4，因為有四個開發者。整合為二，因為有一個測試者與完成提交的開發者可以幫忙測試。

團隊的交付更快

幾次實驗（以及許多交貨時間評估）後，每個人可以看到真正的改善。第一次設定限制讓團隊慢一點，因此大家一起討論決定下一個增量提高一點限制。這似乎有效。團隊找到 WIP 限制後，他們發現在每個增量啟動與完成更多的功能。更棒的是，遇到問題時他們開始互相幫助。他們很快感覺到工作比以前更受控制。Ben 特別高興，因為團隊比以前更可預測。

我們的交貨時間更好且**完成更多！**我們的 Kanban 板向每個人顯示每個功能在系統中的狀態。

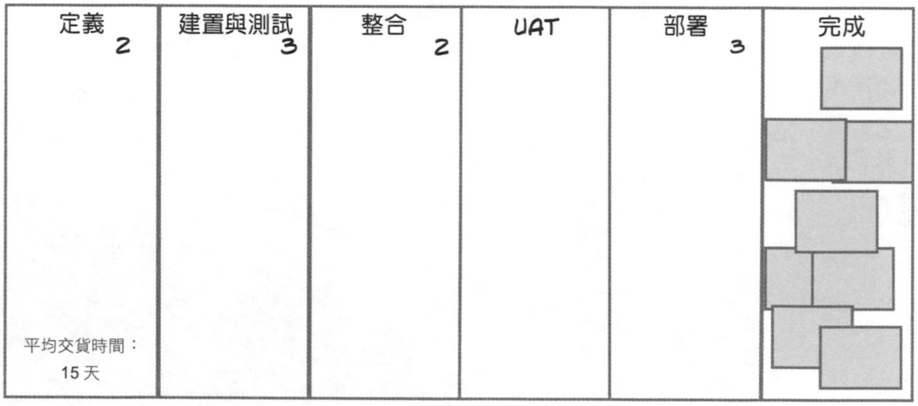
定義
2
建置與測試
3
整合
2
UAT
部署
3
完成
平均交貨時間：
15 天

動動腦

有些團隊發現計算程序中每個階段的工作項目數量可幫助團隊了解工作流程。你覺得這如何幫助團隊更好的認識他們的工作流程？

累積流程圖幫助你管理流程

Kanban 團隊使用**累積流程圖**（**cumulative flow diagrams**，CFD）找出系統增加的浪費與流程中斷。他們將每個狀態的工作項目數量繪製成圖表，以它觀察可能影響團隊處理量（可完成工作項目的速率）的模式。CFD 產生讓團隊視覺化追蹤系統運作的方式。

團隊習慣閱讀 CFD 後，他們會更快的知道改變程序與政策的影響。團隊總是在追尋穩定的開發程序與可預測的處理量。團隊找出正確的 WIP 限制以建立牽引後，他們可以開始檢視影響他們的工作方式的協議與政策。若團隊習慣持續的檢查他們的 CFD，他們會知道他們的建議與改變如何影響團隊可以完成的工作量。

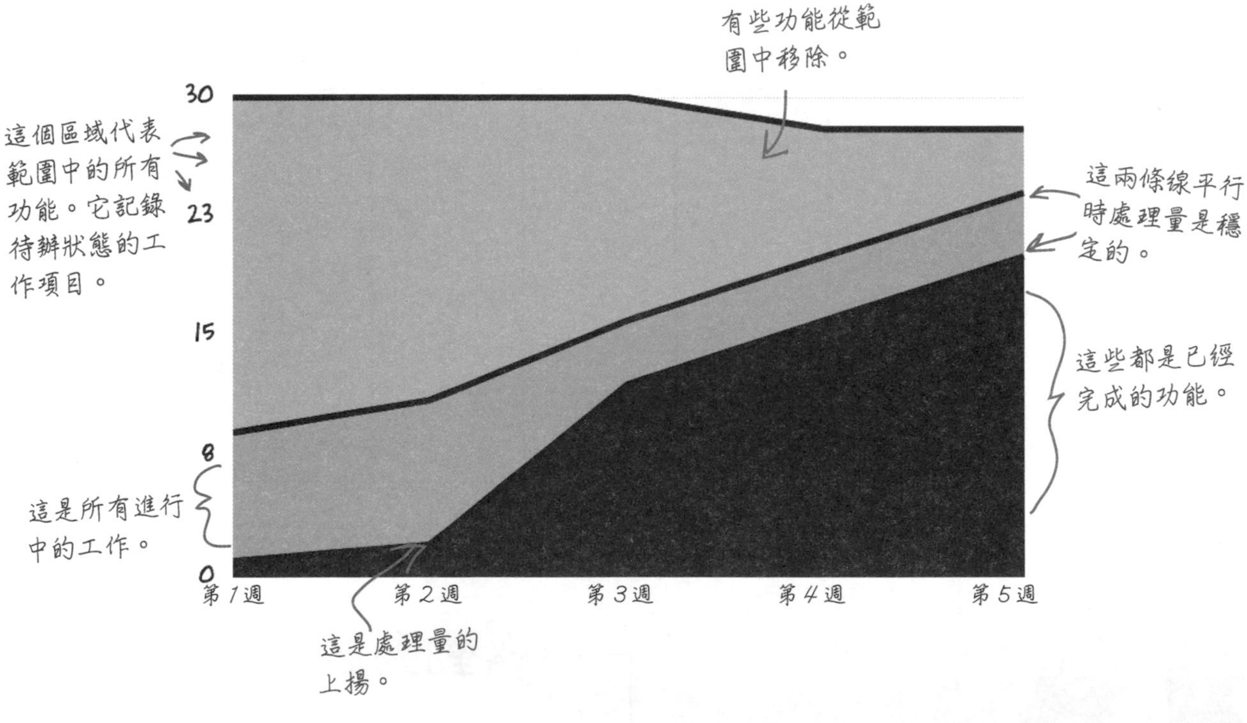

這只是 CFD 的概觀 —— 我們想要讓你看個 CFD 的大概以讓你知道程序的運作情況。使用 Lean 與 Kanban 一陣子後，你會想要知道更多的 CFD 模式以及如何解讀。CFD 是很有價值的工具，它們相當容易建構。我們的《Agile 學習手冊》一書有建構 CFD 與使用它們改善你的工作流程的指南。

Kanban 團隊討論他們的政策

寫下程序的步驟並開始檢視功能如何進行後，你可以開始思考團隊成員日常工作時依循的規則。人們在工作時提出自己的規則是很常見的，這些規則指導他們的行為和他們做出的決定。你的團隊在工作時遇到的許多誤解和錯誤來自這些不成文的規則。但是當你真正開始討論政策時，你的團隊中的人員正在進行真正開放和協作的討論，整個團隊可以開始一起工作以避免許多誤解。團隊利用這些政策討論共同制定**工作協議**，使團隊互動更加順暢，讓每個人都專注於改變政策，而不是在事情出錯時與對方爭論。

以下是 Audience Analyzer 團隊在決定明確他們的政策時提出的工作協議：

一開始測試應用程式的人不想要預估。團隊同意預估討論需要開發與測試一起討論。

Audience Analyzer 團隊工作協議

- ★ 所有團隊成員參與預估並使用一致的故事點數
- ★ 團隊成員完成一個工作項目時，他接著做待辦項目中的高優先項目。
- ★ 沒有人會將工作加入已經達到 WIP 限制的狀態。
- ★ 所有工作項目必須滿足“完成”的定義才能視為完成。
- ★ 沒有人會進行不在待辦項目中的工作項目。

團隊成員完成一個工作項目時對要做什麼有不同的理解。

團隊成員很難在有人要求修改程式時說“不”。明確的政策可幫助他們知道要做什麼。

討論團隊依循的政策並明文寫下可幫助大家維持一致。

回饋循環顯示運行狀態

Kanban 團隊確實專注於認識對程序所做的改善，因此他們明確的建構**回饋循環**來評估每個改變的影響。他們進行評估，然後使用評估資料改變工作方式。隨著他們改變程序，他們也改變用於改變程序的評估，如此不停的循環…

團隊使用回饋循環建立持續改善的文化，確保每個人幫忙進行評估與建議改變。每個人都參與評估、改變、重複時，整個團隊開始視程序改變**為自己的實驗**。

Kanban 團隊使用交貨時間建構回饋循環

Kanban 團隊同意如何評估所有的改變，並使用搜集到的程序資料驅動進一步的決定。Kanban 團隊建構回饋循環最常見的方法之一是評估交貨時間、做出改變 —— 建立 WIP 限制，但也嘗試其他事情 —— 然後看看改變是否導致交貨時間降低。舉例來說，若想要嘗試讓團隊成員在週二專注於個人專案的政策，團隊可以進行為期兩個釋出的實驗，然後評估前後的交貨時間以找出該政策對處理量的影響。

削尖你的鉛筆

下列哪些情境是團隊建立回饋循環的例子，哪些是團隊做出改善程序的改變？

1. Kate 知道設計文件有時候增加額外的功能並降低開發速度。她建議檢視所有新功能以確保符合產品的架構。他們進行檢查與確保這樣會讓事情加速。

☐ 回饋循環　　☐ 改變

2. Mike 發現開發團隊沒有為產品功能撰寫足夠的單元測試。他設定新功能的涵蓋率為 70%。

☐ 回饋循環　　☐ 改變

3. Ben 於撰寫規格前在客戶會議與最終使用者討論功能。

☐ 回饋循環　　☐ 改變

4. Mike 開始計算每個增量中的工作項目的循環時間。他發現團隊越來越快。

☐ 回饋循環　　☐ 改變

答案見第 297 頁

現在整個團隊合作找出更好的工作方式！

現在整個團隊共享 CFD 與交貨時間，他們提出建議以讓工作更順利。不是全部可行，但也沒關係，因為團隊從每一項實驗中學到教訓。他們大幅的改善交貨時間，每個人都覺得更有參與感與掌控。

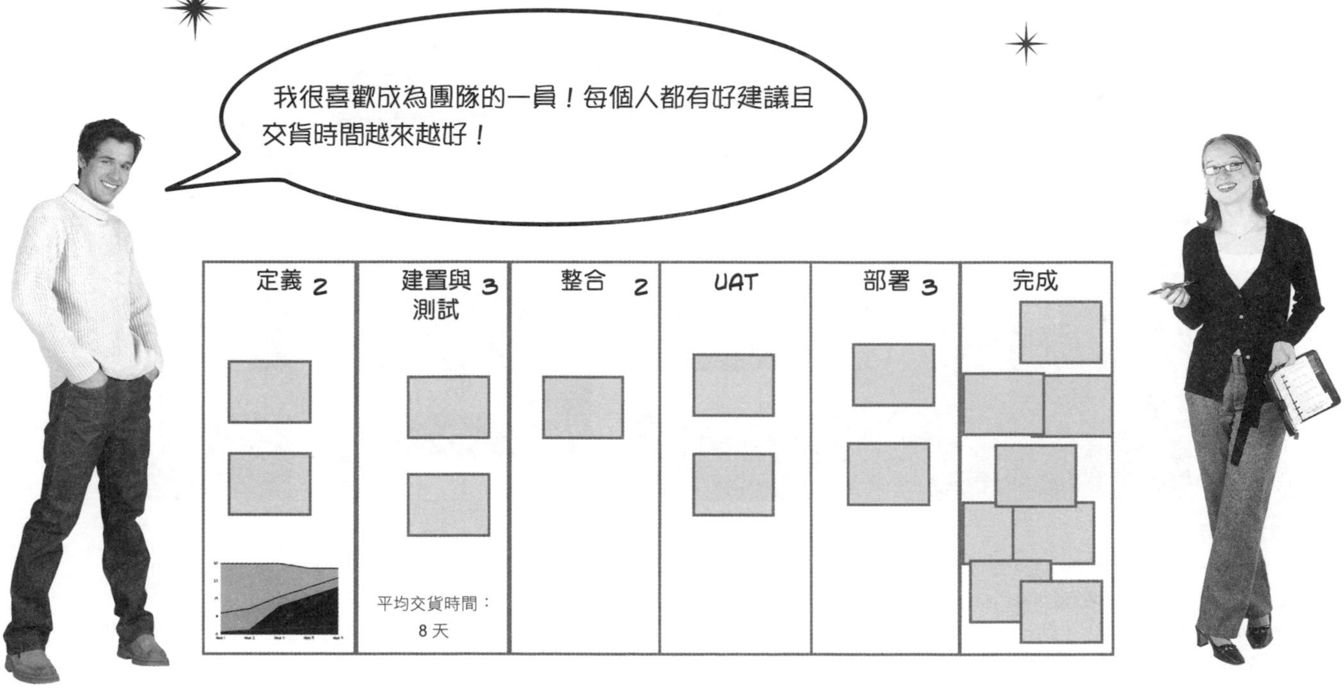

現在團隊正在合作改善，他們更能掌控並完成更多！

Lean/Kanban 填字遊戲

這是牢記 Lean 與 Kanban 的好機會。不看書你可以回答幾個字？

橫排提示

1. This type of waste is the Japanese word for unreasonableness
4. ____________ thinking gives a Lean team choices until the last responsible moment
7. The first practice a team needs to master when using Kanban is to __________ their workflow
9. Lean teams try to quantify how time-critical a feature is using a metric called ________________
10. Kanban means ___________ card in Japanese
11. This type of waste is often identified through testing
12. Kanban teams set _____ limits on steps in their process in order to optimize for flow
16. Teams that pursue multiple options when developing features are using a Lean thinking tool called ________________
17. Lean is derived from the _________ production system
18. Lean teams are always working to____________ waste
19. The Japanese word for continuous improvement is _________

直排提示

1. Unlike Scrum and XP, Lean is a ______________, not a methodology
2. In Kanban, teams identify their ___________ and make them explicit
3. Lean teams use __________ theory to analyze how work flows through their system
5. When the later step gets its work from the step before it in a process
6. Lean thinking asks people to “see the __________” when they analyze a process
7. Lean teams create a map of the ___________ stream to find out how much time is spent waiting
8. A type of waste that you see when people try to do too many things at once
9. Lean teams don’t use sprints, they develop on a delivery _______
13. When a product is intuitive to use and does what it is meant to do, it has __________ integrity
14. Kanban teams use metrics to establish ___________ loops
15. Sometimes teams build _______ processes and features

由於建立 Agile 宣言時很重視 Lean，因此很多思考工具被納入 Scrum 與 XP。下面是一些你已經從前面的章節認識的思考工具。連接工具的名稱與說明。

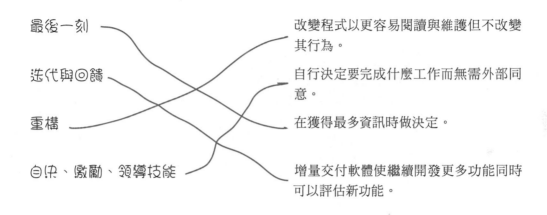

削尖你的鉛筆
解答

下列哪些情境是團隊建立回饋循環的例子，哪些是團隊做出改善程序的改變？

1. Kate 知道設計文件有時候增加額外的功能並降低開發速度。她建議檢視所有新功能以確保符合產品的架構。他們進行檢查與確保這樣會讓事情加速。

☒ 回饋循環   ☐ 改變

2. Mike 發現開發團隊沒有為產品功能撰寫足夠的單元測試。他設定新功能的涵蓋率為 70%。

☒ 回饋循環   ☐ 改變

3. Ben 於撰寫規格前在客戶會議與最終使用者討論功能。

☐ 回饋循環   ☒ 改變

4. Mike 開始計算每個增量中的工作項目的循環時間。他發現團隊越來越快。

☒ 回饋循環   ☐ 改變

Lean/Kanban 填字遊戲解答

這是牢記 Lean 與 Kanban 的好機會。不看書你可以回答幾個字？

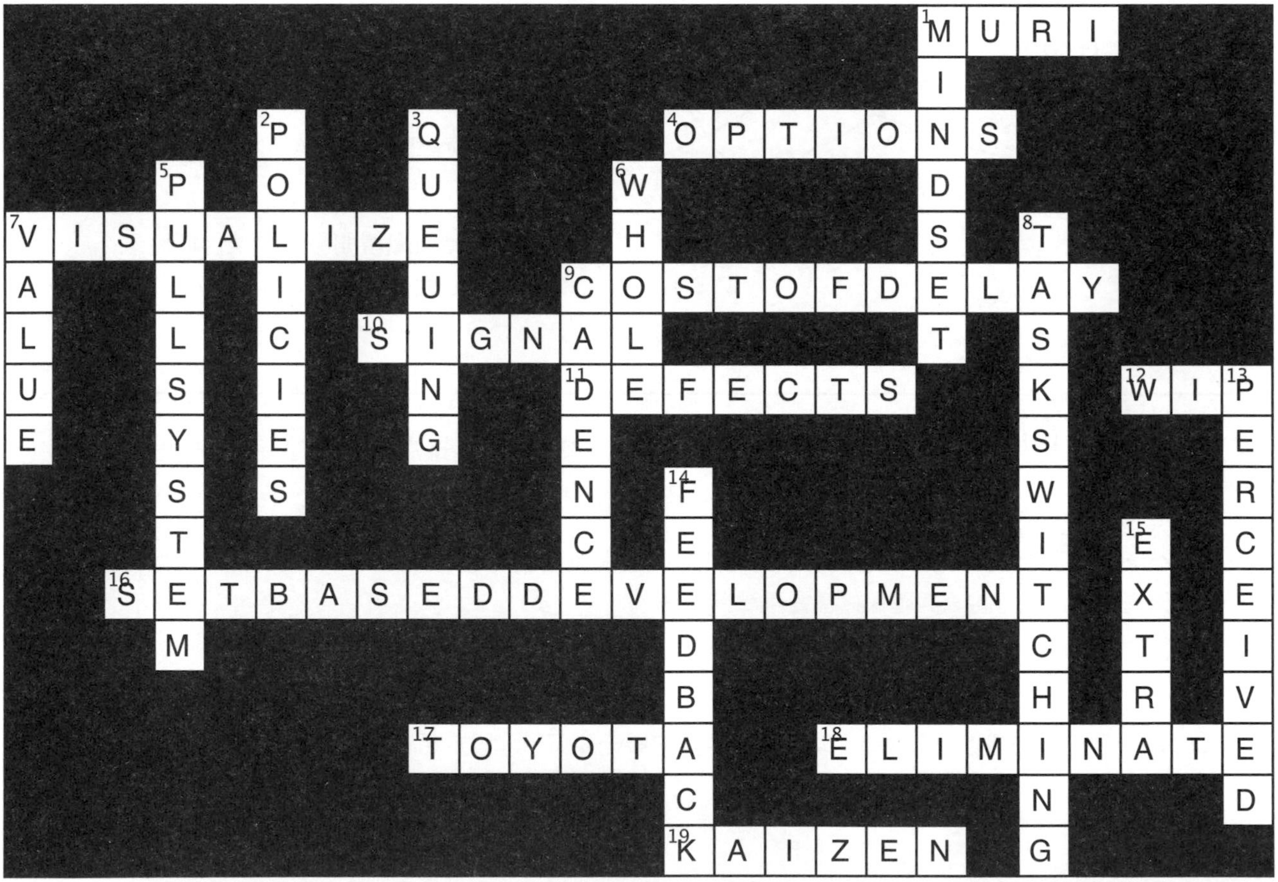

JUDGMENT CALL 解答

下面是 Mike、Kate、與 Ben 的談話。有些是浪費，有些不是浪費。找出是哪一種浪費。從對話框畫出一條線到 WASTE 或 NOT WASTE。如果不是浪費，畫出另一條線到正確的 Lean 浪費類型上。

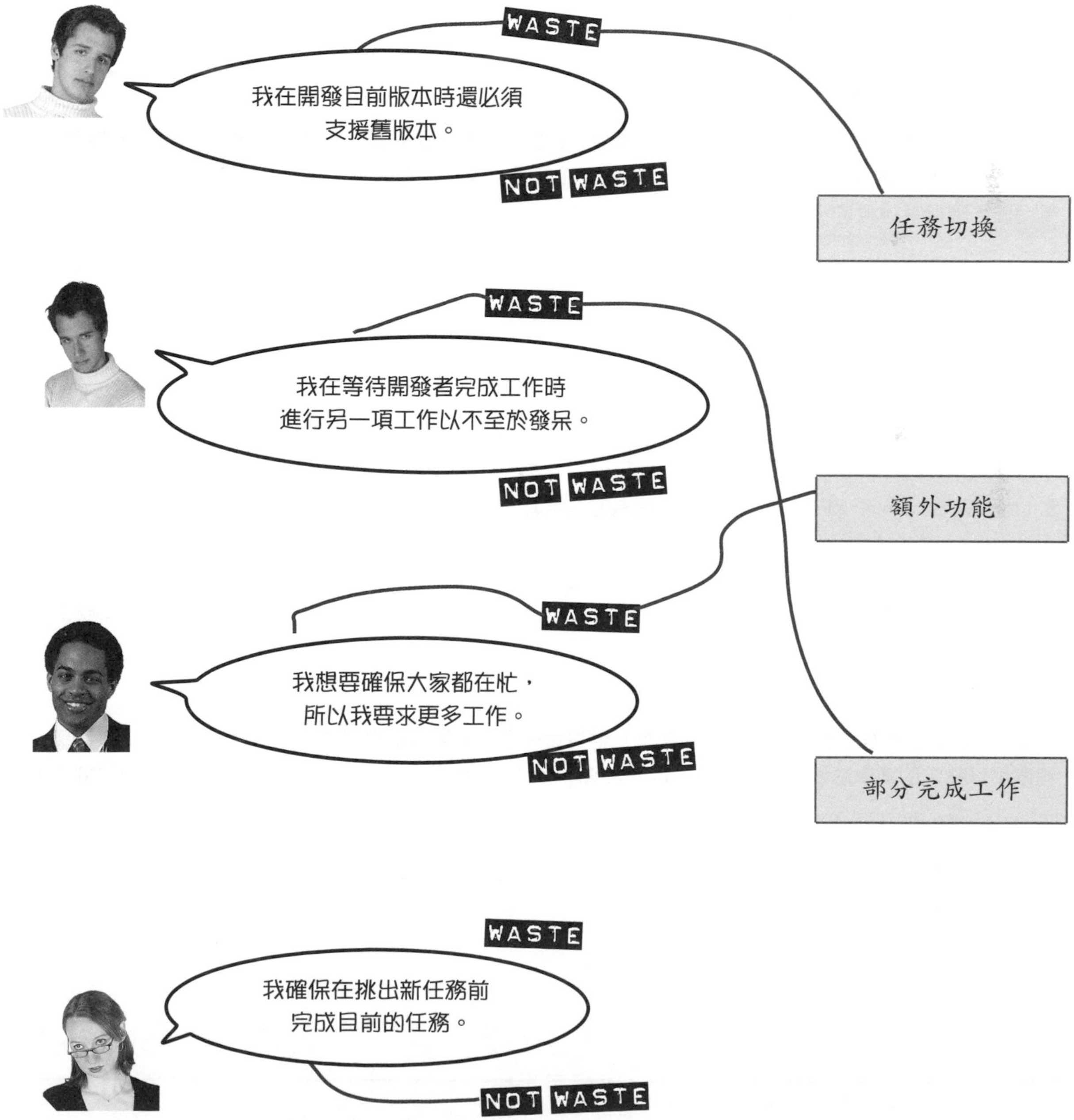

WASTE
我在開發目前版本時還必須支援舊版本。
NOT WASTE
任務切換
WASTE
我在等待開發者完成工作時進行另一項工作以不至於發呆。
NOT WASTE
額外功能
WASTE
我想要確保大家都在忙，所以我要求更多工作。
NOT WASTE
部分完成工作
WASTE
我確保在挑出新任務前完成目前的任務。
NOT WASTE

考試題目

這些考試練習題能幫助你回顧這一章的內容。就算不準備考 **PMI-ACP** 認證也值得一試。這是發現你不知道的地方很好的方式，能幫助你更快的記憶內容。

1. 價值流對應圖用於下列項目，除了：

A. 認識功能的交貨時間

B. 找出程序的浪費

C. 發現要建構的新功能

D. 認識功能的循環時間

2. Sean 是個金融軟體團隊的開發者。他的團隊正在開發新的交易系統。他與團隊開會討論他們使用的工作流程。然後他們將流程畫在白板上，每個步驟有幾個欄。觀察板上的工作項目一陣子後團隊注意到程序中有幾個步驟似乎過載了。

團隊接下來最好的動作是？

A. 團隊合作改善讓工作慢下來的步驟

B. 在比較慢的步驟增加人手

C. 專注於完成板上的工作

D. 限制過載步驟容許的同時進行工作量

3. Lean 與 Scrum 和 XP 等方法論不同是因為它是具有 ________________ 的 ________________ 。

A. 思考工具，心態

B. 實踐，方法論

C. 評估，程序改善計劃

D. 原則，學派

4. 某個 Lean 團隊觀察程序中的所有工作項目並注意程序中的每個步驟間的運行。然後他們專注於讓工作在程序中以穩定的速率前進。什麼思考工具可以幫助他們將工作看作是一系列在完成後從系統中刪除的功能？

A. 發現浪費

B. 最後一刻

C. 佇列理論

D. 評估

考試題目

5. **下列哪一項最能描述“延遲代價”這個 Lean 思考工具？**

A. 根據客戶多快會需要功能對功能進行排名

B. 設定建構產品的時間的金額價值

C. 認識團隊佇列中的每個任務的時間重要性以更好的決定要先完成什麼任務

D. 認識延遲專案時能會損失多少錢

6. **軟體開發中有哪七種浪費？**

A. 部分完成工作、額外程序、任務切換、英雄事跡、過度承諾、缺陷、額外功能

B. 部分完成工作、額外程序、額外功能、任務切換、溝通、等待、缺陷

C. 部分完成工作、額外程序、任務切換、等待、移動、缺陷、額外功能

D. 部分完成工作、額外程序、任務切換、細節規劃、移動、缺陷、額外功能

7. **下列哪一項最能描述 Kanban 的核心實踐：**

A. 視覺化工作流程、建構 Kanban 板、限制 WIP、管理流程、明確程序政策、實作回饋循環、合作改善、實驗演進

B. 規劃 執行 檢查 行動

C. 視覺化工作流程、觀察流程、限制進行中工作、改變程序、評估結果

D. 視覺化工作流程、限制 WIP、管理流程、明確程序政策、實作回饋循環、合作改善、實驗演進

8. **下列哪一項不是 Lean 的原則？**

A. 消除浪費

B. 實作回饋循環

C. 盡可能晚決定

D. 見全局

考試題目

9. 下列哪一項最能描述 Kanban 板的使用？

A. 觀察功能在程序中的運行以讓團隊決定如何限制 WIP 並找出最平均的工作流程步驟

B. 追蹤 WIP 限制與目前任務狀態使團隊知道還剩下多少工作

C. 記錄缺陷與問題並建構解決產品問題最快的路徑

D. 幫助團隊自我組織並找出工作流程中的瓶頸

10. 下面的價值流對應圖中的功能的交貨時間與循環時間是多少？

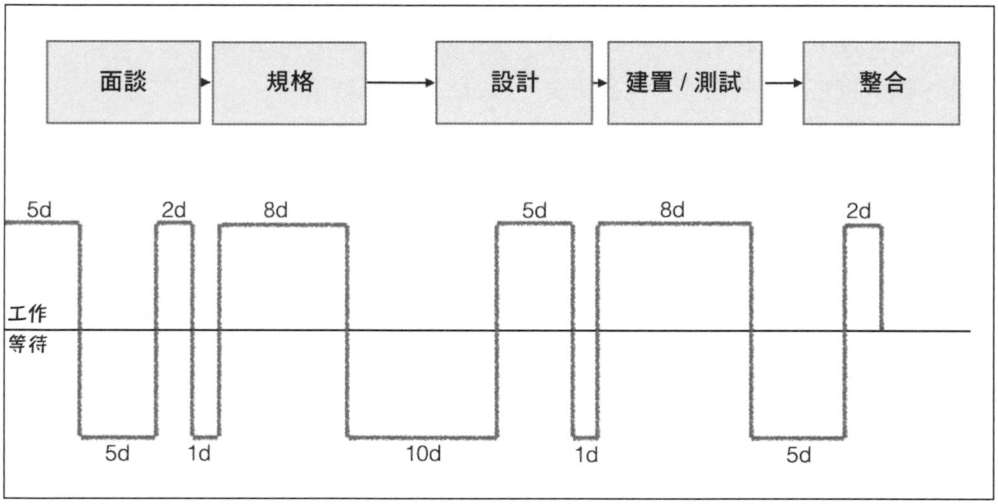

A. 交貨：22 天，循環：30 天

B. 交貨：30 天，循環：22 天

C. 交貨：52 天，循環：30 天

D. 交貨：70 天，循環：42 天

11. 團隊建立 WIP 限制並開始管理流程時，套用 Kanban 在工作流程中的下一步是什麼？

A. 實作回饋循環

B. 明確流程政策

C. 合作改善

D. 盡快交付

考試題目

12. 有個坐在一起的團隊很難達成承諾的目標。他們在每個增量提出越來越多承諾，但他們無法達成目標。現在有很多功能處於 Kanban 板的前兩欄，只有少數功能在後面的欄。下列哪一種浪費不太可能是團隊難以達成目標的原因？

A. 切換任務

B. 缺陷

C. 移動

D. 部分完成工作

13. 下列哪一項不是 Lean 與 Scrum 共同的原則？

A. 最後一刻

B. 迭代與回饋

C. 自我組織與激勵

D. 消除浪費

14. 程序後面的步驟將工作從前面的步驟拉進來稱為…

A. 佇列理論

B. 浪費

C. 牽引系統

D. 庫存

15. 下列哪一項不是選項思維的例子？

A. 團隊嘗試兩個平行的方法來開發他們沒有做過的高風險功能

B. 團隊找出專案中可以及早交付目標以檢驗設計方法

C. 團隊設置了困難的截止日期和相依清單來交付他們不確定的功能

D. 團隊花時間分享知識以讓更多人能進行衝刺段規劃的任務

~~考試題目~~ 答案

1. **答案**：C

團隊使用價值流對應圖找出程序中的浪費。價值流對應圖可提供關於交貨時間與循環時間的資訊，但很少提供對未來需求的洞察。

2. **答案**：D

題目是描述團隊在進行 Kanban 時的初始步驟。第一個步驟是將工作流程視覺化，第二個步驟是限制 WIP。

3. **答案**：A

Lean 是具有思考工具的心態，幫助你以找出與消滅浪費的方式思考問題。XP 與 Scrum 是具有實踐的方法論，幫助你依循 Agile 原則交付軟體。

答案 D 是不錯的答案，但答案 A 更精確。

4. **答案**：C

Lean 團隊使用佇列理論檢查系統中工作完成的順序。然後他們嘗試找出團隊在可以產生進度並從生產線移除完成的工作時花時間等待導致的浪費。

5. **答案**：C

延遲代價是用於判斷功能開發順序的關鍵之一。認識功能的延遲代價意味著思考其風險與傷害，以及因團隊進行目前的工作而失去的機會。

6. **答案**：C

Lean 的七種軟體開發浪費（部分完成工作、額外程序、任務切換、等待、移動、缺陷、額外功能）來自 Toyota Production System 的七種製造浪費（運輸、等待、動作、缺陷、庫存、過度生產、額外程序）。兩者都是將建構產品與功能時延遲生產的常見行為分類的方式。

~~考試題目~~ 答案

7. **答案**：D

只有答案 D 包含所有的 Kanban 核心實踐。

8. **答案**：B

“實作回饋循環” 是 Kanban 的核心實踐，但不是 Lean 的原則。Lean 的原則是：消滅浪費、放大學習、盡可能晚決定、盡快交付、授權給團隊、內建品質、見全局。

9. **答案**：A

Kanban 板用於追蹤工作流程中的功能運行。團隊實作 Kanban 時，他們這麼做以了解程序的運作而不是記錄特定專案的進度。它們不是用於追蹤任務，那是任務板的事情。

這是人們所說 Kanban 是改善程序的方法而非專案管理方法的意思。

10. **答案**：C

交貨時間是功能在系統中的總時間。此例中加總價值流對應圖的數字得到 52 天。循環時間是花在工作的總時間，也就是 30 天。

11. **答案**：B

Kanban 的實踐的順序是：工作流程視覺化、限制 WIP、管理流程、明確程序政策、實作回饋循環、合作改善、實驗演進。

12. **答案**：C

題目說團隊坐在一起，所以比較不可能因為移動導致團隊的交付問題。另一方面，若經常討論新工作而沒有完成手上的工作，很可能會遇到任務切換、部分完成工作、與缺陷等問題。

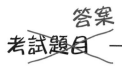

~~考試題目~~ 答案

13. 答案：D

儘晚決定、以短迭代釋出以經常取得回饋、自我組織是 Scrum 與 Lean 共通的概念。雖然 Lean 與 Scrum 相容，但 Lean 專注於消滅浪費，而 Scrum 並沒有強調這一部分。

14. 答案：C

在牽引系統中，程序後面的步驟牽引前面步驟的工作。如此能保持負載的平均且是讓工作從程序的頭進行尾較不浪費的工作方式。

15. 答案：C

設定困難的截止時間並判斷哪個任務相依哪個任務，讓團隊鎖死在一個方法且減少達成目標的選項。

你的表現如何？若記不住題目的答案，現在是時候回頭重讀章節內容並將它記住。

檢查你的知識

考試日是一年之中我最喜歡的日子！真希望暑假也要上課。

哇，前六章已經讓你打好基礎！

你已經研讀過 Agile 宣言的價值觀與原則以及它們如何驅動 Agile 心態、探索團隊如何使用 Scrum 管理專案、以 XP 發現更高層次的工程、並看到團隊如何使用 Lean/Kanban 進行改善。接下來要**進行回顧**並深入你已經學習過的一些最重要的概念。但準備 **PMI-ACP®** 考試不只是要了解 Agile 的工具、技術、概念。要通過考試，你還必須探索團隊如何**在真實狀況中使用它們**。讓我們針對 PMI-ACP® 考試設計的**完整練習**、**謎題**、**與實踐題目**（以及一些新內容）再**回顧 Agile 概念**。

PMI-ACP® 認證很有價值…

PMI Agile Certified Practitioner（PMI-ACP）® 資格是最熱門與成長最快的認證之一，並且它的價值越來越高。不要只聽我們片面的說法，到求職網站搜尋關鍵字“Agile”，你會發現很多單位偏好 Agile 認證 —— 僱主們認為有 PMI-ACP® 認證的求職者最合適。

…但你必須真的懂

PMI-ACP® 考試是關於認識團隊在真實世界中會遇到的狀況。Agile 團隊使用使用者故事、價值流對應圖、資訊輻射器、燃盡圖等很多特定工具、技術、與實踐 —— 你已經在前面學到。但記住這些工具不能幫助你通過 PMI-ACP® 考試，因為它是根據認識 Agile 團隊會遇到的狀況。

相較於 Agile 團隊使用的工具、技術、實踐，PMI-ACP® 考試更專注於團隊如何應對特定情況 —— 但你還是要知道工具、技術、與實踐。

以下是狀況題的例子。你能找出答案嗎？

63. 你是個 Agile 實踐者。你的團隊中的一個成員要求你說明你加入到團隊會在接下來的迭代中建構的項目排序清單中的項目。你不知道答案。接下來要做什麼？

A. 在下一個回顧中提出問題

B. 建議團隊自我組織以自行找出答案

C. 跟項目需求有關負責人開會

D. 更新相關資訊輻射器

動動腦

你覺得題目中的“Agile 實踐者”是什麼意思？題目中的“排序清單”是指什麼？

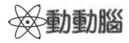

PMI-ACP® 考試基於內容大綱

Project Management Institute 很用心設計與維護 PMI-ACP® 考試，他們很努力確保材料的正確與及時，且考試的題目難易適中。他們的主要做法是列出 **PMI-ACP 考試內容大綱（PMI-ACP® Examination Content Outline）**。內容大綱告訴你考試的範圍。以下是你會在大綱中看到的東西：

- 考試分成七個**領域**，代表題目所專注的各個 Agile 專案面向
- 每個領域有一系列的**任務**表示 Agile 團隊會採用的不同動作或 Agile 團隊會遇到的特定狀況
- 內容大綱有一組會出現在題目的**工具與技術**
    - **它並不是完整的清單 —— 可能有不在清單中的 Agile 實踐！我們保證這本書有包含這些實踐。**
- 它也包括Agile實踐者應該要知道並應用在工作中的**知識與技巧**的清單

考試題目基於內容大綱中的特定任務。

大部分工具與技術應該都看過，因為已經包含在前六章中。

內容大綱是很重要的準備工具

如果你了解內容大綱的所有領域與任務，考試時會很有幫助，特別是結合本書前面六章的知識。我們會以一系列特別設計的練習、謎題、與實踐題目結合內容大綱與你已經學過的 Agile 想法、主題、工具、技術、方法論、與實踐來幫助你。

PMI 網站 *http://www.pmi.org* 有兩個重要的必讀 PDF 檔案幫助你準備 PMI-ACP® 考試。PMI-ACP® Handbook 告訴你如何報考、特定的考試要求、如何付款（與金額）、如何維持認證、與其他 PMI 的規則、政策、與程序。一定要下載並閱讀這個 PDF。

但最重要的資訊在 PMI-ACP® Examination Content Outline 中，它告訴你考試的主題。認識其中的內容是 PMI-ACP® 考試的關鍵。

從瀏覽器開啟 *http://www.pmi.org* 並搜尋“PMI-ACP examination content outline”或“PMI-ACP handbook”可找到這兩個 PDF。

你也可以使用你喜歡的搜尋引擎查詢“PMI-ACP Examination Content Outline”。

"你是個 Agile 實踐者…"

PMI-ACP® 考試是關於認識團隊在真實世界中會遇到的狀況。你會被問到在 Agile 團隊中的人在遇到特定情況時要做什麼事。你被測試不同專案狀況的知識與 Agile 團隊如何應對這些狀況。很多考試題目會問你在特定狀況下 **Agile 實踐者**會怎麼做。處理這種題目是通過考試的重要關鍵。以下是如何作答：

動手做！

越清楚前六章的內容就越容易看出每個狀況發生什麼事。我們建議你在開始這一章的練習題前回頭重讀第 2-6 章並重新做練習題。

❶ **理解題目問什麼**

一個好的開始方式是認識題目的類型。它是找出接下來發生什麼或要如何處理一個狀況的"接下來做什麼"題目嗎？它是找出不合適的答案的"哪一項不是"的題目嗎？要花時間完整看清楚題目。

❷ **判斷團隊在做什麼**

搞清楚團隊目前正在做什麼是找出答案的重要關鍵。團隊正在召開回顧嗎？他們正在 daily stand-up 會議中嗎？他們在重構程式、持續整合、或等待單元測試？他們在規劃下一個迭代或展示完成工作給負責人看？答案視這些進行中的事情而定。

❸ **使用題目中的線索找出你的角色**

很多題目是描述一個狀況並問你要如何應對。但你的應對視你在專案中的角色而定。你可能是 scrum 大師、產品負責人、團隊成員、經營者、經理人、或其他東西。因此看到 Agile 實踐者的題目時要尋找題目中有關於角色的線索。

如果看到小寫的"scrum master"或"product owner"也別驚訝。我們有時候會對這些詞彙用小寫以讓你習慣。

❹ **除非有特別說明，不然就假設是個 Scrum 團隊**

PMI-ACP® 考試不針對特定的 Agile 方法論。有些題目會問特定的方法或方法論，但通常不是。通常可以假設是 Scrum 團隊。題目可能不會特別提到 Scrum，但當做是 Scrum **能幫你找出正確答案**。

這是個考題範例，它將你放在一個 *Agile* 實踐者角色上。它有足夠的資訊告訴你是什麼角色與團隊正在做什麼，這是正確回答的關鍵。

63. 你是個 Agile 實踐者。你的團隊中的一個成員要求你說明你加入到團隊會在接下來的迭代中建構的項目排序清單中的項目。你不知道答案。接下來要做什麼？

A. 在下一個回顧中提出問題

B. 建議團隊自我組織以自行找出答案

C. 跟項目需求有關負責人開會

D. 更新相關資訊輻射器

答案：C

這一題是問團隊成員需要一個產品待辦項目的說明時，產品經理應該做什麼。題目有個“接下來的迭代中建構的項目排序清單”—— 這是產品待辦項目的描述。你在團隊中的角色的線索是你會將項目加入產品待辦項目中，而更新產品待辦項目是產品負責人的責任，這是團隊中唯一一個更新它的成員。你的團隊中的一個成員要求你說明你加入到待辦項目中的項目，但你不知道答案。因此最好的做法是回到提出這一項需求的經營者並搞清楚他確實要什麼以讓你能向團隊溝通並幫助他們理解。

回答這一題的關鍵在於找出你的角色是產品負責人，並知道產品負責人需要更多待辦項目資訊時直接與經營者討論。

如果被問到一個 Agile 實踐者在某種情況下會怎麼做，使用題目中的線索判斷實踐者的角色 —— 若題目沒有指定方法，可以假設團隊使用的是 Scrum。

沒有蠢問題

問：**為什麼題目要假設你使用 Scrum？這不是顯示偏重 Scrum 嗎？**

答：Scrum 是目前最受歡迎的 Agile 方法 —— 最新研究顯示大多數 Agile 團隊使用它 —— 這是為什麼本書很偏重它。但題目**不一定假設**你使用 Scrum。題目是測試你任何 Agile 團隊會遇到的狀況。但若你想象團隊使用 Scrum，題目會比較容易回答。

問：**我需要花時間背誦本書提到的工具與技術嗎？**

答：不一定。但熟悉它們絕對是個好的開始。前六章討論過大多數你會在考試中遇到的工具與技術。這是為什麼我們建議你在開始這一章的練習題前回頭重讀第 2-6 章並重新**做練習題**。

但要記得 PMI-ACP® 考試專注於狀況。你一定會看到涉及工具、技術、實踐的題目，但它們總是用於解決實際生活中 Agile 團隊會遇到的類似問題。

問：**你剛剛提到前六章討論過"大多數"內容大綱的工具與技術？為什麼不完整？**

答：PMI-ACP® Examination Content Outline 的"tools and techniques"一節中有些東西很重要且很實用，但並非典型、日常 Agile 團隊常遇到的經驗 —— 而本書前六章盡可能專注於真實世界的 Agile。但不用擔心，我們一定會補充並確保內容大綱的所有工具與技術都在這一章討論到，因此你考試時不會有意外。

報考前要確定你符合 Examination Handbook 描述的要求。你過去五年間必須要有至少 2000 小時（或 12 個月）的專案團隊經驗。除此之外，你過去三年間必須要有至少 1500 小時（或 8 個月）的 Agile 方法論專案團隊經驗。最後，你至少要有 21 個小時的 Agile 實踐訓練。

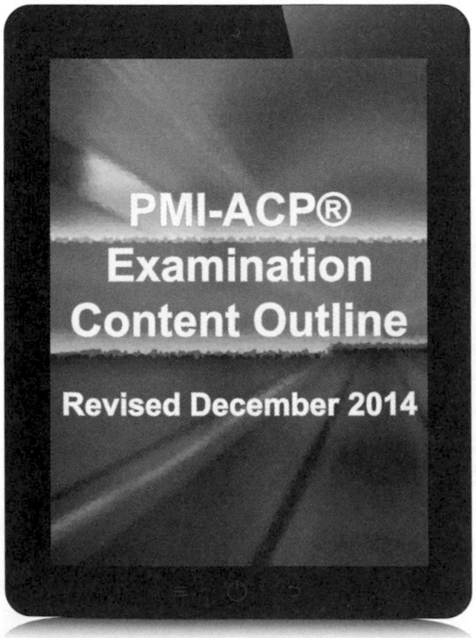

動手做！

立即從 PMI 網站下載 PMI-ACP® Examination Content Outline。這一章接下來會用它作為研讀工作。要確定下載的 PDF 是 December 2014 版本（目前的考試基於這個版本）。

同時順便下載 PMI-ACP® Handbook。

你可以到 http://www.pmi.org 搜尋"PMI-ACP"以找到兩個 PDF。你也可以用搜尋引擎找"PMI-ACP 2014 examination content outline"或"PMI-ACP examination handbook"。

與你的大腦的長期關係

花一點時間思考你在這本書學到的每個東西。是不是太多了？別擔心，這很正常。各種資訊在你的腦海漂浮，而你的大腦還在嘗試組織它們。

你的大腦是很神奇的機器，且它很擅長組織資訊。幸好，當你覺得有很多新資訊時，一定有辦法讓你“記住”。這是你在這一章會做的事情。你的大腦想要將新資訊分類，且你想要確保考試必須知道的所有事情被大腦記住。

為了讓這個研讀指南盡可能的有效率，**我們需要你與我們合作**。我們會每次專注於一個考試的特定領域。但與本書其他章節不同，這些領域不一定依特定方法論排列。你的任務是嘗試排除雜念並專注我們展示的特定主題。

是的，我們知道很難依照這個計劃進行，特別是你已經學了這麼多內容。但這是讓你的大腦記住的非常有效率的方法。

我覺得我知道你在說什麼！你會將這一章分成不同的相似“片段”，但強化我已經在本書學到的不同內容。**若我每次專注**於一個“片段”的**效果會最好**。

是的！認知心理學家稱此為**串節**，它是讓資訊進入你的長期記憶非常有效率的方式。有一組事物互相有強烈的關聯時，它會給你的大腦儲存它的“指引”。與其他“串節”的弱關聯會產生管理此大量資訊的更大架構，因此會相互的加強。

幸好，PMI-ACP® 考試內容已經分成你可以利用的串節 —— 前幾頁討論過的領域。

讓我們開始！

領域 1：Agile 原則與心態

IN YOUR OWN WORDS

以你自己的話寫下是記住一組概念與想法最有效率的方式之一。*PMI-ACP® Examination Content Outline* 的第四頁列出每個領域的說明。以你自己的話寫下你覺得領域 1（“Agile Principles and Mindset”）是什麼：

領域 1 的任務列在內容大綱的第五頁。寫下你覺得每個任務是什麼：

任務 1

任務 2

任務 3

任務 4

任務 5

任務 6

任務 7

任務 8

任務 9

答案見第 316 頁

池畔風光

你的**任務**是從池中找出字詞與片語填入 Agile 宣言的空白處。同一個字詞不能用超過一次，不需要使用全部的字詞。別擔心價值觀的順序。試試看不看答案你能完成多少！

藉著親自並協助他人進行軟體開發，
我們正致力於發掘更優良的軟體開發方法。
透過這樣的努力，我們已建立以下 _____：

______與 ______重於 _____與 ___
___________重於 ______的______
與______重於 ______
______重於 ______計劃

也就是說，雖然 _____項目有其 _____
但我們更_____ _____項目。

有些空白由池中的多個字組成。

注意：池中的每個字詞 / 片語只能用一次！但池中有些字出現超過一次。

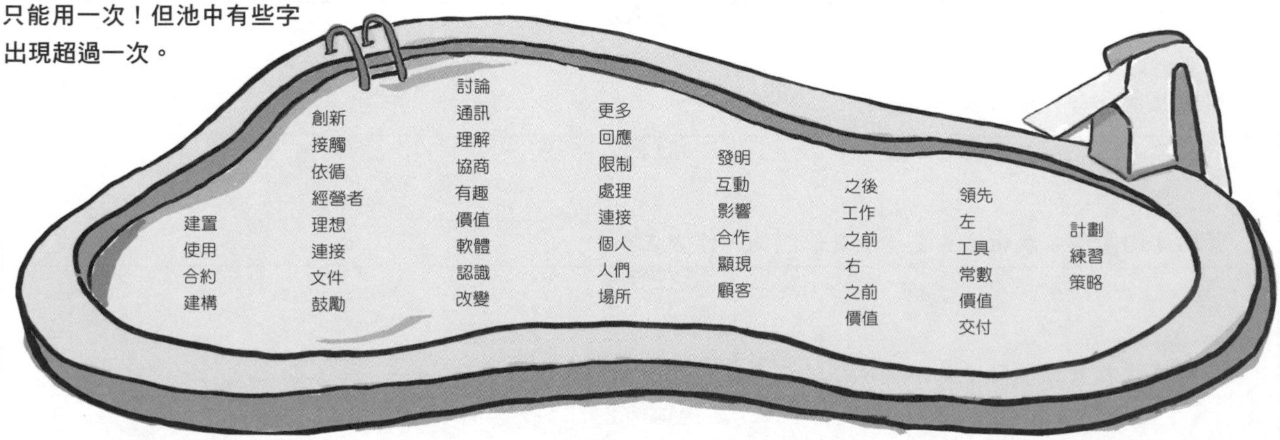
建置
使用
合約
建構
創新
接觸
依循
經營者
理想
連接
文件
鼓勵
討論
通訊
理解
協商
有趣
價值
軟體
認識
改變
更多
回應
限制
處理
連接
個人
人們
場所
發明
互動
影響
合作
顯現
顧客
之後
工作
之前
右
之前
價值
領先
左
工具
常數
價值
交付
計劃
練習
策略

領域 1：考試題目

IN YOUR OWN WORDS SOLUTION

以下是我們以自己的話解釋這些任務。如果你使用不同的字也沒關係！

以你自己的話寫下你覺得領域 1（"Agile Principles and Mindset"）是什麼：

如何將 Agile 的價值觀與原則應用在你的專案、團隊、與組織。

領域 1 的任務列在內容大綱的第五頁。寫下你覺得每個任務是什麼：

對組織與客户積極倡導 Agile

任務 1

以自己的話與行動幫助周圍的每個人發展 Agile 心態

任務 2

教育與影響組織周圍的人以幫助他們更 Agile

任務 3

使用資訊輻射器顯示你的進度並建立信任與透明

任務 4

確保每個人安心犯錯而不會被責怪

任務 5

持續學習與實驗以找出更好的工作方式

任務 6

與團隊成員合作使知識不被寡佔

任務 7

幫助你的團隊自我組織並安心決定他們的工作方式

任務 8

使用僕役長幫助團隊中的每個人保持正面與持續改善

任務 9

池畔風光解答

你的**任務**是從池中找出字詞與片語填入 Agile 宣言的空白處。同一個字詞不能用超過一次，不需要使用全部的字詞。別擔心價值觀的順序。試試看不看答案你能完成多少！

藉著親自並協助他人進行軟體開發，
我們正致力於發掘更優良的軟體開發方法。
透過這樣的努力，我們已建立以下 價值觀 ：

個人 與 互動 重於 流程 與 工具
可用的軟體 重於 詳盡 的 文件
與 客户合作 重於 合約協商
回應變化 重於 遵循 計劃

也就是說，雖然 右側 項目有其 價值 ，
但我們更 重視 左側 項目。

以不同順序填入價值觀也沒關係，它們都一樣重要。

注意：池中的每個字詞/片語只能用一次！但池中有些字出現超過一次。

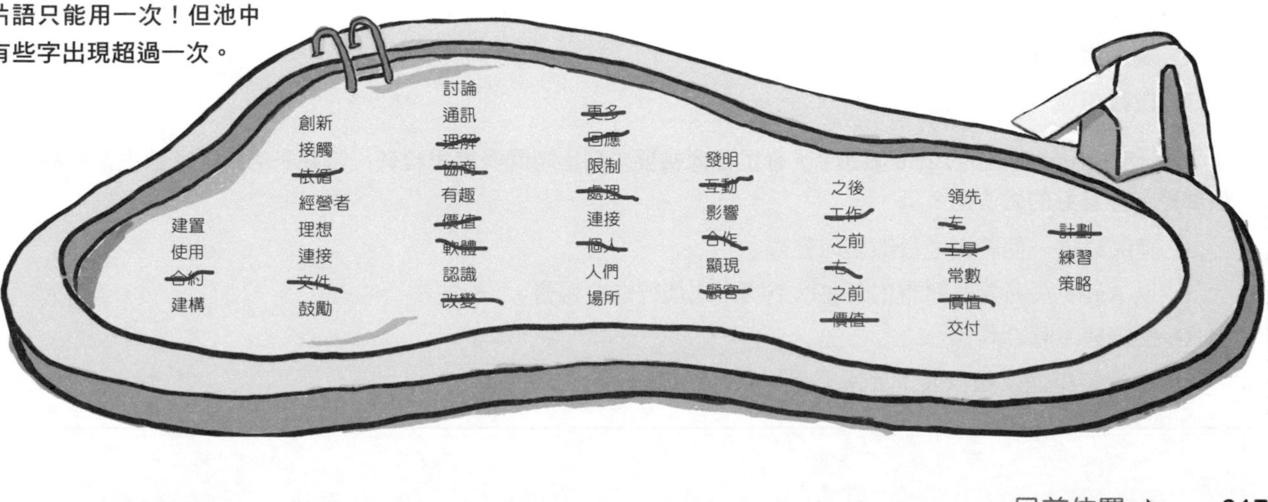

考試題目

1. Agile 團隊重視下列價值觀，除了：

A. 客戶合作

B. 可用軟體

C. 回應改變

D. 精確的事前規劃

2. Joanne 是遊戲開發團隊的開發者。她花了很多時間建構下一個版本的一個重要功能。最終使用者測試時她發現必須做一些基本的改變與修 bug。使用者在測試過程中玩的很高興並給出還不錯的評價，但她知道他們的建議會讓它更好。遊戲再過兩個禮拜就要發售，但 Joanne 她可以及時完成修改。下一步最好的做法是？

A. 拒絕改變並釋出現在的功能

B. 將工作排序並讓團隊自我組織以盡可能的在釋出前完成更多的高優先功能，然後在發售後釋出修改

C. 對為何漏掉這些需求進行根源分析

D. 延後釋出幾個月以完成所有功能

3. Ajay 是個坐在一起的軟體團隊的 Agile 實踐者。在 Daily Scrum 會議中，團隊經常檢視目前的燃盡圖與累積流程圖。他的下一步最好的做法是？

A. 在團隊座位間建立資訊輻射器

B. 要求團隊在開會前檢視資料才不會浪費大家的時間

C. 將燃盡圖與 CFD 的檢視移到回顧

D. 以上皆是

4. 下列哪一項不是 Agile 團隊注重的事情？

A. 及早與經常釋出

B. 簡單化

C. 讓預估正確

D. 自我組織

5. 你是個 Scrum 團隊的 Agile 實踐者。你的團隊被要求列出時間表與里程碑。時間表的延遲會被主管視為一個問題。你最好的做法是？

A. 確保建構一個計劃並於改變時報告

B. 以 Agile 原則教育你的主管並以不同方式進行進度報告

C. 拒絕與主管合作

D. 自行製作進度報告而不要麻煩團隊

考試題目

6. 你是坐在一起的五人軟體團隊中的 Scrum 大師。在最近幾個回顧中，團隊有人提出進行中的工作可能太多了。下一步最好的做法是？

A. 要求團隊完成衝刺段的工作

B. 要求客戶與你安排需求使團隊不會過載

C. 實驗設定 WIP 限制

D. 以上皆是

7. 你是坐在一起的五人軟體團隊中的 Scrum 大師。你的團隊有個衝刺段規劃會議要規劃接下來四天的工作。下一步最好的做法是？

A. 不做什麼，因為團隊不需要你就會自我組織並進行規劃

B. 確保待辦項目中的每個項目有完整的文件以讓預估更容易進行

C. 與最終使用者討論待辦項目什麼時候要完成並告訴團隊必須在什麼時候提交工作

D. 與產品負責人一起安排待辦項目以便進行預估

8. 下列哪一項不是 Agile 原則？

A. 及早與經常釋出以滿足客戶

B. 不過度承諾與交付

C. 專注於技術領先

D. 以可持續的步調工作

9. 下列哪一項是 Agile 專案最好的成功指標？

A. 進度報告顯示沒有重大問題

B. 良好規劃

C. 交付可用軟體給客戶

D. 快樂的團隊

10. Agile 團隊如何建構最好的架構與設計？

A. 建構原型

B. 自我組織

C. 製作文件

D. 規劃

~~考試題目~~ 答案

1. 答案：D

雖然 Agile 團隊重視規劃行動，但他們專注於回應改變而非依循事前計劃。這是為什麼專案開始時越精確的規劃越沒有面對變化的彈性。

2. 答案：B

若使用者滿意目前狀態的遊戲，則延後釋出不是個好選擇。功能可以在未來的釋出中加入。拒絕使用者提出的改變或花時間找出為何改變需求而不是進行改變是不合理的。

3. 答案：A

Agile 實踐者應該專注於建立資訊輻射器以讓團隊可以接觸所有工作資料並自行決定如何保持工作上軌道。

4. 答案：C

Agile 團隊專注於經常交付軟體、自我組織、與簡化設計和方法。這些都是推動 Agile 心態的原則；正確的預估並不是。

5. 答案：B

你不能預期每個人都能立即理解 Agile。如果你在並未完全擁抱 Agile 的組織中的 Scrum 團隊工作，你能為團隊與公司做的最好的一件事是幫助教育周圍的人並以你的團隊使用的原則與心態影響你工作的程序。

6. 答案：C

Scrum大師願意嘗試新實踐以讓團隊運作更有效率很重要。要求團隊完成工作似乎不能解決問題，讓客戶與你而不是團隊談會更難讓團隊自我組織並與客戶合作。

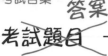

考試~~題目~~答案

7. 答案：D

作為僕役長，你並不負責製作待辦項目的文件或承諾日期。你能做的最好的事情是幫助產品負責人調整待辦項目並讓它準備好供團隊評估。

8. 答案：B

過低的承諾與過高的交付不是 Agile 的原則。Agile 團隊嘗試承諾可以交付的東西、給客戶精確的專案概要、並以經常交付滿足客戶。

9. 答案：C

Agile 團隊最好的成功指標是交付可用軟體給客戶。

10. 答案：B

團隊能夠自我組織時工作做的最好。這是他們建構最佳架構、設計、與產品的方式。

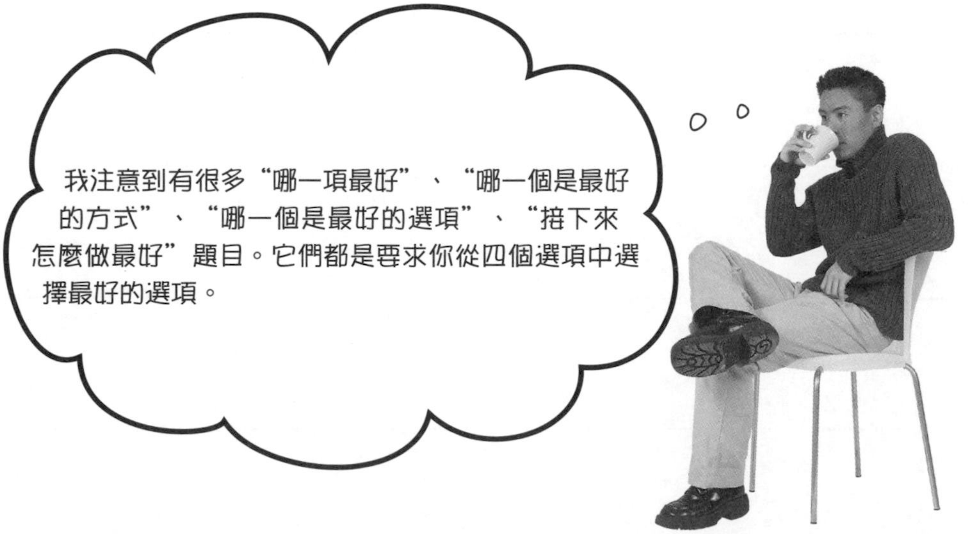
我注意到有很多“哪一項最好”、“哪一個是最好的方式”、“哪一個是最好的選項”、“接下來怎麼做最好”題目。它們都是要求你從四個選項中選擇最好的選項。

IN YOUR OWN WORDS

領域 2：價值觀推動的交付

以你自己的話寫下你覺得領域 II（ “Value-Driven Delivery” ）是什麼：

領域 2 的任務列在內容大綱的第六與第七頁。寫下你覺得每個任務是什麼：

任務 1

任務 2

任務 3

任務 4

任務 5

任務 6

任務 7

任務 8

任務 9

任務 10

答案見第 330 頁

任務 11

任務 12

任務 13

任務 14

連連看

照過來！

你可能會在考試中看到以 "grooming" 一詞取代 "product backlog refinement"。這本書避免如此，因為在某些文化中該詞有非常負面的意義。但要注意它！

讓我們加強一些價值觀推動交付的想法。將左邊項目連線到右邊的說明或對專案的影響。

營運性工作	改正 bug 與缺陷並改正軟體中的其他問題
維護	組織日常功能相關的活動
技術負債	符合規格、基本需求的可交付產品
待辦項目調整（backlog grooming）	與硬體、網路、實體設備、設施有關的活動
基礎建設工作	必須完成以讓程式碼在長期中更可維護的工作
最小可行產品（Minimal Viable Product，MVP）	增加、刪除、與重新排列要被開發的功能的項目清單

答案見第 331 頁

你可能會在考試中看到你在本書中學到的任何工具和技巧 —— 但這些題目不一定會提到工具名稱。相反的，題目或答案可能會使用單詞描述工具或技巧。在這個練習中，我們會描述一個工具或技術。 你的任務是從下面選擇正確的一個並將其填入空白處。

根據經營者的需求將待辦項目排序 ....

讓客戶實際接觸產品以找出操作時出現的問題 ....

最小的完整與可交付功能 ....

將迭代的個別工作項目的進度視覺化的工具 ....

所有人以原始碼程式庫保持工作目錄的更新 ....

完整的可交付盡可能的小但還是符合經營者的需求 ....

一種大家都同意的條件，被滿足時代表一個功能已經完成 ....

檢驗特定方式是否可行的活動 ....

持續檢查需求正確與交付符合的產品 ....

customer-valued prioritization

minimal viable product (MVP)

[redacted]arketable feature (MMF)

definiti[redacted]

e[redacted]ratory testing

frequent verification and validation

usability testing

[redacted]s integration

task b[redacted]

老爺不好了！有人不小心在答案上面打翻墨汁。你是否能在字無法完全看到下找出答案？

答案見第 329 頁

Agile 團隊使用客戶價值排列需求的順序

Agile 宣言的第一條原則很好的描述 Agile 團隊對客戶與經營者的態度：

> 我們最優先的任務，是透過及早並持續地交付有價值的軟體來滿足客戶需求。

這是為何 Agile 團隊 —— 特別是使用 Scrum 的團隊 —— 非常注意產品待辦項目與其中項目的排列。這是為什麼 PMI-ACP® 考試可能會包括**客戶價值優先**工具與技術，這包括：

MoSCoW 方法

這是將需求或待辦項目分成 "Must have"、"Should have"、"Could have"、與 "Won't have" 的簡單技巧 —— 每個分類的第一個字母組成了方便記憶的 MoSCoW。

相對排列 / 排名

團隊使用相對排列或排名時，他們將工作項目或需求設定一個數字以表示客戶價值並使用此數字將它們排序。

Kano 分析

Kano 模型由日本研究品質與工程管理的 Noriaki Kano 教授於 1980 年代開發。他的客戶滿意模型可用於追蹤之前讓客戶驚艷的創新如何慢慢變成產品沒有具備就會讓客戶失望的基本要求。

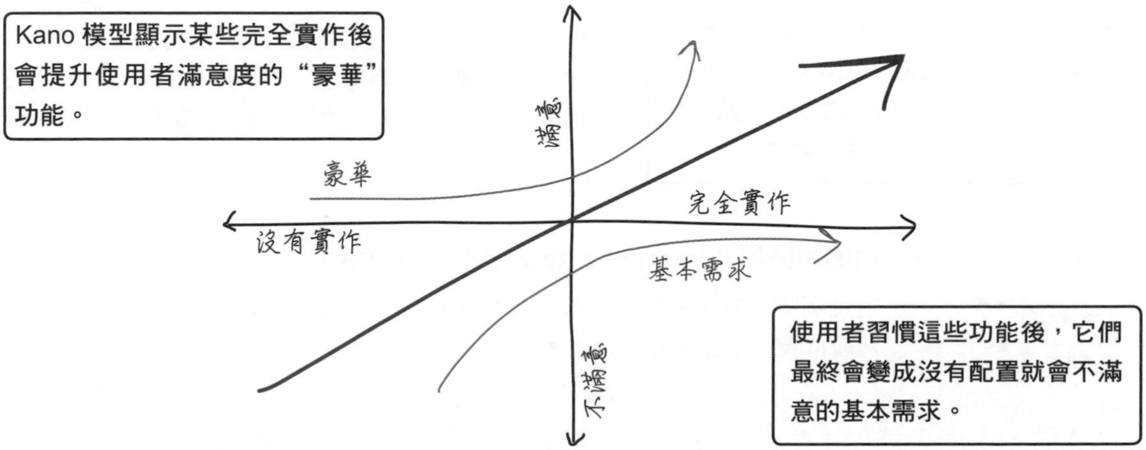

Kano 模型顯示某些完全實作後會提升使用者滿意度的 "豪華" 功能。
滿意
豪華
完全實作
沒有實作
基本需求
不滿意
使用者習慣這些功能後，它們最終會變成沒有配置就會不滿意的基本需求。

價值計算幫助你找出做什麼專案

有幾種計算的定義會出現在 PMI-ACP® 考試中。你不需要計算，但應該要知道每個詞的意義。這些數字可以幫助判斷哪一個專案最有價值。若要在兩個專案中選擇，這些工具可以幫助你判斷哪一個最好。

投資報酬（Return on Investment，ROI）

這個數字是你預期專案能賺得的金額。牧場遊戲預期能在 **CGW5** 發行後幾個月內售出一百萬套。當然，花越多時間開發，獲得回報的成本就越高。

這個數字只是公司預期投資能賺到的總金額。

淨現值（Net present value，NPV）

這是專案在特定時間的實際價值減去所有相關成本。這包括建構所花時間、勞務、與材料。人們計算這個數字以判斷是否值得進行一個專案。

三年內的所得小於現在得到的收入。NPV 會計算"時間"成本，因此你可以用現在最高金額挑選專案。

在真實世界中，Agile 團隊通常只在被公司要求時計算價值。他們更可能使用第 4 章的相對大小技術，例如故事點數或 T 恤大小。他們有時候使用稱為相對關係預估（affinity estimating）的技術產生預估，團隊成員將白板分組（例如 XS、S、M、L、XL 等 T 恤尺寸或費氏級數故事點數）並輪流將每個項目放在評估分類中。

Agile 實獲值管理（Earned Value Management，EVM）

若你準備過 PMP® 考試就應該學習過實獲值計算，它以實際成本花費在金額或小時數上，並計算出該產品到目前為止已交付了多少價值來評估專案的表現。Agile 專案也可以用這個。

內部報酬率（Internal rate of return，IRR）

這是專案回收金額與公司投資的比。它是專案為公司賺多少錢。它通常表示為投資的百分比。

內部報酬率越高則專案越好。

等一下！前六章為什麼不討論這些工具與技術？

我們保持章節的連貫以讓它們進入你的大腦。

這一章討論的大部分工具、技術、與實踐會出現在 PMI-ACP® 考試主要是因為它們是傳統的專案管理技術 —— 它們與考試有關是因為有些 Agile 團隊也使用它們，但它們不是 Scrum、XP、或 Lean/Kanban 的核心。討論它們會分散注意力…而**分心會降低**你要學習的**主題的相關性**，這會妨礙有效率的記憶這些資訊（這是這一章開始討論過的串節的實際應用！）。

PMI-ACP® 考試更專注於認識特定工具與技術適用的特定狀況。這一章的工具並非普遍應用於 Agile 團隊，因此它們更可能出現在錯誤的答案而非題目的主題中。

連連看

Rick 是牧場遊戲的產品經理，他正在使用價值計算。將每個情境與 Rick 使用的成本數字連上。

1. 展示結束後，牧場遊戲在主要平台上以 $1.00 將它以試玩版釋出。公司在開發遊戲時每個禮拜賺 $1000。

2. 產品負責人 Alex 無法判斷有些功能是否應該加入待辦項目，因此 Rick 幫助他使用 MoSCoW 來選擇重要功能。

3. 雖然團隊正在最新平台上開發，但他們知道最新平台會在三年內釋出。這表示在目前硬體上開發的遊戲在升級後還會以半價銷售。

4. Rick 想要知道專案目前值多少，因此他計算團隊使用的所有材料與授權並減去勞務與其他必要的減項。最終數字是專案目前的價值。然後他將該數字從遊戲的預估銷售中減去。

5. Alex 將可能會購買 CGW5 的玩家分類並使用 Kano 分析判斷各個功能會有多少人喜歡。

6. 團隊決定要製作試玩版前，他們比較過專案的成本與釋出後會賺多少。

A. 投資報酬

B. 內部報酬率

C. 淨現值

D. 相對優先/排名

答案見第 331 頁

Tools 解答

你可能會在考試中看到你在本書中學到的任何工具和技巧 —— 但這些題目不一定會提到工具名稱。相反的，題目或答案可能會使用單詞描述工具或技巧。在這個練習中，我們會描述一個工具或技術。 你的任務是從下面選擇正確的一個並將其填入空白處。

根據經營者的需求將待辦項目排序　customer-valued prioritization

讓客戶實際接觸產品以找出操作時出現的問題　usability testing

最小的完整與可交付功能　minimal marketable feature (MMF)

將迭代的個別工作項目的進度視覺化的工具　task board

所有人以原始碼程式庫保持工作目錄的更新　continuous integration

完整的可交付盡可能的小但還是符合經營者的需求　minimal viable product (MVP)

一種大家都同意的條件，被滿足時代表一個功能已經完成　definition of done

檢驗特定方式是否可行的活動　exploratory testing

持續檢查需求正確與交付符合的產品　frequent verification and validation

customer-valued prioritization

minimal viable product (MVP)

arketable feature (MMF)

definiti

ex ratory testing

frequent verification and validation

usability testing

s integration

task b

老爺不好了！有人不小心在答案上面打翻墨汁。你是否能在字無法完全看到下找出答案？

領域 2：考試題目

IN YOUR OWN WORDS SOLUTION

以下是我們以自己的話解釋這些任務。如果你使用不同的字也沒關係！

使用迭代與增量開發盡可能交付最多價值給經營者

領域 2 的任務列在內容大綱的第六與第七頁。寫下你覺得每個任務是什麼：

將工作分解成最小單元並建置交付最多價值的單元

任務 1

在最後一刻為每個工作項目找出“完成”的意義

任務 2

使用符合團隊與組織的實踐與價值觀的方法論

任務 3

將產品拆分成 MMF 與 MVP 並先交付最有價值的部分

任務 4

調整迭代的長度使你能經常的得到經營者的回饋

任務 5

與經營者一起檢視每個迭代的結果以確保你有交付價值

任務 6

確保經營者幫助你將工作排序使你快速的交付價值

任務 7

建構可維護的軟體並經常改正技術負債以降低長期成本

任務 8

營運與基礎建設因素會影響專案，因此要考慮它們

任務 9

經常與經營者開會並修正工作與計劃

任務 10

花時間找出專案的風險，將減少風險的項目加入待辦項目

任務 11

經營者的需求與環境經常改變，因此要持續調整待辦項目

任務 12

確保團隊認識安全性與操作需求等非功能性需求

任務 13

持續檢查與測試你的產物（包括計劃），依結果做改變

任務 14

連連看 解答

讓我們加強一些價值觀推動交付的想法。將左邊項目連線到右邊的說明或對專案的影響。

營運性工作	改正 bug 與缺陷並改正軟體中的其他問題
維護	組織日常功能相關的活動
技術負債	符合規格、基本需求的可交付產品
待辦項目調整（backlog grooming）	與硬體、網路、實體設備、設施有關的活動
基礎建設工作	必須完成以讓程式碼在長期中更可維護的工作
最小可行產品（Minimal Viable Product，MVP）	增加、刪除、與重新排列要被開發的功能的項目清單

連連看 解答：*1–B, 2–D, 3–C, 4–A, 5–D, 6–A*

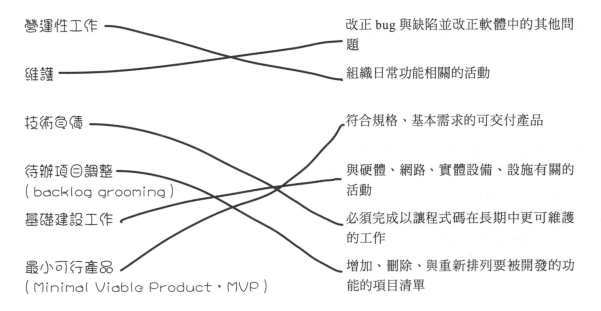

考試題目

1. 對 Agile 團隊來說，產品最重要的屬性是…

A. 技術卓越

B. 品質

C. 經常交付

D. 交付價值給客戶

2. 下列哪一項最能描述 Agile 產品釋出的目標？

A. 盡快釋出提供價值給客戶的最小增量

B. 釋出團隊在一段時間內能產生的最大增量

C. 盡可能加入更多的客戶要求

D. 找出產品的最小可上市

3. 哪一種 Scrum 活動以可用軟體提供客戶回饋？

A. 規劃

B. 待辦項目調整

C. 衝刺段回顧

D. 衝刺段審核

4. 有些 Agile 團隊使用稱為 ____________________ 的實踐合作根據對客戶的價值將工作排序。

A. 最多五指投票

B. 規劃撲克

C. 待辦項目調整

D. 聯合設計會議

5. 你與團隊召開待辦項目調整會議。在討論過程中，有幾個隊友認為待辦項目中有些功能有多種技術方式。你的團隊擔心沒有採用正確方式可能會產生嚴重的後果。團隊接下來最好的動作是？

A. 開始前研究並記錄正確方式

B. 將有風險的項目移動到待辦項目最後以讓團隊有時間思考解決方案

C. 將有風險的項目移動到待辦項目最前面以專注於先解決它

D. 登記風險並向老闆報告

考試題目

6. Paul 是個 Agile 軟體團隊的開發者。在規劃期間，產品經理告訴每個人客戶要求下一版要改善效能。效能問題導致最近幾次取消且很多客戶認為很重要。團隊接下來最好的動作是？

   A. 提高改善效能在衝刺段待辦項目的優先以讓團隊專注於它

   B. 建構要求此功能的使用者的人物

   C. 將此功能加入產品待辦項目供後續考慮

   D. 建構非功能性需求文件並加入效能需求

7. 在 XP 中，開發者使用______實踐來及早審核程式變更。

   A. 坐在一起

   B. 結對程式設計

   C. 見全局

   D. 遞歸測試

8. 你是使用 Scrum 的團隊中的 Agile 實踐者。在一個衝刺段中間你發現客戶不再需要你進行中的主要功能。接下來最好的動作是？

   A. 結束衝刺段並於下一個待辦項目調整會議中考慮新的優先順序

   B. 重新排列衝刺段待辦項目的優先順序並讓團隊盡快開始下一個最高優先項目

   C. 嘗試找出為什麼發生改變以避免再次發生

   D. A 與 C

9. 你的團隊準備好開始新的衝刺段。產品負責人將大功能的需求文件拆分成以小增量規劃的使用者故事。此實踐稱為？

   A. 工作拆分結構

   B. 事前大需求

   C. 及時需求調整

   D. waterfall 方法

10. 保持 Agile 團隊專注於建構解決使用者需求的小增量的工具是：

   A. Kano 分析

   B. 使用者故事

   C. 短主題

   D. 緊急設計

~~考試題目~~ 答案

1. 答案：D

開發產品的原因是它帶給客戶的價值。價值使產品有用並推動 Agile 團隊在開發過程中做決定。

2. 答案：A

Agile 團隊嘗試將產品分解成提供價值給客戶但可以盡快釋出的增量。這些增量稱為最小可上市功能（或 MMF）。

3. 答案：D

在衝刺段審核中，團隊向客戶展示可用軟體並取得回饋。

4. 答案：C

待辦項目調整（又稱為產品待辦項目審核或 PBR）是產品負責人與團隊合作排列工作優先順序的機會。

5. 答案：C

先執行高風險工作是解決這種問題最好的方式。若專案即將失敗而你沒有解決方案，它會很快失敗且你會拿到團隊進行工作學到的教訓來幫助你找出接下來怎麼做。

6. 答案：A

效能與品質等非功能性需求應該與團隊的待辦項目一起排序。

7. 答案：B

結對程式設計是 XP 的核心實踐，它幫助開發者在增加更多技術負債前找出缺陷。

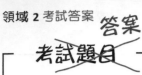

~~考試題目~~ 答案

8. 答案：B

若團隊進行的工作沒有幫助則沒有理由完成衝刺段。接下來最好的動作是要求團隊立即改變優先順序使他們可以幫忙判斷最好的處理方式。他們越快開始下一個高優先功能越好。

9. 答案：C

在你規劃一個增量前將工作分解成故事稱為及時需求調整。在你規劃一個增量前將工作分解成故事可確保建構前考慮過可能發生的改變。

10. 答案：B

團隊使用使用者故事保持專注於建構小、有價值的軟體來解決使用者的需求。

Kano 分析與其他工具更可能是錯誤答案而非正確答案。

領域 3：經營者參與

IN YOUR OWN WORDS

以你自己的話寫下你覺得領域 III（ “Stakeholder Engagement” ）是什麼：

領域 3 的任務列在內容大綱的第八頁。寫下你覺得每個任務是什麼：

任務 1

任務 2

任務 3

任務 4

任務 5

任務 6

任務 7

任務 8

任務 9

IN YOUR OWN WORDS

領域 4：團隊表現

以你自己的話寫下你覺得領域 IV（“Team Performance”）是什麼：

領域 4 的任務列在內容大綱的第九頁。寫下你覺得每個任務是什麼：

任務 1

任務 2

任務 3

任務 4

任務 5

任務 6

任務 7

任務 8

任務 9

領域 3：考試題目

IN YOUR OWN WORDS SOLUTION

以下是我們以自己的話解釋這些任務。如果你使用不同的字也沒關係！

以你自己的話寫下你覺得領域 III（“Stakeholder Engagement”）是什麼：

與經營者參與合作來建立信任

領域 3 的任務列在內容大綱的第八頁。寫下你覺得每個任務是什麼：

找出經營者並週期性的與他們開會檢視專案

任務 1

及早並經常與經營者分享專案資訊以保持他們的參與

任務 2

幫助重要的經營者達成合作協議

任務 3

重視組織變革以發現新的經營者

任務 4

透過合作與解決衝突幫助每個人更快的做出更好的決定

任務 5

與經營者合作為每個增量設定高標準以建立信任

任務 6

確保每個人都同意“完成”的定義與可接受的取捨

任務 7

透過清楚的溝通狀態、進度、障礙、與問題讓專案更透明

任務 8

提出預測使經營者可以進行規劃，幫助他們認識預測的確定性

任務 9

IN YOUR OWN WORDS SOLUTION

領域 4：考試題目

以下是我們以自己的話解釋這些任務。如果你使用不同的字也沒關係！

幫助團隊合作、互相信任、建立有精力的工作環境

領域 4 的任務列在內容大綱的第九頁。寫下你覺得每個任務是什麼：

團隊應該合作設定讓每個人合作的基本規則

任務 1

團隊承諾建立專案所需的技術與交流技能

任務 2

團隊成員努力成為對專案各方面都能做出貢獻的“通才專家”

任務 3

團隊自我組織並覺得有權做出專案的重要決定

任務 4

團隊找出互相激勵的方法並防止互相傷害士氣

任務 5

團隊盡可能坐在一起並使用協作工具

任務 6

干擾應該減至最少以確保團隊進入“流”

任務 7

每個人“懂得”專案的願景並知道每個部分的任務如何配合

任務 8

評估專案速度並用它指出團隊在每個迭代中可以做多少

任務 9

考試題目

1. Scrum 團隊在衝刺段結束時於 ____________________ 中展示可用軟體

   A. 衝刺段展示

   B. 衝刺段回顧

   C. 衝刺段審核

   D. 產品展示

2. 你是新組建 Scrum 團隊的 Agile 實踐者。準備團隊的第一個衝刺段時，你與一些經營者開會討論他們對產品的需求。會議中列出了“一定要”、“可以有”、“應該要”、與“不要”的功能分類。

   下列哪一項是描述他們排列優先順序的方法的最好方式？

   A. 相對排序

   B. 堆疊排名

   C. Kano 分析

   D. MoSCoW

3. 團隊成員在 Daily Scrum 會議中回答哪三個問題？

   A. 我承諾今天做什麼？我承諾明天做什麼？我犯了什麼錯？

   B. 我承諾今天做什麼？我承諾明天做什麼？我遇到什麼問題？

   C. 我今天做什麼讓我們更接近衝刺段目標？我明天做什麼讓我們更接近衝刺段目標？團隊遇到什麼障礙？

   D. 以上皆非

4. 誰在 Scrum 團隊中代表經營者做決定？

   A. Scrum 大師

   B. 產品負責人

   C. Agile 實踐者

   D. 團隊成員

5. Julie 在使用 Kanban 改善程序的團隊中工作。他們每天將索引卡放在板上以顯示程序中每個狀態有多少功能。接下來，他們將板上每個欄的功能數加總並建構顯示從過去到現在的加總數的圖表。他們使用什麼工具？

   A. 累積流圖

   B. 任務板

   C. 燃盡圖

   D. 燃燒圖

考試題目

6. Agile 團隊承諾商業 ___________ 與衝刺段 ___________ 。他們知道計劃會改變並無條件歡迎改變。透過專注於團隊要達成的目標，他們保持開放的選項。

A. 領導力、截止時間

B. 目標、目標

C. 預測、計劃

D. 需求、回顧

7. 下列哪一項不是 Agile 團隊提供給經營者透明的工具？

A. 資訊輻射器

B. 功能展示

C. 任務板

D. 淨現值

8. 一個 Agile 團隊更新辦公室的每日燃盡圖。經營者可以從這個圖表看出什麼？

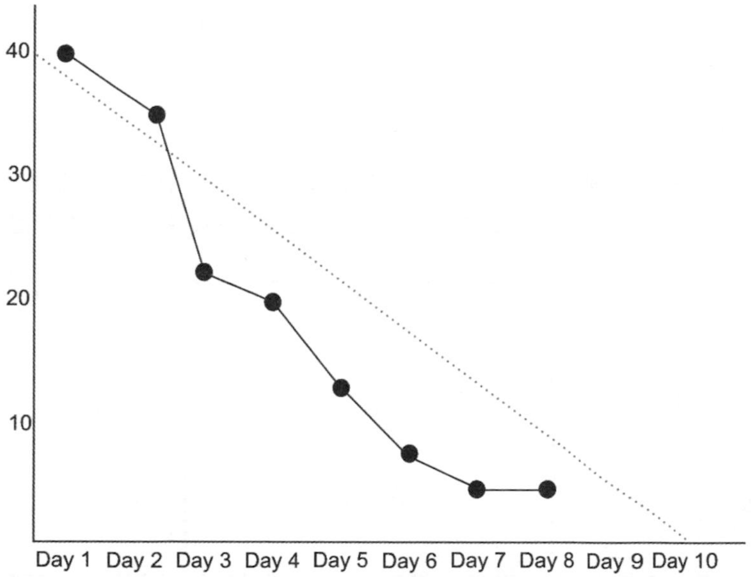

A. 專案進度落後

B. 團隊正在趕上衝刺段目標

C. 團隊在第三天遇到麻煩

D. 只有專案經理需要這個資訊

考試題目

1. 你是個新組建的 Scrum 團隊的 Agile 實踐者。第一次規劃會議中他們決定做出一系列進行專案時要遵守的政策。這些政策包括："Daily Scrum 會議的時間限制是 15 分鐘且每日準時召開。團隊成員不會將功能表示為完成，除非它滿足團隊對完成的定義。團隊會使用預先定義的程式設計標準並提交程式供夜間建置"。

下列哪一項最能描述他們定義的政策清單？

A. 就緒定義

B. 管理指南

C. 團隊憲章

D. 工作協議

2. 你是個廣告公司軟體開發的 Agile 實踐者。第一個增量做到一半時，你注意到任務板上許多功能顯示"進行中"，但只有少數放在"完成"欄。深入檢查後，你發現開發者只要在等待程式審核或測試就會開始新的功能。你接下來最好的動作是？

A. 要求團隊在開始新功能前幫助程式審核與測試現有任務

B. 假設工作在衝刺段結束時會完成，因為團隊在很多功能上都有進度

C. 引進更多的測試者以處理功能

D. 在衝刺段結束時告訴經營者沒有東西可以展示

3. Kim 是個 Agile 團隊成員。她的團隊有四個人，現在是為期兩週的衝刺段的第四天。她剛完成衝刺段的五個故事中最高優先的"故事 1"。下圖顯示任務板的目前狀態。她接下來要做什麼？

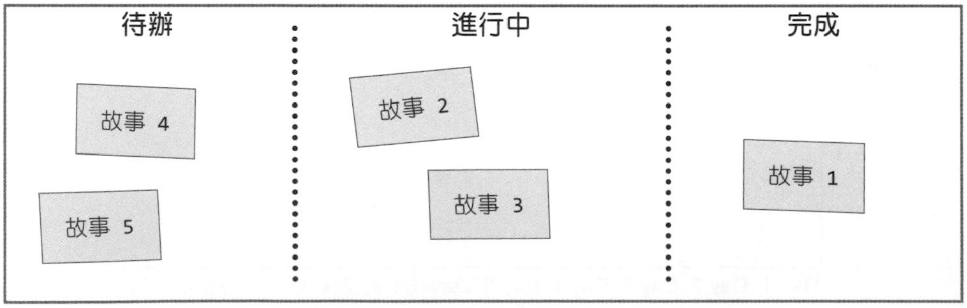

A. 將故事 4 或故事 5 放到"進行中"並開始進行

B. 如果可能，幫助完成故事 2 或故事 3

C. 從產品待辦項目拿出功能到"進行中"欄並開始進行

D. 等待 Scrum 大師指派新的故事

考試題目

4. 一家軟體公司正在從傳統軟體開發程序轉換使用 Agile 方法論。下列哪一項不是決定如何組成 Agile 團隊時的因素？

A. 團隊應該盡可能坐在一起

B. 團隊應該小

C. 團隊應該寫下改變管理程序以處理改變

D. 以上皆是

5. 你是個五人團隊的 Agile 實踐者，現在是為期兩週的衝刺段的第六天。一個外部經營者要求團隊做一個緊急變更。團隊接下來最好做什麼？

A. 停止手邊工作並進行經營者要求的改變

B. 要求經營者與產品負責人排列改變的優先順序

C. 建議經營者等到下一個衝刺段規劃會議再提出

D. 提醒經營者在產品待辦項目中提高改變的優先

6. 你是開發金融軟體的團隊中的 Agile 實踐者。在一個衝刺段規劃會議中，一個測試者與開發者爭論某個故事的大小。開發者表示該故事是個小改變，因此應該立即進行。測試者表示它會影響許多部分且要執行很多測試以確定它正確。你接下來應該做什麼？

A. 支持測試者並建議團隊給該功能更多的時間

B. 支持開發者並減少測試以加速交付功能

C. 建議團隊使用規劃撲克來討論並產生所有人均同意的功能方法與大小

D. 要求產品負責人根據功能對使用者的重要性排列測試的優先順序

7. 你是建構軟體的團隊中的一個 Agile 實踐者。你的一個隊友預期同時進行兩個專案。此人的經理要求團隊預期他有 50% 的時間在 Agile 團隊並有 50% 的時間在另一個團隊。你接下來最好做什麼？

A. 幫助隊友找出避免在衝刺段規劃中過度承諾的方法

B. 告訴那個經理 Agile 團隊要求團隊成員專注於他們的任務，且團隊成員不應該同時分配給兩個團隊

C. 確保團隊不會過度承諾，因為資源不足

D. 確保此人每天只在另一個團隊工作四小時

我們連著列出領域 3 與領域 4 的題目。試試看你能否連著回答，然後看答案。這可以幫助你準備第 9 章的大模擬考。

~~考試題目~~ 答案

1. 答案：C

衝刺段審核是團隊在每個衝刺段結束時展示可用軟體的主要機會。所有專案經營者參加展示並給出回饋。回饋會放在產品待辦項目中，團隊用它規劃未來的衝刺段。

2. 答案：D

這些經營者使用 MoSCoW 方法排列優先順序。它幫助團隊認識待辦項目中的功能的商業觀點。

3. 答案：C

Daily Scrum 問題專注於團隊做什麼以達成衝刺段的目標。只告訴團隊每個人在做什麼會導致團隊成員過分專注於自己的目標並失去團隊的目標。

4. 答案：B

產品負責人在 Scrum 團隊中是經營者的代理人。產品負責人溝通商業優先順序並為團隊做決定以幫助他們達成衝刺段目標。

5. 答案：A

題目描述團隊建構累積流程圖（CFD）的程序。他們也使用 Kanban 板指出 CFD 上的數字，但“Kanban 板”不是這一題可用的選項。

6. 答案：B

Agile 團隊承諾商業目標與衝刺段目標。他們嘗試盡可能延後決定達成這些目標的確實方法。

~~考試題目~~ 答案

7. 答案：D

淨現值（NPV）能幫助你的團隊決定是否要進行一個專案，但不是讓經營者知道專案進度的好工具。

8. 答案：B

燃盡圖是讓團隊中的每個人與所有經營者知道每日進度的有效方式。燃盡圖顯示團隊可能在衝刺段結束時完成工作，因為顯示剩下的工作量的線低於此線。

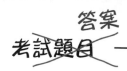

~~考試題目~~ 答案

1. 答案：D

Agile 團隊在開始一起工作時努力確定他們的工作協議，如此讓所有團隊成員知道一起工作時要預期什麼。

2. 答案：A

團隊專注於完成每項任務（“完成”）後團隊才能最有效的工作，然後再進行下一個任務。這就是為什麼 Agile 團隊非常重視那些專注於“通才專家”的成員，他們盡其所能在整個開發過程中推動他們的工作。透過專注於合作和工作流程，整個團隊完成更多並共同創造更高品質的產品。在這種情況下，這意味著團隊中的每個人都有能力幫助進行程式審核和測試。

3. 答案：B

該團隊按照優先順序處理故事，因此我們知道“進行中”一欄中的故事 2 和 3 比“待辦項目”欄中的故事 4 和 5 更有價值。團隊應著重於盡快完成最高優先級的工作，並在開始新工作之前完成工作。如果 Kim 可以幫助她的隊友更快地完成故事 2 或 3，她應該這樣做，而不是開始另一個故事的作品。由於 Agile 團隊是自我組織的，她不應該等待 Scrum 大師告訴她接下來要處理哪個故事。

4. 答案：C

團隊應該很小並且位於同一地點，以便他們能夠輕鬆地相互合作並找到新的更好的工作方式。Agile 團隊也非常重視應對變化，尤其是優先的變化。但是，他們通常不會專注於建構記錄完善的變更管理流程，因為他們往往專注於放慢專案變更的速度。

5. 答案：B

產品負責人維護待辦項目與團隊工作的優先順序。若外部經營者要求一個改變，團隊成員應該要求該經營者與產品負責人合作指出改變要如何進入團隊的待辦項目。

~~考試題目~~ 答案

6. 答案：C

規劃撲克是為了這樣的情況而建立的，因為它可以幫助團隊在方法上達成一致並就投入的大小達成一致。在這種情況下，測試者可以解釋為什麼代碼更改會影響這麼多的測試，開發者和測試者可以聯合提出解決問題的方法。

團隊可以採取很多不同的方法。開發者可以編寫自動化單元測試（作為通才專家並幫助完成一些高質量的工作）。如果他們正在修改的地方對產品至關重要，他們還可以特別注意結對程式設計與單元測試。測試者可以與開發者並行編寫測試，並參與程式評估，以便他們知道該功能在交付時要期待什麼。這些都是在規劃撲克會議期間可能出現的所有想法。選擇一種特定的方法將幫助他們想出故事的相對大小，並更準確地了解他們需要做什麼才能實現它。

7. 答案：B

Agile 團隊期望團隊成員 100% 的關注和時間，並認識到妥協會導致重大問題。當一個人在團隊之間共享時，會導致大量的任務切換，導致大量浪費。作為 Agile 實踐者，你應該努力影響該人員的經理，並試圖說服他將該人員 100% 分配給 Agile 團隊。

領域 5：適應性規劃

IN YOUR OWN WORDS

以你自己的話寫下你覺得領域 V（“Adaptive Planning”）是什麼：

領域 5 的任務列在內容大綱的第十頁。寫下你覺得每個任務是什麼：

任務 1

任務 2

任務 3

任務 4

任務 5

任務 6

任務 7

任務 8

任務 9

任務 10

答案見第 372 頁

隨著團隊演進改變你的領導風格

你會在 PMI-ACP® 考試中看到幾個關於**適應性領導**的題目，它是可幫助領導人改善團隊領導的理論概念。套用適應性領導到特定團隊從**組成團隊的階段**開始。

每個團隊在專案過程中經歷這些階段

組成：人們還在嘗試找出他們在群組中的角色；他們傾向獨立工作，但嘗試合作。

風暴：團隊了解到更多關於該專案的資訊時，成員對應該如何完成工作形成意見。人們不同意如何進行該項目時，這可能會導致衝突。

規範：隨著團隊成員逐漸熟悉，他們開始調整自己的工作習慣以互相幫助整個團隊。這就是團隊中的個人開始學習互相信任的時候。

表現：一旦每個人都了解問題以及其他人有能力做什麼，他們就開始扮演一個有凝聚力的單位並有效率。現在團隊正在像一台潤滑良好的機器一樣工作。

休會：當工作即將完成時，團隊開始處理專案即將結束的事實。（這有時被團隊稱為“哀悼會”。）

Bruce Tuckman 於 1965 年掰出這五個團隊決策階段模型。雖然這是正常流程，但團隊有可能卡在任何一個階段。

情境領導

人們在最初創建團隊時困難重重，但一位優秀的領導者可以利用他的適應性領導技能來幫助團隊快速完成各個階段。Paul Hershey 和 Kenneth Blanchard 在 1970 年代提出了**情境領導理論**來幫助指導領導者。該理論包含四種不同的領導風格。適應性領導意味著**將不同的領導風格與團隊形成的階段相匹配**：

★ **指導**：最初，團隊需要很多指導來幫助習慣他們需要完成的特定任務。他們並不需要很多情緒支持。這與**組成**階段相匹配。

★ **教練**：一位優秀的教練知道如何給予很多指導，但也要提供團隊需要的情緒支持，以解決發脾氣和分歧的問題。這與**風暴**階段相匹配。

★ **支持**：當團隊中的每個人都習慣於彼此和他們的工作時，領導者不需要直接指導，但仍需要提供高階的支持。這與**規範**階段相吻合。

★ **委派**：現在團隊運行順利，領導者不需要提供太多指導或很多支持，只需處理特定情況即可。這與**表現**階段相匹配。

PMI-ACP® 考試專注於特定情境，因此我們可以用情境探索適應性領導。下面每個情境展示團隊發展的一個階段。寫下每個情境描述什麼階段，然後寫下領導風格並填入該領導風格提供“高”或“低”水平的指導與支持。

1. Joe 與 Tom 都是 Global Contracting 專案的程式設計師。他們對軟體架構有不同的意見。Joe 認為 Tom 的設計太短視且不能重複使用。Tom 認為 Joe 的設計太複雜且不可行。他們現在都不跟對方說話。

發展階段：________

領導風格：_____指導水平：_____支持水平：_____

2. Joan 與 Bob 很擅長應對 Business Intelligence 專案的經常改變。經營者提出改變要求時，他們以改變控制程序處理並確保團隊除非有必要否則不會受干擾。這使得 Darrel 與 Roger 專注於建構主要產品。每個人專注於個別的工作並表現良好。群組的氣氛似乎很好。

發展階段：________

領導風格：_____指導水平：_____支持水平：_____

3. Derek 剛剛加入團隊。團隊成員不太知道要如何與他相處。每個人都很禮貌，但似乎有些人被他嚇到。

發展階段：________

領導風格：_____指導水平：_____支持水平：_____

4. Danny 發現 Janet 很擅長開發網路服務。他想辦法讓她負責所有網路服務的開發並讓 Doug 負責所有用戶端軟體的工作。Doug 也很高興這個安排 —— 他似乎很享受建構 Windows 應用程式。

發展階段：________

領導風格：_____指導水平：_____支持水平：_____

→ **答案見第 354 頁**

最後幾個工具與技術

還有幾個你可能會在 PMI-ACP® 考試中看到的工具與技術。
幸好，它們非常直白且容易與你已經學到的東西整合。

風險調整待辦項目、事前驗屍、風險燃盡圖

團隊維護風險調整待辦項目時，他們在待辦項目引入風險項目並與其他待辦項一起排列優先順序。這表示：

★ 團隊遇到風險時，它會被加入待辦項目 —— 風險待辦項目依價值與投入排序，如同其他待辦項目

★ 識別風險的一種方法是**事前驗屍（pre-mortem）**，他們想象專案災難性的失敗並對導致失敗的原因進行腦力激盪

★ 團隊規劃一個迭代時，他們在迭代待辦項目中引入風險項目與其他項目

★ 他們對每個風險待辦項目進行預估，使用與產生其他產品待辦項目的預估相同的預估技術

★ 團隊執行待辦項目調整（有時稱為 "grooming" 或 "PBR"）時，他們更新、審核、重新預估、並重新排列風險待辦項目與其他待辦項目的優先順序

★ 考試可能稱風險為**威脅與潛在問題**

★ 團隊維護包括風險項目相對大小預估的風險調整待辦項目時，他們可以使用預估為每個迭代建構**風險燃盡圖**（舉例來說，一個 Scrum 團隊可以建構風險燃盡圖來顯示衝刺段待辦項目剩下的所有風險項目的故事點數的加總）

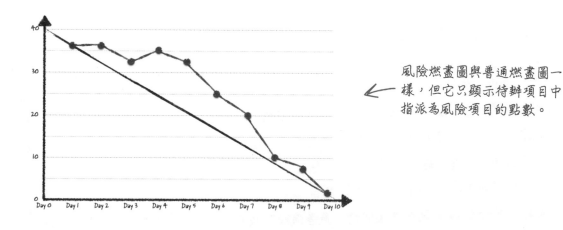

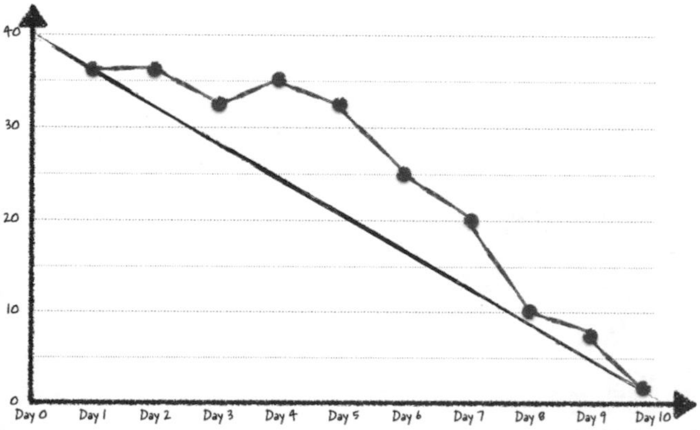

風險燃盡圖與普通燃盡圖一樣，但它只顯示待辦項目中指派為風險項目的點數。

工具與技術

還有幾個你可能會在 PMI-ACP® 考試中看到的工具與技術。
幸好，它們非常直白且容易與你已經學到的東西整合。

你或許不用知道如何進行這些遊戲的細節，但你可能聽說過它們的名字（可能來自不正確的答案）

合作遊戲

團隊有時候玩合作遊戲來幫助他們合作進行腦力激盪、提升共識並一起做決定。有許多不同的合作遊戲。考試中可能會遇到的包括：

- **規劃撲克**是第4章討論過的評估遊戲
- **相對關係預估**（見第 326 頁）也是一種合作遊戲
- **心智圖**是一種腦力激盪遊戲，四或五個人在白板中間的圓寫下要專注的項目，並畫出顯示相關想法的分支
- **點投票**是一種決策遊戲，將各種選項分別寫在紙上，每個人將圓點貼貼在不同的選項名稱上 —— 得到最多圓點者當選
- **100 點投票**也是類似的投票，團隊成員分配 100 點到選項上

BYOQ- 自己帶題目來

想要在考試中取得優勢？試著自己出題！你可以參考第 2 章到第 6 章的"問題診所"模板。試試看：

* 寫出關於 Daily Scrum 會議的"哪一項是最好的"題目
* 寫出關於價值流對應圖的"下一個是什麼"題目
* 寫出關於適應性規劃的"紅鯡魚"題目
* 寫出關於重構的"哪一項不是"題目
* 寫出關於 Scrum 的開放價值觀的"最差選項"題目

你可能會在考試中看到你在本書中學到的任何工具和技巧 —— 但這些題目不一定會提到工具名稱。相反的，題目或答案可能會使用單詞描述工具或技巧。在這個練習中，我們會描述一個工具或技術。 你的任務是從下面選擇正確的一個並將其填入空白處。

團隊成員使用卡片來幫助他們同意預估的遊戲

....

解釋誰需要一個功能並為何需要的最小描述

....

從產物的初始版本開始並更新更多的已知知識

....

一個思想實驗，你可以想像事情失敗並找出造成它的原因

....

確定特定潛在問題、議題、或威脅的影響的實驗性工作

....

重新評估並重新排列計劃功能和工作項目列表清單

....

規劃功能與工作項目清單還包括問題、事項、與威脅

....

假設沒有中斷、干擾、或問題時的工作預估

....

顯示每日問題、威脅的影響總估的圖表

....

product ba~~ck~~ ~~re~~finement

~~i~~deal time

~~us~~er story

plan~~ning~~ poker

risk burn down graph

pre-mortem

risk-adjusted backlog

~~~~based spike

progre~~ssive~~ elaboration

老爺不好了！有人不小心在答案上面打翻墨汁。你是否能在字無法完全看到下找出答案？

答案見第 355 頁

PMI-ACP® 考試專注於特定情境，因此我們可以用情境探索適應性領導。下面每個情境展示團隊發展的一個階段。寫下每個情境描述什麼階段，然後寫下領導風格並填入該領導風格提供"高"或"低"水平的指導與支持。

1. Joe 與 Tom 都是 Global Contracting 專案的程式設計師。他們對軟體架構有不同的意見。Joe 認為 Tom 的設計太短視且不能重複使用。Tom 認為 Joe 的設計太複雜且不可行。他們現在都不跟對方說話。

發展階段：風暴

領導風格：教練 指導水平：高 支持水平：低

2. Joan 與 Bob 很擅長應對 Business Intelligence 專案的經常改變。經營者提出改變要求時，他們以改變控制程序處理並確保團隊除非有必要否則不會受干擾。這使得 Darrel 與 Roger 專注於建構主要產品。每個人專注於個別的工作並表現良好。群組的氣氛似乎很好。

發展階段：表現

領導風格：委任 指導水平：低 支持水平：低

3. Derek 剛剛加入團隊。團隊成員不太知道要如何與他相處。每個人都很禮貌，但似乎有些人被他嚇到。

發展階段：組成

領導風格：指導 指導水平：高 支持水平：低

4. Danny 發現 Janet 很擅長開發網路服務。 他想辦法讓她負責所有網路服務的開發並讓 Doug 負責所有用戶端軟體的工作。Doug 也很高興這個安排 —— 他似乎很享受建構 Windows 應用程式。

發展階段：規範

領導風格：支持 指導水平：低 支持水平：高

解答

你可能會在考試中看到你在本書中學到的任何工具和技巧 —— 但這些題目不一定會提到工具名稱。相反的，題目或答案可能會使用單詞描述工具或技巧。在這個練習中，我們會描述一個工具或技術。 你的任務是從下面選擇正確的一個並將其填入空白處。

團隊成員使用卡片來幫助他們同意預估的遊戲

規劃撲克

解釋誰需要一個功能並為何需要的最小描述

使用者故事

從產物的初始版本開始並更新更多的已知知識

逐步闡述

一個思想實驗，你可以想像事情失敗並找出造成它的原因

事前驗屍

確定特定潛在問題、議題、或威脅的影響的實驗性工作

基於風險的刺穿

重新評估並重新排列計劃功能和工作項目列表清單

產品待辦項目調整

規劃功能與工作項目清單還包括問題、事項、與威脅

風險調整待辦項目

假設沒有中斷、干擾、或問題時的工作預估

理想時間

顯示每日問題、威脅的影響總估的圖表

風險燃盡圖

product bac___ ___finement

___deal time

___er story

plan___ ___poker

risk burn down graph

pre-mortem

risk-adjusted backlog

___based spike

progre___ ___laboration

老爺不好了！有人不小心在答案上面打翻墨汁。你是否能在字無法完全看到下找出答案？

考試題目

1. 有個 Agile 團隊剛剛完成一個專案的衝刺段 5 的衝刺段規劃。他們使用規劃撲克產生下列堆疊排名待辦項目的故事點數值：

產品待辦項目

故事 1：8 點
故事 2：5 點
故事 3：3 點
故事 4：5 點
故事 5：13 點
故事 6：5 點
故事 7：2 點
故事 8：3 點

歷史速度

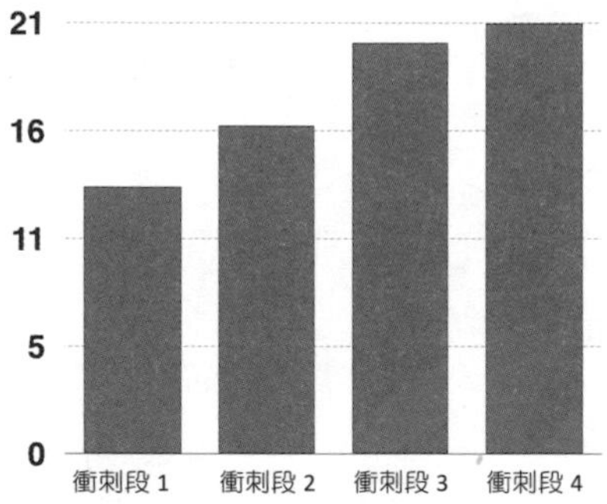

根據上面的團隊速度歷史圖，這個衝刺段預計交付的最後一個故事應該是？

A. 故事 3
B. 故事 5
C. 故事 6
D. 故事 4

2. 有個 Agile 團隊在為期二週的衝刺段的第四天有個經營者要求目前衝刺段的進度報告。團隊讓該經營者看團隊的燃盡圖。該經營者可以從圖表看出什麼資訊？

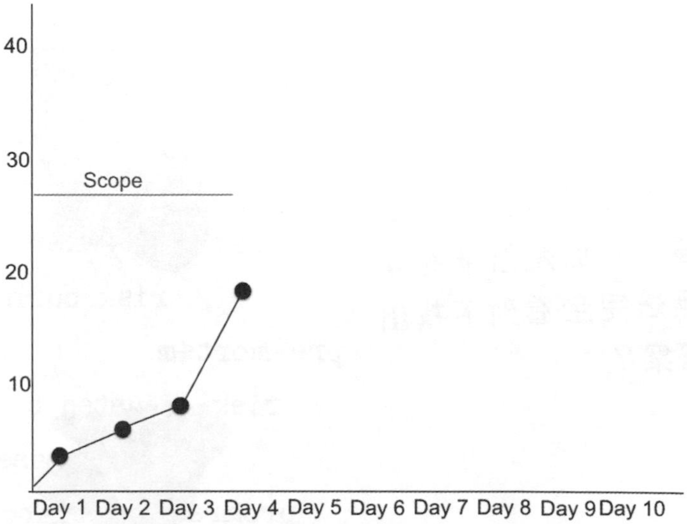

A. 團隊進度落後
B. 範圍增加了
C. 團隊超前進度
D. 進度資訊不足

考試題目

3. 你是個行動軟體團隊的 Agile 實踐者。你的一個隊友在前一個回顧中找出一個問題，指出團隊在每個為期二週的衝刺段中速度越來越慢。之後，你發現團隊正在進行的使用者故事通常太大而不能在一個衝刺段中完成而帶到接下來的三或四個衝刺段完成。你接下來要做什麼？

A. 與產品負責人一起找出下一個衝刺段可以完成的衝刺段目標然後分解該衝刺段的故事以讓它們能在二週內交付

B. 將故事從一個衝刺段帶到下一個衝刺段，但預測它們會在產品的下一個主要版本中完成

C. 與團隊合作更快的交付大故事

D. 停止承諾個別衝刺段目標，改承諾釋出目標

4. Sarah 是開發遊戲團隊的 Scrum 大師。她注意到團隊經常在衝刺段中承諾比可以完成更多的工作。她在團隊的回顧中提出此事，她發現團隊經常放下開發任務以處理維護請求，這打斷了他們的工作流。她接下來應該做什麼？

A. 建構維護請求的待辦項目、進行評估、並在衝刺段規劃中引入它們以讓團隊可以在衝刺段會議中引入這些請求

B. 與團隊建構團隊承諾的緩衝使他們不會在知道有維護請求下過度承諾

C. 告訴客服開發團隊不再回應維護請求

D. 以上皆非

5. Agile 團隊通常建構特殊任務來研究方法以解決高風險設計問題。這些特殊任務稱為？

A. 探索工作

B. 緩衝

C. slack

D. 基於風險的刺穿

6. 團隊通常會將風險、問題、與威脅排在其他工作之前，因為是否解決這些項目意味著整個專案的成功或失敗。將這些項目排序的實踐稱為？

A. 風險排名

B. 待辦項目調整

C. 風險調整待辦項目

D. 以上皆非

~~考試題目~~ 答案

1. 答案：D

由於故事依序排列，團隊應該嘗試交付故事 1-4。這四個故事的總量為 21 個故事點數，這是團隊在上一個衝刺段交付的數量。

2. 答案：C

根據此圖表，團隊承諾在此衝刺段中交付約 28 點。第四天已經完成 20 點。看起來他們超前進度。

3. 答案：A

衝刺段待辦項目中所有故事應該調整大小以使它們能在一個為期二週的衝刺段中完成。產品負責人應該幫助團隊在每個增量結束時盡可能交付最多的價值。若團隊還是專注於大釋出版本，他們無法得到經常釋出小增量的好處。

4. 答案：A

若團隊未將它放在待辦項目則他們無法規劃他們的工作。只是因為工作項目來自非一般的經營者（此例中是客服團隊）並不表示團隊就可以忽略它。若此工作對組織有價值，則該工作應該由產品負責人與新工作一起排序、評估、與規劃來作為待辦項目調整與衝刺段規劃程序的一部分。

5. 答案：D

基於風險的刺穿讓 Agile 團隊限制研究高風險功能的時間以讓團隊在問題無解時“快速失敗”。

6. 答案：C

風險調整待辦項目包括規劃中的功能與工作項目，但也包括麻煩、問題、與威脅 —— 換句話説，待辦項目也包括可以排列價值的風險項目。這可以幫助你與團隊專注於先認識風險，這可以幫助你防止專案陷入麻煩（或失敗！）。

Agile 團隊嘗試先做重要的工作 —— **若會失敗則很快的失敗**。團隊發現風險時，它們有可能讓整個專案失敗。但最好在一或二個衝刺段後失敗而不是幾個月後再發現走錯路！

動動腦

你如何確保先做高優先項目，甚至是在改正專案的缺陷時？

IN YOUR OWN WORDS

領域 6：檢測問題與解決

以你自己的話寫下你覺得領域 VI（"Problem Detection and Resolutio"）是什麼：

領域 6 的任務列在內容大綱的第十一頁。寫下你覺得每個任務是什麼：

任務 1

任務 2

任務 3

任務 4

任務 5

答案見第 373 頁

BYOQ- 自己帶題目來

自己出題是記憶知識的好方法。辨識不同出題策略能幫助你在考試中保持冷靜。

* 寫出關於持續整合的"哪一項是最好的"題目
* 寫出關於限制進行中的工作的"下一個是什麼"題目
* 寫出關於衝刺段規劃會議的"紅鯡魚"題目
* 寫出關於僕役領導的"哪一項不是"題目
* 寫出關於資訊輻射器的"最差選項"題目

IN YOUR OWN WORDS

領域 7：持續改善

以你自己的話寫下你覺得領域 VII（“Continuous Improvement”）是什麼：

領域 7 的任務列在內容大綱的第十二頁。寫下你覺得每個任務是什麼：

任務 1

任務 2

任務 3

任務 4

任務 5

任務 6

答案見第 374 頁

BYOQ－自己帶題目來

* 寫出關於滲透壓溝通的“哪一項是最好的”題目
* 寫出關於產品負責人同意衝刺段的“下一個是什麼”題目
* 寫出關於衝刺段審核會議展示可用軟體的“紅鯡魚”題目
* 寫出關於風險燃盡圖的“哪一項不是”題目
* 寫出關於 XP 的簡單化價值觀的“最差選項”題目

考試題目

我們連著列出領域 6 與領域 7 的題目。試試看你能否連著回答，然後看答案。這可以幫助你準備第 9 章的大模擬考。

1. Agile 團隊通常維護有序的工作項目並將高風險項目放在清單的前面以讓它們先進行。下列哪一項是此實踐的最好名稱？

A. 排名排序

B. 緩和計劃

C. 風險調整待辦項目

D. 加權最短工作優先

2. 你是個軟體團隊的 Agile 實踐者。你的團隊正在召開下一個衝刺段的規劃會議。評估一個工作項目時，兩個成員對一個問題方案有不同的看法。其他成員認為兩個方案都可行。團隊必須快速決定方案，因為此工作項目是下一個衝刺段的功能的核心。

下列哪一項是最好的解決方案？

A. 讓整個團隊在開始其他工作前解決這個問題

B. 對兩個方案建構架構刺穿，在衝刺段中建構兩者以認識哪一個最好

C. 保留你的意見直到專案最後再開始這個工作

D. 將不同意見記錄為風險並在專案後期決定方案

3. 你是個軟體團隊的 Agile 實踐者。你的團隊已經經歷了三個衝刺段，但最近相處很不順。有些團隊成員認為其他人沒有足夠的專業進行核心部分的修改。這導致 Daily Scrum 與衝刺段規劃會議中的衝突。如何描述此團隊與應該使用的管理技巧？

A. 組成階段、指導管理技術

B. 風暴階段、教練管理技術

C. 規範階段、支持管理技術

D. 表現階段、委任管理技術

4. Scrum 團隊開會檢查計劃並加以調整使他們可以達成目標的實踐稱為 ________________。

A. 計劃檢查會議

B. 規劃同意鬧

C. Daily Scrum

D. 進度報告

考試題目

5. 程式設計師提交程式到程式庫時，測試會自動的執行並編譯程式。這最好的描述是？

A. 程式審核

B. 破壞建置

C. 使用建置伺服器

D. 持續部署

6. 你是個軟體團隊的 Agile 實踐者。團隊已經在一起兩年。你與隊友發展出關係。有問題時，每個人都知道要找誰或做什麼。個別成員有不同的興趣並專注於不同類型的問題，但他們能夠合作達成衝刺段目標。如何描述此團隊與應該使用的管理技巧？

A. 組成階段、指導管理技術

B. 風暴階段、教練管理技術

C. 規範階段、支持管理技術

D. 表現階段、委任管理技術

7. 你是個軟體團隊的 Agile 實踐者。這是你的團隊第一次合作的衝刺段，他們還不太了解對方。他們有自己的技能與目標，還沒有發展出溝通專案的好辦法。如何描述此團隊與應該使用的管理技巧？

A. 組成階段、指導管理技術

B. 風暴階段、教練管理技術

C. 規範階段、支持管理技術

D. 表現階段、委任管理技術

8. 在專案開始時，團隊識別出阻礙專案成功的可能威脅。他們將風險大大的寫在白板上讓每個人在辦公室中間都能看到。團隊定期討論這些風險。此團隊使用什麼實踐？

A. 每週風險審核

B. 經營方向會議

C. 風險審核閘

D. 資訊輻射器

考試題目

1. Agile 團隊成員學習新技能以幫助團隊完成工作。相較於專注特定技能，他們是可在團隊中進行多種工作的 ________________。

A. 通才專家

B. 淺貢獻者

C. 有經驗的開發領袖

D. 高專才開發者

2. 衝刺段回顧的主要產物是 ________________。

A. 達成清單

B. 一組改善行動

C. 會議紀錄

D. 挑戰清單

3. 你是個軟體團隊的 Agile 實踐者。在每個衝刺段結束時，你與團隊向產品負責人展示完成的修改並傾聽他對修改的回饋。下列哪一項是這種實踐最好的描述？

A. Daily Scrum

B. 產品展示

C. 產品負責人核定

D. 衝刺段審核

4. 你是個軟體團隊的 Agile 實踐者。一個團隊成員對產品待辦項目中的一個功能有個新技術設計。他向團隊提出時，有些團隊成員懷疑它是否可行。每個人都同意若可行則會大幅改善產品的效能並比目前的設計更容易維護。接下來做什麼最好？

A. 建議團隊成員維持目前設計，因為團隊已經知道它如何運作

B. 建議團隊成員寫出設計文件並讓經營者同意

C. 建議團隊成員建構刺穿並試試看該方案是否可行

D. 建議團隊停止進行目前設計，因為它比較慢

考試題目

5. 你在一個軟體開發團隊中。回顧時，有個人說過去三個衝刺段專注於團隊只有一半人熟悉的程式，因此這些人在這些衝刺段中做了大部分最有價值的工作並導致其他人在衝刺段待辦項目中加入低價值工作以保持忙碌。另一個人附和並說因為不熟悉程式導致有很嚴重的 bug。改善這個狀況的最好辦法是？

A. 將工作拆分成小段以讓團隊覺得完成更多

B. 開始結對程式設計以讓更熟悉程式的人可以互相幫助提早抓到 bug

C. 規劃工作讓每個人忙碌

D. 限制進行中的工作的數量讓團隊成員沒有太多工作

6. 下列哪一項不是回顧中用於讓團隊有改善共識的工具？

A. 點投票

B. MoSCow

C. 最多五隻投票

D. 石川圖

7. 有個 Agile 團隊剛完成為期二週的衝刺段。有個經營者要求看規劃中找到的風險的狀態報告。團隊讓該經營者看風險燃盡圖。該經營者可以從這個圖表看出什麼？

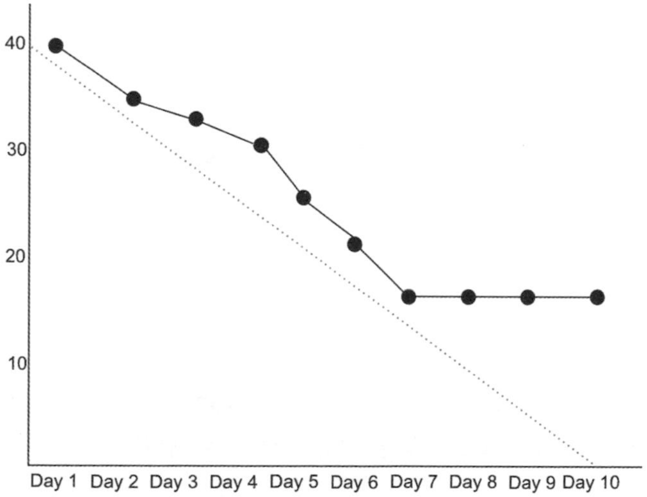

A. 團隊沒有解決規劃中找到的所有風險

B. 範圍增加了

C. 團隊超前進度

D. 沒有足夠的資訊可認識風險的狀態

~~考試題目~~ 答案

1. 答案：C

Agile 團隊維護風險調整待辦項目以確保他們盡可能最先做高風險項目。有時候無法解決高風險項目會導致整個專案失敗且 Agile 團隊總是嘗試盡快失敗，因此他們先做這些項目。

2. 答案：B

團隊有兩個相等的方案但不能決定採用哪一個時通常會同時進行兩個方案。建構架構刺穿讓團隊探索兩個選項可能會給團隊所需資訊以便在下一個衝刺段規劃會議做出決定。

3. 答案：B

團隊在一起沒有很久且在 Daily Scrum 與規劃會議中爭論。聽起來他們還在風暴階段。他們需要 Agile 實踐者擔起教練角色來幫助他們擺平爭議。

4. 答案：C

Scrum 團隊使用 Daily Scrum 檢查他們的計劃並做出調整以達成衝刺段目標。若有些團隊成員有工作上的問題，其他人會幫助他們排除障礙並達成設定的目標。

5. 答案：C

這是團隊使用建置伺服器的例子。團隊成員提交程式時執行所有單元測試並編譯整個程式庫。這種方式讓整個團隊及早知道程式是否有改變。若測試失敗或程式無法編譯，團隊知道問題來自剛剛提交的改變，則做出改變的程式設計師可以在引發其他問題前加以改正。

你預期見到有個答案是"持續整合"嗎？使用建置伺服器與持續整合不同，後者是團隊成員持續從工作目錄整合程式回版本控制系統以及早發現問題。

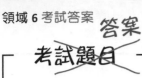

~~考試題目~~ 答案

6. 答案：D

團隊正在表現階段。他們知道隊友的能耐並能利用其他人的長處。委任給他們通常是最有效率的方式，並讓他們做他們正在做的事。

7. 答案：A

團隊正在組成階段。他們依靠你做大部分決定直到他們更能合作，因此指導管理風格是最合適的。

8. 答案：D

在白板上顯示風險給專案中的每個人看與審核是資訊輻射器的一個例子。這是讓每個人知道有風險且在引發問題時可以尋求幫助的好方法。

~~考試題目~~ 答案

1. 答案：A

Agile 團隊重視有廣泛技術的通才專家，他們能以各種方式在專案期間增加價值。

2. 答案：B

回顧的目標應該是團隊可以採取的動作以使他們使用的程序、系統、或方法更有用、流暢、與相互合作。

3. 答案：D

這個題目描述發生在每個 Scrum 衝刺段結束時的衝刺段審核。會議中，產品負責人提出衝刺段產品的回饋。在某些情況下，產品負責人會提供回饋，它會被加入產品待辦項目中併入下一個衝刺段。

4. 答案：C

團隊成員應該建構一個刺穿方案以試試看該想法是否可行。團隊中的每個人必須能夠犯錯。如果團隊的期望得到如此嚴密的管理以致於團隊成員沒有自由決定權利，他們將無法進行創新或保持選項的開放。

5. 答案：B

團隊高度專門化時，結對程式設計是破除障礙並幫助人們在事前認識程式的好方法。將不熟悉程式與非常熟悉的人結對會讓他們熱烈的討論；這是讓人們熟悉他們還不熟悉的程式的有效辦法。結對程式設計也可以幫助團隊及早抓到 bug 並交付高品質產品，因為結對會持續的檢視程式。

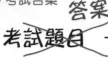

~~考試題目~~ 答案

6. 答案：B

MoSCoW 是排序工具。其他答案用於回顧。

7. 答案：A

此團隊在降低風險中比衝刺段識別出更多故事點數。團隊在衝刺段的最後四天沒有對任何風險項目做出進度，相反的，衝刺段結束時還有 15 點的風險緩和未解決。因此還有規劃中的風險未排除。

考試填字遊戲

進行最後模擬考前準備好進行最後一次測試。不看書你可以回答幾個字？

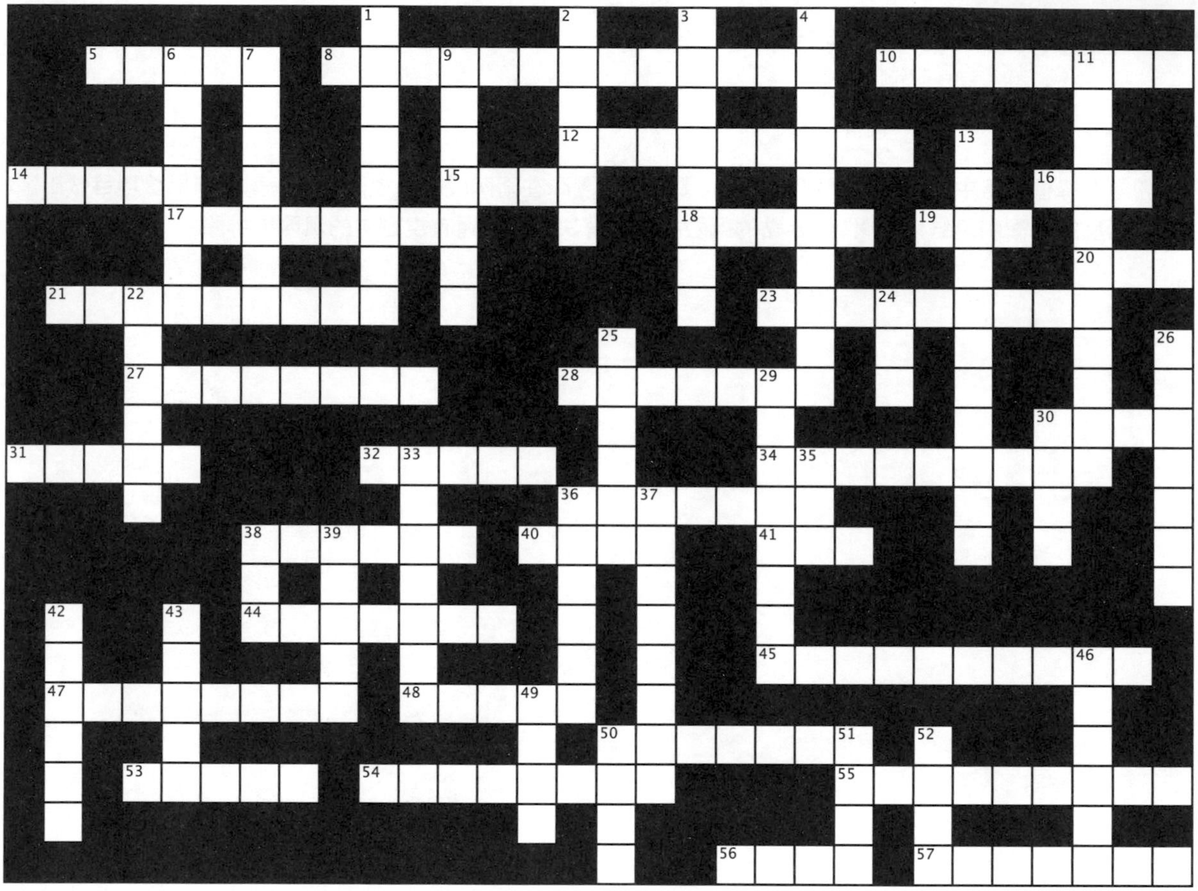

答案見第 375 頁

橫排提示

5. Scrum value that tells us it's most effective to work on one item at a time

8. Meeting at the end of the sprint where the team talks about how it went and what can improve

10. The team determines what work will be performed in the sprint during the sprint __________ meeting

12. Scrum artifact that includes all items completed during the sprint

14. Planning __________ is a collaboration game to help the team estimate

15. Agile teams value responding to change over following a __________

16. Amount of money the project will return to the company that is funding it

17. The kind of leadership where you adjust leadership style to match the stage of team formation

18. __________ time is an estimate that assumes no delays, interruptions, or problems

19. Money you expect to make from a project that you are building

20. Smallest possible piece of functionality that can be delivered

21. The style of leadership that matches the forming stage of team development

23. Low fidelity tool for sketching a user interface

27. The number of points' worth of work the team accomplishes on average per iteration

橫排提示

28. Contains features and work items to be built, may contain risks
30. Kind of programming where two people work together at the same computer
31. Dot voting and fist-of-five voting are examples of collaboration __________
32. Kind of solution that is also referred to as "exploratory work"
34. Transparency, inspection, and adaptation are the three pillars of __________ process control
36. A description of a fictional user
38. Simple requirements prioritization technique where you decide if you must, could, should, or won't have each requirement
40. Product Owner, Scrum Master, and team member are examples of these
41. Actual value at a given time of the project minus all of the costs associated with it
44. The __________ backlog is the Scrum artifact that contains the single source of all changes and features
45. XP value that is helped by creating loosely coupled or decoupled code
47. In __________ estimating, team members create groups and take turns assigning items to them
48. Agile teams value individuals and interactions over processes and __________
50. Agile teams value __________ software over comprehensive documentation
53. The average time a work item spends in the process is its __________ time
54. An information __________ is posted in a visible area in the team space
55. Kind of testing that helps ensure you're making effective design choices
56. Scrum teams are __________ organizing
57. The kind of communication where you absorb information overheard in the team space

直排提示

1. The kind of cycle where you determine if you can improve efficiency and quality
2. The __________ backlog is the Scrum artifact that includes the items to be completed in the current iteration
3. The stage of development for which the coaching leadership style is best applied
4. The leadership style most appropriate for the performing stage of team formation
6. Scrum and XP value that helps team members stand up for the project
7. The kind of leadership the Scrum Master provides
9. XP and Scrum value that tells team members to treat each other the way they would want to be treated themselves
11. XP practice—the kind of design that helps the team embrace change
13. The kind of elaboration where an item is updated incrementally as more information is known
22. Meeting at the end of a sprint where work is demonstrated to the stakeholders
24. Actual cost in money or hours on value the product is delivering
25. Only the Product Owner has the authority to __________ a sprint, but it can cause the stakeholders to lose trust in the team
26. The stage of development for which the supporting leadership style is appropriate
29. Scrum value that tells us that team members should feel comfortable with everyone having visibility into their work
30. Working at a sustainable __________ means working 40 hours a week so the team doesn't burn out
33. The kind of feedback loop where you determine if what you're delivering meets expectations
35. A story __________ shows planned releases
36. Story __________ are a relative sizing technique
37. How you modify code structure without changing its behavior
38. Smallest possible product that the team can deliver which still satisfies the users' and stakeholders' needs
39. Brief description of functionality from a user's perspective
42. What many teams fear, but effective XP teams embrace
43. How often the team meets to inspect the work by answering questions about their progress, planned work, and roadblocks
46. Relative sizing technique where you assign XS, S, M, L, or XL to each item
49. The average time a stakeholder spends waiting for a work item to be completed is its __________ time
50. Limit __________ in progress in order to improve throughput of work items through your process
51. Product feedback methods reduce the __________ of evaluation, or the difference between what was asked for and what the team built
52. Type of analysis that shows you how features that once delighted users are now seen as basic requirements

IN YOUR OWN WORDS SOLUTION

領域 5：考試題目

以下是我們以自己的話解釋這些任務。如果你使用不同的字也沒關係！

隨著更清楚專案、經營者、與障礙而改進你的專案計劃

領域 5 的任務列在內容大綱的第十頁。寫下你覺得每個任務是什麼：

在專案的每一層迭代（每日會議、衝刺段、季循環等）

任務 1

對經營者完全公開你如何規劃專案

任務 2

從廣泛的承諾開始，並在專案展開時制定更具體的承諾

任務 3

使用回顧與你對交付項目的認識改變規劃與規劃頻率

任務 4

使用檢查 —— 適應循環認識範圍、優先、預算、與排程變更

任務 5

考慮速度前先合作認識理想的工作項目大小

任務 6

不要忘記維護與營運活動，它們能影響專案計劃

任務 7

建構考慮到還有未知的初始評估

任務 8

隨著知道更多關於專案需要多少投入而持續調整你的預估

任務 9

隨著團隊的速度與處理量更清楚而持續更新你的計劃

任務 10

領域 6：考試題目

IN YOUR OWN WORDS SOLUTION

以下是我們以自己的話解釋這些任務。如果你使用不同的字也沒關係！

以你自己的話寫下你覺得領域 VI（"Problem Detection and Resolution"）是什麼：

注意問題並改正它們，然後改善你的工作方式以防止重複發生

領域 6 的任務列在內容大綱的第十一頁。寫下你覺得每個任務是什麼：

給團隊中的每個人實驗與犯錯的自由

任務 1

持續注意專案的風險並確保團隊知道它們

任務 2

發生問題時，要確保它們被解決 —— 若不能解決則設定預期

任務 3

讓專案的風險、問題、麻煩、與威脅完全透明

任務 4

將風險與問題放到產品與迭代待辦項目中以確保確實解決

任務 5

領域 7：考試題目

IN YOUR OWN WORDS SOLUTION

以下是我們以自己的話解釋這些任務。如果你使用不同的字也沒關係！

團隊合作改善執行專案工作的方式

領域 7 的任務列在內容大綱的第十二頁。寫下你覺得每個任務是什麼：

持續注意實踐、價值、與目標並使用此資訊調整程序

任務 1

經常召開回顧並實驗改善方法來解決你發現的問題

任務 2

在每個迭代結束時展示可用軟體並真正傾聽回饋

任務 3

通才專家非常有價值，因此要給每個人機會提升他們的技能

任務 4

使用價值流分析發現浪費並讓個人與團隊投入消滅它

任務 5

從改善中獲得教訓時，分享給組織其他人

任務 6

考試填字遊戲解答

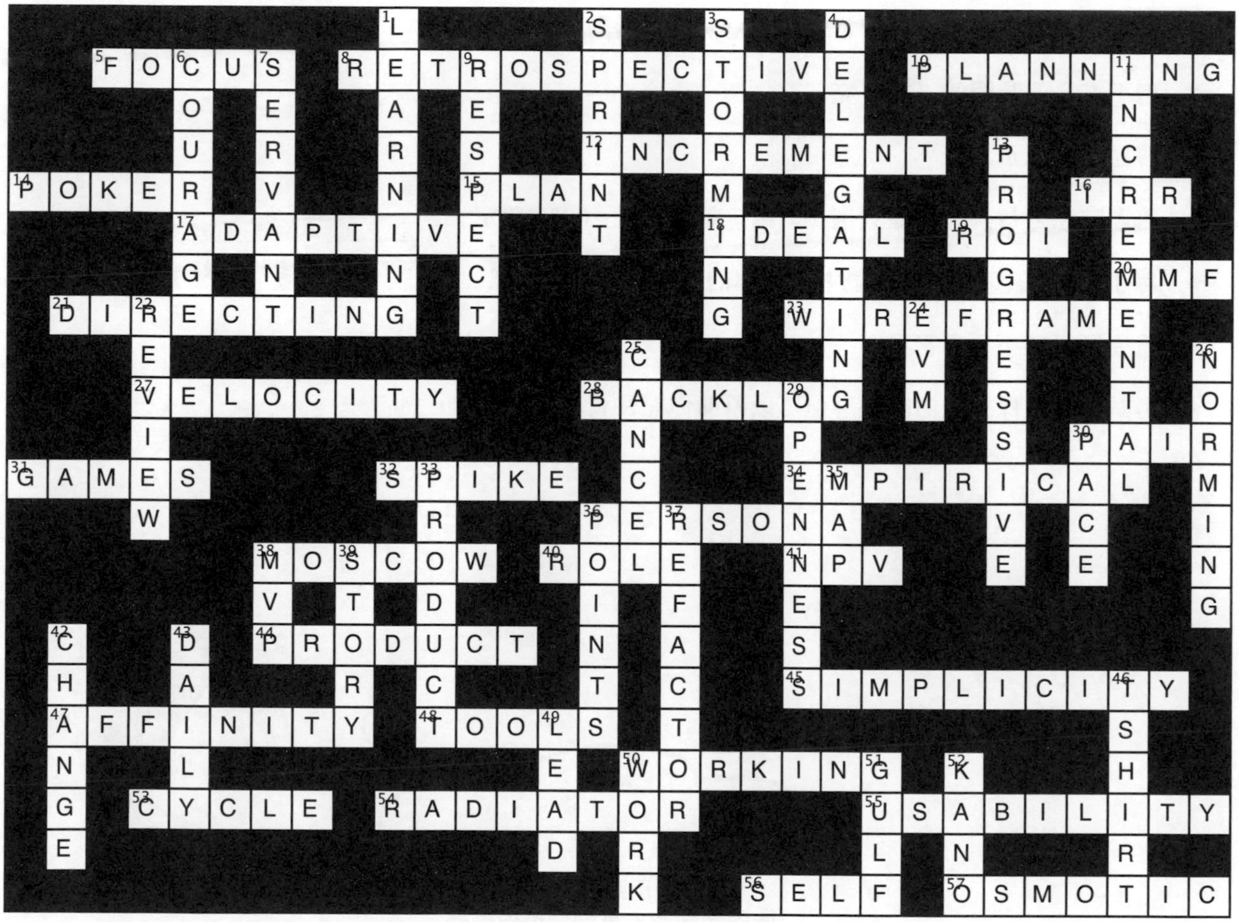
5 FOCUS
8 RETROSPECTIVE
10 PLANNING
12 INCREMENT
14 POKER
15 PLAN
16 IRR
17 ADAPTIVE
18 IDEAL
19 ROI
20 MMF
21 DIRECTING
23 WIREFRAME
27 VELOCITY
28 BACKLOG
30 PAIR
31 GAMES
32 SPIKE
34 EMPIRICAL
36 PERSONA
38 MOSCOW
40 ROLE
41 NPV
44 PRODUCT
45 SIMPLICITY
47 AFFINITY
48 TOOLS
50 WORKING
53 CYCLE
54 RADIATOR
55 USABILITY
56 SELF
57 OSMOTIC
1 LEARNING
2 SPRINT
3 STORMING
4 DELEGATING
6 COURAGE
7 SERVANT
9 RESPECT
11 INCREMENTAL
13 PROGRESSIVE
22 REVIEW
24 EVM
25 CANCEL
26 NORMING
29 OPENNESS
33 PRODUCT
37 REFACTOR
39 STORY
42 CHANGE
43 DAILY
46 TSHIRT
49 LEAD
51 GULF
52 KANO

準備好最終考試嗎？

恭喜！想一下你學到多少 Agile 的事情。是時候測試你的知識並看看你 PMI-ACP® 考試準備的如何。本書最後一章是完整的 120 道 PMI-ACP® 模擬考題，與真正的考試內容相同並使用考試時你會看到的類似出題風格。以下是幾個讓它盡可能有效的提示：

- ★ **進行下一章的最終模擬考當天只做這個學習活動。**
- ★ **留下充足的時間並一次考完。**
- ★ **答題時多喝水。**
- ★ **答題時思考每個答案並只選擇一個，就算不是 100% 確定。**
- ★ **每 10 題回頭重新檢視它們並檢查你的答案是否還是一樣。**
- ★ **看完題目前不要看答案。**
- ★ **考試後要確保充足的睡眠。這可以幫助你記住資訊！**

水份充足時大腦的學習比較好！

研究顯示睡覺對腦組織與
將資訊整合進長期記憶很重要。

祝好運！

8 專業責任

做出好的選擇

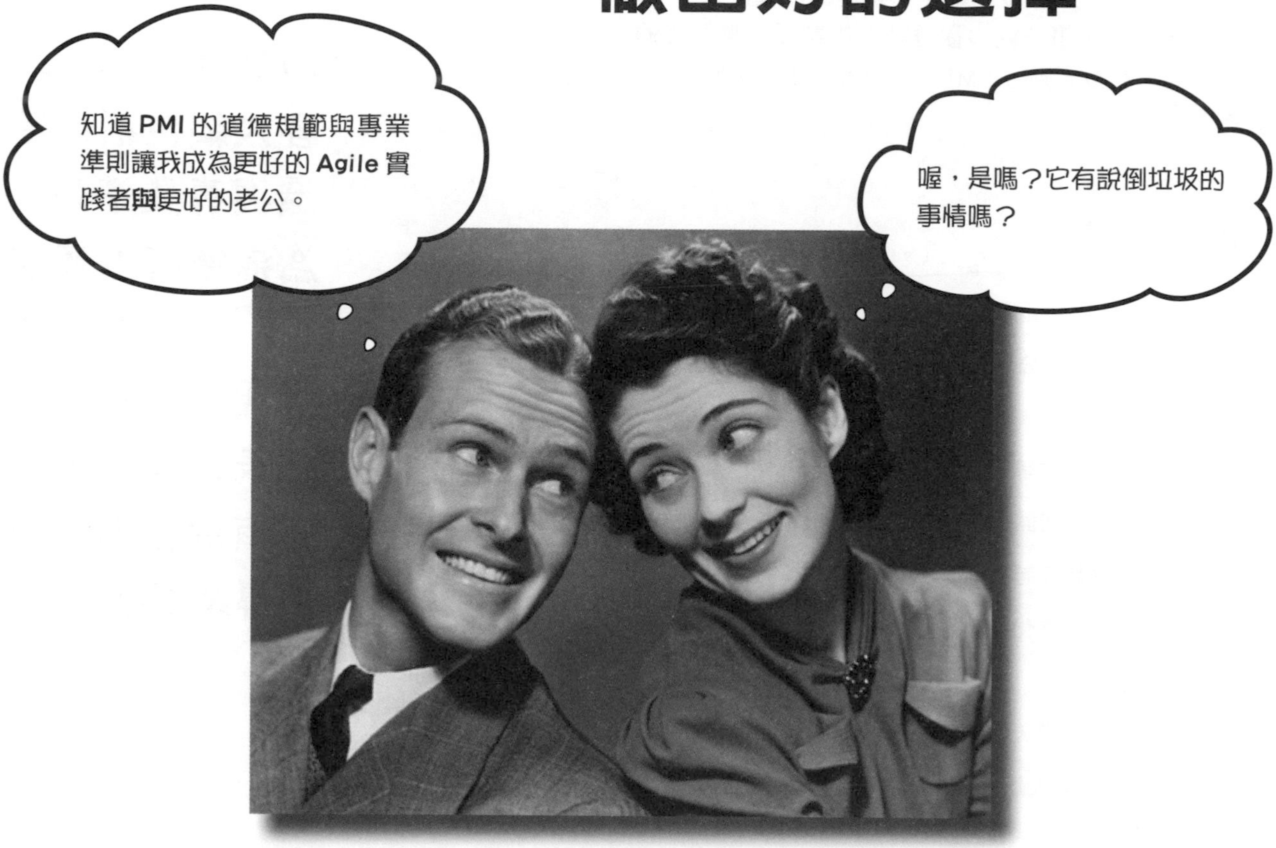
知道 PMI 的道德規範與專業準則讓我成為更好的 Agile 實踐者與更好的老公。
喔，是嗎？它有說倒垃圾的事情嗎？

只知道你的專業是不夠的。你必須做出好選擇。每個具有 PMI-ACP 認證的人都同意依循 **Project Management Institute Code of Ethics and Professional Conduct**，這個規範幫助你做出內容沒有討論到的道德決定 —— PMI-ACP 考試可能會有幾個相關題目。你必須知道的事情**很簡單**，一點討論就夠了。

做對的事情

你將在考試中碰到一些問題，這些問題是你在管理專案時遇到的狀況，然後題目問你該怎麼做。通常，這些問題有一個明確的答案：**這是你堅持原則的地方**。問題會讓決策變得更加困難，因為鼓勵做錯事（例如獎勵採取捷徑），或者讓違規看起來是小事（就像從雜誌上複製受版權保護的文章）。如果你不計後果堅守 PMI 專業行為準則，你將一**直**得到正確答案。

PMI-ACP 考試內容大綱包括道德知識與專業準則，因為道德行為應該是 Agile 實踐者的知識與技能的一部分。這表示考試中可能會有幾個道德規範與專業準則題目。

主要想法

一般來說，道德規範讓你處理幾種問題。

1. **遵循所有法規與公司政策。**
2. **平等尊重每個人。**
3. **尊重你工作的環境與群體。**
4. **以文件或口語回饋群體並與其他 Agile 專家分享你的經驗。**
5. **保持學習並越來越專業。**
6. **尊重其他人的文化。**
7. **尊重版權法。**
8. **對專案中的每個人誠實。**
9. **如果發現任何人以任何方式傷害 PMI-ACP 或其他 PMI 認證，你必須向 PMI 檢舉。**

如果你發現有人偷 PMI-ACP 的考題、在 PMI-ACP 考試時作弊、偽造 PMI-ACP 認證、或在 PMI-ACP 認證程序中說謊，則你一定要向 PMI 檢舉。

拜託，考試真的考這個？我知道怎麼工作。
我真的需要道德教育嗎？

通過 PMI-ACP® 認證表示你知道如何工作且正直的工作。

看起來，如何處理這些情況並不重要，但從僱主的角度思考一下。由於 PMI Code of Ethics and Professional Conduct，僱主知道，當他們聘用 PMI-ACP® 認證的 Agile 實踐者時，他們僱用的是遵守公司政策與規則的人。這意味著你將保護他們的公司免受訴訟並履行你的承諾，這實際上非常重要。

因此考試中可能會有幾個道德規範與專業準則題目。

注意“紅鯡魚”問題，這些問題最終將涉及道德和社會責任。它們可能會形成一種聽起來像正常專案管理問題的情況，但要求你使用 PMI Code of Ethics and Professional Conduct 中的一項原則。

動動腦

你能想象需要在專案中動用這些原則的情況嗎？

拿錢？

在任何情況下都不能接受賄賂 —— 就算是公司與客戶都有好處也一樣。賄賂不一定是金錢，它可能是招待旅遊或球賽門票。提供任何東西給你以讓你改變決定都必須拒絕並向公司揭露。

雖然有些國家“預期”你會賄賂，但不行這麼做 —— 就算習慣與文化上可以接受也一樣。

Kate，跟你合作很愉快，我們想要送你一份價值 $1000 的禮物。

很好。我一直想要購物。假期旅行呢？觀光景點我來了！
我不能接受這種禮物。做好工作就是獎勵！
正確的做法
容易的做法
對不起，我不能收禮，但感謝你的心意。

商務艙？

公司有政策，你就必須遵循。就算你不遵循也不會有什麼傷害，甚至沒有人會知道，但你不應該這麼做。法規就更是如此 —— 任何情況下都不能犯法，無論對專案或你有什麼好處。

若見到別人犯法，你必須向有關單位檢舉。

我們有些多出來的預算，你的工作表現很好，我知道規定坐經濟艙，但我們可以豪華一點。這一次何不買商務艙票？

你知道這些椅子可以躺平嗎？酷。我工作這麼辛苦，應該配得上！

沒有違反規定的理由。規定經濟艙，沒有例外！

哇，Ben，你人真好。但經濟艙就可以了。

新軟體

說到版權，絕對不能使用沒有授權的東西。書、藝術品、音樂、軟體…使用前都必須問過。舉例來說，你想要在公司的展示中使用有版權保護的音樂，你應該向所有權人取得同意。

嘿 Kate，我拿到你想要的排程軟體。
你可以拿去拷貝安裝。

太好了，這會讓我的工作快一百倍。不用錢嗎？真幸運。
這個軟體應該是要付費的。沒有買一份授權是不對的。
謝謝通知，我會去買一份。

捷徑

你可能會看到一兩個是否必須遵循所有程序的題目，或被主管要求對經營者隱瞞一些事情。你有責任讓專案順利進行且不掩蓋他人必須知道的訊息。

我們沒有時間寫下全部計劃。讓我們拿掉一些計劃以趕上進度。

好，這樣比較輕鬆！老實說吧，我沒有時間寫計劃！

我不能不依照程序的規定進行專案。

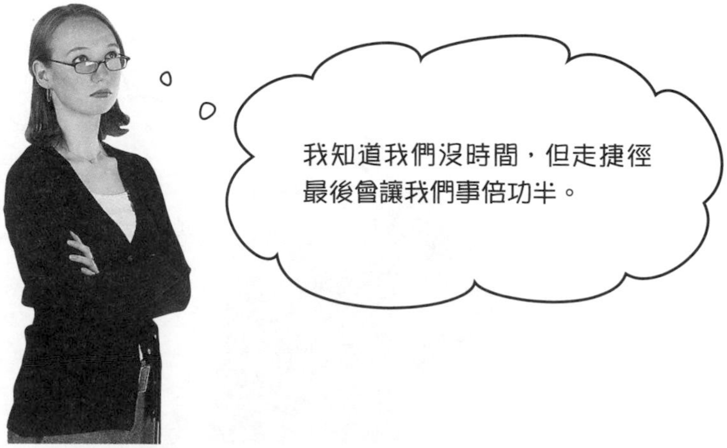
我知道我們沒時間，但走捷徑最後會讓我們事倍功半。

便宜還是乾淨的河川？

對群體負責任比專案成功更重要，但不只是注意環保而已 —— 你也應該尊重每個人與專案所在地的文化。

這表示每個國家的語言、習慣、假日不同，你應該依每個人的習俗對待他們。

我們發現一個供應商將廢棄物倒入河中。他們算我們很便宜，如果換供應商我們的預算就不夠了。我好為難啊，要怎麼辦？

我們不能讓專案因為幾條魚就失敗。

地球是我們的家且比專案重要。我們應該做對的事…

Ben，我知道會有問題，但我們應該換個供應商。

我們不是天使

我們知道專案的決策不是非黑即白。要記得考試題目設計用來測試你對 PMI Code of Professional Conduct 的知識與如何應用。真實世界中的狀況有許多因素使得決定比書上看到的更困難，但若你知道規範就能很好的評估這些情境。

不開玩笑，花不了多少時間——它有助於考試…

考試前<u>先閱讀</u> PMI Code of Ethics and Professional Conduct。到 PMI 網站或使用搜尋引擎搜尋“PMI Code of Ethics and Professional Conduct”。

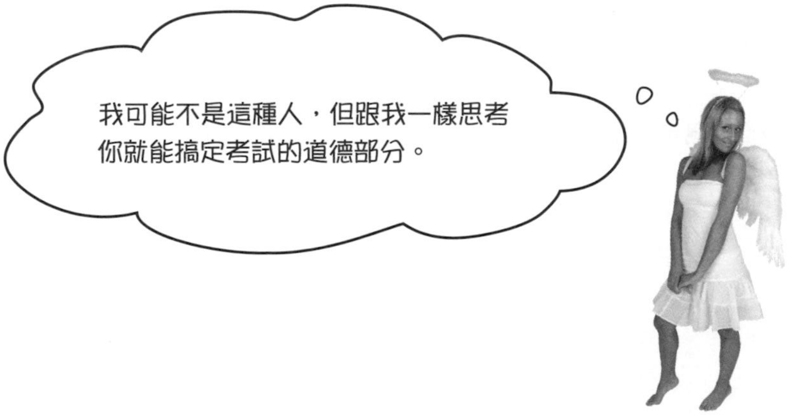
我可能不是這種人，但跟我一樣思考
你就能搞定考試的道德部分。

考試題目

.1 你在週末讀了一篇很好的文章，你覺得團隊也應該讀一下。你應該怎麼做？

A. 影印文章並交給團隊成員

B. 將文章打字寄給團隊

C. 告訴每個人你的閱讀心得

D. 幫每個人買一份

2. 你發現一個約聘員工騷擾女性。此人在其他國家，這在該國是正常的。你應該怎麼做？

A. 尊重約聘員工的文化並容許騷擾繼續發生

B. 拒絕與該約聘員工共事並找新的業務員

C. 以書面要求該約聘員工不再進行騷擾

D. 跟老闆開會說明這個狀況

3. 客戶要求你想要繼續做生意就得每個禮拜招待他們吃喝。你最好的做法是？

A. 帶客戶吃喝並向公司報帳

B. 拒絕招待，因為這是賄賂

C. 帶客戶吃喝並向他的老闆檢舉

D. 向 PMI 舉報

4. 你參與公司的第一個金融專案，你從中間學到很多專案管理知識。你的公司明年要進軍金融產業專案。你最好的做法是？

A. 與公司討論由你給其他人教育訓練

B. 不告訴別人才能讓你更有價值

C. 專注於金融專案

D. 專注於工作且不幫助別人

5. 你發現與環保法規寬鬆的國家的供應商交易可以省錢，你應該怎麼做？

A. 繼續付大錢給環境安全方案

B. 利用省錢的供應商

C. 要老闆自己決定

D. 要求現在的供應商降價

考試題目

6. 你聽到團隊中有人使用種族歧視的字。此人是重要成員，如果他離開公司專案會有問題。你應該怎麼辦？

A. 假裝沒聽到

B. 跟他的老闆打小報告

C. 下次開會時提出來

D. 私下跟他說種族歧視是不能接受的

7. 你在本地的 PMI 分會會議中演講。 這是什麼？

A. 一個 PDU

B. 分享專案管理知識

C. 慈善活動

D. 自願工

8. 你即將召開競標，有個供應商想要招待你。你應該怎麼做？

A. 接受招待但避免與供應商討論合約

B. 接受招待並與供應商討論合約

C. 出席但避免接受招待

D. 禮貌的拒絕

9. 你的公司發出提案邀約而你的兄弟想要參加。你最好怎麼做？

A. 給你的兄弟內線消息

B. 公開你與他的關係並退出

C. 推薦你的兄弟但不說出你們的關係

D. 不說出你們的關係但也不給你兄弟優待

~~考試題目~~ 答案

1. 答案：D

絕對不拷貝有版權的東西。要尊重他人的智慧財產！

2. 答案：B

絕對不能騷擾女性、少數族群、或其他人。你應該避免與這種人做生意。

3. 答案：B

用戶要求賄賂，而賄賂不道德。你不應該賄賂。若專案要求你賄賂，則你不應該與他做生意。

4. 答案：A

你應該幫助他人學習，特別是改善他們進行專案的方式。

5. 答案：A

絕對不要與污染環境的人做生意。雖然不環保會比較便宜，但這是不對的。

6. 答案：D

你應該確保團隊尊重其他人。

7. 答案：B

與他人分享知識是分享專案管理知識，這是取得 PMI 認證後應該做的事情！

~~考試題目~~ 答案

8. 答案：D

你應該拒絕接受招待。招待是賄賂且不能做任何影響你做決定的事情。

9. 答案：B

你必須揭露關係。與專案有利益衝突時應該要誠實。

就算 PMI-ACP 考試沒有很多這種題目，這還是很重要的專案主題。

這一頁刻意留白

9 practice makes perfect

Practice PMI-ACP Exam

I KNOW WE'RE SUPPOSED TO BE STUDYING, BUT I CAN'T STOP THINKING ABOUT FUDGE.

Bet you never thought you'd make it this far! It's been a long journey, but here you are, ready to review your knowledge and get ready for exam day. You've put a lot of new information about agile into your brain, and now it's time to see just how much of it stuck. That's why we put together this full-length, 120-question PMI-ACP® practice exam for you. **We followed the exact same PMI-ACP® Examination Content Outline** that the experts at PMI use, so it looks *just like the one you're going to see* when you take the real thing. Now's your time to flex your mental muscle. So take a deep breath, get ready, and let's get started.

1. A Scrum team's stakeholder discovers a new requirement and approaches a team member to build it. The team member builds a prototype for the stakeholder, who is able to start using it immediately. The product owner discovers this and demands that the team member include her in any future decisions, but the team member feels this is the most efficient way to work. The product owner and team member approach the scrum master to resolve the conflict. What should the scrum master do?

A. Help the product owner understand how the team member is improving stakeholder communications

B. Side with the product owner

C. Help the team member follow the rules of Scrum by showing the correct use of user stories

D. Help the product owner and team member compromise and find a middle ground

2. After the team gives a demonstration of the work they built during an iteration, a stakeholder complains that the software is difficult to use. What technique can the team employ to prevent this in the future?

A. Develop user interface requirements that cover usability

B. Define organizational usability standards

C. Observe stakeholders interacting with a preliminary version of the user interface

D. Create a wireframe and review it with the stakeholders

3. The main project stakeholder for a Scrum project emails the product owner to notify them that one of the primary deliverables must be delivered two months earlier than planned. The team members meet and agree on an approach that will achieve the goal, but it will cause a delay to several features of other deliverables. The product owner warns the team that this will be unacceptable to the stakeholder. How should the team proceed?

A. Initiate the change control procedure

B. Have the product owner meet with the stakeholder to discuss acceptable trade-offs

C. Begin exploratory work on a spike solution

D. Start working on the approach that the team collaboratively agreed on

4. You are reviewing your team's kanban board, and you discover that many work items tend to accumulate in a specific step in the process. What is the best way to handle this situation?

A. Work with the team to remove work items from that step of the process

B. Use Little's law to calculate the long-term average inventory

C. Increase the arrival rate of work items into the process

D. Work with project stakeholders to establish a WIP limit for that column

5. A tester on a Scrum team has expressed interest in taking on some programming tasks. One of the developers is concerned that this may lead to quality problems. How should the team proceed?

A. The scrum master should look for opportunities to provide development training for the tester

B. The developer should serve as a full-time mentor to the tester

C. The scrum master should call a meeting to get consensus on letting the tester do development work

D. The tester should start to take on development tasks as they become available during the sprint

6. A new member of an agile team disagrees with the ground rules that team members currently adhere to. How should the team proceed?

A. Explain the reason for the rule and encourage the new team member to try following it

B. Throw out the rule and collaborate on a replacement

C. Have the scrum master explain the rules of scrum to the new team member

D. Show the new team member which principle in the Agile Manifesto the rule is based on

7. You are a leader on an agile team. Which of the following is not an action that you would take?

A. Set an example by acting the way you would like other team members to act

B. Make sure everyone on the team understands the goal of the project

C. Make important decisions about how the team will design the software

D. Prevent external problems from taking up too much of the team's time

8. You are in a sprint planning meeting. Two members of your team are arguing over one of the stories. They cannot agree on whether they will be able to reuse an existing aspect of the user interface, or if they will need to build out new user interface elements. What is the best way for the team to resolve this issue?

A. The product owner resolves the issue by determining how the team will solve the problem

B. The team adds buffers to the plan to account for the uncertainty

C. The Scrum Master resolves the issue by determining how the team will solve the problem

D. The team uses negotiation to reach an agreement on the specific acceptance criteria for the feature

9. You are an agile practitioner working directly with several business stakeholders. One of the stakeholders has provided a requirement that is proving difficult to implement. Several team members have called a meeting to propose an alternative to the requirement that will be much less expensive to implement. How should you handle this situation?

A. Use servant leadership to engage the team
B. Invite the stakeholder to the next daily standup
C. Explain the team's alternative to the stakeholder
D. Explain the stakeholder's expectations and needs to the team and collaborate on a solution

10. An agile team is in their second iteration. Some team members' disagreements are starting to turn into arguments, and one team member recently accused another of shirking responsibility. What best describes this team?

A. The team is in the storming phase, and needs directing
B. The team is in the norming phase, and needs supporting
C. The team is in the norming phase, and needs coaching
D. The team is in the storming phase, and needs coaching

11. A Scrum team claims to be self-organizing. What does that mean?

A. The team plans each sprint together and makes decisions about individual task assignments at the last responsible moment
B. The team delivers working software at the end of each sprint, and adjusts the next sprint plan to maximize value delivered to stakeholders
C. The team does not need a manager, and instead relies on the scrum master to provide servant leadership
D. The team only needs to plan on a sprint-by-sprint basis, and does not have to commit to any deadline beyond the length of the sprint

12. An agile practitioner is working with a vendor to implement an important product feature. The practitioner is concerned that the vendor is working on low-priority features in early iterations, while neglecting higher priority features. What is the best way to handle this situation?

A. The practitioner raises the issue at the next daily standup
B. The practitioner raises the issue at the next iteration planning meeting
C. Value of the deliverables are optimized through collaboration between the practitioner and the vendor
D. The practitioner moves high priority items into the backlog

13. You are an agile practitioner on a team at a vendor of software services. One of your clients is having trouble planning their iterations. Your team ran into a similar problem, and used a specific technique to resolve it. What action should you take?

A. Explain the practice to your contacts at the client

B. Create a document that describes the improvement

C. Offer to attend the client's daily standup meetings

D. Do nothing in order to respect the organizational boundaries

14. A scrum master on another team asks you for advice about how to handle a user who keeps changing his mind about what the team should build. You should:

A. Show the scrum master the company's standards for creating a project plan and implementing a change control process

B. Show how your own users have changed their minds in the past, and that you worked with the team to make adjustments during sprints and in sprint planning

C. Offer to run the other team's daily standup and retrospective meetings

D. Explain that agile teams value responding to change, and that the scrum master should help the team understand this principle

15. Which of the following is not valuable for fostering an effective team environment?

A. Pay attention during retrospectives and contribute wherever possible

B. Make it clear that it's OK to make mistakes

C. When team members disagree on an approach, have a constructive argument

D. Be very careful that you follow all of the company's ground rules for working on projects

16. You are an agile practitioner on a team using Kanban for process improvement. What metrics would you use to measure the effectiveness of your improvement effort, and how would you visualize the data?

A. Use a resource histogram to visualize resource allocation over the course of the project

B. Use a burndown chart to visualize velocity and points completed per day

C. Use a value stream map to visualize time worked versus time spent waiting

D. Use a cumulative flow diagram to visualize arrival rate lead time, and work in progress

17. Your team can choose between two feasible solutions to a technical problem. One solution uses encryption but runs more slowly, the other solution does not use encryption and runs more quickly. What is the best way to choose between the two solutions?

A. Choose the faster solution

B. Use a spike solution to determine which approach will work

C. Choose the more secure solution

D. Elicit relevant non-functional requirements from stakeholders

18. You are an agile practitioner in the scrum master role. Your team is holding a retrospective. What is your responsibility?

A. Observe the team identify improvements and create a plan to implement them, and help team members understand their roles in the meeting

B. Make yourself available to the project team if they have questions about the rules of Scrum

C. Participate in identifying improvements and creating a plan to implement them, and help team members understand their roles in the meeting

D. Help the team understand the needs of the stakeholders and represent their viewpoint

19. You are a scrum master. A member of your team is concerned that there are too many team meetings, and would like to skip the daily standup meeting once a week. What should you do?

A. Explain that the rules of Scrum require that everyone attend the meeting

B. Help the team member understand how the daily meeting helps everyone on the team find problems early and fix them

C. Partner with the team member's manager because attending the daily standup is a job requirement

D. Work with the team to set ground rules that everyone attend the daily standup

20. Your agile team is working with a vendor to build some of the product components, including a component that will be used in the next sprint. After meeting with the representative from the vendor to discuss the project's goals and objectives, the vendor representative emails you their scope and objectives document, explaining that they use a waterfall process and this is how the high-level vision and supporting objectives are communicated in their organization. What is the best way to handle this situation?

A. Request that the vendor team creates user stories to express requirements

B. Advocate for agile principles and explain that your team values working software over comprehensive documentation

C. Carefully read the scope and objectives document and follow up with the vendor representative about any discrepancies with your team's understanding of the project

D. Invite the vendor representative to the sprint review meetings

21. You are an agile practitioner on a Scrum team developing financial analytics software. You and your teammates are very interested in trying a new technology. The product owner expresses concern that the extra time required to ramp up on it will cause delays. How should the team proceed?

A. Have the scrum master negotiate an agreement between the team and the product owner to use the new technology

B. Have the product owner explain the new technology to the primary stakeholders

C. Reject the new technology and stick with technology familiar to the team to avoid the extra time required

D. Have the team members collaborate with the product owner to find ways to align their technology goals with the project objectives

22. You are an agile practitioner on an XP team. A teammate discovered a serious problem with the architecture of the software that the team has been working on which will require a major redesign of several large components. What should the team do next?

A. Refactor the code and practice continuous integration

B. Use pair programming to help everyone understand the scope of the problem

C. Use incremental design and delay design decisions until the last responsible moment

D. Work with the stakeholders to help them understand the impact on the project

23. The timebox for doing the work for an iteration has expired. What is the next action the team takes?

A. Conduct a demonstration of all fully and partially completed features to the stakeholders

B. Conduct a retrospective to enhance the effectiveness of the team, project, and organization

C. Begin planning the next iteration

D. Conduct a demonstration of all features that were fully completed to the stakeholders

24. You are the product owner on a Scrum team building software that will be used by a team of financial services analysts. At the last two sprint reviews, the manager of the financial services analyst team was angry that your team did not build all of the features that she was expecting. What is the appropriate response?

A. Meet with the manager throughout the next sprint to discuss each story's acceptance criteria, and update the sprint backlog based on that discussion

B. Send a daily email to each stakeholder with the latest version of the sprint backlog

C. Invite the manager to the next daily standup meeting

D. Invite the manager to the next sprint planning meeting

25. You overhear two senior managers discussing a company-wide problem with software teams that deliver software late, and that the software often fails to deliver much value. What is the best way to handle this situation?

A. Take the opportunity to evangelize about Scrum and insist that more teams be required to use it

B. Offer to speak with other teams about your own team's past success with agile

C. Engage your product owner to determine how best to take advantage of this situation

D. Explain that agile teams always follow the values and principles of agile

26. What is the most effective way to communicate progress in a team space?

A. Visualize project progress and team performance information

B. Position desks so everyone is face to face

C. Hold a retrospective

D. Communicate progress at the daily standup

27. You are an agile practitioner working on exploratory work that your team included in the current iteration plan. The goal of this work is to find problems, issues, and threats. The output of this exploratory work is that certain results should be surfaced to the team. Which of the following is not a valid reason to surface a specific issue?

A. It will slow down progress

B. It might prevent the team from delivering value

C. It isn't the result that you expected

D. It is a problem or impediment

28. A software team at a company with a strict waterfall process is having engineering problems which are causing them to build features that do not adequately meet users' needs. How can this team address the situation?

A. Assign team members to the product owner and scrum master role and mange the work using sprints

B. Use quarterly and weekly cycles, refactoring, test-driven development, pair programming, and incremental design

C. Use Kaizen and practice continuous improvement

D. Establish a team space that uses caves and commons, osmotic communication, and information radiators.

29. A stakeholder calls a meeting halfway through the sprint and explains that due to a change in business priorities one of the backlog items is no longer needed. What is the best way for the team to handle this?

A. The product owner and stakeholder present the change to the team at the sprint review

B. The product owner works with the team to remove the item from the sprint backlog, and the team delivers any other working software they have built when the sprint ends

C. The product owner removes the item from the sprint backlog, and extends the end date of the sprint to accommodate the change in plan

D. The product owner cancels the sprint and the team starts planning a new sprint

30. You are an agile practitioner on a team that uses a Scrum/XP hybrid. Two team members disagree on how much effort it will take to implement a story in the current sprint. Which of the following is not an effective action to take?

A. Use wideband Delphi to generate an estimate for the story

B. Have the product owner decide if the longer estimate is acceptable to the stakeholders

C. Have an informal group discussion about the factors that cause the estimates to differ

D. Call a team meeting to play a round of planning poker

31. Your company implements a requirement that teams create highly detailed documentation as part of the company-wide software development lifecycle. What is the correct response?

A. Use negotiation techniques to help the organization become more agile

B. Agile teams do not value comprehensive documentation, so the team should not produce it

C. Select a process for the team that delivers the highly detailed documentation without sacrificing delivery of customer value

D. Ensure that the team is delivering working software, while still producing the minimal documentation needed to build the software

32. You are an agile practitioner. Several members of your team have expressed concern that the project is not progressing as well as they would like. What is the best course of action?

A. Post a burn-down chart in a highly visible part of the team space

B. Consult the communications plan and distribute project performance information

C. Discuss the status of the project at the next daily standup meeting

D. Distribute status reports that include burn-down charts

33. During a retrospective, a Scrum team finds that their velocity was reduced significantly at the same time that two teammates were taking vacations that had been planned for a long time. How is this most likely to affect the release plan?

A. The team must reduce the size or number of deliverables that they committed to in the release plan

B. The release plan will not be affected

C. The team can increase the size or number of deliverables that they committed to in the release plan

D. The team must change the frequency of releases in the release plan

34. The team is planning the next iteration. They just finished reviewing the overall list of features that will eventually be delivered. What is the next thing that they should do?

A. Have each team member answer questions about work completed, future work, and known impediments

B. Define a release plan that includes the correct level of detail

C. Extract individual requirements to focus on for the next increment

D. Establish communication with the appropriate stakeholders

35. A team member is working on an important deliverable. At the retrospective, she says it is less complex than expected. Which of the following is not true?

A. The release plan should be adjusted to reflect changes to expectations about the deliverable

B. The team should expect more progress to be made on the deliverable in the next iteration

C. The velocity should increase in the next iteration

D. The effort required to create the deliverable should be less than the team originally expected

36. You are on a team using Kanban. What of the following is best used as the main indicator of project progress for specific increments?

A. Value stream map

B. Task board

C. Kanban board

D. Cumulative flow diagram

37. A junior team member suggests a new way of estimating user stories. How should you respond?

A. Try the new technique at the next opportunity

B. Help coach the junior team member by explaining how the team currently estimates user stories

C. Use Kaizen to improve the process

D. Encourage the team member to respond to change rather than following a plan based on estimates

38. Your Scrum team just completed inspecting the project plan. One team member raised a potential issue that is likely to require a change to the planned work. What is the next step?

A. The team will hold a sprint retrospective and discuss the impact to the product and sprint backlogs

B. The product owner will alert the stakeholder that the team has discovered an important issue

C. Knowledgeable team members will meet to determine what changes need to be made to the sprint backlog

D. The scrum master raises a change request to modify the plan while the team proceeds with planned work so they meet their commitments

39. Your team has completed a brainstorming session to identify risks, issues, and other potential problems and threats to the project. Which of the following is not a useful next step?

A. Assign a relative priority to each of the issues, risks, and problems

B. Assign owners to each of the problems and risks and keep track of the status

C. Use Kano analysis to prioritize the requirements for the project

D. Encourage action on specific issues that were raised

40. Your project is changing frequently, and you are concerned that you are not delivering business value as effectively as possible. How do you make sure that your team is delivering value and increasing that value throughout the project?

A. Use information radiators

B. Meet with executives after each increment

C. Meet with executives every day

D. Brainstorm improvement ideas with the team

41. A member of your project team suddenly leaves the company. She was the only one on the team with the expertise to solve a major technical problem, and without her the team has no way to meet commitments promised to the stakeholders. How should you proceed?

A. The team should continue working on the project as usual and only alert the stakeholders at the last responsible moment

B. The team members should collaborate together to get past the obstacle

C. The product owner should work with stakeholders to reset their expectations because the issue cannot be resolved

D. The scrum master should educate the stakeholders on the rules of Scrum

42. Your team discovers that the velocity decreased by 20% three iterations ago, and that it has stayed steady at that lower level since then. How is this most likely to affect the release plan?

A. The team must reduce the size or number of deliverables that they committed to in the release plan

B. The release plan will not be affected

C. The team can increase the size or number of deliverables that they committed to in the release plan

D. The team must change the frequency of releases in the release plan

43. Two stakeholders disagree on important product requirements. How should the product owner handle this situation?

A. Schedule a meeting with the stakeholders and attempt to establish a working agreement

B. Practice servant leadership to encourage collaboration

C. Have two team members perform separate spike solutions for each requirement

D. Choose the stakeholder requirement that delivers the most value early

44. A product owner reports that an important stakeholder is concerned that the team's implementation of a business requirement may not take certain external factors into account. Several team members acknowledged that this is a potential issue, but agree that it is extremely unlikely. How should the team members handle this situation?

A. Reassure the product owner that the risk is very low, so no action needs to be taken

B. Add the issue to an information radiator that tracks the status and ownership of threats and issues

C. The team members should work together to resolve the problem on their own so that the product owner has plausible deniability

D. Calculate the net present value of the issue and use it to reprioritize the risk register

45. You are an agile practitioner on a team that uses 30-day iterations. A stakeholder requests a forecast of the next six months. What do you do?

A. Use a story map to build a release plan for the next six months from the current product backlog

B. Explain that the team uses 30-day timeboxed iterations, and cannot forecast so far in advance

C. Create a Gantt chart that has a high level of detail for the next sprint and milestones for the following ones

D. Hold a team meeting and use face-to-face communication to collaborate on a strategy

46. You are an agile practitioner who maintains a prioritized list of requirements for the team. You receive a company-wide memo that your division has been restructured, and that there are now new senior managers. One of those managers will be directly impacted by one of the project's requirements. What do you do?

A. Engage with the senior manager

B. Raise the issue at the next daily standup meeting

C. Update the product backlog to reflect the new priorities

D. Add the senior manager to the stakeholder register

47. During a sprint planning meeting the team is working for stories written on index cards. They discuss the acceptance criteria for a story and write it on the back of the card. This is repeated for every story in the increment. Which of the following describes this activity?

A. Collaborating to deliver maximum value

B. Refining requirements based on relative value

C. Gaining consensus on a definition of done

D. Refining the backlog

48. A senior manager is forming a committee to decide on a company-wide methodology. You are asked to speak to this committee. What should you do?

A. Put up an information radiator on the floor where the committee meets

B. Show how previous Scrum projects made the organization more effective and efficient

C. Explain that waterfall methodologies are bad, and agile methodologies are good

D. Insist that the organization follow Scrum because it's an industry best practice

49. An agile practitioner is attending a daily scrum meeting. She is expected to report on the status of tasks that were assigned to her by the scrum master. What best describes this situation?

A. This team is not self-organizing

B. This team is self-organizing

C. The agile practitioner is emerging as a team leader

D. The scrum master is showing servant leadership

50. During a review of the deliverables, several team members identified a problem with software quality that could increase overall project cost. What is the best way to figure out the next steps for the team to take?

A. Refactor the code

B. Hold a retrospective

C. Use an Ishikawa diagram

D. Limit work in progress

51. A Scrum team is planning their fourth sprint. Team members who disagreed in the previous sprints are starting to see eye to eye, and previous clashes have given way to an emerging spirit of cooperation. What best describes this team?

A. The team is in the norming phase, and needs coaching

B. The team is in the storming phase, and needs directing

C. The team is in the storming phase, and needs coaching

D. The team is in the norming phase, and needs supporting

52. An office manager is working with an agile team to optimize their workspace. Which is the most efficient approach?

A. Adopt an open office plan that eliminates individual desks and promotes a shared environment

B. Give individuals or pairs private offices next to a shared meeting room

C. Adopt an open office plan that eliminates partitions and positions team members face to face

D. Give individuals or pairs semi-private cubicles that open into a shared meeting space

53. What is the most effective way for an agile team to prioritize the work to do during the increment?

A. The team decides which stories are most valuable and gives them a higher priority in the product backlog

B. The product owner determines the relative priority at the sprint review

C. The team selects the features with the highest NPV

D. The business representative collaborates with stakeholders to optimize value

54. You are an agile practitioner on a team that just completed work for an iteration. The team just finished demonstrating the working software to the stakeholders. One of the stakeholders is upset that one of the features he expected the team to deliver was pushed to the next sprint. How can this be avoided in the future?

A. Send daily status reports to all stakeholders

B. Review the lines of communication and update the communication management plan

C. Keep the stakeholders up to date on any changes to the deliverables and trade-offs the team has made

D. Require the stakeholders to attend all daily standups

55. A senior manager has announced that she is going to attend a sprint planning session. The Scrum team often has unrestrained discussion about which items should go into the sprint that often include disagreements and sometimes even arguments. The product owner is concerned that even though disagreements typically end with a positive result, being exposed to this will cause that manager to lose trust in the team's ability to meet their commitments. How should this situation be handled?

A. The senior manager should be discouraged from attending the sprint planning session

B. Team members should be encouraged to openly disagree, even if it involves arguing with each other

C. The team should plan to hold a second sprint planning session without the senior manager

D. The product owner should encourage the team to be on their best behavior for the senior manager

56. An agile practitioner needs to get feedback to determine whether the work currently in progress and the work planned for future iterations needs correction. What is the best way to accomplish this?

A. Prioritize the backlog based on work item value and risk

B. Hold daily standup meetings to get feedback from the team

C. Checkpoint with stakeholders at the end of each iteration

D. Use a Kanban board to visualize the workflow

57. One of your project's stakeholders indicates a potentially severe risk to the current sprint. Which approach is most appropriate?

A. Increase the length of the timebox

B. Re-estimate the backlog for the project

C. Include fewer stories in the sprint

D. Include the stakeholders in the daily standup

58. You are a scrum master on a 14-person Scrum team. You notice that the team is having difficulty concentrating during the daily scrum. What should the team do?

A. Establish a group norm that requires everyone to concentrate during the daily scrum

B. Hold two separate 7-person daily scrum meetings

C. Replace the daily scrum with a virtual meeting that uses comments in a social media platform

D. Divide team members into two smaller teams

59. You are informed that a new stakeholder for your project is in a region with a time zone difference of eight hours from the rest of your team. What is the best way for your Scrum team to interact with this person?

A. Use digital videoconferencing tools and accommodate to the stakeholder's time zone

B. Primarily communicate with email so that people can work in their comfortable time zones

C. Request a conference call at a time that's convenient for the whole team to attend

D. Fly the stakeholder to the team space to co-locate with the team for several weeks

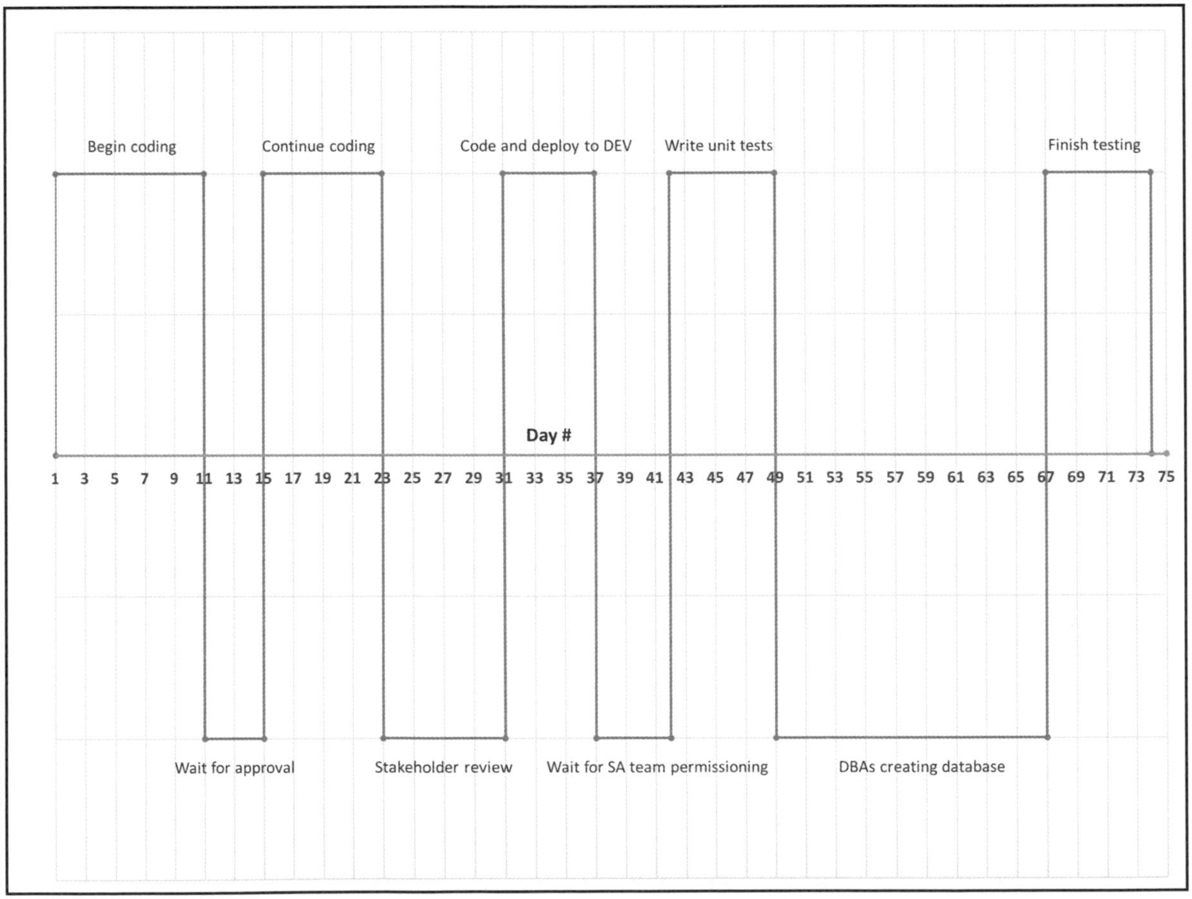

60. How should an agile practitioner on a Scrum team interpret this chart?

A. The team finished coding after only 50% of the project calendar time had elapsed, which is an opportunity to eliminate waste

B. The team spent 38 days working and 35 days waiting, so there are many opportunities to eliminate waste

C. The project took 74 days to complete, without many opportunities to eliminate waste

D. The project is behind schedule

61. A team member approaches the scrum master for guidance on the best way to forecast how much work the team can accomplish in the next sprint. What should the scrum master advise?

A. Use planning poker to estimate the actual time in hours for each story in the sprint

B. Assign a relative numeric size to each story in past sprints and use it to estimate the average velocity

C. Hold a wideband Delphi estimation session to generate data for a detailed Gantt chart

D. Use a story map to build a release plan for the rest of the project

62. You are the scrum master on an agile team. Two team members are having a disagreement about an important project issue. Assuming all of these actions resolve the disagreement equally well, what is the best way for you to proceed?

A. Collaborate with the product owner to find a solution to the problem and present it to the team members

B. Allow the team members to come to their own resolution, even if it involves an argument with strong opinions

C. Step in and help the team members find common ground

D. Create ground rules that prevent disagreements from turning into arguments

63. You are a member of a Scrum team. You discover an important problem that directly affects one of the stakeholders, and the team needs feedback from that stakeholder as quickly as possible in order to avoid a delay. Your team's product owner meets with this stakeholder once a week, but due to a schedule conflict this week's meeting is postponed. What do you do?

A. Schedule a meeting with the product owner

B. Have a face-to-face meeting with the stakeholder as quickly as possible

C. Send an email to the stakeholder with details about the problem

D. Invite the stakeholder to the next daily standup meeting

64. The team determines that one of the work items is low priority, but could lead to serious problems in the final product if the implementation does not work. How should they handle this situation?

A. Add a highly visual indicator in the team space so they don't lose track of the issue

B. Use the internal rate of return to evaluate the work item

C. Refactor the software to remove the problem

D. Increase the priority of the work item in the product backlog

65. Which of the following is not a benefit of encouraging team members to become generalizing specialists?

A. Reducing team size

B. Creating a high performing, cross-functional team

C. Improve the team's ability to plan

D. Reducing bottlenecks in the project work

66. You are an agile practitioner on a project that has been running for several iterations. The team's understanding of the effort required to complete several major deliverables has changed over the last three iterations, and it continues to change. How do you handle this situation?

A. Add story points to each work item in the backlog to reflect the increased complexity

B. Add buffers to account for the uncertainty of the project

C. Hold planning activities at the start of each iteration to refine the estimated scope and schedule

D. Increase the frequency of retrospectives to gather more information

67. Several bugs were discovered by users, and the product owner has determined that they are critical and must be fixed as soon as possible. How should the team respond?

A. Create a change request and assign the bug fixes to a maintenance team

B. Stop other project work immediately and fix the bugs

C. Add items for fixing the bugs to the backlog and include them in the next iteration

D. Add buffers to the next iteration to account for maintenance work

68. A senior manager asks the team for a project schedule that shows how team members will spend their time. The team meets and creates a highly detailed schedule that shows how each team member will spend every hour of the next six months. What should the scrum master do?

A. Use servant leadership and recognize that the team members actually get work done

B. Ask the team to build a less detailed schedule

C. Post the schedule in a highly visible place in the team space

D. Send the schedule directly to the senior manager

69. A team member complains to the scrum master that their manager calls several meetings every week to give updates that are not relevant to their project. The team member is frustrated because the interruptions are slowing down work. What should the scrum master do?

A. Give the team member permission to skip the meetings and focus on the work

B. Raise the issue with the product owner

C. Prepare a report on the impact that the meetings are having on the work

D. Approach the manager to discuss alternatives to interrupting the team

70. A member of a Scrum team routinely arrives late to the daily standup meeting. How should the team handle this situation?

A. Hold a face-to-face meeting between the scrum master and the team member to discuss the issue

B. Have the product owner bring up the issue with the stakeholders

C. Hold a meeting to collaborate on establishing team norms that includes a penalty for being late

D. Raise the issue at the next retrospective and create a plan for improvement

71. An agile practitioner is starting a new project. The team has the first meeting for planning work. What should the practitioner expect this meeting to produce?

A. A detailed project plan that shows how the team will create working software

B. A shared understanding of deliverables defined by units of work that the team can produce incrementally

C. Information radiators that show the progress of the project in a highly visible part of the team space

D. An informal project plan that describes agreements and face-to-face meetings

72. Which of the following best describes the level of commitment made by agile teams?

A. Agile teams make commitments to deliver all deliverables at the beginning of the project

B. Agile teams commit to deliverables for the current iteration, but are not required to make long-term commitments

C. Agile teams commit only to a minimum viable product at the start of the project

D. Agile teams commit to broad deliverables early in the project, and make more specific commitments as it unfolds

73. A team member reports at a daily standup that she ran into a serious technical problem that will delay the story that she is working on. The product owner has decided to remove the story from the sprint. This story was specifically requested by a senior manager who is the main project stakeholder. What action should be taken next?

A. Update the information radiators

B. Re-estimate the items in the backlog

C. Share the information with the primary stakeholders

D. Bring up the problem at the retrospective

74. You are a scrum master on a team in the financial services industry. Your PMO director sends an organization-wide email about a regulatory compliance change that will require you to adjust the way requirements are managed. The PMO has provided several possible alternative methods for managing requirements that are in compliance with this regulation change, but none of them match the way that your team currently manages requirements. What should you do?

A. Do not make any changes that would violate the rules of Scrum

B. Support organizational change by educating the PMO about Scrum

C. Review the new techniques at the next sprint planning meeting

D. Use Kaizen and practice continuous improvement

75. In a sprint review, one of the team members raises a serious issue. He's known about this issue for some time, but this is the first the rest of the team has heard about it. What is the next thing that you should do?

A. Use an Ishikawa diagram

B. Speak with the team member about raising issues like this as soon as they are known

C. Schedule the sprint retrospective

D. Arrange the team space to encourage osmotic communication

76. A Scrum team is planning their next sprint. How can they best establish a shared vision of what they plan to accomplish during the sprint?

A. Post information radiators and keep them updated

B. Set ground rules for the team

C. Re-estimate the items in backlog

D. Agree on a sprint goal

77. Your team has delivered fewer items than expected for the third iteration in a row. You suspect that there is a significant amount of time wasted waiting for development, operations, and maintenance work to be completed by other teams. What is the best way to detect where this waste is occurring?

A. Perform a value stream analysis
B. Create a more detailed iteration plan
C. Use an Ishikawa diagram
D. Impose limits on work in progress

78. What is the most effective strategy for prioritizing stories in the sprint backlog?

A. Plan an early product release that has just enough features
B. Prioritize high-risk items first
C. Collaborate with stakeholders to maximize early delivery of value
D. Identify high-value features and develop them in early iterations

79. The product owner of a Scrum team discovers that stakeholder priorities have changed, and a deliverable they have not yet started is now more important than the one they are currently working on. How can the team best handle this situation?

A. Complete the current sprint and adapt the plan during the next sprint planning session
B. Reduce the number of bottlenecks by limiting work in progress
C. Cancel the current sprint immediately and create a new plan to reflect the new priorities
D. Begin refactoring the code to reflect the updated priorities

80. During a daily scrum meeting a team member raises a serious risk as a potential problem. Which of the following is not a useful action for the team to take?

A. The team should refactor the source code and perform continuous integration
B. The team should consider doing exploratory work during the next sprint to mitigate the risk
C. The stakeholders should be kept informed of any potential threat to the team's commitments
D. The product owner should incorporate activates in the product backlog to manage the risk

81. The team members and product owner are having an argument about whether or not a feature can be accepted. They are unable to agree on an answer, and the project is now in danger of being late. How can this problem be prevented in the future?

A. Agree on a strict chain of command

B. Agree on a process for conflict resolution

C. Agree on a definition of "done" for each work item

D. Agree on a timebox length for discussions about feature acceptance

82. An XP team is notified that an important server upgrade will be delayed by six months due to budget constraints. The upgrade included several important features that their plan depended on, and the delay will require two team members to spend three entire weekly cycles on a workaround. How should the team account for this?

A. Track the work done by the two team members separately from the rest of the project work

B. Update the release plan to reflect the change in the team's capacity to work on main deliverables

C. Use a risk-based spike to reduce the uncertainty

D. Expect the velocity to be reduced and update the release plan accordingly

83. Halfway through the sprint, the team discovers a serious problem while testing the code. It's critical that they fix this problem as soon as possible, but it will take more time than they have left in the sprint. What should they do?

A. The product owner adds items to the sprint and product backlogs

B. The product owner extends the sprint deadline to accommodate the fix

C. The product owner should call a team meeting and discuss potential solutions

D. The product owner adds a high-priority item to the product backlog to fix the problem

84. A stakeholder asks the product owner of a scrum team for a list of features, stories, and other items to be delivered during the sprint. What team activities are used to create this information?

A. Hold daily scrum meetings

B. Hold sprint planning meetings

C. Perform product backlog refinement

D. Perform sprint retrospectives

85. At a retrospective, several members of a Scrum team raised serious potential risks to the project. How can this best be managed by the team?

A. Add stories to the next sprint backlog to handle every risk that was raised

B. Keep an up-to-date information radiator that shows the priority and status of each risk

C. Handle each risk at the last responsible moment by delaying any action until it becomes a real problem

D. Create a risk register and add it to the project management information system

86. A team is estimating the size of the items in the product backlog using ideal time. What does this mean?

A. The team determines the actual calendar date that each item will be delivered

B. The team estimates the actual time required to build each item without taking velocity or interruptions into account

C. The team assigns a relative size to each item using units specific to the team

D. The team applies a formula to determine the size of each item based on its complexity

87. Two members of your XP team are arguing about which engineering approach will lead to a better solution. They are unable to reach a conclusion, and the conflict is starting to create a negative environment. How should you handle this situation?

A. Use fist-of-five voting to determine the correct approach

B. Encourage them to begin pair programming on a minimal first step that will support both approaches

C. Refactor the code and practice continuous integration

D. Set team ground rules that prohibit arguments between team members

88. You discover that you have made a serious mistake when refactoring code, and it's going to cause your team to miss an important deadline. Which of the following is not an acceptable response?

A. Keep working on the highest priority tasks and bring up the issue in the retrospective

B. Tell your teammates and make every attempt to correct the problem

C. Bring up the problem in the next Daily Scrum

D. Send an email to the rest of your team letting them know that there are going to be consequences for the timebox

89. You are a team lead on an XP team holding a retrospective meeting. One of your team members says that the team could have done a better job planning the work if they had tried a different planning technique, and that the project would benefit from using it next time. What is an appropriate response?

A. Determine whether the technique is compliant with the practices and principles of XP

B. Use Kaizen to improve the process

C. Determine the impact of using the new technique

D. Suggest that the team member take the lead in working with the team to try out the new approach

90. Which of the following is not an effective way to encourage an effective environment for your team?

A. Let team members experiment and make mistakes without negative consequences

B. Help team members trust each other when they talk about their own mistakes

C. Use mistakes as opportunities for improvement

D. Allow team members' mistakes to go uncorrected

91. You are the project manager for a team at a vendor of software services. One of your clients sent you a value stream map that indicates that the team working on a feature spent significant non-working time waiting for the legal departments of both companies to reach agreements on scope changes. How does this affect the project?

A. The non-working time is extra work in progress that might be able to be limited

B. The clients and vendor have a contract negotiation relationship

C. The non-working time is project waste that might be able to be eliminated

D. No meaningful conclusion can be drawn

92. member says that he did not make much progress because he was interrupted by five phone calls throughout the day from stakeholders. This is the third time that he has made this complaint. What is the best way for the team to handle this situation?

A. Use a "caves and commons" office layout to limit interruptions

B. Implement a policy barring the stakeholders from reaching out to team members directly

C. Establish a daily "no-call" window during which team members working on project tasks can turn the ringers on their phones down and ignore calls

D. Adjust the sprint backlog to account for the decrease in productivity

93. During a sprint review, the project sponsor feels that a feature was built incorrectly and gets angry at the team member who coded it, but gives no constructive feedback. How should the scrum master respond?

A. Work with the product owner to update the product backlog
B. Speak with the sponsor about encouraging a safe environment
C. Make sure the sponsor does not know which team member coded each feature in the future
D. Getting angry at the team member is a mistake, and the sponsor should be free to make mistakes

94. Your team is in the early stages of planning, and work has not yet begun. Several key stakeholders have been identified and engaged, but there is still uncertainty about particular kinds of users, what they need from the project, and how to best meet those needs. What is the best way to handle this situation?

A. Create a kanban board to visualize the workflow
B. Use agile modeling to envision a high-level architecture
C. Hold a brainstorming session to create personas
D. Create user stories to document and manage requirements

95. The team has identified a severe database problem that can only be addressed by the infrastructure administrators performing a database server upgrade. How should the team handle this situation?

A. A developer with database experience is made responsible for upgrading the server
B. The team should identify the issue in the daily standup meeting
C. The product owner refines the backlog and adds a high-priority work item for the upgrade
D. The team must perform the database server upgrade themselves

96. Two senior managers sponsoring your project have expressed disappointment with the current release plan. Which of the following is not an effective strategy for engaging them?

A. Have the product owner engage the senior managers to better understand their needs
B. Invite both senior managers to periodic working software demonstrations
C. Invite both senior managers to a project planning meeting and require their sign-off on a project plan before proceeding
D. Call a team meeting to discuss the senior managers' interests and expectations

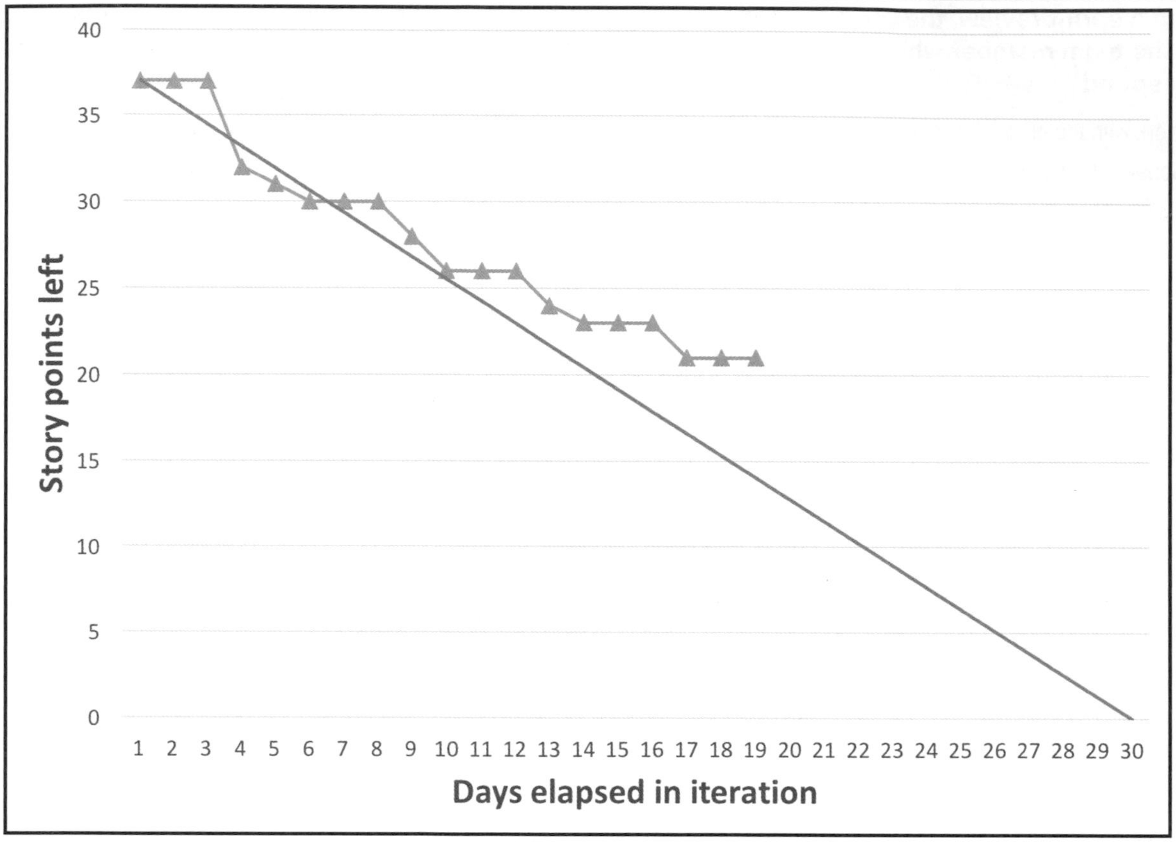

97. How should an agile practitioner on a Scrum team interpret this chart?

A. The velocity is constant
B. The sprint goal is in jeopardy
C. The team did a poor job planning
D. The velocity is increasing

98. Members of your team are arguing about whether they are required to make a change that the product owner asked for. As an agile practitioner, what is your response?

A. Review the change control procedure
B. Work with each team member so that everyone understands the way that your team responds to change
C. Allow the team to come up with ground rules to manage this situation
D. Re-estimate the items in the backlog and work with team to self-organize and meet the new goals

99. Partway through a sprint, the product owner gets an email from the DevOps group responsible for deploying the software built by the team with a reminder about a new policy that requires a modification to the installation scripts that must be included in all future deployments. Deployment is required for the sprint review. Modifying the script will delay other work past the end of the sprint. What should the product owner do next?

A. Add the script modification to the sprint backlog and move the lowest priority item to the product backlog

B. Add the script modification to the product backlog

C. Extend the sprint deadline to include the script modification

D. Schedule a face-to-face meeting with the manager of the DevOps group

100. Your team needs to determine what stories to work on in the next iteration. Which is not an effective way to proceed?

A. The team starts the iteration by working on riskiest or most valuable stories

B. The scrum master helps the team understand the methodology they use to decompose stories and identify tasks

C. The product owner helps everyone understand the relative priority of each story

D. The scrum master helps lead the team through planning by deciding the order that the team works on the stories

101. Which primary XP practice facilitates osmotic communication?

A. Whole team

B. Continuous integration

C. Sit together

D. Pair programming

102. An agile team is defining a release plan. What is the best way to organize the requirements so that value is delivered early?

A. Define minimally marketable features

B. Re-estimate the items in backlog

C. Post a visible burn-down chart in the team space

D. Use an Ishikawa diagram

103. Team members are concerned that a technical problem will cause a serious issue later in the project. One team member points out that if the problem occurs, then they will need to find a different technical approach. What should the team do next?

A. Have the product owner add an item to the list of long-term features and deliverables

B. Update the release plan to reflect a delay

C. Perform exploratory work in an early sprint in order to determine whether their solution will work

D. Alert the stakeholders to the impact the technical problem will have on the team's commitments

104. You are a product owner on a Scrum team. One of your stakeholders is a senior manager who just joined the company. She did not come to the last two sprint reviews. What should you do?

A. Collaborate with the scrum master to help educate the stakeholder on the rules of Scrum

B. Meet with the stakeholder's manager and explain the rules of Scrum require her to attend the sprint review

C. Set up a meeting with the stakeholder to bring her up to date and get her feedback on the project

D. Post an information radiator about the project outside the stakeholder's office

105. You are meeting with several stakeholders partway through in iteration late in the project. One of them mentions that a senior manager you have not met would disagree with one of the features that the team has built into the software. What is the next thing you should do?

A. Reprioritize the backlog to reflect the potential risk of requirements change

B. Identify the potential issue at the next daily standup

C. Schedule a meeting with the senior manager

D. Add the issue to the risk register

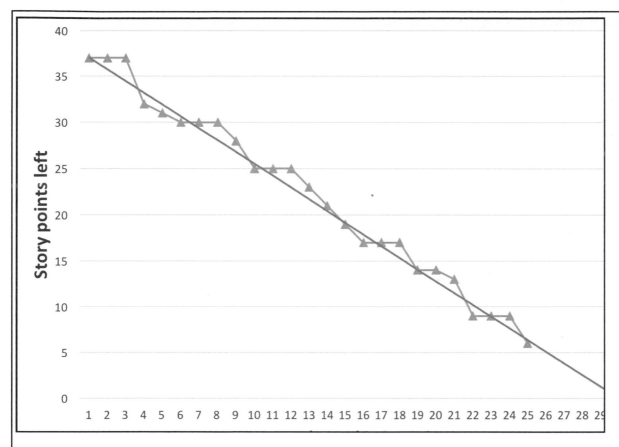

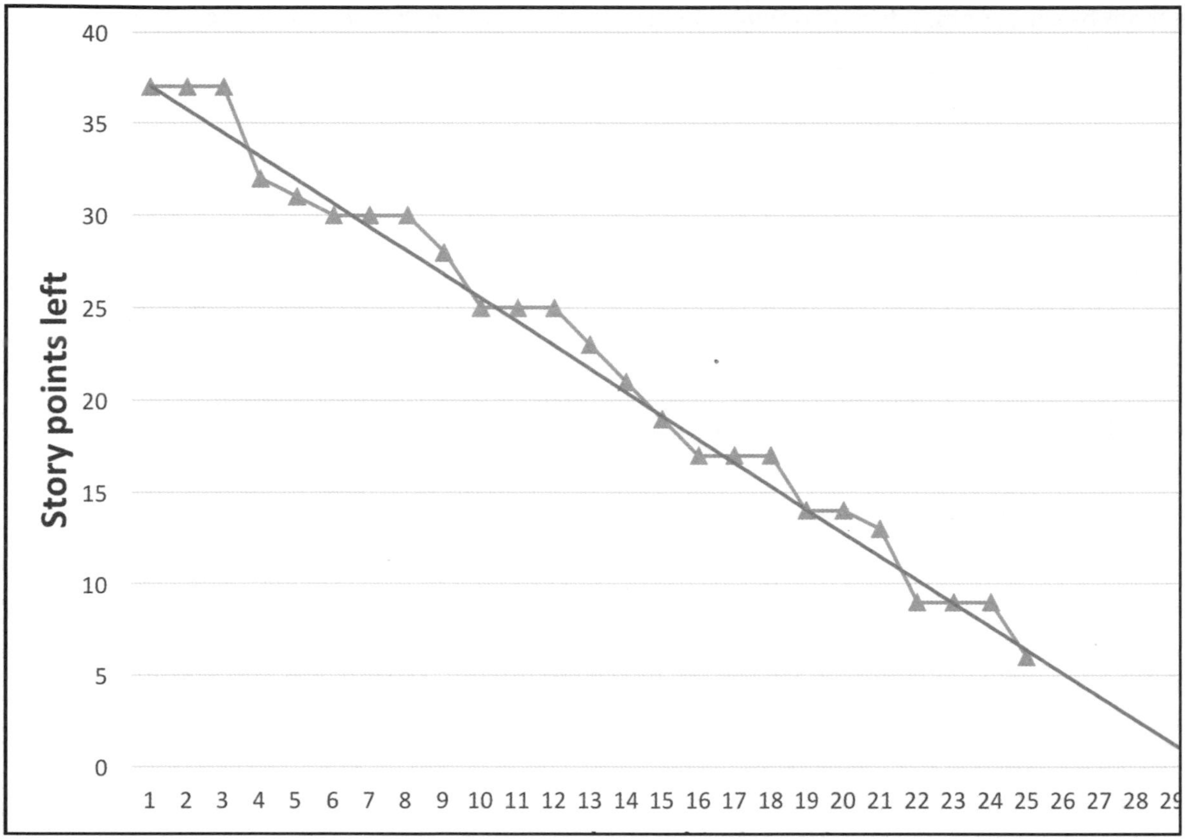

106. How should an agile practitioner on a Scrum team interpret this chart?

A. The velocity is increasing
B. The velocity is constant
C. The team did a poor job planning
D. The sprint goal is in jeopardy

107. After a retrospective, one of the other team members tells you in confidence that he is concerned the team is making poor design and architecture decisions. How should you respond?

A. Offer to raise the issue yourself so he doesn't have to feel like he's causing problems
B. Tell the product owner and scrum master in confidence
C. Encourage the team member to bring this up with the whole team
D. Promise that you will not break his confidence so that you don't threaten team cohesion

108. The team has just completed planning activities for an iteration. What should they do next?

A. Review the project management plan
B. Hold a daily standup meeting
C. Determine the length of the timebox
D. Update stakeholders about the expected deliverables

109. An agile practitioner on a hybrid Scrum/XP team discovers that several team members spend many hours each week resolving commit conflicts, and feels that improving the way they perform continuous integration will fix the issue. Which of the following is not a useful next step?

A. Create and distribute a detailed process document that covers continuous integration best practices
B. Engage the team throughout the project to help them learn better continuous integration techniques
C. Educate the rest of the team on how out-of-date working folders can lead to commit conflicts
D. Help the team improve their overall continuous integration process

110. You are a member of an XP team planning the next weekly cycle. There is a database design task that needs to be done. One of your team members is an expert in database design, and says that he is the only team member who should be allowed to do that. What is the best way to proceed?

A. Encourage the application of individual expertise in order to increase productivity
B. Encourage the team to use pair programming
C. Encourage the expert to serve as a mentor to a junior member of the team
D. Raise the issue at the next daily standup meeting

111. An agile practitioner encounters a stakeholder who insists that the team create a complete, highly detailed plan before any work begins. The agile practitioner should:

A. Correct the stakeholder, because agile teams only use working software and not comprehensive documentation
B. Show that the team has had success in the past with periodic product demonstrations and changing course mid-stream
C. Review the product backlog with the stakeholder and identify the stories that are likely to go into each release
D. Create the complete, highly detailed plan to satisfy the stakeholder

112. An agile team is starting a new project. What is the best way to provide a starting point for managing the project?

A. Create a release plan that includes buffers to account for maintenance
B. Create a release plan that reflects a high-level understanding of the effort
C. Create a Gantt chart that has a high level of detail
D. Create a story map based on highly detailed effort estimates

113. An agile team is conducting a periodic review of their practices and team culture. What is the purpose of this review?

A. To adhere to a methodology that requires periodic retrospectives

B. To review and update the list of features, stories, and tasks that comprise the team's long-term work

C. To improve their project process in order to increase the effectiveness of the team

D. To identify the root cause of a specific problem

114. An agile practitioner discovers that an important project stakeholder feels that she cannot trust the team to meet their commitments. What is the best way to improve this situation?

A. Work with the team to improve how they communicate success criteria and collaborate with stakeholders on product trade-offs

B. Meet with the stakeholder and make a strong commitment to delivering specific features

C. Work with the team to set up a binding service-level agreement with the stakeholder on acceptance criteria for each increment

D. Meet with the stakeholder to explain that the rules of Scrum require her to trust the team

115. You are an agile practitioner and you just finished meeting with a stakeholder who identified several important priority changes. You have assigned a relative value to each item in the list of planned features, but the team is not yet able to prioritize them. What is the next action that the team should take?

A. Re-estimate the items in the backlog

B. Perform an architectural spike

C. Update the information radiators

D. Initiate the change control procedure

116. Which of the following is not a benefit of co-location?

A. Osmotic communication

B. Ability to create an informative workspace

C. Increased access to teammates

D. Reduced distractions

117. What is the best way to ensure that the work products being delivered have the maximum value?

A. The scrum master collaborates with the stakeholders

B. The team collaborates with the product owner

C. The product owner collaborates with stakeholders

D. The project manager collaborates with senior managers

118. The team has identified a problem that caused a delay in the previous iteration. They now want to understand exactly what went wrong, and all of the factors that led up to the problem, so that they can improve their overall method for running their projects. What is an appropriate tool for this?

A. Ishikawa diagram

B. Spike solution

C. Information radiator

D. Burn-down chart

119. You are an agile practitioner on a team in a company that builds medical devices. Quality, specifically with regards to patient safety, is the most important factor in your project's success. What is the most effective way to ensure product quality?

A. Use root cause analysis to identify the source of problems

B. Include quality items in the iteration backlog

C. Maximize value by periodically meeting with stakeholders

D. Inspect, review, and test work products frequently and incorporate identified improvements

120. Company-wide budget cuts require your team to reduce the schedule by three months. The product owner indicates that stakeholders will be angry about the lack of delivery. What should you do next?

A. Follow your methodology's rules to inspect the plan and adapt it to reflect the change in budget and schedule

B. Present an alternative to senior management to make a case for increasing the budget

C. Alert the product owner to scope and schedule changes just before they happen, so you can make decisions at the last responsible moment

D. Find a way to keep the project going without alerting the product owner to serious problems

Before you look at the answers...

Before you find out how you did on the exam, here are a few ideas to help make the material stick to your brain. Remember, once you look through the answers, you can use these tips to help you review anything you missed.

This is especially useful for conflict resolution questions—the ones where you're presented with a disagreement between team members, and asked how you'd handle it.

1. **Don't get caught up in the question.**

   If you find yourself a little confused about a question, the first thing you should do is try to figure out exactly what it is the question is asking. It's easy to get bogged down in the details, especially if the question is really wordy. Sometimes you need to read a question more than once. The first time you read it, ask yourself, "What's this question *really* about?"

2. **Try this stuff out on your job.**

   Everything you're learning about for the PMI-ACP® exam is really practical, and **based on real-world agile ideas**. If you're actively working on projects, then there's a really good chance that some of the ideas you're learning about can be applied to your job. Take a few minutes and think about how you'd use these things to make your projects go more smootly.

3. **Write your own questions.**

   Is there a concept that you're just not getting? One of the best ways that you can make it stick to your brain is to write your own question about it! We included Question Clinic exercises in *Head First Agile* to help you learn how to write questions like the ones you'll find on the exam.

When you write your own question, you do a few things:

- You reinforce the idea and make it stick to your brain.
- You think about how questions are structured.
- By thinking of a real-world scenario where the concept is used, you put the idea in context and learn how to apply it.

And all that helps you recall it better!

4. **Get some help!**

   If you're not a member of PMI yet, join today! There are **local PMI chapters** all around the world. They're a great way to connect with the PMI community. Most chapters feature speakers and study groups that help you learn.

Looking for a great way to meet the PMI-ACP® exam's training requirements? Check out Safari Live Online Training from O'Reilly! Courses on agile pop up there all the time. It's included with your Safari membership:

http://www.safaribooksonline.com/live-training/

1. Answer: B

This is a case where the product owner is right, and the team member is doing something that is potentially dangerous. The reason that Scrum teams have a product owner role is so that someone can stay on top of all stakeholder communications. There's nothing wrong with team members working directly with stakeholders, but they should never cut the product owner out of the discussion.

Did it bother you that "scrum master" was not capitalized in the exam question? Get used to it! Questions on the actual exam might not have capitaliztion that matches your expectations.

2. Answer: C

Usability testing is an important way that teams can test their software to make sure it is easy to use, and agile teams conduct frequent reviews by testing the software and incorporating the improvements back into the deliverables. A very common way to perform usability testing is to observe users while they interact with early versions of the software.

Capturing user interface requirements and using wireframes to plan the user interface are both valuable ways to improve the usability of the software, and agile teams use both of them. But agile teams also value working software over comprehensive documentation, so they typically opt for usability testing over UI requirements and wireframes.

3. Answer: B

When problems occur, agile teams work closely with their stakeholders to understand acceptable trade-offs. On a Scrum team, the product owner is responsible for interacting with the stakeholders to help them understand how the project is going. So when a problem happens on a Scrum project that will impact what the team delivers, the product owner needs to meet with the stakeholder and discuss exactly how the team will proceed. Agile teams work with their stakeholders to maintain a shared understanding of important trade-offs that affect delivery, which helps build a mutual trust between them.

A spike solution doesn't make sense here, because the question didn't mention anything about exploring a potential technical solution.

The stakeholders need to be involved because the team will need to change their behavior when the WIP limit for the step is reached—and that often affects the stakeholders. This helps everyone get to the root cause of the flow problem more quickly.

4. Answer: D

When teams use a kanban board to visualize their workflow, they use columns to represent workflow steps, and typically use sticky notes or index cards to show individual work items flowing through the process. If items tend to accumulate in one column, it tells the team that step is a potential root cause for the process flow slowing down. The way to fix it is to work with the stakeholders to impose a work in progress (WIP) limit, usually by writing the maximum allowable number of work items for that step.

Did you notice that the practice exam had a LOT of which-is-BEST questions and least-worst-option questions? One of the most difficult aspects of the PMI-ACP® exam is choosing the best answer when several might be correct, or when none seem to be.

This is especially true of Scrum teams. Because they're self-organizing, they can make decisions about who can do the work at the last responsible moment.

5. Answer: D

Generalizing specialists can come in really handy, and agile teams do everything that they can to help encourage people to broaden their skills. When everyone on the team has a broader skill set, it lets the team do more work with fewer people, and helps them to avoid bottlenecks. Agile teams try to provide as many opportunities as possible for their team members to develop generalized skills. So when there's an opportunity for a team member to expand their skills—like a tester taking on development work—agile teams take advantage of it.

6. Answer: A

The main reason for teams to set ground rules is so that they can foster coherence, and continue to increase their collective commitment to the project's goals and to delivering value to the stakeholders. Teams should always have good, sensible, sound reasons for setting ground rules. So the best way to help the new team member fit in with the new team is to explain those reasons, and encourage him or her to try following the new rule.

If there isn't a good, sensible reason for the rule, then the new team member might be right and the rule might not be a good idea. But that person should still try it out first, because keeping an open mind about the team's culture is the best way to encourage team coherence.

7. Answer: C

Leaders on agile teams practice servant leadership. This means making sure that the individual team members get credit for their work, feel appreciated, and get work done. Servant leaders spend a lot of time working behind the scenes to remove roadblocks that will cause problems down the road. Servant leaders do not typically assign work or decide how the team should build their products.

8. Answer: D

One of the most important aspects of how agile teams manage their requirements is that they gain consensus among the whole team on the definition of "done" for each item in an iteration. Everyone on the team needs to agree on clear and specific acceptance criteria for every feature that they are going to deliver at the end of the iteration. An effective way to reach consensus on acceptance criteria is to use negotiation.

A common way for teams to negotiate this is to have "give and take" where the current iteration's definition of "done" includes some of the work, but agrees to include the rest of the work in a future iteration.

9. Answer: D

An agile practitioner working directly with multiple stakeholders is in the product owner role. A product owner meets periodically with stakeholders to identify expectations and requirements, and works with the team to help them understand those requirements. In this case, a stakeholder has a requirement, so the product owner's job is to make sure that the team is knowledgeable about that stakeholder's needs and expectations.

10. Answer: D

Once teams have been together long enough to get into the work they sometimes enter a phase—referred to as "storming"—in which team members often develop strong negative opinions about each other's character. Adaptive leadership, where leaders modify their style based on the stage of group development, tells us that teams in the "storming" phase need supportive leadership, which involves high levels of direction and high levels of support.

This question is based on Tuckman's model of group development and Hershey's situational leadership model, theories developed in the 1960s and 1970s about how teams form and how leaders should adapt to them. But it's more important to understand the ideas of what happens to teams when they form and how effective leaders should adapt to them than to remember the names Tuckman or Hershey.

11. Answer: A

Self-organizing teams plan the work together and make decisions about who does specific tasks at the last responsible moment. During sprint planning meetings Scrum teams typically break down the stories, features, or requirements from the sprint backlog into individual tasks and work items. But because they are self-organizing, instead of assigning those tasks to team members at the beginning of the sprint, most Scrum teams rely on the individuals to assign the tasks to themselves during the Daily Scrum.

Assigning work at the last responsible moment doesn't necessarily mean that tasks are only self-assigned during the Daily Scrum. If there's a really important reason to assign a task to a team member during sprint planning, it wouldn't be responsible to delay that assignment until the first Daily Scrum.

12. Answer: C

The primary focus of an agile team is to deliver value early, and the way the team does that is by collaborating with the stakeholder and prioritizing the highest value work. However, in this question the agile practitioner is the stakeholder, not the team member—the agile team doing the work is at the vendor, and the agile practitioner will work with that team's product owner. So in this case, the product owner on the vendor's team must collaborate with the agile practitioner.

When you see a question asking about working with a vendor, part of your job is to figure out if the practitioner is the stakeholder and the vendor's team members are filling the product owner, scrum master, and team roles.

13. Answer: A

One reason that agile teams are able to improve over time is that they pay attention not just to their individual projects, but to the entire system that they're working within. One way that they do that is by disseminating knowledge and practices—not just across their own organization, but across organizational boundaries.

You should always favor showing examples of agile principles from successful projects over simply explaining them.

14. Answer: B

Agile practitioners must always advocate for agile principles, and one of the core principles of agile is that agile teams value responding to change over following a plan. Explaining the value to the scrum master is a good idea, but the best way to advocate for agile principles is by modeling those principles.

15. Answer: D

Every individual person on an agile team is encouraged to show leadership. To do this, agile teams foster an environment where it's safe to make mistakes, and where everyone is treated with respect. However, the company does not typically set ground rules for the team.

However, following the company's rules for project management isn't usually a particularly effective way to bring a team together.

THIS IS AN ***ESPECIALLY TOUGH*** QUESTION. NONE OF THE ANSWERS SEEM LIKE THEY'RE PARTICULARLY GOOD EXAMPLES OF SOMETHING NOT TO DO IF YOU WANT TO FOSTER AN EFFECTIVE TEAM ENVIRONMENT.

THE *LEAST WORST OPTION* IS BEING CAREFUL ABOUT FOLLOWING THE COMPANY'S GROUND RULES FOR PROJECT MANAGEMENT. THAT CAN (BUT DOESN'T ALWAYS) HELP YOUR PROJECT RUN MORE SMOOTHLY, BUT IT'S ***NOT REALLY A GREAT WAY*** TO HELP MAKE YOUR TEAM MORE COHESIVE OR EFFECTIVE.

16. Answer: D

Kanban teams typically use cumulative flow diagrams to visualize the flow of work through the process. This allows them to get a visual sense of the average arrival rate (how frequently work items are added), lead time (the amount of time between when a work item is requested and when it's delivered), and work in progress (the number of work items in the process at any time).

17. Answer: D

Security and performance requirements (like the use of encryption or how quickly the software runs) are good examples of non-functional requirements. Agile teams elicit non-functional requirements that are relevant to their project by considering the environment that the code will run in, and they work with stakeholders to understand and prioritize those requirements.

When you're presented with several potential technical approaches, a spike solution is a good way to determine which one will work. However, in this case the team already knows that both solutions are feasible and what the results of each approach will be, so they wouldn't actually learn anything from a spike solution.

18. Answer: C

Agile teams conduct frequent retrospectives so that they can improve the way they do their work. On a Scrum team, everyone—including the scrum master, who participates as a peer, just like the other team members—participates in the retrospective by identifying improvements and working on a plan to implement those improvements. The scrum master also has an additional job, to help teach the rest of the team the rules of Scrum, including how to fill their roles in the meeting and maintain the meeting timebox.

19. Answer: B

The scrum master is a servant leader whose job it is to help ensure that everyone has a common knowledge of the practices used by the team. When a servant leader is approached by a team member with a question or misunderstanding about a practice, he or she helps that person understand how the practice works and why it helps the team achieve the project's goals.

20. Answer: C

When an agile team works with a vendor, that vendor will typically use a methodology that is different from the one used by the agile team. In this case, the vendor is using a waterfall methodology—and that's OK. What's important here is that agile teams establish a shared vision of each project increment. In this question, the roles are flipped around, so you are the stakeholder, but aligning your expectations with the team doing the work and building trust with that team is still critically important to the project's success. So if the vendor uses scope and objectives documents to do that, then your job is to make sure that your team's view of the high-level vision and supporting objectives matches the view of the vendor team, and take action to fix any disagreements.

Agile teams might value working software over comprehensive documentation, but they still value documentation. Don't assume that an answer is wrong just because it involves working with documentation.

21. Answer: D

People and teams always have their own professional and personal goals on every project. One reason that agile teams are so effective is because they take this into account by making sure that the team goals and the project goals are aligned. Scrum teams, for example, write down a simply stated, straightforward goal for every sprint. When the team has their own specific goal, they should collaborate to find common ground so that they accomplish the sprint goal while still making progress towards their team goal.

There are often disagreements between team members—in this case, between the product owner and the rest of the team. Collaboration will almost always work better than negotiation in a situation like this.

22. Answer: D

When teams run into serious problems, one of the first things that they should do is make sure that everyone—especially the stakeholders—understands the impact of the problem. And when that problem is going to cause serious delays, they need to reset everyone's expectations in order to make sure they still deliver as much value as possible.

23. Answer: D

When an agile team—and especially a Scrum team—completes a timeboxed iteration, the next step is to get feedback on the work that they completed by holding a demonstration for the stakeholders. However, agile teams only demonstrate work that is fully completed. If the work has not been completed, the team will usually include it as the first thing to be done when planning the next iteration.

24. Answer: A

When your team's stakeholders' expectations are in line with the working software that your team delivers, it builds trust. That trust grows over time as each stakeholder sees that the working software increasingly incorporates his or her requirements, and that the team is able to adjust as those requirements change. The product owner plays a very important part in this on a Scrum team by making sure that each stakeholders' expectations about what the team will deliver is always in line with the work they are doing.

When the stakeholder and team agree on the definition of "done" for the increment, it prevents nasty surprises at the sprint review. A really effective way to do that is for the product owner and stakeholder to review the acceptance criteria for each story.

25. Answer: B

Part of your job as an agile practitioner is to always keep an eye out for ways to support change at the organization level. One of your goals is educating and influencing people in the broader organization, and the best way to do this is to speak about your own team's success.

When you're trying to influence others, it's much more effective to talk about your own team's success, rather than simply explaining how agile works or acting like a pushy agile zealot.

This is an especially tough question. Did you choose the incorrect answer about engaging the product owner? Understanding why that answer is wrong requires you to be really familiar with what a product owner does—and doesn't do—on a Scrum team. The product owner role is entirely focused on the project and the project's specific stakeholders. This question asked about the company as a whole, not about the specific project. So this is really a question about the agile practitioner's responsibility to support change at the organizational level by educating others in his or her company.

26. Answer: A

Information radiators are an effective tool that agile teams use to create an informative workspace. An information radiator is a highly visual display (like a chart posted in a central location in the team space) that shows real progress and team performance.

27. Answer: C

Agile teams are encouraged to do experimentation in order to surface problems and impediments to the team, and exploratory work (like spike solutions) is a really good way to do that. The results of that work should be surfaced to the team when they are problems or impediments that might slow the team down or impact the team's ability to deliver value to the stakeholders.

> This is an **especially tough question**, because it requires you to understand a very specific task in one of the domains in the examination content outline, specifically task #1 in domain VI (Problem Detection and Resolution): "Create an open and safe environment by encouraging conversation and experimentation, in order to surface problems and impediments that are slowing the team down or preventing its ability to deliver value." This question is worded in a way that references specific parts of that task (slow down progress, prevent its ability to deliver value). This problem domain accounts for 10% of the scored questions on the test, and there are only five tasks in that domain, so you may potentially see two scored questions based on this task.

28. Answer: B

Agile teams select and tailor their process based not only on agile practices and values, but also on the characteristics of the organization. This team is having engineering problems, which is one hint that XP is the right solution for them. They might want to switch to Scrum, but assigning a team member to the product owner role is not an effective way to do that because the product owner will not have the authority to accept items on behalf of the team.

Kaizen and continuous improvement are generally a good approach for improving a team, but that answer is not very specific. It is better to go with the answer that offers specific improvements that the team can make.

> This is an <u>especially</u> tough question. Did you choose the incorrect answer about assigning team members to the product owner and scrum master role? This sounds like a good idea! The problem is that it's almost never a good idea to simply choose an existing team member to be the product owner, because product owners must have enough authority to adequately make decisions and accept features as done on behalf of the company, and it's extremely unlikely that someone like that is already on the team. Instead of simply assigning a team member to the product owner role, teams must work with their users, stakeholders, and senior managers to find a product owner with that level of authority. Since that answer is incorrect, the next best answer is to adopt XP's delivery-focused practices—especially quarterly and weekly cycles—because that is an effective way to solve the team's problem.

29. Answer: B

When a stakeholder needs a change to an item the team is currently working on, the product owner has the authority to immediately make that change. The most important thing is that the team is working on maximizing the value, so the item should be removed from the sprint backlog and the sprint should continue as usual: work on the other items continues, and the team holds a sprint review with the stakeholder when the timebox expires.

Technically, the product owner has the authority to cancel a sprint, but it should be done in very rare occasions because it can seriously damage the trust that the team has built up with the stakeholders.

30. Answer: B

Teams that have been using agile methodologies effectively for a long time tend to be really good at estimating, and there are many different ways to estimate. The important thing is that deciding on estimates, like any other decision made by an agile team, is most effective when it's done collaboratively. Planning poker and wideband Delphi are methods for collaborative estimation that allow several team members to work together to come up with an estimate. Having an informal discussion is also a good way to collaborate. But simply leaving it in the hands of the product owner isn't collaborative at all. And simply taking the maximum estimate generated by a team member is a great way to pad your schedule, but it is definitely not open or transparent, which goes against the Scrum value of openness.

31. Answer: C

When your company has a requirement for all teams, you need to comply with it. That's why agile teams tailor their process based on how the wider organization functions. But they still make sure that they are focused first and foremost on delivering value to the customer.

Also, agile teams do value comprehensive documentation. They just value working software more.

32. Answer: A

An agile practitioner should practice visualization of important project information by maintaining information radiators that are highly visible. It's important that they show the team's real progress, and a burn-down chart is a great way to do that.

33. Answer: B

Teams often experience temporary drops in velocity, especially when multiple team members are on vacation. If those vacations have been planned for a long time, then that information should have been taken into account already in the release plan, so it should not change.

34. Answer: C

This question is describing a Scrum team's sprint planning meeting. During that meeting, the team first reviews the product backlog, which involves reviewing the overall list of features that will be delivered. The next thing the team should do is create the sprint backlog, which involves extracting items from the product backlog to deliver in the increment for the sprint.

35. Answer: C

The complexity of deliverables plays a major role in how much work it will require to build. When the team member discovers that a deliverable was less complex than anticipated, the team should use that information to adapt the way they plan their project. Since the deliverable will require less work than expected, it means they'll make more progress during each iteration toward completing the deliverable, and they can plan to release the deliverable earlier. But their velocity shouldn't increase in the next iteration, because the team should take the reduced complexity into account when calculating the velocity for that iteration.

The velocity of the iteration that the team just completed probably increased temporarily because the team member got more work done than she anticipated due to the unexpectedly low complexity of the deliverable. But now that they know it's less complex, they'll adjust their plan, and the velocity should return to normal.

36. Answer: B

Kanban is a method for process improvement, not project management. So while kanban boards, cumulative flow diagrams, and value stream maps are valuable tools for visualizing and understanding the workflow for your process, they aren't tools for tracking project progress. A task board, on the other hand, is a great tool for tracking project progress.

37. Answer: A

Agile teams enhance their creativity by experimenting with new techniques whenever they can. This helps them discover ways of working that can improve efficiency and effectiveness. The only way to determine whether or not this new technique is an improvement is to try it out.

It's important for the product owner to keep the stakeholders up to date. However, the team hasn't even determined whether this is a real issue, so it's premature to alert stakeholders.

38. Answer: C

In this question, a Scrum team just finished inspecting the project plan, and Scrum teams always do that during their daily scrum meeting. When issues are raised at the daily scrum, team members with knowledge of the issue schedule a follow-up meeting so that they can figure out how to adapt to the change, which almost always involves modifying the sprint backlog.

File Edit Window Help Ace the Test

This is a tough question. It requires you to have a good understanding not just of how Scrum teams hold their daily scrum meetings, but also why they do it. The rules of Scrum don't explicitly include an artifact called "project plan," but teams still do planning, so you need to understand how that works. Scrum teams meet every day as part of the process of transparency, inspection, and adaptation. The purpose of the daily scrum is to inspect the current plan and the work being done. If there are any potential issues, team members with knowledge about the issue have a follow-up meeting to figure out whether or not they need to adapt the plan. By doing this every day, Scrum teams are able to constantly adjust their plan to keep it up to date with changes to the schedule, budget, and stakeholder requirements and priorities.

39. Answer: C

When teams have identified threats and issues, they should maintain a prioritized list that they keep visible and constantly monitor. The reason for this is to encourage the team to take action on the issues (rather than ignore them), and to make sure that each issue has an owner and that the team keeps track of the status of each issue.

40. Answer: B

The first sentence is a red herring. That's true of every project!

Getting frequent feedback from users and customers is an effective way to confirm that you're delivering business value and enhancing that value. You get that feedback at the sprint review, which is the meeting where you review the increment.

41. Answer: C

Sometimes teams run into issues that simply cannot be resolved. When this happens, the most important thing is to make sure everyone—especially the stakeholders—understands as soon as possible exactly how this will impact the commitments.

42. Answer: A

When velocity drops, it's often temporary. For example, the amount of work the team produces in an iteration might decrease temporarily if a team member is on vacation or if a specific work item turns out to be more difficult or complex than anticipated. But if the velocity drops significantly and stays at that lower level for several iterations, the team needs to adjust their release plan to reflect the fact that they won't get deliverables done as quickly. That way they can maintain commitments to their stakeholders that are realistic, and not overly optimistic because they're based on outdated information.

Agile teams typically schedule releases that align with the end of their iterations, releasing work that's been completed during the iteration. Often, a lower velocity won't require the team to change the frequency of those releases. They'll just deploy fewer deliverables at each release. That way the steady flow of completed deliverables will continue (even if the project takes longer).

43. Answer: A

An important part of stakeholder engagement on an agile team is to help the stakeholders to establish their own relationships so that they can more effectively collaborate. Meeting with them to set up a working agreement for the sake of the project is an effective way to accomplish this.

Servant leadership typically refers to the way someone in a leadership position—often the scrum master—relates to the rest of the team, recognizing that they're the ones actually getting the work done.

44. Answer: B

When teams encounter risks, issues, and threats to the project, an important priority should always be to communicate the status of those issues. An information radiator is a very good tool for doing that.

45. Answer: A

A story map gives your team a way to collaborate with each other and create a visual release plan by organizing stories into releases. This helps your team provide forecasts for future releases to your stakeholders. And it does it at a level of detail that gives them enough information to plan effectively, without including specific details that the team can't possibly know or honestly commit to this early on.

46. Answer: A

Agile teams—and especially Scrum teams—work so well because they maintain a very high level of stakeholder involvement. One way that product owners do that is by constantly looking for changes in the project and the organization, and immediately acting on those changes to see if that change affects the project's stakeholders. In this case, an organizational change created a new project stakeholder, so the product owner needs to engage with that person as soon as possible.

This question starts off by describing the product owner role: "an agile practitioner who maintains a prioritized list of requirements for the team"—in other words, the person who maintains the product backlog.

47. Answer: C

Teams refine the requirements for the software that they build by gaining consensus on the acceptance criteria for each feature or work item, and these acceptance criteria combine to form the definition of "done" for the product increment.

A lot of people will have endless arguments disagreeing on how the terms "definition of 'done'" and "acceptance criteria" differ slightly in meaning. Some people believe that definition of "done" applies only to the increment, while acceptance criteria apply only to individual stories or features. But for the exam, you may see the terms used interchangeably, and you will probably not be asked a question that requires you to differentiate between them.

48. Answer: B

It's part of an agile practitioner's job to support change at the organization level, to educate people in the organization, and to influence behaviors and people in order to make the organization more effective and efficient.

49. Answer: A

When one person assigns work to the team and expects them to report status, that's the opposite of self-organizing, and the Scrum implementation is broken. On a self-organizing team, individual team members are empowered to make decisions together about what tasks they work on next. The daily scrum is where the whole team reviews these decisions.

In an effective daily scrum, the agile practitioner would tell the rest of the team what task she plans to work on next. If this doesn't seem like an effective approach, another team member will raise that as an issue, and they'll meet together after the daily scrum to work out the details.

50. Answer: C

Determining the root cause of a quality problem is an important first step to fixing a problem, and an Ishikawa (or fishbone) diagram is an effective tool for doing root cause analysis.

51. Answer: D

After teams have been together for a while, they often enter a phase—referred to as "norming"—in which they start to resolve their differences and personality clashes, and a cooperative quality starts to emerge among the team members. According to adaptive leadership, a management and leadership approach that involves changing the way that leaders work with teams as they move through their stages of formation, the "norming" stage requires supporting, or leadership that features a lot of support but allows the team more freedom to determine their own direction.

This question is about adaptive leadership, which is based on Tuckman's theory of group development and Hershey's situational leadership model, which were developed in the 1960s and 1970s. It's more important to understand the ideas of what happens to teams when they form and how effective leaders should adapt to them than to remember the names of these management theories.

52. Answer: D

The "caves and commons" office layout, in which developers or pairs have semi-private spaces adjacent to a shared meeting space, is effective because it limits interruption while still allowing for osmotic communication (where team members learn important project information from overheard conversations). Open plans—especially ones where team members sit facing each other—can be very distracting, which makes it difficult to focus. And while closed-door offices do a great job of limiting interruptions (and team members definitely prefer them because they provide both privacy and status), they don't allow for osmotic communication.

53. Answer: D

The product owner is responsible for maximizing the value of the deliverables. The main way that he or she does this is by prioritizing the units of work in the product backlog so that the team delivers the most valuable ones first, and he or she determines that value by collaborating with stakeholders. The team does not determine the value of the work items by themselves—this is only done by the product owner in collaboration with the stakeholders.

You might see terms like "business representative" or "proxy customer"—they're referring to the Product Owner.

54. Answer: C

No stakeholder likes to be told that a feature he or she is expecting to be done at the end of the current iteration will be delayed until the next one or later. That's why agile teams work especially hard to establish a clear picture of exactly what they will deliver at the end of the iteration—and they work really hard to maintain that shared understanding between the team and the stakeholders. So when the definition of "done" for the increment changes (in other words, when the team discovers a change in what they're planning to deliver at the end of the iteration), they need to let the stakeholders know immediately.

55. Answer: B

Constructive disagreement—and even the occasional argument—is normal and even valuable for teams. That's why agile teams always strive to create an open and safe environment by encouraging conversation, disagreement, and even constructive arguments. The presence of a senior manager should not change this.

56. Answer: C

Feedback and corrections to planned work and work in progress is done using periodic checkpoints with stakeholders. Most agile teams accomplish this by holding a review at the end of each iteration.

57. Answer: C

Making the increment size smaller is an effective way to identify risks and respond to them as early as possible in the project. Including fewer stories in each iteration is a good way to limit the increment size.

58. Answer: D

There is an upper limit on the number of people who can be on a Scrum team—it typically can support a maximum of nine people (but some teams make it work with up to twelve). Fourteen is definitely too large for a Scrum team, and an early sign that the team is too large is that people have trouble concentrating during the daily scrum. The best thing for this team to do is to split into two smaller teams.

59. Answer: A

Agile teams always prefer face-to-face communications whenever possible, and digital videoconferencing tools are a great way to facilitate face-to-face communications. The team should always accommodate stakeholders whenever possible, but should not expect stakeholders to necessarily accommodate them (so requiring a stakeholder to fly out and co-locate with the team for several weeks is an unreasonable thing for a team to ask).

60. Answer: B

The value stream map displayed in the chart shows time that the team spent working on the top, and time that the team wasted waiting on the bottom. If you add up the days, the team spent a total of 38 days actively working on the project, and 35 days waiting for approvals, stakeholders, and SA and DBA activities. That is a very large portion of the project spent waiting, which means there are plenty of opportunities to eliminate waste.

61. Answer: B

Velocity is a very effective way to use the team's actual performance from past sprints to understand their actual capacity for doing work, and using that information to forecast how much work they can accomplish in future iterations. Teams do this by assigning a relative size—typically using made-up units like story points—to each story, feature, requirement, or other item being worked on, and using the number of points per iteration to calculate the team's capacity.

62. Answer: B

It's normal and healthy for team members to have constructive disagreements. It happens all the time on effective teams, especially when the team members feel personally committed to the project. While leaders sometimes need to step in and prevent arguments from getting out of hand, letting the team members resolve their own disagreements is always better for the team, because it creates cohesion and lets them reach common ground together.

63. Answer: A

When you're working on a Scrum team, it's the product owner's job to meet with the stakeholders, help them understand problems, and communicate the solutions to the team. Team members should never go directly to stakeholders with problems; they need to make sure the product owner is always involved.

The part of the question about the product owner's schedule conflict is a red herring. There's only one answer to this question that doesn't have the team member exclude the product owner.

64. Answer: D

Agile teams are concerned not just with delivering high-value features, but with maximizing the total value that's delivered to the stakeholders. That's why they balance delivery of high-value work items with reducing risk. An important way agile teams do that is to increase the priority of high-risk work items in the backlog. This particular work item presents a high risk because it's a low-priority work item, but if there's a problem it will have a large impact.

65. Answer: C

A generalizing specialist, or someone who has expertise in a specific area but is also improving in several other areas of expertise, is very valuable to an agile team. Generalizing specialists can help reduce team size by filling several different roles. Bottlenecks are less likely to occur, because one source of project bottlenecks comes from having only one team member able to do a certain task but not being available to perform it. Generalizing specialists help to create high-performing, cross-functional teams. However, they don't necessarily have better planning skills than any other team member.

66. Answer: C

Agile teams recognize that they learn a lot about the work that they will do along the way, so they expect their plans to improve as the project progresses. They do this by adapting their plan at the start of each iteration, and meeting every day to find and address any issues with that plan. This is how they refine their estimates of the scope and the schedule so that their plans always reflect a current understanding of what's going on in the real world.

67. Answer: C

Agile teams handle maintenance and operations work exactly the same way that they handle any other work. If bug fixes are critical, the team will work on them at the next opportunity. And the next opportunity, in most cases, is the start of the next iteration.

Stopping work immediately to change directions introduces chaos, and is not an effective way to change priorities. Agile teams use iterations so that they can respond to change quickly without letting their projects spin out of control.

When you give stakeholders a schedule that has an unrealistically high level of detail, you're basically lying to them. That's definitely not something agile teams do!

68. Answer: B

One reason that agile teams are easy to work with is that they provide their stakeholders with forecasts and schedules that are at a level of detail that gives the stakeholders the information that they need without an unrealistically high level of detail. The scrum master should understand this, and recognize that there's absolutely no way that the team could possibly know how each person will spend each hour for the next six months.

69. Answer: D

Scrum teams value focus because even a small number of interruptions every week can cause significant delays, and the frustration from interruptions can seriously demotivate the team. As a servant leader, the scrum master needs to pay attention to anything that demotivates the team in order to keep morale high and the team productive. So while a servant leader typically doesn't have the authority to grant permission to skip meetings called by the manager, it's absolutely within the scrum master's role to approach that manager and find ways to keep the interruptions to a minimum.

70. Answer: C

Dealing with a non-cooperative team member is always difficult. On an agile team it's especially hard because agile, more than most other ways of working, relies on a shared mindset among the team. That's why it's so important for team members to cooperate with each other. One way that they do that is to come up with ground rules that help improve the team's coherence and strengthen each other's shared commitment to the project's goals and to the team.

One way that a lot of Scrum teams handle a situation like this is to create a rule where anyone who arrives late to the daily scrum twice in a row has to wear a silly hat for the rest of the day or put a small amount of money into a "tip jar" that pays for a pizza or a round of drinks when it gets full.

71. Answer: B

The first step in planning an agile project is defining deliverables. In other words, the team needs to know what they're building. Agile teams typically use incremental methodologies, so the deliverables are defined by identifying specific units that the team will build incrementally.

72. Answer: D

Managing the expectations of stakeholders is an important part of how agile teams work. One way that they do it is to make broad commitments at the beginning of the project, typically by coming up with general goals for the project deliverables. As the project unfolds and project uncertainty reduces, they can make more and more specific commitments. This helps give their stakeholders a good idea of exactly what will be delivered, without the team overcommitting or agreeing to deliver something that turns out to be impossible or unrealistic within the project's time and cost constraints.

Any time a stakeholder is impacted, he or she needs to be kept informed. This is especially true on Scrum teams, where openness is highly valued.

73. Answer: C

Agile teams always provide as much transparency as they can to their primary stakeholders, especially when it comes to problems that could impact the project. Keeping the primary stakeholder informed is more important than updating information radiators, refining the backlog, or holding a retrospective.

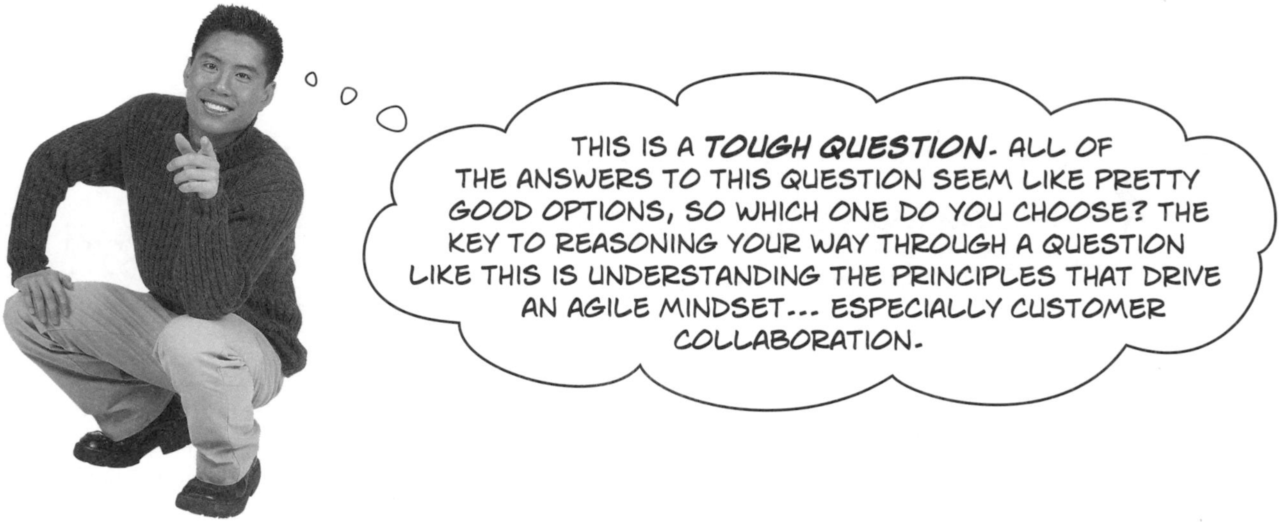
THIS IS A ***TOUGH QUESTION***. ALL OF THE ANSWERS TO THIS QUESTION SEEM LIKE PRETTY GOOD OPTIONS, SO WHICH ONE DO YOU CHOOSE? THE KEY TO REASONING YOUR WAY THROUGH A QUESTION LIKE THIS IS UNDERSTANDING THE PRINCIPLES THAT DRIVE AN AGILE MINDSET... ESPECIALLY CUSTOMER COLLABORATION.

74. Answer: C

When you experiment with new techniques and process ideas, it helps you and your team discover more efficient and effective ways to get your project done, and this is an important way that agile teams enhance creativity. So when you are presented with a set of alternative techniques to use, you should consider them. On a Scrum team, the appropriate time for doing this is during the sprint planning meeting.

The rules of Scrum are important and give you a highly effective way to manage projects and build software, but if they specifically conflict with company-wide rules, you'll need to find a way to work within your company's guidelines.

75. Answer: B

It's really important to encourage all of the team members to share knowledge. Agile teams collaborate and work together, because sharing knowledge is an important way that agile teams avoid risks and improve productivity.

It's true that the sprint retrospective typically comes after the sprint review. However, there's a more pressing issue that you have to handle first.

76. Answer: D

When a Scrum team plans the next sprint, one thing that they do is craft a sprint goal. This is their objective for the sprint that they'll meet by completing the work in the sprint backlog and delivering the increment. The sprint goal is how they stablish a shared, high-level vision of what they will accomplish for their stakeholders by delivering the increment.

Information radiators are a good way to communicate information about how the project is going, but they don't really do a lot to establish a shared vision for the sprint.

77. Answer: A

Value stream analysis is a very valuable tool for detecting waste, especially waste that is caused by waiting for other teams.

An Ishikawa (or fishbone) diagram can help you describe the root cause of project problems, but it isn't tailored to finding specific causes of waste due to waiting time.

If you see a question where several answers look like they could be correct, choose the answer that's most specific to the question being asked.

78. Answer: A

All of these answers are good ideas. But the question specifically asked about the most effective strategy for prioritizing stories in the sprint backlog. Agile teams need to deliver stakeholder value early, which is why they plan their releases around minimally marketable features or minimally viable products. An early product release that has just enough features is the definition of a minimally viable product. The other answers are good strategies to get there.

79. Answer: A

Scrum teams plan their work by dividing the project into increments, and delivering a "done" increment at the end of each sprint. Scrum teams typically don't make major adjustments to their long-term plans mid-sprint. Instead, they make sure they are working on the most valuable deliverables they can during any individual sprint, so that even if priorities changes, they can meet the commitments they made for the current sprint and still deliver value. They'll adapt their plans to the new priorities as soon as the current sprint is done.

Completing the current sprint isn't the same thing as stubbornly sticking to an outdated plan. But if the alternative is cancelling the sprint, it's much better to complete the current sprint and deliver the backlog items that the team promised the stakeholders at the last sprint review.

80. Answer: A

When teams discover risks or other issues that could threaten the project, they need to communicate the status of those issues to the stakeholders, and if possible, incorporate activities into the backlog to deal with the risk. One useful activity is exploratory work, where team members take time during a sprint to build a risk-basked spike solution to help mitigate the risk. But while refactoring the source code and performing continuous integration might be useful for lowering risk due to technical debt, it is unlikely to help with this situation.

When you see a "which-is-NOT" question, be really careful to read all of the answers, and make sure you pick the WORST answer, not the BEST.

81. Answer: C

When the team doesn't have a consensus on what it means for a work item to be done, it can lead to problems, arguments, and delays late in the iteration. This is why the team needs to determine a definition of "done" that can be used as acceptance criteria. This is usually done on a "just-in-time" basis by leaving the decision for the last responsible moment—but for the team in this question, they waited too long to make that decision.

82. Answer: B

The team was notified of an operations problem, and they need to modify their plan to take it into account. They have an estimate for the impact: two team members will need to spend three iterations on the workaround. So they'll treat this change the way they treat any other change, by adding stories to their weekly cycles, and adjusting their release plan to reflect the change. Since this workaround is just more project work, it won't reduce the velocity, because work on the stories for the workaround will count towards the velocity just like any other work.

There's no need to run a risk-based spike, because there is no uncertainty. The team knows that the server upgrade will be delayed, and that they'll have to spend time and effort on the workaround.

83. Answer: A

When a serious risk happens early on in the project, that's when iteration is most important. In this case, the team discovered a problem that needs to be fixed as soon as possible, so work needs to start right away—that means the product owner should add an item to the sprint backlog to start that work immediately. But the work will continue into the next sprint, so he or she also adds another item to the product backlog to make sure the fix is completed.

84. Answer: B

Agile teams plan their projects at multiple levels. For example, Scrum teams use the product backlog to do long-term strategic planning, hold sprint planning meetings at the beginning of each sprint to build the sprint backlog, and review their plan every day at the daily scrum. In this case, the stakeholder wants to know about the sprint backlog, which is created at the sprint planning meetings.

This question doesn't use the term "sprint backlog" but instead describes it ("a list of features, stories, and other items to be delivered during the sprint").

85. Answer: B

Agile teams should always think about risks and potential issues that could threaten the project. When they encounter them, the team should maintain them in a way that ensures that the status and priority of each risk is visible and monitored.

It's a great idea to add items to the backlog in order to deal with risks. However, the team should not necessarily do it for every single risk that was raised in the retrospective. Sometimes risks can be accepted, and sometimes it's enough just to be aware of them.

86. Answer: B

Teams often size the items that they will work on using ideal time. This means working together to figure out how much time it would take for a team member to work on each item in an "ideal" situation: he or she has everything needed to complete the work, there are no interruptions, and no other external factors or issues that could get in the way of completing the work. Unlike relative size techniques (like assigning story points to each item), ideal time is the team's best estimate of the absolute time required.

Fist-of-five voting is a way for teams of people to express their opinions. But in this case the team is arguing over which technical approach is superior, and swaying opinions is not necessarily the best way to reach the best technical solution.

87. Answer: B

People on teams have conflicts all the time. The difference on an agile team is that they genuinely try to collaborate with each other. In this case, the XP team practice incremental design by finding a minimal first step that leaves the design open to either person's approach. Having the two team members use pair programming to build that approach together is a highly collaborative way to handle the situation. (Also, setting team ground rules to prohibit arguments is a terrible idea. Some arguments are healthy, and can lead to a better product and a more cohesive team.)

88. Answer: B

A really important part of an agile team is that everyone is allowed to experiment and make mistakes. When you make a mistake, you need to be open and public about it with your team. It's tempting to try to cover up the problem, but when problems happen you can't shield the rest of the team from the consequences. You need to be open about what happened, and work through the problem together.

When you're open about your own mistakes, it helps build a safe and trustful team environment.

89. Answer: D

When new leaders emerge on an agile team, your job is to encourage that leadership. It's often difficult to try out new techniques, so your job as an agile practitioner is to establish a safe and respectful environment for that.

90. Answer: D

Agile teams are highly innovative because they create a safe environment where they're allowed to make mistakes so they can improve. An important part of the mindset of allowing mistakes is to think of them as problems that need to be corrected, rather than learning experiences. And it's important to be open about mistakes that you've made, and encourage others to do the same.

If you "allow" a mistake to go "uncorrected" you're still viewing it as a mistake that you were generous enough to let slip by. Part of developing an effective agile mindset is learning to see mistakes as genuine opportunities for improvement.

91. Answer: C

A value stream map is the result of value stream analysis. Typically, a value stream map shows the flow of an actual work item (such as a product feature) through a process, with each step categorized as either working or waiting (non-working) time. One goal of value stream analysis is identification of waste in the form of non-working time that can be eliminated.

Having the product owner approach the stakeholders makes sense, but if the stakeholders need to talk to team members, it's unreasonable to ask them to go through an intermediary. Agile teams value face-to-face (or phone) conversations, and those conversations can be very important to the project.

92. Answer: C

Interruptions can be extraordinarily damaging to the team's productivity. Even a brief interruption can take a team member—especially a developer writing code—out of his or her state of "flow," and it can take up to 45 minutes to get back into it. So four or five phone calls a day might not sound too bad, but that level of interruption can cause someone to sit at their desk all day and get literally no work done. It's unrealistic to change the office layout (and that won't fix the phone call problem, anyway). And while it makes sense to adjust the sprint backlog, that doesn't fix the problem. So the best option is to establish a daily "no-call" window to limit interruptions.

THIS IS AN ESPECIALLY TOUGH QUESTION. ALL OF THOSE ANSWERS HAVE POTENTIAL DOWNSIDES, SO YOU NEED TO FIGURE OUT WHICH IS THE "LEAST WORST" OPTION. IN THIS CASE, THE "NO-CALL" WINDOW WILL LIMIT THE INTERRUPTIONS WITHOUT PLACING UNREASONABLE DEMANDS ON THE TEAM OR THE STAKEHOLDERS.

93. Answer: B

Teams work best when they have a safe and trustful environment where people are allowed to experiment and make mistakes. As a servant leader, the scrum master must do everything that he or she can to establish that environment, even when it means having uncomfortable conversations with senior managers.

This is going to be a difficult discussion for the scrum master, and it's a good example of how it's not always easy for Scrum teams to value courage.

94. Answer: C

A persona is a profile of a made-up user that includes personal facts and often a photo. It's a tool that a lot of Scrum teams use to help them understand who their users and stakeholders are and what they need. Agile teams need to identify all of their stakeholders—including future ones they don't necessarily know about today. Personas are a great tool for doing that.

95. Answer: C

Agile teams don't work in a vacuum—they constantly look at all of the infrastructure, operational, and environmental factors that could affect their project, even when those factors happen outside of the team. When they run across the problem, it's handled like any other problem: the product owner prioritizes it in the backlog based on its value. In this case, this is a severe problem, so the work item that the product owner adds to the backlog must be given high priority so that the team resolves it quickly.

96. Answer: C

Agile team members work hard to identify their project's business stakeholders and make sure that everyone on the team has a good understanding about what they need and expect from the project. But requiring stakeholders to attend planning meetings and requiring a sign-off on the plan does the opposite—it will make them feel less engaged, and create bureaucratic hurdles that prevent the team from responding to change.

Read every question carefully, and especially watch out for "which-is-not" questions.

97. Answer: B

This is a burn down chart for a team whose current sprint is running into trouble. They're two-thirds of the way through the current 30-day iteration, and the velocity has slowed down significantly. If they don't remove stories from their sprint backlog, it's unlikely that they will meet their sprint goal.

You can't determine that the team did a poor job planning just because the velocity is slower than expected. There are plenty of problems that teams can't anticipate—for example, a team member could have gotten sick. This is why Scrum teams constantly inspect and adapt, and why agile teams value responding to change over following a plan.

98. Answer: B

Your job as an agile practitioner includes helping to ensure that everyone on your team shares a common understanding of the agile practices that you are using. Common knowledge of agile practices is a basic part of working together effectively. So in this situation, you need to sit down with each team member and make sure they understand the practices that you use to respond to change.

99. Answer: A

Product owners must prioritize any relevant non-functional requirements exactly like they do with all other requirements, and this includes operational requirements that might come from a DevOps group. In this case, the script needs to be modified in order to hold the sprint review, so the change has to be included in the current sprint—and since that will cause some work to be delayed past the end of the sprint, that work must be moved back to the sprint backlog.

Any time work will extend past the end of a sprint, it needs to be moved back to the sprint backlog and planned for a future sprint. It's never an option to break the timebox and extend the length of the sprint to include additional work.

100. Answer: D

Agile teams are self-organizing and empowered to make decisions about how to meet their iteration goals. This means that they work together to determine what tasks they need to perform in order to meet the sprint goals, and they'll often prioritize the stories with the most risk early in the iteration. The scrum master can help them self-organize and understand the methodology that they use, but he or she does not decide the order of the work, because that's not part of servant leadership.

101. Answer: C

Osmotic communication happens when team members absorb important project information from the discussions that take place around them. The XP primary practice of sitting together in a shared team space is an effective way to encourage osmotic communication.

102. Answer: A

Agile teams organize their requirements into minimally marketable features that they can deliver incrementally. By planning releases that deliver the most valuable features first, they can deliver value to the stakeholders as early as possible.

You might also see the exam mention "minimally viable products," which are very closely related to minimally marketable features.

103. Answer: C

This team is concerned about a potential problem, but currently there has not been any actual impact on their project—and there won't be an impact if the problem turns out not to exist. This is a good opportunity to perform exploratory work (which some people refer to as spike solutions). That's a useful way for teams to determine if a technical problem can be resolved, or if they need to find a different approach.

104. Answer: C

One of the most important jobs that a product owner has on a Scrum team is making sure that new stakeholders are appropriately engaged in the project. Ideally, all stakeholders will attend every sprint review. However, there's no rule that says that every stakeholder must attend all sprint review meetings. Some stakeholders don't have time to attend them, or are in another time zone that makes it difficult for them to attend, or simply don't want to. It's the product owner's job to do whatever it takes to make sure those stakeholders are involved, using whatever manner works best for them.

105. Answer: C

Agile teams—and especially the product owners on those teams—must identify all of the stakeholders and engage them throughout the whole project. In this case, you are meeting with stakeholders partway through an iteration, which means you are in the product owner role, so when you hear that there is a stakeholder who might impact the requirements for the project, you have identified a new stakeholder, so the next thing you should do is engage with that person.

106. Answer: B

This burn down chart shows a 30-day sprint that's going exactly as the team expects it to. They've probably been working together for a long time, because the velocity is constant. You can tell that because the burn down line is always very close to the guideline. There might be a few days where it's just above or below the line, but when you're looking at a burn down chart you care more about the trend than about individual days.

107. Answer: C

People work most effectively when they're in an open and safe environment where they're encouraged to talk about anything related to the project—especially issues that could potentially cause problems.

108. Answer: D

Once the team has finished planning an iteration, it's important that they make the results public to all of the project stakeholders. That's a really effective way to build trust between the team and the business because it shows that the team has committed to specific goals for the iteration. It also helps reduce uncertainty by making it clear exactly what the team intends to accomplish.

109. Answer: A

When people on an agile team discover issues that could affect the project, they make sure that their team members know—and more importantly, work with them to find ways to fix the problem. In fact, they'll do two things: they'll fix the problem today, and they'll make sure the process or methodology they follow addresses the issue so it doesn't happen again in the future.

110. Answer: B

Agile teams members should always be encouraged to collaborate with each other and share their knowledge. Pair programming is a highly effective practice for both collaboration and knowledge sharing.

111. Answer: B

Agile teams value working software over comprehensive documentation, and the best way to help stakeholders understand this is to show that past projects have gone well when they followed this value. However, it's always better to show success than to simply insist on a certain way of working.

Agile teams value working software over comprehensive documentation. But that doesn't mean they never use comprehensive documentation! They just value working software more.

A story map is a great way to build a release plan for a team that uses stories. However, that plan should not be based on highly detailed effort estimates, especially at the beginning of the project.

112. Answer: B

Agile teams working on a new project need a starting point that they can use going forward. A good first step is to create a release plan, or a high-level plan of when specific deliverables will be released. Creating this plan involves creating very broad estimates of the scope of the items being delivered and the work required to build them, and using that information to come up with a very rough schedule. This schedule will not have a lot of detail, because that reflects the team's current high level understanding of the project.

113. Answer: C

Agile teams are always working to improve their effectiveness by continuously tailoring and adapting their project process. One way that they do this is by periodically reviewing the practices that they use, the culture of the team and the organization, and their goals.

114. Answer: A

One of the most effective ways for a team to build trust with a stakeholder is to establish a shared understanding of exactly what will be delivered during each sprint, and genuinely collaborate with him or her when trade-offs need to be made for technical or schedule reasons.

Agile teams value collaborating with their stakeholders over setting up contract-like agreements with them.

The question mentioned "the list of planned features"—this is the definition of the product backlog.

115. Answer: A

You are an agile practitioner meeting with stakeholders, which means that you are in the product owner role—and the product owner's job is to collaborate with stakeholders to understand the value of each deliverable, and use that information to prioritize the items in the backlog. Product owners need to take two things into account when they prioritize the backlog: the relative value of each feature, and the amount of work required to build it. Since you are able to assign relative value to each item in the backlog but you don't yet know how to prioritize them, the missing information is the amount of work required. The way to get that information is to re-estimate the items in the backlog.

This is an especially tough question. A lot of questions on the exam ask about a specific tool, technique, or practice—this one is about the product backlog. But a lot of questions won't specifically mention it by name. Instead of calling it a product backlog, this question describes it ("list of planned features"). The key to questions like this is to break them down using terms that you know. "You have just assigned a relative value to each item in the list of planned features"—that means you just finished assigning a relative business value to the items in the product backlog. It also means that you must be the product owner, because that's the only person on the team who meets with stakeholders and assigns a business value to backlog items. So if the product owner has assigned a relative business value to each item in the product backlog, what's the next step for the team to take in order for the plan to work? Scrum teams plan their work based on business value and effort, so the next step for the team is to re-estimate the backlog.

116. Answer: D

Co-location—or team members working in close proximity to each other in a shared team space—is a great way to encourage osmotic communication (or absorbing of important project information from overheard conversations). It makes it easier to create an informative workspace (for example, by posting information radiators), and team members benefit because they have access to their teammates. However, one downside of co-located teams is that there's a lot more potential for distractions.

There's no "perfect" way to organize your team space, and there are trade-offs that come with every strategy. However, the benefits of co-located teams in a shared team space far outweigh the costs.

117. Answer: C

Agile teams maximize and optimize the value of the deliverables that they build by collaborating with stakeholders. On a Scrum team, it's the role of the product owner to collaborate with the stakeholder, understand the value, and help the team to deliver that value.

118. Answer: A

This team is attempting to do root cause analysis on a problem that they ran into so that they can fix the underlying problem and prevent it from happening in the future. An Ishikawa (or fishbone) diagram is an effective tool for performing root cause analysis.

119. Answer: D

Agile teams use frequent verification and validation to ensure product quality. This means doing product testing and conducting frequent reviews and inspections. These verification steps will help the team identify improvements, which must then be incorporated in the product.

Sometimes it may seem like working around a product owner is a good idea. It's not—you always need the product owner in the loop on every change so that the stakeholders can be kept in the loop. That's how agile teams make sure they deliver the most valuable products.

120. Answer: A

Agile teams value responding to change, even when those changes are bad news—like a budget cut that will require the team to scale back the scope of what they'll deliver. And they value collaborating with their stakeholders, even when it means delivering that bad news. That's why every agile methodology includes some sort of mechanism or rule that lets them inspect the plan that the team is currently following (like holding daily standup meetings and retrospectives), changing the plan any time it becomes unrealistic, and alerting their stakeholders to the change.

So how'd you do?

The PMI-ACP® handbook (which you can download from the PMI.org website) explains how they use subject matter experts from all around the world to determine the passing score. That makes a lot of sense—it's a sound technique that lets PMI establish the examination point of difficulty with a lot of precision. That does make it a little hard to predict exactly how many questions you'll need to get right to achieve a passing score, but if you're scoring in the 80% to 90% range on this exam, then you're in really good shape.

附錄 A：熟能生巧

PMI-ACP 模擬考題（中譯）

我知道我應該要準備考試，可是
我老想著做傻事。

你一定沒想到可以到達這一步！這是很長的一段路程，但你已經走到這一步，檢查你的知識並準備好赴考。你讀了很多 Agile 的新知識，接下來要看看記住了多少。這是為什麼我們準備了 120 道題目的 PMI-ACP® 模擬考。我**們完全依循 PMI 使用的 PMI-ACP® 考試內容大綱**，所以**它看起來跟真的考試一樣**。是時候放鬆你的神經，深呼吸，讓我們開始。

1. 有個 Scrum 團隊的經營者發現新的需求並要求團隊成員建構它。團隊成員為經營者建構一個原型讓他能夠立即使用它。產品負責人知道後要求以後要找他一起做決定，但團隊成員覺得這樣比較快。產品負責人與團隊成員找 Scrum 大師解決衝突。Scrum 大師應該做什麼？

A. 幫助產品負責人認識團隊成員如何改善與經營者的溝通

B. 站在產品負責人這一邊

C. 展示使用者故事的正確使用方式以幫助團隊成員遵循 Scrum 規則

D. 幫助產品負責人與團隊成員妥協並找出中間立場

2. 團隊展示迭代工作成果後有個經營者抱怨軟體難以使用。團隊有什麼技巧可以防止未來繼續發生？

A. 發展涵蓋可用性的使用者界面需求

B. 定義組織的可用性標準

C. 觀察經營者與初版使用者界面的互動

D. 建構線框並與經營者一起審視

3. 一個 Scrum 專案的經營者寄信通知產品負責人要提前兩個月交付主要產品。團隊成員開會同意達成這個目標，但會延遲其他產品的多個功能。產品負責人警告團隊說經營者不會接受。團隊應該怎麼處理？

A. 開始改變控制程序

B. 讓產品負責人與經營者開會討論取捨

C. 開始探索刺穿方案

D. 開始進行團隊同意的方法

4. 你檢視團隊的 Kanban 板，你發現許多工作項目堆積在程序中的特定步驟中。處理這種狀況最好的方式是？

A. 與團隊一起將工作項目從程序的步驟中移除

B. 使用 Little 法則計算長期平均庫存

C. 在程序中增加工作項目的到達率

D. 與專案經營者一起建立該欄的 WIP 限制

5. 一個 Scrum 團隊的測試者表達對程式設計任務的興趣。有個開發者擔心這會導致品質問題。團隊應該怎麼處理？

A. Scrum 大師應該找機會提供開發訓練給該測試者

B. 開發者應該當測試者的全職導師

C. Scrum 大師應該召開會議以達成讓測試者進行開發工作的共識

D. 測試者應該在衝刺段中開始進行開發任務

6. 有個 Agile 團隊的新成員不同意團隊成員已經採行的規則。團隊應該如何處理？

A. 解釋規則的原理並鼓勵新團隊成員試著依循

B. 拋棄規則並合作建立替代品

C. 讓 Scrum 大師解釋 Scrum 規則給新團隊成員

D. 向新團隊成員展示 Agile 宣言依據的規則

7. 你是個 Agile 團隊的領導者。下列哪一項不是你會採取的行動？

A. 按照您希望其他團隊成員採取行動的方式樹立榜樣

B. 確保團隊每個人都知道專案的目標

C. 做出關於團隊如何設計軟體的決定

D. 防止外部問題佔用團隊太多時間

8. 你正在開衝刺段規劃會議。兩個團隊成員對一個故事爭執，他們對重複使用使用者界面有不同的意見。解決這個問題的最好辦法是？

A. 由產品負責人決定如何解決

B. 團隊在計劃中增加不確定性的緩衝

C. 由 Scrum 大師決定如何解決

D. 團隊進行談判以達成驗收標準的協議

9. 你是與多個經營者一起工作的 Agile 實踐者。有個經營者提出難以實行的要求。幾個團隊成員要求召開會議討論比較容易的替代方案。你要如何處理這個狀況？

A. 以僕役長身份領導團隊

B. 邀請經營者參加下一個 daily standup

C. 向經營者解釋替代方案

D. 向團隊解釋經營者的想法與需求並合作找出解決方案

10. 有個 Agile 團隊正在進行第二個迭代。有些團隊成員開始爭論且有個成員指責其他人不負責任。此團隊最好的描述是？

A. 團隊處於風暴階段，必須指導

B. 團隊處於規範階段，必須支援

C. 團隊處於規範階段，需要教練

D. 團隊處於風暴階段，需要教練

11. 有個 Scrum 團隊宣稱能夠自我組織。這表示什麼？

A. 團隊一起規劃衝刺段並在最後一刻決定個人的工作指派

B. 團隊在每個衝刺段結束後交付可用軟體並調整衝刺段計劃以將交付給經營者的價值最大化

C. 團隊不需要經理人而依靠 Scrum 大師領導

D. 團隊只需要衝刺段的計劃而無需超出衝刺段的時間承諾

12. 有個 Agile 實踐者與廠商合作進行一個重要功能。他擔心廠商在前面的迭代中先做低優先功能而忽略了高優先功能。處理這種情況的最好方式是？

A. 在下一個 daily standup 提出這個問題

B. 在下一個衝刺段規劃會議提出這個問題

C. 實踐者與廠商合作將交付價值最佳化

D. 實踐者提高項目在待辦項目中的優先順序

13. 你是個軟體服務廠商中的 Agile 實踐者。你的一個客戶遇到迭代規劃的問題。你的團隊也有類似的問題並以特定的方式解決。你應該採取什麼行動？

A. 向客戶說明你的做法

B. 寫文件描述改善方法

C. 提出參加客戶的 daily standup 會議

D. 尊重公司分際不越矩

14. 另一個團隊的 Scrum 大師要你對如何應對客戶不停改變想法提建議，你應該：

A. 展示公司的專案規劃標準並實行改變控管程序

B. 展示過去你的客戶如何改變想法以及你與團隊在衝刺段與衝刺段規劃中如何應對

C. 提議主持他們的 daily standup 與回顧會議

D. 解釋 Agile 團隊重視回應改變與 Scrum 大師應該幫助團隊認識這個原則

15. 下列哪一項對培養有效的團隊環境沒有價值？

A. 在回顧時專注並盡可能做出貢獻

B. 清楚的表示容許犯錯

C. 團隊成員對方法有意見時進行有建設性的討論

D. 謹慎遵循公司的工作規定

16. 你是個以 Kanban 改善程序的團隊中的 Agile 實踐者。你應該用什麼評估改善效果與如何將資料視覺化？

A. 使用資源圖表將專案過程中的資源分配視覺化

B. 使用燃盡圖將每天的速度與點數視覺化

C. 使用價值流對應圖將工作與等待時間視覺化

D. 使用累積流圖將交貨時間與進行中工作視覺化

17. 你的團隊可以對一個技術問題選擇兩個可行方案其中之一。有個方案使用加密但比較慢，另一個方案不加密但比較快。從兩個方案中做選擇的最好辦法是？

A. 選擇較快的方案

B. 使用刺穿方案判斷哪一個可行

C. 選擇更安全的方案

D. 從經營者取得相關的非功能需求

18. 你是個 Scrum 大師。你的團隊正在開回顧會議。你的責任是？

A. 觀察團隊找出改善方案並製定計劃實施它們，並幫助團隊成員理解他們在會議中的角色

B. 他們對 Scrum 的規則有疑問時提供諮詢

C. 參與團隊找出改善方案並製定計劃實施它們，並幫助團隊成員理解他們在會議中的角色

D. 幫助團隊了解經營者的需求並表達他們的觀點

19. 你是個 Scrum 大師。有個團隊成員擔心開會太多而想要每個禮拜略過一次 daily standup。你應該怎麼做？

A. 解釋 Scrum 規則要求每個人參加會議

B. 幫助團隊成員認識每日會議如何幫助每個人及早找出問題並解決

C. 與團隊成員的經理人合作，因為參加 daily standup 是個工作要求

D. 與團隊合作設定每個人都得參加 daily standup 的基本規則

20. 你的 Agile 團隊與廠商合作建構一些產品元件，包括用於下一個衝刺段的元件。與廠商代表開會討論專案目標後，廠商代表寄給你目標文件解釋他們使用 waterfall 程序且這是他們溝通高階願景與目標的方式。處理這種狀況最好的方式是？

A. 要求廠商團隊建構使用者故事來表示需求

B. 倡導 Agile 原則並解釋你的團隊重視可用軟體而非文件

C. 仔細閱讀範圍和目標文件並注意廠商代表與團隊對專案理解的差異

D. 邀請廠商代表參加衝刺段審查會議

21. 你是個開發金融分析軟體的 Scrum 團隊中的 Agile 實踐者。你與團隊非常有興趣嘗試新技術。產品負責人擔心採用新技術所需的時間會導致延遲專案。團隊應該如何進行？

A. 讓 Scrum 大師協調團隊與產品負責人使用新技術

B. 讓產品負責人向主要經營者解釋新技術

C. 拒絕新技術並使用團隊熟悉的技術以避免額外時間

D. 讓團隊成員與產品負責人合作找出符合技術目標與專案目標的方法

22. 你是個 XP 團隊中的 Agile 實踐者。有個團隊成員發現軟體架構中的嚴重問題會需要重新設計多個大型元件。團隊接下來應該怎麼辦？

A. 重構程式並實踐持續整合

B. 使用結對程式設計幫助每個人知道問題的範圍

C. 使用增量設計並將決定拖到最後一刻

D. 與經營者合作幫助他們認識對專案的影響

23. 一個迭代已經到達時間限制。團隊的下一個動作是？

A. 向經營者展示完全與部分完成的功能

B. 進行回顧以提升團隊、專案、與組織效率

C. 開始規劃下一個迭代

D. 向經營者展示完全完成的功能

24. 你是個開發金融分析軟體的 Scrum 團隊中的產品負責人。前兩個衝刺段審核中，金融分析團隊的經理人對你的團隊沒有建構他要的功能很不高興。合適的回應是什麼？

A. 與此人開會討論每個故事的驗收條件並據此更新衝刺段待辦項目

B. 每天將最新的衝刺段待辦項目寄給每個經營者

C. 邀請此人參加下一個 daily standup 會議

D. 邀請此人參加下一個衝刺段規劃會議

25. 你聽到兩個資深經理討論整個公司的軟體團隊都延遲交付軟體且軟體經常沒有交付足夠的價值。處理這種狀況最好的方式是？

A. 找機會宣傳 Scrum 並堅持更多的團隊必須使用它

B. 提出向其他團隊講述你的團隊使用 Agile 的成功經驗

C. 與你的產品負責人討論如何利用這個情況

D. 解釋 Agile 團隊總是依循 Agile 的價值觀與原則

26. 在團隊空間中溝通進度最有效的方式是？

A. 將專案進度與團隊表現資訊視覺化

B. 調整座位讓每個人面對面

C. 召開回顧

D. 在 daily standup 中討論進度

27. 你是個 Agile 實踐者，你的團隊在目前的迭代規劃中加入探索性工作。這個工作的目的是找出問題、麻煩、與威脅。這個探索性工作的輸出應該給團隊知道。下列哪一項不是顯示特定問題的理由？

A. 它會拖慢進度

B. 它阻礙團隊交付價值

C. 它不是你預期的結果

D. 它是個問題或障礙

28. 一個嚴格採用 waterfall 程序的公司中的一個軟體團隊遇到工程問題使他們建構的功能不能符合使用者的需求。此團隊如何解決這個狀況？

A. 從團隊成員中指派產品負責人與 Scrum 大師並以衝刺段管理工作

B. 使用季與週循環、重構、測試導向開發、結對程式設計、與增量設計

C. 使用 Kaizen 並實踐持續改善

D. 使用洞穴與共同空間、滲透壓溝通、資訊輻射器建立團隊空間

29. 有個經營者在衝刺段中間召開會議並說明由於改變優先順序使某個待辦項目已經不再需要。團隊處理這件事的最好方式是？

A. 產品負責人與經營者在衝刺段審核時提出改變

B. 產品負責人與團隊將該項目從衝刺段待辦項目中移除，團隊在衝刺段結束時交付其他可用軟體

C. 產品負責人從衝刺段待辦項目移除此項目並延長衝刺段以配合計劃變更

D. 產品負責人取消衝刺段且團隊開始規劃新衝刺段

30. 你是個混合 Scrum/XP 的團隊的 Agile 實踐者。兩個團隊成員對目前衝刺段中某個故事需要多少實作投入有不同看法。下列哪一項不是個有效的動作？

A. 使用 Delphi 產生故事評估

B. 讓產品負責人決定經營者是否接受更長的評估

C. 召開非正規會議討論導致評估不同的因素

D. 召開團隊會議玩一輪規劃撲克

31. 您的公司規定團隊要建立詳細的文件作為公司範圍軟體開發生命週期的一部分。什麼是正確的回應？

A. 使用協商技巧幫助組織更為 Agile

B. Agile 團隊不重視詳細的文件，所以團隊不會寫這個文件

C. 選擇讓團隊交付詳細文件而不犧牲交付客戶價值的程序

D. 確保團隊交付可用軟體並產生建構軟體所需的最小文件

32. 你是個 Agile 實踐者。多個團隊成員表示擔心專案進度不如預期。最好的行動是？

A. 在團隊空間最醒目的地方張貼燃盡圖

B. 參考溝通計劃並分發專案資訊

C. 在下一個 daily standup 會議中討論專案進度

D. 分發含有燃盡圖的進度報告

33. 一個 Scrum 團隊在回顧會議中發現兩個成員同時休假時速度大幅下降。這會如何影響釋出計劃？

A. 團隊必須減少在釋出計劃中承諾交付的大小或數量

B. 釋出計劃不會受影響

C. 團隊可以增加在釋出計劃中承諾交付的大小或數量

D. 團隊必須改變釋出計劃中的釋出頻率

34. 團隊正在規劃下一個迭代。他們剛剛完成審核最終會全部交付的功能清單。他們接下來應該做的事情是？

A. 讓每個團隊成員回答關於已完成工作、未來、工作、與已知障礙的問題。

B. 定義包含正確細節程度的釋出計劃

C. 擷取下一個增量要專注的個別需求

D. 與合適的經營者建立溝通管道

35. 有個團隊成員正在進行一個重要的交付項目。在回顧時，他說這個項目比預期的簡單。下列哪一項不是真的？

A. 釋出計劃應該調整以反映交付項目預期的改變

B. 團隊應該預期下一個迭代會有更多進度

C. 下一個迭代的速度應該會增加

D. 建構交付項目所需的投入應該比團隊一開始的預期小

36. 你在使用 Kanban 的團隊中。下列哪一項是特定增量的最好的專案進度指示器？

A. 價值流對應圖

B. 任務板

C. Kanban 板

D. 累積流圖表

37. 一個團隊新人建議新的使用者故事評估方法。你應該如何回應？

A. 有機會時嘗試新方法

B. 解釋團隊目前如何評估使用者故事以訓練新人

C. 使用 Kaizen 來改善程序

D. 鼓勵團隊成員回應改變而非依循根據評估做的計劃

38. 你的 Scrum 團隊剛剛檢查完專案計劃。一個團隊成員提出可能需要改變計劃的潛在問題。下一步要做什麼？

A. 團隊會召開衝刺段回顧並討論對產品與衝刺段待辦項目的影響

B. 產品負責人會警告經營者團隊發現了重要問題

C. 知識淵博的團隊成員將開會確定需要對衝刺段待辦項目做出哪些改變

D. Scrum 大師提出修改計劃的變更請求，同時團隊繼續進行計劃工作，以便他們履行承諾

39. 你的團隊完成找出風險、問題、與其他潛在問題與威脅的腦力激盪會議。下列哪一項表示有用的下一步？

A. 指派相對優先順序給每個問題、風險、與麻煩

B. 指派負責人給給每個問題、風險、與麻煩並追蹤狀態

C. 使用 Kano 分析將專案需求排序

D. 鼓勵對發生的特定問題採取行動

40. 你的專案經常改變，你擔心無法盡可能的交付商業價值。你如何確定團隊交付價值並在專案過程中增加價值？

A. 使用資訊輻射器

B. 每個增量後與高層開會

C. 每天與高層開會

D. 與團隊腦力激盪改善的想法

41. 專案團隊中的一個成員突然離職。他是一個主要技術問題的唯一專家，沒有他團隊就無法達成向經營者做過的承諾。你應該如何處理？

A. 團隊應該如同往常持續進行專案並在最後一刻警告經營者

B. 團隊成員一起合作克服困難

C. 產品負責人應該與經營者合作改變期待，因為問題無法解決

D. Scrum 大師應該教育經營者 Scrum 的規則

42. 你的團隊發現從前面三個迭代開始速度降低了 20% 並穩定的保持這個速度。這最有可能會如何影響釋出計劃？

A. 團隊必須降低在釋出計劃中承諾的可交付的大小或數量

B. 釋出計劃不受影響

C. 團隊可以提高在釋出計劃中承諾的可交付的大小或數量

D. 團隊必須改變釋出計劃中的釋出頻率

43. 兩個經營者對一個重要的產品需求有不同意見。產品負責人應該怎麼處理這個狀況？

A. 與經營者們開會並嘗試建立可行協議

B. 實踐僕役長以鼓勵合作

C. 讓兩個團隊成員為每個需求執行不同的刺穿方案

D. 及早選擇交付最多價值的經營者需求

44. 產品負責人報告有個重要的經營者擔心團隊的需求實作沒有考慮到外部因素。幾個團隊成員知道這是潛在問題但非常不可能發生。團隊成員應該如何處理這個狀況？

A. 向產品負責人保證此風險的可能性很低，因此無需採取任何行動

B. 將此問題加入追蹤狀態以及威脅與問題負責人的資訊輻射器中

C. 團隊成員應該合作解決問題以使產品負責人可以裝傻

D. 計算問題的淨現值並以其重新排列風險

45. 你是使用為期 30 天的迭代的團隊中的 Agile 實踐者。有個經營者要求預測接下來的六個月。你要怎麼辦？

A. 使用故事圖建立六個月的釋出計劃

B. 說明團隊使用為期 30 天的迭代且無法預測這麼遠

C. 建構下一個衝刺段的詳細甘特圖與下一個里程碑

D. 召開團隊會議並面對面溝通

46. 你是為團隊維護需求優先順序清單的 Agile 實踐者。你收到公司普發的通知說你的部門已經改組並有幾個新的資深經理人。其中一個經理人會直接受一個專案需求的影響。你要怎麼辦？

A. 與該資深經理人接觸

B. 在下一個 daily standup 會議提出這個問題

C. 更新產品待辦項目以反映新的優先順序

D. 將該資深經理人加入經營者清單中

47. 團隊在衝刺段規劃會議中將故事寫在索引卡上。他們討論故事的接受條件並寫在卡片背後。每個增量中的故事都重複這個動作。下列哪一項描述這個活動？

A. 合作交付最大價值

B. 根據相對價值調整需求

C. 對完成的定義取得共識

D. 調整待辦項目

48. 有個資深經理人正在組織委員會以決定公司採用的方法論。你被要求在委員會中報告。你應該做什麼？

A. 在委員會開會的地方設立資訊輻射器

B. 展示 Scrum 專案讓組織更有效率

C. 說明 waterfall 方法論不好，而 Agile 方法論很好

D. 堅持組織要採用 Scrum，因為它是業界的最佳做法

49. 有個 Agile 實踐者參與 daily scrum 會議。他應該要報告 Scrum 大師指派給他的任務的狀態。下列哪一項最能描述這個狀況？

A. 此團隊沒有自我組織

B. 此團隊可以自我組織

C. 此 Agile 實踐者是團隊領袖

D. Scrum 大師展示僕役長領導

50. 審核交付時，多個團隊成員發現會增加成本的品質問題。找出團隊下一步動作的最好方式是？

A. 重構程式

B. 召開回顧

C. 使用 Ishikawa 圖

D. 限制進行中的工作

51. 有個 Scrum 團隊正在規劃第四個衝刺段。在前幾次衝刺段中有意見的團隊成員開始認真對待，以前的衝突已經被正在形成的合作精神取代。下列哪一項最能描述這個團隊？

A. 團隊正在規範階段，需要教練

B. 團隊正在風暴階段，需要指導

C. 團隊正在風暴階段，需要教練

D. 團隊正在規範階段，需要支持

52. 總務處正在調整 Agile 團隊的工作空間。下列哪一項是最有效的方法？

A. 採用消除個別辦公桌的開放空間並鼓吹共享環境

B. 給一個人或兩個人一個在會議室旁邊的隔間辦公室

C. 採用消除隔間的開放空間並讓團隊成員面對面坐

D. 給個人或兩個人半隱私隔間，開放處對著共同會議空間

53. 什麼是 Agile 團隊在增量期間將工作排序最有效率的方法？

A. 團隊決定什麼故事最有價值並在產品待辦項目中給予較高優先

B. 產品負責人在衝刺段審核中決定相對優先

C. 團隊選擇最高 NPV 的功能

D. 業務代表與經營者合作將價值最佳化

54. 你是個剛剛完成一個迭代的工作的團隊中的 Agile 實踐者。團隊剛剛向經營者展示可用軟體。有個經營者因為團隊將他期待的功能推遲到下一個衝刺段而不高興。以後要怎麼避免？

A. 發送每日進度表格給所有經營者

B. 審核溝通管道並更新溝通管理計劃

C. 讓經營者知道所有變化與團隊做的取捨決定

D. 要求經營者參加所有 daily standup

55. 有個資深經理人宣佈他要參加衝刺段規劃會議。Scrum 團隊經常無限制地討論哪些項目應該進入衝刺階段，通常包括分歧，有時甚至是爭論。產品負責人擔心雖然爭論通常會有正面結果，但讓老闆參加會導致老闆不信任團隊可以達成目標。這個狀況要如何處理？

A. 婉拒他參加衝刺段規劃會議

B. 應該鼓勵團隊成員公開唱反調，甚至是爭吵

C. 團隊應該召開另一個沒有資深經理人參加的衝刺段規劃會議

D. 產品負責人應該鼓勵團隊在經理人面前表現乖一點

56. 有個 Agile 實踐者必須取得回饋以決定目前進行中與規劃中的工作是否應該調整。達成它的最好方式是？

A. 根據工作項目的價值與風險排列待辦項目

B. 召開 daily standup 以從團隊取得回饋

C. 在每個迭代結束時與經營者核對

D. 使用 Kanban 板將工作流程視覺化

57. 有個經營者表示目前的衝刺段有個潛在的嚴重風險。哪一個方法最適合？

A. 增加時間限制

B. 重新評估專案的待辦項目

C. 在衝刺段中引入較少的故事

D. 讓經營者參加 daily standup

58. 你是 14 人 Scrum 團隊的 Scrum 大師。你注意到團隊在 daily scrum 中不專心。團隊應該做什麼？

A. 建立群組規範要求每個人在 daily scrum 中專心

B. 分別召開兩個 7 人 daily scrum 會議

C. 將 daily scrum 換成社交網路留言板上的虛擬會議

D. 將團隊成員分化成兩個較小的團體

59. 你被通知專案有個位於差八個小時的時區的新經營者。你的 Scrum 團隊與這個人最好的互動方式是？

A. 使用視訊會議工具並依此經營者的時區

B. 主要透過 email 以讓人們可以依合適的時區工作

C. 以方便整個團隊參加的時間召開電話會議

D. 讓此經營者飛到團隊所在地並與團隊坐在一起幾個禮拜

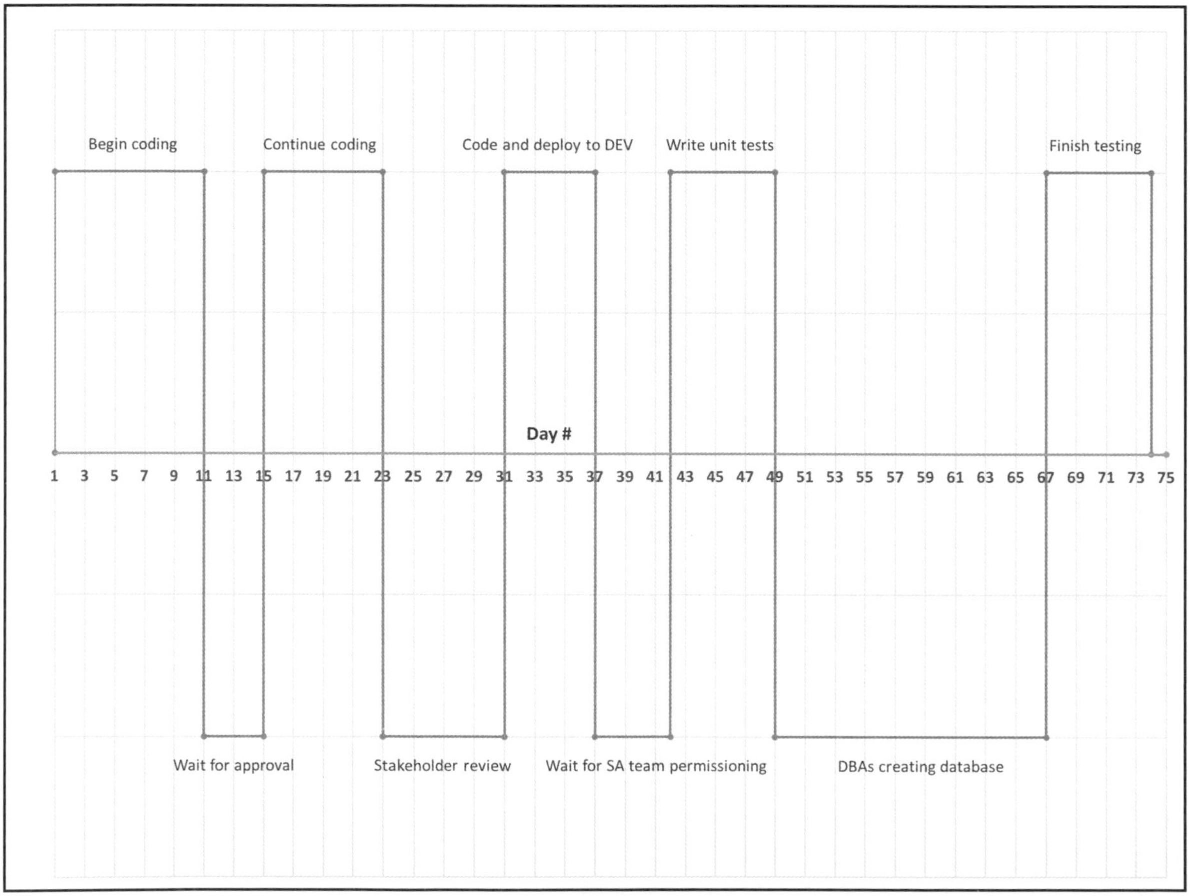

60. Scrum 團隊中的 Agile 實踐者應該如何解讀這個圖表？

A. 團隊在專案時間過 50% 時完成程式設計，這是消滅浪費的機會

B. 團隊花 38 天工作與 35 天等待，因此有很多消滅浪費的機會

C. 專案花 74 天完成，沒有消滅浪費的機會

D. 專案進度落後

61. 有個團隊成員向 Scrum 大師尋求預測團隊在下一個衝刺段能完成多少工作的最佳方式。Scrum 大師應該怎麼建議？

A. 使用規劃撲克預估衝刺段中每個故事的實際小時數

B. 對過去衝刺段中的每個故事指派相對大小數值並用它預估平均速度

C. 召開 wideband Delphi 預估會議產生詳細甘特圖的資料

D. 使用故事圖建立專案其餘釋出計劃

62. 你是個 Agile 團隊的 Scrum 大師。兩個團隊成員對一個專案問題有不同的意見。假設解決爭議的方法都一樣好，你最好的處理方式是？

A. 與產品負責人合作找出問題的解決方案並呈現給團隊成員

B. 讓團隊成員自己產生解決方案，就算涉及爭吵也一樣

C. 介入並幫助團隊成員達成共識

D. 建立防止爭論變吵架的基本規則

63. 你是個 Scrum 團隊的成員。你發現一個直接影響經營者的重要問題，而團隊需要經營者盡快回饋以避免延遲。你的團隊的產品負責人每個禮拜與經營者開一次會，但由於時間衝突所以這個禮拜的會議延後了。你要怎麼辦？

A. 與產品負責人排定會議

B. 盡快與經營者面對面開會

C. 將問題細節以 email 寄給經營者

D. 邀請經營者參加下一個 daily standup 會議

64. 團隊判斷某個工作項目是低優先但若實作不可行可能會導致嚴重的問題。他們應該如何處理這種狀況？

A. 在團隊工作空間加上項目的指示使他們不會忘記這個問題

B. 使用內部投資報酬率評估此工作項目

C. 重構軟體以排除問題

D. 提升此工作項目在產品待辦項目中的優先

65. 下列哪一項不是鼓勵團隊成員成為通才專家的好處？

A. 減少團隊大小

B. 建構高效能、跨功能團隊

C. 改善團隊規劃能力

D. 降低專案工作中的瓶頸

66. 你是個已經執行多個迭代的專案中的 Agile 實踐者。團隊知道完成多個主要交付項目的投入在過去三個迭代中已經改變且持續改變中。你要如何處理這個狀況？

A. 增加在待辦項目中的每個工作項目的故事點數以反映增加的複雜性

B. 增加緩衝以應付專案的不確定性

C. 在每個迭代開始時召開規劃活動以調整預估範圍與時程

D. 提高回顧的頻率以搜集更多資訊

67. 使用者發現多個 bug，而產品負責人判斷它們很重要且必須盡快改正。團隊應該如何應對？

A. 建立修改請求並將 bug 改正指派給維護團隊

B. 立即停止其他專案工作並改正 bug

C. 將改正 bug 的項目加入待辦項目並將它們放在下一個迭代中

D. 增加下一個迭代的緩衝以處理維護工作

68. 有個資深經理人向團隊要求顯示團隊成員會怎麼花時間進行專案的時程表。團隊開會並建立非常詳細的時程表來顯示每個團隊成員接下來六個月每個小時做什麼。Scrum 大師應該要做什麼？

A. 使用僕役長領導並認識到團隊成員實際完成了工作

B. 要求團隊建立不這麼詳細的時程表

C. 將時程表張貼在團隊空間顯眼的位置

D. 將時程表直接寄給該資深經理人

69. 有個團隊成員向 Scrum 大師抱怨他們的經理每個禮拜召開多次會議討論與專案不相關的事情。團隊成員很沮喪，因為中斷拖累他們的工作。Scrum 大師應該做什麼？

A. 同意團隊略過會議並專注於工作

B. 向產品負責人提出這個問題

C. 準備報告會議對工作的影響

D. 與該經理人討論不干擾團隊的方法

70. Scrum 團隊的某個成員在 daily standup 會議中經常遲到。團隊應該如何處理這個狀況？

A. Scrum 大師與團隊成員召開面對面會議討論這個問題

B. 讓產品負責人與經營者討論這個問題

C. 召開會議以建立懲罰遲到的團隊規範

D. 在下一個回顧中提出這個問題並建立改善計劃

71. 有個 Agile 實踐者正開始一個新專案。團隊召開第一個工作規劃會議。此實踐者應該預期這個會議會產生什麼？

A. 顯示團隊如何建構可用軟體的專案細節計劃

B. 對工作單元定義的可交付成果的共同理解，該工作單元可以增量產生

C. 在團隊工作空間顯眼處顯示專案進度的資訊輻射器

D. 描述共識與面對面會議的非正規專案規劃

72. 下列哪一項是 Agile 團隊所做承諾層級的最佳描述？

A. Agile 團隊在專案開始時承諾交付所有可交付成果

B. Agile 團隊承諾目前迭代的交付成果，但不需要做出長期承諾

C. Agile 團隊在專案開始時只承諾最小可行產品

D. Agile 團隊在專案早期承諾大致的成果並在進行中做出更精確的承諾

73. 有個團隊成員在 daily standup 中報告他遇到很嚴重的技術問題會延遲他進行中的故事。產品負責人決定從衝刺段中移除這個故事。這個故事是專案主要經營者直接要求的。接下來應該採取什麼動作？

A. 更新資訊輻射器

B. 重新評估待辦項目中的這個項目

C. 與主要經營者分享這個資訊

D. 在回顧中提出這個問題

74. 你是個金融業團隊的 Scrum 大師。你的 PMO 總監向公司發出郵件說明新法規要求你調整管理需求的方法。PMO 提供多個符合法規的需求管理替代方案，但沒有一個符合團隊現行需求管理方法。你應該怎麼做？

A. 不要做出任何違反 Scrum 規則的改變

B. 對 PMO 進行 Scrum 教育訓練以支援組織性改變

C. 在下一個衝刺段規劃會議檢視新技術

D. 使用 Kaizen 與實踐持續改善

75. 在衝刺段審核中，有個團隊成員提出一個嚴重的問題。他已經發現問題一陣子了，但這是團隊第一次聽到。你接下來應該做什麼？

A. 使用 Ishikawa 圖

B. 與此團隊成員討論要盡快提出這種問題

C. 排定衝刺段回顧

D. 安排團隊工作空間以鼓勵滲透壓溝通

76. 有個 Scrum 團隊正在規劃下一個衝刺段。他們在衝刺段中建立完成工作的共同願景的最好方式是？

A. 張貼資訊輻射器並持續更新

B. 設定團隊的基本規則

C. 重新評估待辦項目中的項目

D. 同意衝刺段目標

77. 你的團隊連續三個迭代交付比預期少的項目。你懷疑浪費很多時間等待其他團隊完成開發、營運、與維護工作。判斷浪費發生在什麼地方最好的方式是？

A. 執行價值流分析

B. 建立更細節的迭代計劃

C. 使用 Ishikawa 圖

D. 對進行中的工作加上限制

78. 將衝刺段待辦項目中的故事排列優先順序最有效的策略是？

A. 規劃一個有足夠功能的早期產品釋出

B. 優先排列高風險項目

C. 與經營者合作將早期交付價值最大化

D. 識別高價值功能並在前面的迭代開發它們

79. Scrum 團隊的產品負責人發現經營者的優先順序改變了，而一個還沒有開始的交付項目比目前進行中的項目更重要。團隊處理這種情況的最好方式是？

A. 完成目前的衝刺段並在下一個衝刺段規劃會議改變計劃

B. 限制進行中的工作以減少瓶頸數量

C. 立即取消目前的衝刺段並建構新的計劃以反映新的優先順序

D. 重構程式以反映新的優先順序

80. 一個團隊成員在 daily scrum 會議中提出一個嚴重的潛在風險。下列哪一項不是團隊可採取的有效行動？

A. 團隊應該重構原始碼並執行持續整合

B. 團隊應該考慮在下一個衝刺段執行探索工作以緩和風險

C. 經營者應該被持續通知任何團隊承諾的潛在威脅

D. 產品負責人應該在產品待辦項目中加入工作以管理風險

81. 團隊成員與產品負責人對一個功能是否可接受有不同的意見。他們無法取得共識，而專案處於有可能延遲的危險中。未來要如何防止這種問題？

A. 同意嚴格的指揮系統

B. 同意解決衝突的程序

C. 同意每個工作項目的“完成”的定義

D. 同意討論功能是否完成的時間限制

82. 有個 XP 團隊被通知伺服器升級因為運算限制而延後六個月。升級包括多個必要的功能，延遲使得兩個團隊成員必須花整個禮拜修改。團隊應該如何應對？

A. 將兩個團隊成員完成的工作與其餘專案工作分開記錄

B. 更新釋出計劃以反映團隊在主要工作上處理能力的改變

C. 使用基於風險的刺穿以降低不確定性

D. 預期速度會降低並據此更新釋出計劃

83. 團隊在衝刺段做到一半進行測試時發現一個嚴重問題。盡快改正這個問題很重要，但所需時間超過衝刺段剩下的時間。他們應該做什麼？

A. 產品負責人將項目加入衝刺段與產品待辦項目

B. 產品負責人延長衝刺段截止時間以配合改正

C. 產品負責人應該召開團隊會議並討論潛在解決方案

D. 產品負責人對產品待辦項目加入高優先項目以改正問題

84. 有個經營者要求 Scrum 團隊的產品負責人列出衝刺段的功能、故事、與其他交付項目。什麼團隊活動用於建立這些資訊？

A. 召開 daily scrum 會議

B. 召開衝刺段規劃會議

C. 執行產品待辦項目調整

D. 執行衝刺段回顧

85. 在回顧中，多個 Scrum 團隊成員提出專案的多個潛在風險。團隊最好的管理方式是？

A. 在下一個衝刺段待辦項目中加入故事以處理每個被提出的風險

B. 更新顯示每個風險的優先順序與狀態的資訊輻射器

C. 延後所有動作直到變成真正問題再於最後一刻處理風險

D. 建立風險登記簿並將它加入專案管理資訊系統

86. 一個團隊以理想時間評估產品待辦項目的大小。這表示什麼？

A. 團隊判斷每個項目交付的實際日期

B. 團隊在不考慮速度或中斷下預估建構每個項目所需的實際時間

C. 團隊以團隊特有的單位指派每個項目的相對大小

D. 團隊根據複雜性以公式判斷每個項目的大小

87. 你的 XP 團隊的兩個成員爭論哪一種工程方法會產生比較好的方案。他們無法達成共識，而衝突開始對環境產生負面影響。你應該如何處理這種狀況？

A. 使用最多五隻投票決定正確的方法

B. 鼓勵他們結對進行支援兩個方法的最小第一步驟設計

C. 重構程式並實踐持續整合

D. 設定團隊成員間禁止爭論的基本規則

88. 你發現在重構程式時犯了一個嚴重的錯誤，這會導致團隊趕不上重要的截止時間。下列哪一項不是可接受的反應？

A. 繼續進行最高優先任務並在回顧時提出

B. 告訴隊友並盡力嘗試改正

C. 在下一個 Daily Scrum 提出這個問題

D. 寄 email 給每個人讓他們知道截止時間會發生什麼事情

89. 你是召開回顧會議的 XP 團隊的領導。你的一個團隊成員說團隊如果嘗試不同的規劃技術可以做出更好的規劃且專案也會受益。合適的回應是什麼？

A. 判斷此技術是否符合 XP 的實踐與原則

B. 使用 Kaizen 改善程序

C. 判斷使用新技術的衝擊

D. 建議該團隊成員領導團隊嘗試新技術

90. 下列哪一項不是激勵你的團隊有效環境的有效方法？

A. 讓團隊成員實驗與犯錯而不會有負面後果

B. 幫助團隊成員在討論自己的錯誤時互相信任

C. 以錯誤作為改善的機會

D. 容許團隊成員的錯誤不改正

91. 你是個軟體服務廠商的專案經理。你的一個客戶交給你一個顯示團隊花很多非工作時間等待雙方法務部門達成變更範圍協議的價值流對應圖。這如何影響專案？

A. 非工作時間是必須要限制的額外進行中工作

B. 客戶與廠商具有合約協議關係

C. 非工作時間是必須消滅的專案浪費

D. 不能做出什麼結論

92. 成員說他沒有什麼進度是因為當天經營者打五通電話中斷他。這是他第三次抱怨。團隊處理這個狀況的最好方式是？

A. 使用“洞穴與共通”辦公室隔間來限制中斷

B. 實施阻止經營者直接找團隊成員的政策

C. 建立每天“無電話”的時間段讓電話靜音使團隊成員專注於專案任務

D. 調整衝刺段待辦項目以配合生產力的降低

93. 在衝刺段審核時，專案贊助人感覺有個功能不對並對寫程式的人很不高興但沒有給出有用的回饋。Scrum 大師應該怎麼回應？

A. 與產品負責人一起更新產品待辦項目

B. 與贊助人討論安全的環境

C. 確保贊助人以後不知道是誰寫什麼部分

D. 對犯錯的團隊成員憤怒，而贊助人可以任意犯錯

94. 團隊處於規劃的初期，工作還沒有開始。多個重要經營者已經被指認與約談過，但還不確定特定類型的使用者、他們對專案的需求、以及如何達成需求。處理這種狀況的最好方式是？

A. 建立 Kanban 板將工作流程視覺化

B. 使用 Agile 模型想象高階架構

C. 進行腦力激蕩以產生人物

D. 建構使用者故事以記錄並管理需求

95. 團隊找出多個只能透過基礎建設管理員升級資料庫伺服器才能解決的資料庫問題。團隊應該如何處理這個狀況？

A. 由有資料庫經驗的開發者負責伺服器升級

B. 團隊應該在 daily standup 會議中識別問題

C. 產品負責人調整待辦項目並將升級加入高優先工作項目中

D. 團隊必須自行執行資料庫伺服器升級

96. 贊助你的專案的兩個資深經理人表達對目前釋出計劃的不滿。下列哪一項不是與他們商談的有效策略？

A. 讓產品負責人與他們討論以更好的認識他們的需求

B. 邀請他們參加定期舉辦的可用軟體展示

C. 邀請他們參加專案規劃會議並要求他們在繼續進行前簽署專案計劃

D. 召集團隊討論他們的需求與期待

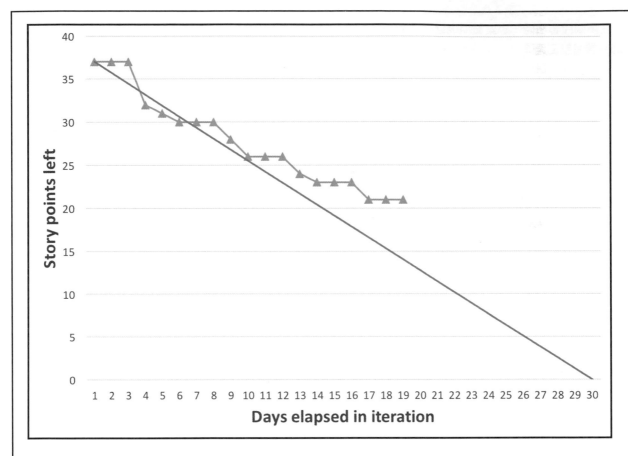

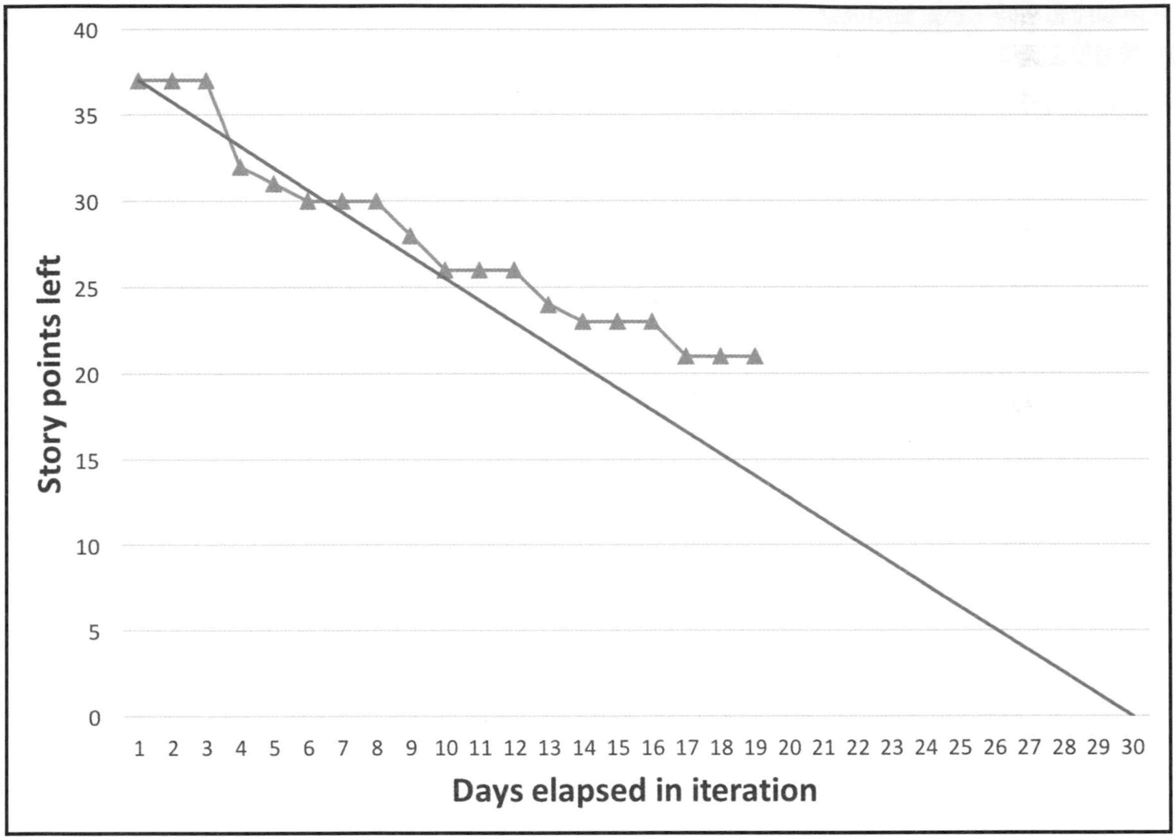

97. Scrum 團隊的 Agile 實踐者應該如何解讀這個圖表？

A. 速度穩定

B. 衝刺段目標有危險

C. 團隊規劃做的不好

D. 速度正在提升

98. 你的團隊成員爭論是否需要做產品負責人提出的改變。身為一個 Agile 實踐者，你的反應是什麼？

A. 檢視改變控管程序

B. 與團隊成員合作讓每個人認識你的團隊對改變的反應方式

C. 讓團隊做出管理這種狀況的基本規定

D. 重新評估待辦項目中的這一條並與團隊合作以自我組織並達成新目標

99. 衝刺段做到一半時，產品負責人收到負責部署軟體的 DevOps 的 email，提醒新政策要求未來的部署必須包含修改過的安裝腳本。此衝刺段必須部署。修改腳本會導致其他工作超過衝刺段結束時間。產品負責人接下來應該怎麼做？

A. 將腳本修改加入衝刺段待辦項目並將低優先項目移到產品待辦項目

B. 將腳本修改加入產品待辦項目

C. 延長衝刺段時間以納入腳本修改

D. 與 DevOps 的經理面對面開會

100. 你的團隊必須決定下一個迭代要進行的故事。下列哪一項不是有效的處理方式？

A. 團隊以進行最有風險或最有價值故事開始迭代工作

B. Scrum 大師幫助團隊認識分解故事與識別任務的方法論

C. 產品負責人幫助每個人認識每個故事的相對優先

D. Scrum 大師決定故事的工作順序以幫忙帶領團隊規劃

101. 哪一個 XP 實踐設置滲透壓溝通？

A. 整個團隊

B. 出現整合

C. 坐在一起

D. 結對程式設計

102. 一個 Agile 團隊正在定義釋出計劃。組織需求以及早交付價值的最好方式是？

A. 定義最小可上市功能

B. 重新評估待辦項目

C. 在團隊工作空間張貼燃盡圖

D. 使用 Ishikawa 圖

103. 團隊成員擔心有個技術問題會導致專案後期的嚴重問題。一個團隊成員指出若問題發生，他們就必須另尋技術方案。團隊接下來該怎麼做？

A. 讓產品負責人加入一個項目到長期功能與交付項目中

B. 更新釋出計劃以反映延遲

C. 在前期衝刺段執行探索性工作以判斷方案是否可行

D. 警告經營者團隊的承諾會受此技術問題影響

104. 你是個 Scrum 團隊的產品負責人。你的一個經營者是新加入公司的一個資深經理。他沒有參加最近兩次衝刺段審核。你應該怎麼辦？

A. 與 Scrum 大師合作教育此經營者有關 Scrum 的規則

B. 與此經營者的主管開會並說明 Scrum 規則要求他參加衝刺段審核

C. 與此經營者開會以報告進度並取得回饋

D. 在此經營者的辦公室外面張貼專案的資訊輻射器

105. 你與多個經營者在專案後期的迭代進行中開會。其中一個提到有個你沒見過的資深經理人不同意團隊要建構到軟體中的一項功能。你接下來應該做什麼？

A. 重新排列待辦項目以反映需求變更的潛在風險

B. 在下一個 daily standup 找出潛在風險

C. 與此人開會

D. 將此問題記錄在風險中

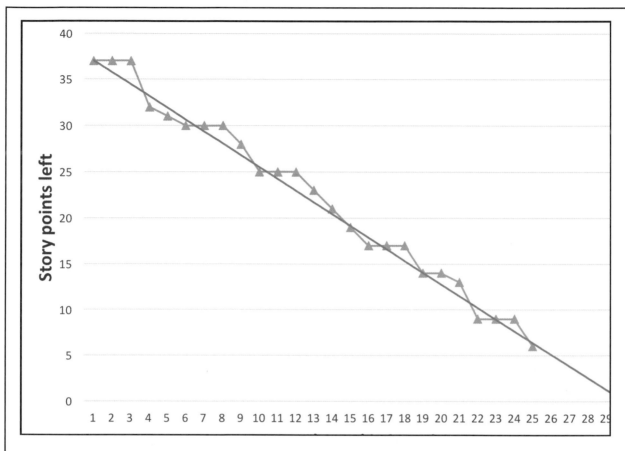

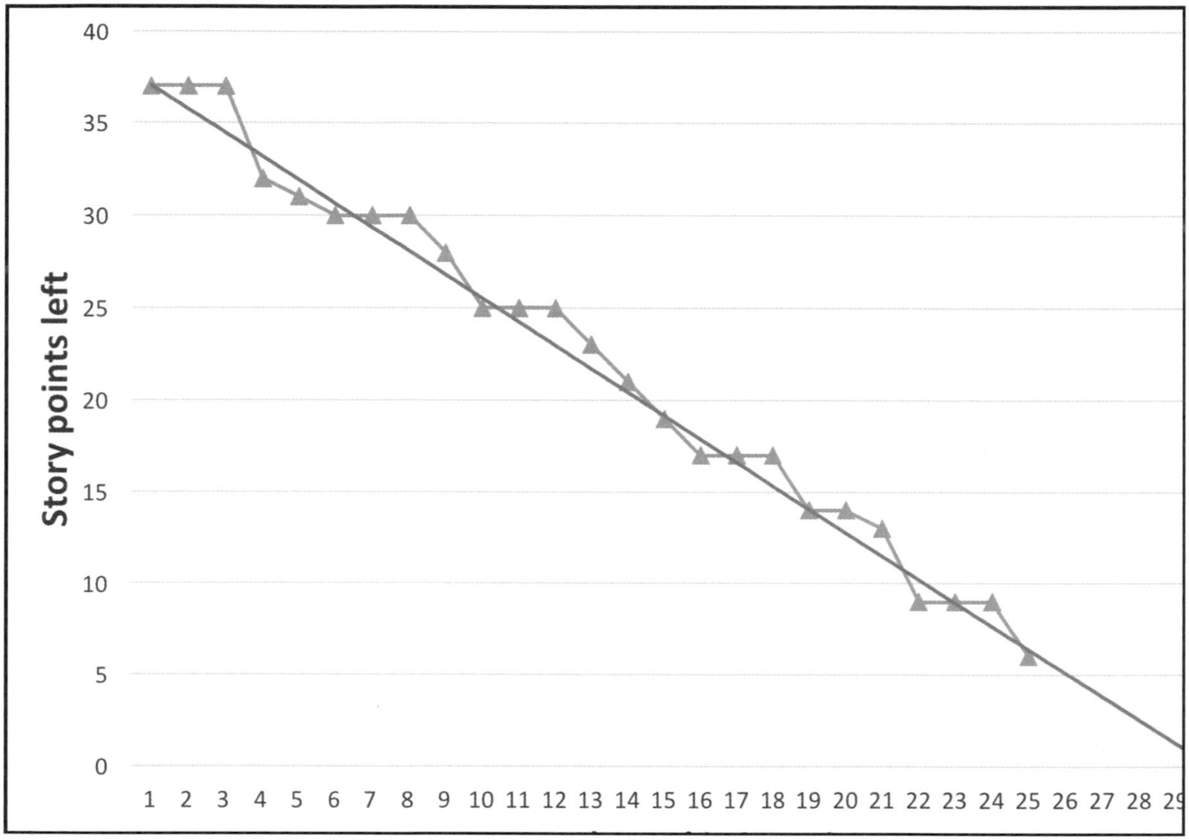

106. Scrum 團隊的 Agile 實踐者應該如何解讀這個圖表？

A. 速度正在提升

B. 速度穩定

C. 團隊規劃做的不好

D. 衝刺段目標有危險

107. 回顧後，某個團隊成員告訴你他確定團隊的架構設計不好。你應該如何回應？

A. 提議由你提出這個問題以避免他覺得是他引起問題

B. 告訴產品負責人與 Scrum 大師

C. 鼓勵他向整個團隊提出

D. 保證你不會出賣他所以不會傷害團隊精神

108. 團隊剛剛完成一個迭代的規劃。他們接下來要做什麼？

A. 檢視專案管理計劃

B. 召開 daily standup 會議

C. 決定時間限制

D. 向經營者報告預期的交付項目

109. 一個混合 Scrum/XP 的團隊的 Agile 實踐者發現多個團隊成員每個禮拜花很多時間解決提交衝突並覺得持續整合可以解決這個問題。下列哪一項不是接下來有用的步驟？

A. 建立與分發討論持續整合最佳做法的細節程序文件

B. 與團隊在專案中接觸並幫助他們學習更好的持續整合技巧

C. 教育團隊未更新的工作目錄會導致提交衝突

D. 幫助團隊改善持續整合的程序

110. 你是規劃下一個週循環的 XP 團隊的成員。有個資料庫設計任務必須完成。某個團隊成員是資料庫設計專家，他說他是唯一合適做這個工作的團隊成員。最好的處理方式是？

A. 鼓勵他接下這個工作以提升生產力

B. 鼓勵團隊進行結對程式設計

C. 鼓勵他指導團隊中的菜鳥

D. 在下一個 daily standup 會議提出這個問題

111. 有個 Agile 實踐者遇到經營者要求在工作開始前建構完整、詳細的計劃。此 Agile 實踐者應該：

A. 糾正經營者，因為 Agile 團隊只使用可用軟體且沒有詳盡文件

B. 展示團隊在週期展示產品與半途改變的成功經驗

C. 與經營者檢視產品待辦項目並找出每個版本中可能包含的故事

D. 建構完整、詳細的計劃以滿足此經營者

112. 有個 Agile 團隊開始進行新專案。提供專案管理起點的最好方式是？

A. 建構考慮維護緩衝的釋出計劃

B. 建構反映高階投入的釋出計劃

C. 建構詳細的甘特圖

D. 根據細節預估建構故事圖

113. 有個 Agile 團隊正在週期性檢視他們的實踐與團隊文化。這個檢視的目的是什麼？

A. 持續需要執行期回顧的方法論

B. 檢視與更新組成團隊的長期工作的功能、故事、與任務

C. 改善他們的專案程序以提升團隊的效率

D. 找出特定問題的根源

114. 有個 Agile 實踐者發現一個重要的專案經營者覺得無法信任團隊會達成承諾。改善這個情況的最好方法是？

A. 與團隊合作，改進他們如何溝通成功標準並與經營者就產品權衡進行合作

B. 與經營者開會並對提供特定功能做出有力承諾

C. 和團隊一起合作與經營者一起為每個增量建立具有約束力的驗收標準服務協議

D. 與經營者開會解釋 Scrum 的規則要求他信任團隊

115. 你是個 Agile 實踐者且剛剛與找出多個重要高優先改變的經營者開完會。你對計劃中的每個功能項目指派了相對價值，但團隊還未能將它們排序。團隊接下來應該採取的動作是？

A. 重新評估待辦項目

B. 執行架構刺穿

C. 更新資訊輻射器

D. 啟動改變控管程序

116. 下列哪一項不是坐在一起的好處？

A. 滲透壓溝通

B. 能夠建立信息工作空間

C. 比較容易找到人

D. 減少干擾

117. 確保交付產品具有最大價值的最好方式是？

A. Scrum 大師與經營者合作

B. 團隊與產品負責人合作

C. 產品負責人與經營者合作

D. 專案經理與資深經理人合作

118. 團隊發現導致前一個迭代預測的問題。他們現在想要確實理解什麼地方出錯，所有因素都指向該問題，因此他們可以改善執行專案的方法。什麼是適合此任務的工具？

A. Ishikawa 圖

B. 刺穿方案

C. 資訊輻射器

D. 燃盡圖

119. 你是個醫療設備公司的團隊的 Agile 實踐者。品質，特別是與病患安全相關的部分是專案成功的重要因素。確保產品品質的最有效方式是？

A. 使用根源分析找出問題的來源

B. 在迭代待辦項目中加入品質項目

C. 定期與經營者開會以將價值最大化

D. 經常檢查、審核、與測試可用產品並引入找到的改善方法

120. 公司因砍預算而要求你的團隊縮減三個月的時程。產品負責人表示若無交貨則經營者會生氣。你接下來要怎麼辦？

A. 依據你的方法論的規則檢查計劃並加以修改以反映預算與時程縮減

B. 展示替代方案給資深管理層以增加預算

C. 警告產品負責人在發生前要改變範圍與時程使你能夠在最後一刻做決定

D. 找出方法讓專案繼續而無需向產品負責人警告嚴重的問題

檢查答案之前…

檢查你的考試成績前，有幾個幫助你記憶內容的想法。要記得，看答案時，你可以使用這些技巧幫助你檢視任何漏掉的部分。

這對解決衝突問題題目特別有幫助 —— 就是團隊成員間有不同意見並問你如何處理的題目。

❶ **不要被題目騙了。**

若有點被題目混淆了，第一件要做的事情是找出題目到底要問什麼。題目細節很容易讓你迷失，特別是題目很長時。有時候你需要重新讀題目。第一次讀題目時要自問：“這一題到底在問什麼？”。

❷ **嘗試套用在你的工作上。**

所有 PMI-ACP® 考試內容都與實務有關並**根據真實世界中的 Agile 想法**出題。若你正在參與專案，有些想法有機會套用在你的工作中。花一點時間思考如何使用這些事情讓你的專案更順利。

❸ **自己出題。**

搞不懂某些概念嗎？將它記住的最好方法之一是自己出題！我們在這本書中加入問題診所以幫助你學習如何像考試一樣出題。

自己出題時，做這幾件事：

- 強調想法並記住它。
- 思考如何出題。
- 思考真實世界中適用該概念的情境，將想法放在背景中並學習如何應用。

這都能幫助你更好的記憶！

❹ **尋求幫助！**

若你還不是 PMI 成員，今天就加入！世界各地都有**區域分會**。它們是與 PMI 社群聯繫的好方法。大部分的分會有講師與學習小組可幫助你學習。

想要符合 PMI-ACP® 考試教育訓練需求的好方法嗎？看看歐萊禮的線上 Agile 教育訓練課程。它包含在 Safari 會員權益中：

http://www.safaribooksonline.com/live-training/

1. **答案：B**

產品負責人是對的，而團隊成員正在進行有潛在危險的事情。Scrum 團隊有產品負責人是因為某人可以與所有經營者溝通。團隊成員與經營者直接討論沒有問題，但不應該排除產品負責人。

"scrum master" 是否要大寫？都可以！實際考試題目可能沒有大寫。

2. **答案：C**

可用性測試是團隊測試軟體以確保容易使用的重要方式，而 Agile 團隊經常測試軟體並據此改善交付產品。可用性測試常見的執行方式是觀察使用者與早期版本軟體的互動。

捕捉使用者界面需求並使用線框規劃使用者界面都是改善軟體可用性很好的方式，Agile 團隊兩者都有使用。但 Agile 團隊較完整的文件更重視可用軟體，因此通常會傾向可用性測試而非 UI 需求與線框。

3. **答案：B**

發生問題時，Agile 團隊與經營者緊密合作以認識可接受的取捨。在 Scrum 團隊中，產品負責人負責與經營者互動以幫助他們認識專案的進度。因此 Scrum 專案發生會影響交付的問題時，產品負責人必須與經營者開會討論團隊要如何處理。Agile 團隊與經營者一起維護取捨的共識，這可以幫助雙方建立互信。

刺穿方案在這裡不適用，因為題目沒有提到探索潛在技術方案。

經營者必須參加，因為團隊在步驟遇到WIP限制時必須改變行為——這通常會影響到經營者。如此能幫助每個人更快的找到問題的根源。

4. **答案：D**

團隊使用 Kanban 板將工作流程視覺化時，他們使用欄代表工作流程的步驟並通常使用標籤或索引卡顯示通過流程中的工作項目。若項目累積在一個欄中，這告訴團隊這個步驟是流程減緩的潛在根源。改正的方法是與經營者合作找出同時進行中的工作（WIP）限制，通常會寫下該步驟最大容許工作數量。

你注意到模擬考有很多哪一項是最好與哪一項是最差的題目嗎？ PMI-ACP® 考試最難的部分是從多個對的答案或看起來沒有對的答案中選擇最好的答案。

特別是Scrum團隊，因為他們自我組織，他們可以在最後一刻決定誰負責。

5. 答案：D

通才專家非常好用，而 Agile 團隊盡量鼓勵人們擴展技能。團隊中的每個人都多才多藝時，團隊能以更少人做更多事並幫助他們避免瓶頸。Agile 團隊盡可能讓團隊成員發展通才技能。因此團隊成員有機會擴展技能時（例如測試者進行開發工作）Agile 團隊就會利用機會進行。

6. 答案：A

主要原因是這樣可以培養一致性並持續提升達成專案目標的共識與交付價值給經營者。團隊應該有好理由設置基本規則。所以幫助新團隊成員融入新團隊的最好方法是解釋原因並鼓勵他們遵循新規則。

若沒有設置規定的好理由，則新成員可能是對的且規則可能不是個好主意。但他還是應該先嘗試，因為保持團隊文化的開放心態是培養向心力的最好方式。

7. 答案：C

Agile 團隊的領導實踐僕役長領導。這表示確保團隊成員個人的工作會被肯定並完成工作。僕役長領導在幕後花很多時間排除障礙。僕役長領導通常不指派工作或決定團隊應該如何進行工作。

8. 答案：D

Agile 團隊管理需求的重要觀點之一是整個團隊對迭代項目“完成”的定義達成共識。團隊中的每個人必須一致同意迭代完成時交付項目的明確的驗收條件。對驗收條件達成共識的一個有效方式是協商。

常見的團隊協商方式是進行“施與受”，讓目前的迭代的“完成”定義涵蓋一些工作，但同意未來迭代涵蓋其餘工作。

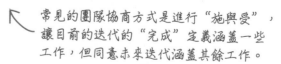

9. 答案：D

直接與多個經營者合作的 Agile 實踐者是產品負責人這個角色。產品負責人定期與經營者開會討論預期與需求並與團隊合作幫助他們認識需求。此例中，經營者有需求，因此產品負責人的工作是確保團隊認識經營者的需求與預期。

10. 答案：D

一旦團隊一起工作足夠長的時間，他們有時會進入一個階段 —— 稱為“風暴”—— 團隊成員往往會對彼此的角色形成強烈的負面看法。適應性領導的領導者根據團隊發展階段調整自己的風格，告訴我們處於“風暴”階段的團隊需要支持性領導，這需要高層次的指導和高水平的支持。

這個問題是基於 *Tuckman* 的團隊發展模型和 *Hershey* 的情境領導模型，在 20 世紀 60 年代和 70 年代發展了關於團隊如何形成以及領導者如何適應這些理論的理論。但更重要的是了解團隊成立時發生的事情的想法，以及有效的領導者應該如何適應這些想法，而不是記住 *Tuckman* 或 *Hershey* 的名字。

11. 答案：A

一起規劃工作並在最後一刻決定誰做什麼。Scrum 團隊在衝刺段規劃會議將來自衝刺段待辦項目的故事、功能、需求分解成個別任務與工作項目。但由於他們是自我組織而非在衝刺段開始時指派任務給團隊成員，大部分 Scrum 團隊依賴個人在 Daily Scrum 中指派任務給自己。

最後一刻的指派工作不一定表示任務是在 *Daily Scrum* 中自我指派。若有很重要的原因要在衝刺段規劃時指派一個任務給一個團隊成員，則直到第一個 *Daily Scrum* 前它不負延遲的責任。

12. 答案：C

Agile 團隊的首要關注點是儘早交付價值，團隊的工作方式就是與經營者合作，並確定最高價值工作的優先順序。然而，在這個問題中，Agile 實踐者是經營者而不是團隊成員 —— 做這項工作的 Agile 團隊在廠商處，而 Agile 實踐者將與該團隊的產品負責人一起工作。因此，在這種情況下，廠商團隊的產品負責人必須與 Agile 實踐者協作。

當你看到一個關於與廠商合作的問題時，你的工作的一部分就是弄清楚實踐者是否是經營者，廠商的團隊成員是否擔任了產品負責人、*Scrum* 主管、與團隊角色。

13. 答案：A

能夠隨著時間的推移而改善的一個原因是他們不僅關注他們的個人專案，還關注他們所在的整個系統。他們這樣做的一種方式是透過傳播知識和實踐 ——不僅在他們自己的組織中，而且跨越組織。

你應該盡量展示成功的案例
而不只是解釋。

14. 答案：B

Agile 實踐者必須始終倡導 Agile 原則，而 Agile 的核心原則之一就是 Agile 團隊較遵循計劃更重視回應變更。向 Scrum 大師解釋價值是一個好主意，但推行 Agile 原則的最佳方式是對這些原則建立模型。

15. 答案：D

鼓勵 Agile 團隊中的每個人都表現出領導才能。為了做到這一點，Agile 團隊培養一個可以安全地犯錯誤的環境，並且尊重每個人。但是，公司通常不會為團隊設定基本規則。

然而，依循公司的專案管理規則通常不是提高團隊向心力
特別有效的方式。

這是個**特別難**的題目。沒有一個答案是
關於建立有效團隊環境特別好的例子。

較不差的選項是依循公司的專案管理基本規則。它可以（但不一定）幫助你的專案更順利，但**並不是**幫助你的團隊更團結或有效率的**非常好的方式**。

16. 答案：D

Kanban 團隊通常使用累積流圖表將程序中的工作視覺化。這讓他們看到的平均到達率（增加工作項目的頻率）、交貨時間（要求一個工作項目到交付的時間）、與同時進行中項目（程序中同時進行的工作項目的數量）。

17. 答案：D

安全性和性能要求（如使用加密或軟體執行速度）是非功能性要求的很好例子。Agile 團隊透過考慮程式運行的環境來引出與其項目相關的非功能性需求，並且他們與經營者合作以了解這些需求並優先考慮這些需求。

當您提出幾種潛在的技術方法時，刺穿解決方案是確定哪個方法可行的好方法。然而，在這種情況下，團隊已經知道這兩種解決方案都是可行的，每種方法的結果會是什麼樣的，所以他們實際上並沒有從刺穿解決方案中學到任何東西。

18. 答案：D

Agile 團隊經常進行回顧，以便他們改進他們工作的方式。在一個 Scrum 團隊中，每個人（包括作為同伴參與的 Scrum 大師，就像其他團隊成員一樣）透過確定改進並製定實施這些改進的計劃參與回顧。Scrum 大師還有一份額外的工作，幫助向團隊的其他成員傳授 Scrum 的規則，包括如何擔任他們在會議中的角色並維護會議時間限制。

19. 答案：B

Scrum 大師是一位僕役長，他的工作就是幫助確保每個人都了解團隊使用的實踐。當一名團隊成員對一名僕役長提出質疑或誤解某種做法的情況時，他會幫助此人了解這種做法是如何運作的，以及為什麼它有助於團隊實現該專案的目標。

20. 答案：C

當 Agile 團隊與供應商合作時，該供應商通常會使用與 Agile 團隊使用的方法不同的方法。在這種情況下，供應商正在使用 waterfall 方法 —— 這沒關係。重要的是 Agile 團隊為每個專案增量建立一個共同的願景。在這個問題中，角色被翻轉了，所以你是經營者，但將你的期望與團隊的工作結合起來，並與團隊建立信任對於專案的成功依然至關重要。因此，如果供應商使用範圍和目標文件來實現這一目標，那麼你的工作就是確保您的團隊對高層願景和支持目標的看法與供應商團隊的觀點相符，並採取措施解決任何分歧。

Agile團隊重視可用軟體而非綜合性文件，但他們仍然重視文件。不要因為涉及到文件的工作而認為答案是錯的。

21. 答案：D

每個專案中都有自己的專業和個人目標。Agile 團隊如此有效的一個原因是他們透過確保團隊目標與專案目標保持一致來考慮這一點。例如，Scrum 團隊為每個衝刺段寫下了一個簡單而直接的目標。當團隊有自己的具體目標時，他們應該合作找到共同點，以便在完成衝刺段目標的同時繼續朝著團隊目標前進。

團隊成員之間經常存在分歧 —— 在這種情況下，產品負責人與團隊其他成員之間存在分歧。在這種情況下，合作幾乎總是比談判更好。

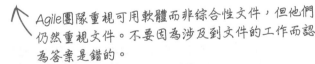

22. 答案：D

當團隊遇到嚴重問題時，他們應該做的第一件事就是確保每個人（尤其是經營者）理解問題的影響。而當這個問題會導致嚴重的延誤時，他們需要重新設定每個人的期望，以確保他們仍然能夠提供盡可能多的價值。

23. 答案：D

當一個 Agile 團隊（特別是 Scrum 團隊）完成一個時間限制迭代時，下一步就是透過為經營者舉辦展示來獲得他們完成的工作的回饋。但是，Agile 團隊只會展示完全完成的工作。如果工作尚未完成，團隊通常會將其作為計劃下一次迭代時要做的第一件事。

24. 答案：A

當您的團隊的經營者的期望符合團隊交付的可用軟體時，它會建立信任。隨著每個經營者都看到可用軟體越來越多地達成他的需求，並且隨著這些需求的變化，團隊能夠進行調整，這種信任隨著時間的推移而不斷增長。產品負責人在 Scrum 團隊中扮演著非常重要的角色，確保每個經營者對團隊將提供什麼的期望始終符合他們正在做的工作。

當經營者和團隊就增量的"完成"的定義達成一致時，它可以防止衝刺段審查中令人討厭的意外。一個真正有效的方法是讓產品負責人和經營者審查每個故事的接受標準。

25. 答案：B

實踐者的一部分工作是始終關注如何在組織層面支持變革。你的目標之一是教育和影響更廣泛的組織中的人員，而做到這一點的最佳方式就是談論你自己的團隊的成功。

當你試圖影響他人時，談論你自己的團隊的成功會更有效，而不是簡單地解釋Agile是如何運作的，或者像一個 Agile 狂熱者。

這是一個特別難的題目。你是否選擇了有關吸引產品負責人的錯誤答案？了解為何答案錯誤要求你真正熟悉產品負責人在 Scrum 團隊中做什麼 —— 與不做什麼。產品負責人角色完全專注於專案和專案的具體經營者。這個問題涉及整個公司，而不是關於具體專案。所以這實際上是一個關於 Agile 實踐者透過教育公司中的其他人來支持組織層級變革的責任的問題。

26. 答案：A

資訊輻射器是 Agile 團隊用於建構訊息工作空間的有效工具。資訊輻射器是顯示真實進度與團隊表現的顯眼展示（例如張貼在工作空間中間的圖表）。

27. 答案：C

我們鼓勵 Agile 團隊進行實驗，以便為團隊解決問題和障礙，探索性工作（如刺穿方案）是一個很好的方法。這些工作的結果應該在團隊出現問題或障礙時才會出現，這可能會降低團隊的速度或影響團隊向經營者提供價值的能力。

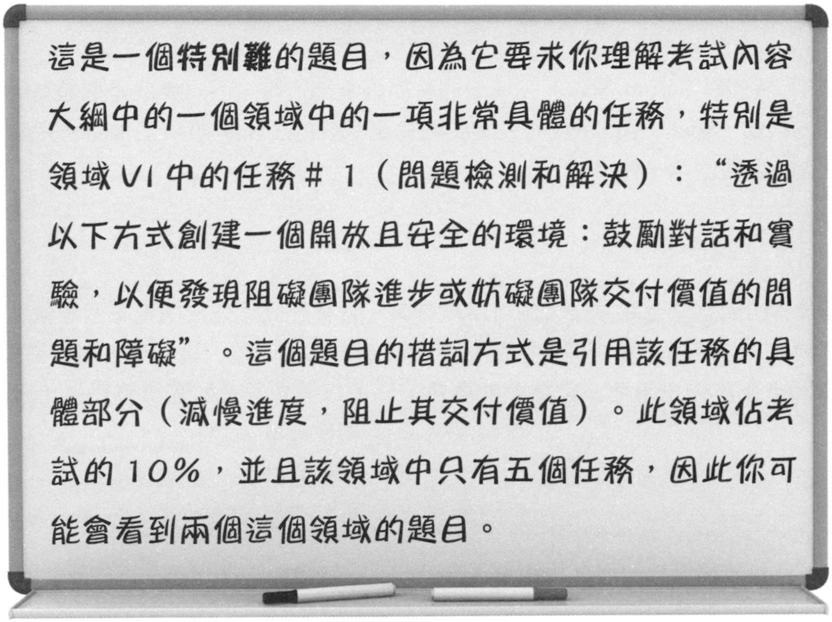
這是一個特別難的題目，因為它要求你理解考試內容大綱中的一個領域中的一項非常具體的任務，特別是領域 VI 中的任務 # 1（問題檢測和解決）：“透過以下方式創建一個開放且安全的環境：鼓勵對話和實驗，以便發現阻礙團隊進步或妨礙團隊交付價值的問題和障礙”。這個題目的措詞方式是引用該任務的具體部分（減慢進度，阻止其交付價值）。此領域佔考試的 10%，並且該領域中只有五個任務，因此你可能會看到兩個這個領域的題目。

28. 答案：B

Agile 團隊不僅要依循 Agile 實踐和價值觀，還要根據組織的特點選擇和訂製他們的流程。這個團隊遇到了工程問題，而 XP 提供了正確解決方案。他們可能想切換到 Scrum，但將團隊成員指派為產品負責人角色並不是有效的方式，因為產品負責人無權代表團隊接受項目。

Kaizen和持續改善通常是改善團隊的好方法，但這個答案並不是很具體。最好能提供團隊可以提供的具體改進的答案。

這是一個特別難的題目。你是否選擇了關於將團隊成員分配給產品負責人和 Scrum 大師角色的錯誤答案？這聽起來像個好主意！問題在於，簡單地選擇現有的團隊成員作為產品負責人幾乎不是一個好主意，因為產品負責人必須有足夠的權力來充分做出決策並接受代表公司所做的功能，這樣的人已經在團隊中。團隊不必簡單地將團隊成員指定為產品負責人角色，而必須與其用戶、經營者、資深經理人合作找出具有該權限級別的產品負責人。由於該答案不正確，下一個最佳答案是採用 XP 的以交付為中心的做法（尤其是每季度和每週循環）因為這是解決此團隊的問題一個有效的方法。

29. 答案：B

當經營者需要對團隊當前正在處理的項目進行更改時，產品負責人有權立即進行更改。最重要的是，團隊正在努力實現價值最大化，因此應從衝刺段待辦項目中刪除該項目，並且衝刺段應該照常繼續：繼續對其他項目進行工作，並且時間到時團隊會與經營者一起進行衝刺段審核。

從技術上講，產品負責人有權取消衝刺段，但應該在非常罕見的情況下才進行，因為這會嚴重損害團隊與經營者建立的信任。

30. 答案：B

長期有效使用 Agile 方法的團隊往往非常善於估算，並且有許多不同的估算方法。重要的是，決定估算就像 Agile 團隊做出的任何其他決策一樣，在合作完成時最為有效。規劃撲克和 wideband Delphi 是合作評估的方法，可以讓幾個團隊成員一起合作提出估算。進行非正式討論也是合作的好方法。但簡單地把它交給產品負責人完全不是合作。簡單地採用團隊成員產生的最大估計值是一個很方便的填滿日程安排的方式，但它絕對不是開放或透明的，這違背了 Scrum 開放性的價值。

31. 答案：C

當你的公司對所有團隊都有要求時，你需要遵守它。這就是 Agile 團隊根據組織運作方式調整流程的原因。但他們仍然確保他們首先關注為客戶創造價值。

Agile 團隊也重視完整的文件，只是更重視可用軟體。

32. 答案：A

Agile 實踐者應該透過維護高度可見的資訊輻射器來實踐重要項目資訊的視覺化。他們展示團隊的真正進度是非常重要的，並且一張燃盡圖是實現這一目標的好方法。

33. 答案：B

團隊經常會經歷暫時的速度下降，尤其是當多個團隊成員正在度假時。如果這些假期已經計劃了很長時間，那麼這些資訊應該已經在釋出計劃中考慮到了，所以它不應該改變。

34. 答案：C

這個問題描述了一個 Scrum 團隊的衝刺段計劃會議。在會議期間，團隊首先審查產品待辦項目，其中涉及審查交付功能的總體列表。團隊應該做的下一件事是建立衝刺段待辦項目，其中包括從產品待辦項目中拉出項目到衝刺段的增量中。

35. 答案：C

可交付成果的複雜性在它需要構建的工作量方面有著重要作用。當團隊成員發現可交付成果的複雜程度低於預期時，團隊應該使用這些資訊來調整他們規劃專案的方式。由於可交付成果需要的工作量比預期的要少，這意味著它們在每次迭代期間都會在完成可交付成果方面取得更多進展，並且他們可以計劃儘早發佈交付成果。但是它們的速度在下一次迭代中不應該增加，因為在計算迭代的速度時，團隊應該考慮降低的複雜性。

團隊剛剛完成的迭代速度可能暫時增加，因為團隊成員完成的工作量比他們預期的要多，原因是可交付成果的複雜性意外的低。但是現在他們知道這並不復雜，他們會調整計劃，速度應該會恢復正常。

36. 答案：B

Kanban 是程序改進的一種方法，而不是專案管理。 因此，Kanban、累積流程圖、價值流對應圖是用於視覺化和理解流程工作流的寶貴工具，但它們不是追蹤專案進度的工具。另一方面，任務板是追蹤專案進度的重要工具。

37. 答案：A

Agile 團隊透過嘗試新技術來增強他們的創造力。這有助於他們發現可提高效率和效果的工作方式。要確定這種新技術是否有改進，唯一的方法就是嘗試一下。

產品負責人必須讓經營者知道最新狀態，這一點很重要。然而，團隊甚至沒有確定這是否是一個真正的問題，因此提醒經營者還為時過早。

38. 答案：C

在這個問題中，一個 Scrum 團隊剛剛完成了對專案計劃的檢查，而 Scrum 團隊在 Daily Scrum 會議中總是這樣做。當日常情況出現問題時，知道問題的團隊成員安排後續會議，以便他們能夠找出如何適應變化，這幾乎總是涉及修改衝刺段待辦項目。

File Edit Window Help Ace the Test

這是一個難題。它要求你不僅了解 Scrum 團隊如何舉行 Daily Scrum 會議，而且還了解他們為什麼要這樣做。Scrum 的規則並未明確定義稱為“專案計劃”的產物，但團隊仍在計劃，因此你需要了解它的運作原理。作為透明度、檢查、調整過程的一部分，Scrum 團隊每天都會開會。Daily Scrum 的目的是檢查當前的計劃和正在完成的工作。如果有任何潛在的問題，那麼對這個問題有了解的團隊成員會有一個後續會議來確定他們是否需要調整計劃。透過每天這樣做，Scrum 團隊可以不斷調整自己的計劃，隨時更新計劃、預算和經營者的要求以及優先。

39. 答案：C

當團隊發現威脅和問題時，他們應該維護一個優先順序以便保持可見並持續監控。其原因是為了鼓勵團隊在問題上採取行動（而不是忽視它們），並確保每個問題都有一個負責人，並且團隊會追蹤每個問題的狀態。

40. 答案：B

第一句是紅鯡魚。每個專案都是這樣！

從用戶和客戶那裡經常獲得回饋是確認你交付商業價值並提升價值的有效方式。你在衝刺段審核中得到這個回饋，這是你檢視增量的會議。

41. 答案：C

有時候團隊會遇到無法解決的問題。發生這種情況時，最重要的是要確保每個人 —— 特別是經營者 —— 盡快了解這將如何影響承諾。

42. 答案：A

速度下降時，通常是暫時的。舉例來說，如果團隊成員正在休假，或者如果某個特定工作項目比預期更加困難或複雜，那麼團隊在迭代中的工作量可能會暫時減少。但是如果速度顯著下降並且在幾次迭代中都停留在較低水平，團隊需要調整他們的釋出計劃以反映他們不會盡快完成可交付成果的事實。這樣他們就可以向經營者保持現實承諾，而不是因為他們基於過時的信息而過分樂觀。

Agile 團隊通常會按照迭代結束的時間安排釋出，釋出在迭代過程中完成的工作。通常，較低的速度不需要團隊改變這些版本的頻率。他們只會在每個版本中部署更少的交付功能。如此則會繼續保持穩定的交付功能（即使專案需要更長的時間）。

43. 答案：A

與經營者接觸是 Agile 團隊幫助與經營者建立關係的重要部分，這使他們能夠更有效地進行合作。與他們開會以便為專案建立協議是實現這一目標的有效方法。

僕役長領導通常指的是領導職位上的某個人（通常是Scrum大師）與團隊其他成員的關係，認識到他們是實際完成工作的人。

44. 答案：B

團隊遇到專案風險、問題、威脅時，一個重要的優先事項應該是溝通這些問題的狀態。資訊輻射器是一個非常好的工具。

45. 答案：A

故事圖為你的團隊提供了一種彼此合作的方式，並透過將故事組織到版本中來建立視覺化釋出計劃。這有助於你的團隊向你的經營者提供未來版本的預測。而且它的細節層次足以讓他們有足夠的資訊進行有效規劃，而不包括團隊不可能知道的或早日承諾的具體細節。

46. 答案：A

Agile 團隊 —— 特別是 Scrum 團隊 —— 工作進行得非常好，因為他們保持了非常高程度的經營者參與。產品負責人所做的一種方式是不斷觀察專案和組織的變化，並立即根據這些變化採取行動，以查看這種變化是否會影響專案的經營者。此例中，組織變更產生了一個新的專案經營者，因此產品負責人需要盡快與他進行溝通。

這個題目首先描述產品負責人的角色："一個維護有排序過的需求清單的 *Agile* 實踐者"—— 換句話說，維護產品待辦項目的人。

47. 答案：C

團隊透過就每個功能組件或工作項目的驗收標準達成共識，來完善他們構建的軟體的要求，這些驗收標準組合在一起形成產品增量的"完成"定義。

很多人會對"完成"的定義和"接受標準"的含義在意義上有不同的意見。有些人認為，"完成"的定義只適用於增量，而接受標準僅適用於單個故事或特徵。但是考試時，你可能會看到這些術語交換使用，而且你可能不會被問到需要你區分它們的問題。

48. 答案：B

這是 Agile 實踐者在組織層面支持變革、教育組織中的人員、影響行為和人員以使組織更有效和更高效的工作的一部分。

49. 答案：A

當一個人為團隊分配工作並期望他們報告狀態時，這與自我組織相反，並且 Scrum 的實施被破壞。在自我組織的團隊中，個別團隊成員有權就下一步工作的任務一起做出決策。Daily Scrum 是整個團隊審查這些決定的時機。

在一個有效的 *Daily Scrum* 中，*Agile* 實踐者會告訴其餘人接下來打算進行的任務。如果這看起來不是一種有效的方法，另一位團隊成員會將此作為一個問題提出來，他們將在 *Daily Scrum* 结束後聚在一起來討論出细節。

50. 答案：C

確定品質問題的根本原因是解決問題的重要第一步，而 Ishikawa（或魚骨）圖是進行原因分析的有效工具。

51. 答案：D

團隊在一起一陣子後，他們經常進入一個階段 —— 被稱為"規範"—— 他們開始解決他們的分歧和性格衝突，團隊成員之間開始出現合作品質。根據適應性領導力，管理和領導力方法涉及到改變領導者與團隊在形成階段中的合作方式，"規範"階段需要支持或領導力，這些支持或領導力具有很多支持，但可以給團隊更多自由決定自己的方向。

這個問題是關於適應性領導力的，這是基於 Tuckman 的集團發展理論和 Hershey 的情境領導力模型，這些模型是在 20 世紀 60 年代和 70 年代發展起來的。了解團隊成立時發生的事情以及領導者應該如何適應他們的想法比記住這些管理理論的名稱更重要。

52. 答案：D

開發人員或結對在共享空間旁邊有半私人空間的"洞穴和公共空間"辦公室佈局非常有效，因為它在限制中斷的同時仍允許進行滲透壓溝通（團隊成員透過聽到的對話知道重要專案資訊）。開放規劃 —— 特別是團隊成員面對面的規劃 —— 可能會讓人分心，這使得他們難以集中精神。雖然封閉空間在限制中斷方面做得很好（而且團隊成員肯定喜歡它們，因為它們提供隱私和地位），但它們不會發生滲透壓溝通。

53. 答案：D

產品負責人負責交付成果的價值最大化。他這樣做的主要方式是優先處理產品待辦項目中的工作單元，以便團隊首先交付最有價值的工作，並透過與經營者合作來確定其價值。團隊不會自行確定工作項目的價值 —— 這只能由產品負責人與經營者合作完成。

你可能會看到"業務代表"或"客戶代理人"——它們都指產品負責人。

54. 答案：C

沒有經營者喜歡聽到他預計在本次迭代結束時完成的功能將推遲到下一個或更晚。這就是為什麼 Agile 團隊特別努力工作以確切了解在迭代結束時他們將提供的具體內容 —— 而且他們非常努力地維護團隊與經營者之間的共同理解。因此，當增量的"完成"定義發生變化時（換句話說，當團隊在迭代結束時發現他們計劃提交的內容有變），他們需要立即讓經營者知道。

55. 答案：B

建設性的分歧 —— 甚至偶爾的爭論 —— 對團隊來說都是正常的，甚至是有價值的。這就是為什麼 Agile 團隊總是努力透過鼓勵對話、分歧甚至建設性的爭論來創造一個開放和安全的環境。資深經理人的出席不應改變這一點。

56. 答案：C

規劃工作與進行中工作的回饋與改正以週期性與經營者檢查進行。大部分 Agile 團隊在每個迭代結束時召開審核。

57. 答案：C

使增量規模更小是識別風險並在專案中儘早對其做出反應的有效方法。在每次迭代中包括更少的故事是限制增量大小的好方法。

58. 答案：D

加入 Scrum 團隊的人數有一個上限 —— 通常最多可以 9 人（但有些團隊最多可以到 12 人）。對於一個 Scrum 團隊來説，十四個人肯定是太大了，團隊太大時的一個徵兆是人們在 Daily Scrum 會議期間難以集中注意力。這個團隊要做的最好的事情是拆開成兩個小團隊。

59. 答案：A

Agile 團隊在任何可能的情況下總是傾向於面對面溝通，而視訊會議工具是促進面對面溝通的絕佳方式。團隊應該盡可能的邀請經營者參加，但不應該期望經營者必須配合他們（因此要求經營者與團隊一起出差幾個星期是不合理的事情）。

60. 答案：B

圖表顯示的價值流對應圖顯示了上面團隊在工作的時間，以及下面團隊浪費的時間。如果總結這些日子，團隊總共花費了 38 天的時間積極參與項目，還有 35 天等待批准、經營者、以及 SA 和 DBA 的活動。這是專案等待的很大一部分，這意味著有很多機會來消除浪費。

61. 答案：B

速度是一種非常有效的方式，可以利用團隊過去的衝刺段的實際表現來了解他們的實際工作能力，並利用這些資訊預測他們在未來迭代中可以完成多少工作。團隊透過給每個故事、功能、需求或其他正在處理的項目分配一個相對大小 —— 通常使用掰出來的單位，例如故事點數 —— 來進行此操作，並使用每次迭代的點數來計算團隊的處理能力。

62. 答案：B

團隊成員有建設性的分歧是正常和健康的。它始終在有效的團隊中發生，特別是當團隊成員親自對專案承諾時。雖然領導者有時需要介入並防止爭論失控，但讓團隊成員解決他們自己的分歧對團隊來説總是更好，因為他們創造了凝聚力，並讓他們一起達成共識。

63. **答案：A**

在 Scrum 團隊工作時，產品負責人的工作就是與經營者見面，幫助他們理解問題並將解決方案傳達給團隊。團隊成員不應該直接問經營者；他們需要確保產品負責人始終參與。

這個題目是紅鯡魚。只有一個答案不會讓團隊成員排除產品負責人。

64. **答案：D**

Agile 團隊不僅關心交付高價值功能，還關注為經營者提供的最大價值。這就是為什麼他們平衡高價值工作項目的交付和降低風險。Agile 團隊這樣做的一個重要方式是提高待辦項目中高風險工作項目的優先等級。此工作項目存在很高的風險，因為它是一個低優先等級的工作項目，但如果出現問題，它將產生巨大影響。

65. **答案：C**

通才專家或者在特定領域具備專業知識但在其他幾個專業領域也不錯的人對於 Agile 團隊非常有價值。通才專家可以透過填補幾個不同的角色來幫助減少團隊規模。瓶頸不太可能發生，因為項目瓶頸的一個來源是只有一個團隊成員能夠完成特定任務但卻無法執行任務。通才專家有助於建立高效能、跨職能團隊。但是，他們不一定比其他任何團隊成員具備更好的計劃技能。

66. **答案：C**

Agile 團隊認識到他們對自己將要完成的工作有很多了解，所以他們期望他們的計劃能夠隨著專案的進展而改進。他們透過在每次迭代開始時調整他們的計劃來實現這一點，並且每天開會以找到並解決與該計劃有關的任何問題。這就是他們如何改進他們對範圍和時間表的估計，以便他們的計劃總是反映當前對現實世界中發生的事情的理解。

67. **答案：C**

Agile 團隊處理維護和營運的工作方式與處理任何其他工作的方式完全相同。如果錯誤改正非常重要，那麼團隊將在下一次機會中對其進行處理。下一次機會，在大多數情況下，是下一次迭代的開始。

立即停止工作以改變方向會引入混亂，並不是改變優先順序的有效方式。Agile 團隊使用迭代以便他們可以快速反應變化，而不會讓他們的專案失去控制。

當你給經營者一個具有不切實際與詳細的時間表時，你基本上是在向他們撒謊。這絕對不是 Agile 團隊所做的事情！

68. **答案：**B

Agile 團隊工作輕鬆的一個原因是他們為經營者提供了一定程度的預測和時間表，這些預測和時間表為利益相關者提供了他們所需的信息，而且沒有不切實際的細節。Scrum 大師應該理解這一點，並且認識到團隊絕對沒有辦法知道每個人在未來六個月每小時會如何度過。

69. **答案：**D

Scrum 團隊重視專注，因為即使每週有少數中斷都會導致嚴重的延遲，中斷造成的挫折可能會嚴重影響團隊。作為一名僕役長，Scrum 大師需要注意任何損害團隊的東西以保持高昂的士氣和團隊的生產力。所以，雖然一名僕役長通常沒有權力批准略過經理人召開的會議，但絕對能在 Scrum 大師的職責範圍內與該經理人討論並設法將干擾降到最低。

70. **答案：**C

處理一個不合作的團隊成員總是很困難。在 Agile 團隊中這很難實現，因為 Agile 比大多數其他工作方式更依賴團隊中的共同心態。這就是為什麼團隊成員彼此合作非常重要。他們這樣做的一個方法是製定基本規則，幫助提高團隊的一致性，並加強彼此對專案目標和團隊的共同承諾。

很多 Scrum 團隊處理這種情況的一種方式是建立一個規則，任何連續兩次 Daily Scrum 遲到的人必須在當天剩餘時間戴上一項愚蠢的帽子或繳少量罰款到“小瓶子”中，當它滿了時拿去買雞排或飲料。

71. **答案：**B

規劃 Agile 專案的第一步是定義可交付成果。換句話說，團隊需要知道他們正在建構什麼。Agile 團隊通常使用增量方法，因此透過識別團隊將逐步構建的特定單位來定義可交付成果。

72. **答案：**D

管理經營者的期望是 Agile 團隊工作方式的重要組成部分。他們這樣做的一種方式是在專案開始時做出大致的承諾，通常是為專案的可交付成果制定總體目標。隨著專案的進行和專案不確定性的降低，他們可以做出更多更具體的承諾。這有助於讓經營者確實了解將要交付的內容，而不會讓團隊過度承諾或同意在專案時間和成本限制內交付不可能或不切實際的東西。

任何時候經營者都會受到影響，他需要隨時了解情況。在開放性被高度重視的 Scrum 團隊尤其是如此。

73. 答案：C

Agile 團隊始終向主要經營者提供盡可能多的透明度，特別是在涉及可能影響專案的問題時。保持主要經營者的知悉比更新資訊輻射器、調整待辦項目、或進行回顧更重要。

這是一個**困難的題目**。這個題目的所有答案看起來都很不錯，你要選擇哪一個？透過這樣的問題推理的關鍵是理解驅動 **Agile** 心態的原則…特別是客戶合作。

74. 答案：C

嘗試新技術和流程想法時，它可以幫助你與團隊發現更高效和更有效的方式來完成專案，而這是 Agile 團隊提高創造力的重要方式。所以當你提出一組可供選擇的技術時，你應該考慮它們。在 Scrum 團隊中，這樣做的適當時機是在衝刺段規劃會議期間。

Scrum 的規則非常重要，它為你提供了管理專案和建構軟體的有效方法，但是如果它們與公司的規則發生衝突時，則需要找到適用於公司規則的方法。

75. 答案：B

鼓勵所有團隊成員分享知識非常重要。Agile 團隊合作並一起工作，因為共享知識是 Agile 團隊規避風險和提高生產力的重要方式。

衝刺段回顧通常是在衝刺審核之後進行。但還有一個更緊迫的問題需要先處理。

76. 答案：D

當一個 Scrum 團隊規劃下一個衝刺段時，他們做的一件事就是製定衝刺段目標。這是他們透過完成衝刺段待辦項目並提交增量來滿足衝刺段的目標。衝刺段的目標是如何透過提供增量來建立他們將為經營者完成的共同高層次的願景。

資訊輻射器是交流有關專案進度的資訊的好方法，但它並沒有為衝刺段建立共同願景做多少事情。

77. 答案：A

價值流分析是找出浪費，特別是等待其他團隊的浪費非常有價值的工具。

石川（或魚骨）圖可以幫助你描述專案問題的根本原因，但它不適合尋找由於等待時間而導致浪費的具體原因。

如果你看到幾個答案看起來都有可能正確的題目，選擇最符合題目的答案。

78. 答案：A

所有答案都是好主意，但是這個題目特別提到了在衝刺段待辦項目中確定故事優先順序的最有效策略。Agile 團隊需要儘早提供經營者的價值，這就是為什麼他們圍繞最小可銷售功能或最小可行的產品來規劃他們的釋出。具有足夠功能的早期產品釋出是定義一種最小可行的產品。其他答案是達到目標的好策略。

79. 答案：A

Scrum 團隊透過將專案拆分成增量來規劃他們的工作，並在每個衝刺段結束時提供“完成”的增量。Scrum 團隊通常不會在衝刺段對長期計劃做出重大調整。相反的，他們確保他們正在製定他們在任何單個衝刺段期間所能提供的最寶貴的交付成果，使得優先順序發生變化時他們也能夠履行他們為當前衝刺段所做出的承諾，並且仍然能夠提供價值。一旦目前的衝刺段完成，他們會將他們的計劃調整成新的優先順序。

完成當前的衝刺段與堅持過時的計劃並不是一回事。但是如果替代方案是取消衝刺段，則完成目前衝刺段並交付團隊在最後一次衝刺段回顧中承諾經營者的待辦項目會更好。

80. 答案：A

當團隊發現可能威脅專案的風險或其他問題時，他們需要將這些問題的狀態傳達給經營者，並且如果可能的話，將活動納入待辦項目以應對風險。一項有用的活動是探索性工作，團隊成員在衝刺段期間需要時間來建構風險的刺穿解決方案以幫助緩解風險。但是，重構程式碼和執行持續整合可能會有助於降低由於技術負債而導致的風險，但對這種情況不太可能有所幫助。

看到“下列哪一項不是”的題目時要特別小心閱讀所有答案並確保挑出最差而非最佳答案。

81. 答案：C

如果團隊對於要完成的工作項目意味著什麼沒有達成共識，則可能導致在迭代後期出現問題、爭論、延誤。這就是為什麼團隊需要確定可以用作驗收標準的“完成”的定義。這通常是在“及時”的基礎上完成的，將決定留到最後一刻 —— 但對於這個題目中的團隊來說，他們等待時間太長而無法做出決定。

82. 答案：B

團隊被告知操作問題，他們需要修改他們的計劃以將其考慮在內。他們對影響進行了估算：兩名團隊成員需要在解決方法上花費三次迭代。所以他們會以他們對待任何其他變化的方式來對待這種變化，將故事添加到他們的週循環中，並調整他們的釋出計劃以反映變化。由於此解決方法只是更多的專案工作，因此它不會降低速度，因為解決方法的工作將與其他工作一樣計入速度。

沒有必要執行基於風險的刺穿，因為沒有不確定性。團隊知道伺服器升級將會延遲，他們將不得不花時間和精力來解決這個問題。

83. 答案：A

安裝的早期發生嚴重風險時，迭代最重要。在這種情況下，團隊發現了一個需要盡快解決的問題，因此工作需要立即開始 —— 這意味著產品負責人應該在衝刺段待辦項目中增加項目以立即開始該項工作。但是，這項工作將持續到下一個衝刺階段，因此他還會在產品待辦項目中增加另一項以確保改正完成。

84. 答案：B

Agile 團隊在多個層面上規劃他們的專案。舉例來說，Scrum 團隊使用產品待辦項目進行長期戰略規劃，在每個衝刺段開始時舉行衝刺段規劃會議以建立衝刺段待辦項目，並每天在 Daily Scrum 中審查他們的計劃。此例中，經營者想知道在衝刺段會議上建立的衝刺段待辦項目。

這個問題不使用“sprint backlog”一詞而是描述它（“衝刺段期間要交付的功能、故事、與其他項目列表”）。

85. 答案：B

Agile 團隊應始終考慮可能威脅專案的風險和潛在問題。當他們遇到問題時，團隊應該以確保每種風險的狀態和優先順序可見和被監控的方式進行維護。

將項目添加到待辦項目以處理風險是一個好主意。但是，該團隊不一定會為回顧會議中提出的每一項風險都做到這一點。有時候風險可以被接受，有時只要知道它們就足夠了。

86. 答案：B

團隊通常使用理想時間來確定他們將要工作的項目的大小。這意味著透過共同努力，找出團隊成員在“理想”情況下進行每個項目需要多少時間：他擁有完成工作所需的一切，沒有中斷，也沒有其他外部因素或可能影響完成工作的問題。與相對尺寸技術（如為每個項目分配故事點數）不同，理想時間是團隊對所需絕對時間的最佳估計。

最多五隻是團隊表達意見的一種方式。但此例中團隊正在爭論哪種技術方法更優越，並且搖擺不定的意見不一定是達到最佳技術解決方案的最佳方式。

87. 答案：B

團隊成員始終存在衝突。Agile 團隊的差異在於他們真正嘗試彼此合作。此例中，XP 團隊透過尋找最小化的第一步來實現增量設計，使設計對任何一個人的方法都開放。讓兩個團隊成員一起使用結對程式設計來共同建構這種方法是處理這種情況的高度協作方式（另外，制定團隊基本規則來禁止爭論是一個糟糕的主意，一些爭論是健康的，可以帶來更好的產品和更有凝聚力的團隊）。

88. 答案：B

Agile 團隊的一個非常重要的組成部分是每個人都可以嘗試並犯錯誤。當你犯了一個錯誤，你需要向你的團隊坦白。試圖掩蓋這個問題是很有誘惑力的，但是當問題發生的時候，你不能保護團隊的其他成員免受後果的影響。你需要公開所發生的事情，並一起解決問題。

對自己的錯誤坦誠時，它有助於建立一個安全和信任的團隊環境。

89. 答案：D

出現在 Agile 團隊中時，你的工作就是鼓勵領導。嘗試新技術通常很困難，所以作為 Agile 實踐者的工作就是為此建立一個安全和尊重的環境。

90. 答案：D

Agile 團隊非常具有創新性，因為他們創造了一個安全的環境，允許他們犯錯誤，從而改進。允許犯錯的思維模式的一個重要組成部分是將其視為需要糾正的問題，而不是學習經驗。對於你所犯的錯誤坦誠很重要，並鼓勵其他人也這樣做。

如果你“容許”一個錯誤“未改正”，你仍然視其為可以忽視的錯誤。開發有效的 Agile 心態的一部分是學習將錯誤視為真正的改進機會。

91. 答案：C

價值流對應圖是價值流分析的結果。通常，價值流對應圖透過流程顯示實際工作項目（如產品功能）的流程，每個步驟分為工作或等待（非工作）時間。價值流分析的一個目標是識別可以消除的非工作時間形式的浪費。

讓產品負責人與經營者討論是有道理的，但如果經營者需要與團隊成員交談，那麼要求他們透過中間人是不合理的。Agile 團隊重視面對面（或電話）對話，這些對話對於專案非常重要。

92. 答案：C

中斷可能會極大地損害團隊的生產力。即使是短暫的中斷，也可能會讓團隊成員（尤其是開發人員撰寫程式）脫離“流”狀態，並且可能需要長達 45 分鐘的時間才能重新進入。因此，每天打四五次電話可能聽起來不錯，但這種中斷程度可能導致某人整天坐在辦公桌前完全沒有完成工作。改變辦公室佈局是不現實的（無論如何，這並不能解決電話問題）。雖然調整衝刺段待辦項目是有意義的，但這並不能解決問題。所以最好的選擇是建立一個每天“禁止電話”的時間來限制中斷。

這是一個**特別困難的題目**。所有答案都有潛在的缺點，所以你需要弄清楚哪一個是“最差”選項。此例中，“禁止電話”時間將限制中斷，而不會對團隊或經營者提出不合理的要求。

93. 答案：B

如果團隊有一個安全和信任的環境，允許人們進行實驗和犯錯，團隊的工作效果最佳。作為僕役長，Scrum 大師必須盡其所能建立該環境，即使這意味著與資深經理人進行不愉快的對話。

對於 Scrum 大師來說，這將是一場困難的討論，這是 Scrum 團隊重視勇氣並不容易的一個好例子。

94. 答案：C

人物是包含個人資訊和照片組成的使用者資訊。這是許多 Scrum 團隊用來幫助他們了解他們的使用者和經營者是誰以及他們需要什麼的工具。Agile 團隊需要識別所有的經營者 —— 包括他們今天不一定知道的未來的經營者。人物是做這件事的好工具。

95. 答案：C

Agile 團隊不會在真空中工作 —— 他們會不斷研究可能影響專案的所有基礎設施、營運、環境因素，即使這些因素發生在團隊之外。當他們遇到問題時，就像其他任何問題一樣處理：產品負責人根據其價值優先處理待辦項目。此例中，這是一個嚴重的問題，因此產品負責人增加到待辦項目中的工作項目必須具有高優先，以便團隊能夠快速解決問題。

96. 答案：C

Agile 團隊成員努力確定專案的業務經營者並確保團隊中的每個人都了解他們對專案的需求和期望。但要求經營者參加規劃會議並要求簽署計劃才會相反 —— 這會讓他們感覺不那麼活躍，並且會製造官僚障礙，妨礙團隊應對變化。

仔細閱讀每個題目並特別注意“哪一項不是”的題目。

97. 答案：B

這是一個目前衝刺段遇到麻煩的團隊的燃盡圖。它們進行到目前 30 天迭代的三分之二，並且速度顯著下降。如果他們不刪除他們的衝刺段待辦項目中的故事，他們不太可能達到他們的衝刺目標。

由於速度比預期慢，你不能確定團隊做了糟糕的工作計劃。團隊無法預期的問題很多 —— 例如團隊成員可能會生病。這就是 Scrum 團隊不斷檢查和調整的原因，以及 Agile 團隊為什麼重視根據計劃進行變更的原因。

98. 答案：B

你作為 Agile 實踐者的工作包括幫助確保團隊中的每個人都對你正在使用的 Agile 實踐有共同的理解。Agile 實踐的常識是有效合作的基本部分。所以在這種情況下，你需要與每個團隊成員坐下來，確保他們理解你用來應對變化的做法。

99. 答案：A

產品負責人必須像處理所有其他要求一樣，優先考慮任何相關的非功能性需求，這包括可能來自 DevOps 小組的操作需求。此例中，腳本需要修改才能進行衝刺段審核，所以必須將變更包含在當前的衝刺段中 —— 並且因為這會導致一些工作延遲到衝刺段結束時，所以工作必須被移回衝刺待辦項目。

任何時候工作都將延續到衝刺結束時，它需要回到衝刺段待辦項目並規劃未來的衝刺段。打破時間限制並延長衝刺的時間以包含額外的工作絕不是一個選項。

100. 答案：D

Agile 團隊是自我組織的，並有權決定如何實現迭代目標。這意味著他們一起工作以確定他們需要執行哪些任務才能實現衝刺段目標，並且他們通常會在迭代初期將優先最高的故事放在優先位置。Scrum 大師可以幫助他們自我組織和理解它們的使用方法，但他不會決定工作的順序，因為這不是僕役長的一部分。

101. 答案：C

團隊成員從周遭的交談中吸收重要的專案資訊時，就會發生滲透壓溝通。XP 的坐在一起實踐是鼓勵滲透壓溝通的有效方式。

102. 答案：A

Agile 團隊將他們的需求組織成最低限度的可銷售功能，他們可以增量交付。規劃先提供最有價值功能的版本可以儘早為經營者提供價值。

你也可能會看到考試提及“minimally viable products”，這與最低限度的可銷售功能密切相關。

103. 答案：C

這個團隊關心的是一個潛在的問題，但是目前並沒有對他們的專案產生任何實際的影響 —— 如果問題不存在，那麼就不會有影響。這是進行探索性工作的好機會（有些人稱之為刺穿解決方案）。對於團隊來說，這是一個確定是否可以解決技術問題或需要其他不同方法的好方法。

104. 答案：C

產品負責人在 Scrum 團隊中最重要的工作之一就是確保新的經營者適當參與專案。理想情況下，所有經營者都將參加每次衝刺段審核。然而，沒有規定說每個經營者都必須參加所有的衝刺段審核會議。一些經營者沒有時間參加這些活動，或者在另一個時區讓他們難以參加，或者根本就不想參加。產品負責人的工作就是盡一切努力確保這些經營者參與其中，並以最適合他們的方式進行。

105. **答案：**C

Agile 團隊 —— 尤其是這些團隊的產品負責人 —— 必須識別所有經營者，並在整個專案中參與。此例中，你在迭代中會見了所有經營者，這意味著你擔任產品負責人角色，因此當你聽到有經營者可能影響專案需求時，你已經確定了新的經營者，所以你接下來應該做的事是與此人接觸。

106. **答案：**B

這張燃盡圖表顯示了 30 天的衝刺段完全按照團隊的預期進行。他們可能已經在一起工作了很長一段時間，因為速度是不變的。你知道是因為燃盡圖的線條非常接近參考線。可能有幾天它在線的上方或下方，但是當你看著一張燃盡圖時，你更關心趨勢而不是個別日子。

107. **答案：**C

人們處於一個鼓勵他們談論與專案相關的任何事情的開放和安全的環境中會最有效地工作 —— 特別是可能導致問題的問題。

108. **答案：**D

團隊完成了迭代規劃後，重要的是他們將結果公佈給所有經營者。這是在團隊和業務之間建立信任的一種非常有效的方式，因為它表明團隊已經為迭代承諾了特定的目標。它還透過明確地表示團隊打算完成什麼來幫助減少不確定性。

109. **答案：**A

Agile 團隊中的人發現可能影響專案的問題時，他們會確保團隊成員知道 —— 更重要的是，與他們一起尋找解決問題的方法。事實上，他們會做兩件事：他們會立即解決問題，他們會確保他們遵循的流程或方法可解決問題以便將來不會再發生。

110. **答案：**B

應該要鼓勵 Agile 團隊成員彼此合作並分享知識。結對程式設計是合作和知識共享的高效實踐。

111. **答案：**B

Agile 團隊較重視文件更重視可用軟體，而幫助經營者理解這一點的最佳方式就是顯示過去的專案在遵循這一價值觀時良好的表現。然而，展現成功總比只堅持某種工作方式更好。

Agile 團隊較重視文件更重視可用軟體。但這不表示他們不寫文件！他們只是更重視可用軟體。

故事圖是為使用故事的團隊制定釋出計劃的好方法。但是，該計劃不應該基於高度詳細的預估，特別是在專案開始時。

112. 答案：B

進行新專案的 Agile 團隊需要一個可以繼續使用的起點。好的第一步是建立一個釋出計劃，或者是預估何時釋出特定可交付成果的計劃。制定這個計劃需要對所交付項目的範圍和建構它們所需的工作進行大致的估計，並利用這些資訊來製定一個粗略的時間表。這個時間表不會有很多細節，因為這反映了團隊當前對項目的高層次理解。

113. 答案：C

Agile 團隊始終致力於透過不斷調整和調整專案流程來提高效率。他們這樣做的一種方式是定期審查他們使用的做法、團隊和組織的文化、以及他們的目標。

114. 答案：A

團隊與經營者建立信任的最有效途徑之一是對每次衝刺段期間確實交付什麼產生共識，並在需要取捨技術或時間表時真正的合作。

Agile 團隊重視與經營者合作，與他們建立類似合約的協議。

題目有 "the list of planned features" —— 這是產品待辦項目的定義。

115. 答案：A

你是 Agile 實踐者，與經營者開會意味著你擔任產品負責人 —— 產品負責人的工作就是與經營者合作，了解每個可交付成果的價值，並使用該資訊優先處理待辦項目中的項目。產品負責人在優先處理待辦項目時需要考慮兩件事：每個功能的相對價值以及建構它所需的工作量。由於你可以為待辦項目中的每個項目分配相對值，但你還不知道如何區分它們的優先順序，所缺少的資訊就是所需的工作量。 獲取該資訊的方法是重新評估待辦項目。

這是一個特別困難的題目。考試中的很多題目都會詢問具體的工具、技術、或實踐 —— 這是關於產品待辦項目的問題。但很多題目都不會特別提及名稱。這個題目不是稱之為產品待辦項目，而是描述它（ "list of planned features" ）。像這樣的題目的關鍵是使用你知道的術語來分解它們。 "You have just assigned a relative value to each item in the list of planned features" —— 這意味著你剛完成將相對業務值分配給產品待辦項目中的項目。這也意味著你必須是產品負責人，因為這是團隊中唯一與經營者會面並為待辦項目分配業務價值的人員。因此，如果產品負責人已經為產品待辦項目列表中的每個項目分配了相關業務價值，那麼團隊為了使計劃發揮作用而採取的下一步措施是什麼？ Scrum 團隊根據業務價值與投入規劃他們的工作，因此團隊的下一步是重新評估待辦項目。

116. 答案：D

坐在一起 —— 或在共享空間彼此緊密合作是鼓勵滲透壓溝通（或從偶然聽到的對話中吸收重要專案資訊）的好方法。它可以更容易地建立一個資訊豐富的工作空間（例如，在資訊輻射器上發佈），並且團隊成員可以獲益，因為他們可以接觸隊友。然而，坐在一起的團隊的一個缺點是分心的可能性更大。

沒有"完美"的方式來組織你的團隊空間，每個策略都有優劣。然而，坐在一起的團隊的好處遠遠超過缺點。

117. 答案：C

Agile 團隊透過與經營者合作，最大化並最佳化他們建構的可交付成果的價值。在 Scrum 團隊中，產品負責人的角色就是與經營者合作，了解價值並幫助團隊實現價值。

118. 答案：A

這個團隊試圖對他們遇到的問題進行根本原因分析，以便他們能夠解決潛在的問題並防止將來發生。Ishikawa（或魚骨）圖是進行根本原因分析的有效工具。

119. 答案：D

Agile 團隊使用頻繁的檢驗和驗證來確保產品的品質。這意味著要進行產品測試並進行頻繁的審核和檢查。這些驗證步驟將有助於團隊確定改進，然後將其納入產品中。

有時候圍繞產品負責人工作似乎是一個好主意。並非如此 —— 你始終需要通知產品負責人每個修改，以便讓經營者知道。這就是 Agile 團隊如何確保他們交付最有價值的產品。

120. 答案：A

即使這些變化是壞消息，Agile 團隊也很重視變化，就像預算削減一樣，這需要團隊縮小他們提供的範圍。他們很重視與經營者的合作，即使這意味著傳達了這個壞消息。這就是為什麼每個 Agile 方法都包含某種機制或規則，可以讓他們檢查團隊當前正在遵循的計劃（例如舉行 daily standup 會議和回顧會議），在計劃變得不切實際時更改計劃，並提醒經營者注意變更。

你考得好嗎？

PMI-ACP® 手冊（可以從 PMI.org 網站下載）解釋了他們如何使用來自世界各地的專家來確定合格分數。這非常有意義 —— 這是一種讓 PMI 以很高的精度建立難度檢查點的完善技術。你需要答對多少題目才能獲得合格的分數確實有點難以預測，但如果你在這個考試中得分在 80% 到 90% 之間就還不錯。

索引

C

D

E

F

G

H

I

J

K

L

M

N

O

P

Q

R

S

T

U

V

W

X

深入淺出 Agile

作　　者：Andrew Stellman, Jennifer Greene
譯　　者：楊尊一
企劃編輯：蔡彤孟
文字編輯：詹祐甯
設計裝幀：陶相騰
發 行 人：廖文良

發 行 所：碁峰資訊股份有限公司
地　　址：台北市南港區三重路 66 號 7 樓之 6
電　　話：(02)2788-2408
傳　　真：(02)8192-4433
網　　站：www.gotop.com.tw
書　　號：A493
版　　次：2018 年 09 月初版
建議售價：NT$780

國家圖書館出版品預行編目資料

深入淺出 Agile / Andrew Stellman, Jennifer Greene 原著；楊尊一譯. -- 初版. -- 臺北市：碁峰資訊, 2018.09
面；　公分
譯自：Head First Agile
ISBN 978-986-476-880-6(平裝)
1.軟體研發　2.電腦程式設計
312.2　　107012484

讀者服務

- 感謝您購買碁峰圖書，如果您對本書的內容或表達上有不清楚的地方或其他建議，請至碁峰網站：「聯絡我們」\「圖書問題」留下您所購買之書籍及問題。（請註明購買書籍之書號及書名，以及問題頁數，以便能儘快為您處理）
http://www.gotop.com.tw

- 售後服務僅限書籍本身內容，若是軟、硬體問題，請您直接與軟、硬體廠商聯絡。

- 若於購買書籍後發現有破損、缺頁、裝訂錯誤之問題，請直接將書寄回更換，並註明您的姓名、連絡電話及地址，將有專人與您連絡補寄商品。

- 歡迎至碁峰購物網
http://shopping.gotop.com.tw
選購所需產品。